"森林与湿地资源综合监测技术体系研究"丛书

森林资源监测技术

Monitoring Technology of Forest Resources

唐小明　张煜星　张会儒　等　编著

中国林业出版社

图书在版编目（CIP）数据

森林资源监测技术/唐小明等编著. —北京：中国林业出版社，2012. 8
（森林与湿地资源综合监测技术体系研究）
ISBN 978-7-5038-6715-6

Ⅰ. ①森…　Ⅱ. ①唐…　Ⅲ. ①森林资源－监测－研究　Ⅳ. ①S758. 4

中国版本图书馆 CIP 数据核字（2012）第 191190 号

──────────────────────────────

出版发行　中国林业出版社（100009　北京市西城区德内大街刘海胡同 7 号）
E-mail：cfphz@ public. bta. net. cn　电话：（010)83225764
网　址：http://lycb. forestry. gov. cn
经　　销　新华书店北京发行所
印　　刷　北京中科印刷有限公司
版　　次　2012 年 8 月第 1 版
印　　次　2012 年 8 月第 1 次
开　　本　787mm×1092mm　1/16
印　　张　20. 25
字　　数　505 千字
印　　数　1～1500 册
定　　价　80. 00 元

"森林与湿地资源综合监测技术体系研究"丛书
序

　　森林与湿地是林业的重要物质资源，是人类和多种生物赖以生存和发展的基础，在全球生态系统平衡中发挥着重要作用。森林与湿地的数量和质量是决定森林与湿地生态系统服务功能的关键指标，森林与湿地资源监测既为国家客观、快速、全面掌握森林与湿地数量和质量提供技术支撑，也是林业管理和生态建设的一项十分重要的基础性工作。多年来，我国在森林与湿地资源监测体系研究方面开展了大量卓有成效的工作。随着社会经济发展和人类文明进步对林业需求的不断增加，迫切需要建立与新时期经济、社会和生态建设需求相适应，以不断发展的高新技术为依托的森林与湿地资源综合监测技术体系。

　　"十一五"国家林业科技支撑计划重点项目"森林资源综合监测技术体系研究"，作为我国首个全面、系统地针对林业资源—灾害—生态工程开展的综合监测技术研究项目，正是顺应当前时代的行业需求。由来自全国14个省(自治区、直辖市)的27个科研院所、大专院校和高新技术企业的300余人组成研究团队，历时5年，完成了该项技术攻关，取得了丰硕的成果。其中《森林与湿地资源综合监测技术体系研究》丛书是该项目的重要研究成果之一，是对该项目成果的系统总结，凝聚了该项目6个课题的精华，体现了项目全体科技人员的智慧。

　　丛书内容全面、立论严谨、技术先进；全面、系统地分析了国内外相关监测技术体系建设的现状和发展趋势。结合我国的国情，提出了结构合理、具有可操作性的森林与湿地资源综合监测、分析与评价指标体系，构建了现代信息技术与传统调查技术相结合的天—空—地一体化、点—线—面多尺度、资源—工程—灾害综合监测体系，研发了先进的森林资源、湿地资源、林业灾害和林业生态工程综合监测技术、模型、方法和系统，并在我国主要林区得到了广泛的应用。在我国林业资源监测理念和监测技术方面具有重要突破和创新。将为我国生态建设与森林可持续经营提供强有力的科技支撑，对于全面提升我国林业资源监测、预警水平具有重大意义。相信该丛书的出版对于我国林业资源及其生态环境监测管理研究、教学和生产实践具有重要的参考价值。

全国政协常委、教科文卫体委员会主任
中国科学院院士

徐冠华

2010年8月19日

前　言

　　森林是陆地生态系统的主体，是人类社会发展不可缺少的自然资源。森林资源监测是指对森林资源（主要指森林、林木和林地资源）数量、质量和结构定期或不定期多次地进行调查、分析和评价。监测目的在于获取不同时间点的森林面积、蓄积、质量和生态状况等指标，从而掌握森林资源的现状和消长变化，检验经营措施的有效性和合理性，为制定林业方针政策、宏观规划及森林资源经营方案提供数据。

　　新中国成立以来，我国森林资源监测工作得到了长足发展，森林资源监测效率和精度不断提高，高新技术如遥感（RS）、地理信息系统（GIS）、全球定位系统（GPS）、数据库技术、网络技术、数学模型等在监测中的应用也逐渐普遍，信息供给能力日益增强。随着我国经济社会的快速发展，人们对森林资源的保护与利用观念也发生了深刻的变化，森林经营理念逐步从粗放经营向可持续经营、从单一木材资源利用向多资源多功能综合利用的思想转变，社会各界对森林资源信息的需求也发生着从简单信息到复杂信息、从局部信息到整体信息的转变。因此，开展森林资源监测技术研究是提升监测技术水平、增强信息获取能力的必然要求，是推进现代林业和生态文明建设的客观需要。

　　《森林资源监测技术》一书汇集了"十一五"国家科技支撑项目 2006 年到 2010 年森林资源监测研究的最新技术与成果。该书阐述了森林资源监测技术的体系框架，从森林资源监测野外信息采集技术、遥感获取技术、非木质资源调查技术、林分生长模型模拟技术、数据库存储管理技术、数据更新技术、森林资源分析评价技术和森林资源监测信息系统集成技术等方面进行了详细论述，内容涵盖广，实用性强。此书适用于从事森林资源及林业资源监测的学者以及从事相关教学、研究的专家学者参考，希望对业内同仁有所裨益。

　　全书共分 10 章，其中第一章森林资源监测概述，由唐小明、张煜星、庞丽峰执笔完成；第二章森林资源监测技术体系，主要由黄国胜、许等平、程志楚执笔完成；第三章森林资源监测野外信息采集，主要由刘鹏举执笔完成，整合了武刚等人的课题研究成果；第四章森林资源信息遥感获取，主要由韩爱惠、夏朝宗、智长贵、许等平执笔完成；第五章非木质森林资源抽样调查，主要由李海奎等执笔完成；第六章林分生长模型模拟，主要由雷渊才、吕勇执笔完成；第七章森林资源数据管理，主要由侯瑞霞执笔完成；第八章森林资源数据更新，主要由孙涛、王小昆执笔完成；第九章森林资源分析评价，主要由张会儒、郎璞玫执笔完成；第十章森林资源监测信息系统集成，主要由谢阳生执笔完成，整合了前面几章的研究成果，在张茂震、石军南、王金增等课题成员的工作基础上成文。初稿完成后，由唐小明、张煜星、张会儒、庞丽峰等同志进行了大量的补充完善和编辑修改工作，并进行了统稿和定稿。中国林业科学研究院资源信息研究所、国家林业局调查规划设计院、北京林业大学、中南林业科技大学、河北农业大学、浙江林学院等参加单位的多位硕士、博士研究生为课题研究和书稿形成做了大量工作。在此，对各位专家同行的辛勤工作表示衷心的感谢！

由于本书研究涉及的内容比较多，限于编著人员的水平，书中难免存在一些错误和不足之处，敬请批评指正。

编　者

2011 年 10 月

目　　录

第一章 森林资源监测概述

森林是陆地生态系统的主体，是人类社会发展不可缺少的自然资源。根据《中华人民共和国森林法实施条例》（2001）规定，森林资源包括森林、林木、林地以及依托森林、林木、林地生存的野生动物、植物、微生物。

森林资源监测是指对全国森林资源（主要指森林、林木和林地资源）数量、质量和结构定期或不定期多次地进行调查、分析和评价，获取不同时间点的森林面积、蓄积、质量、生态状况等指标数据，从而掌握森林资源的动态变化规律，为制订林业方针政策，开展森林经营等方面工作提供依据。

森林资源调查体系与国家科学技术发展紧密相关，随着林业与生态建设的宏观要求的提高，林业生产和管理实践需求的扩充，促使其不断变化和不断完善。我国现阶段森林资源监测主要包括森林资源清查、森林资源规划设计调查、作业设计调查、年度森林资源专项调查和林业专业调查等。

第一节 森林资源监测体系

一、国家森林资源清查

（一）业务概述

国家森林资源清查（简称一类调查）是全国森林资源监测体系的重要组成部分，是为掌握宏观森林资源现状及其消长动态，制定和调整林业方针政策、制定林业发展战略规划，监督检查领导干部实行森林资源消长任期目标责任制提供依据。国家森林资源清查以省（区、市）为单位进行，以抽样调查为基础，采用设置固定样地为主，定期实测的方法，在统一时间内，按统一的要求查清全国森林资源宏观现状及其消长变化规律，其成果是评价全国和各省（区、市）林业和生态建设的重要依据。森林资源连续清查成果内容丰富，具有较强的可靠性、连续可比性和系统性。从20世纪70年代开始，全国各省先后建立了每5年复查一次的森林资源连续清查体系。

（二）业务流程

森林资源清查业务流程主要为：

调查样地复位：根据上次调查记录的样地地理位置和设置在林地中样地四角标志，确定固定样地位置，确保严格复位。

样地样木调查：调查样地地类、林种、郁闭度、优势树种，土壤、海拔高度、坡度、坡向等森林和生态环境因子，测量样地内每棵林木的胸径、树高等样木因子，绘制每棵林木的位置图，并严格记录调查样木复位率。

样地调查数据输入：将样地调查数据输入计算机、进行逻辑检查、材积公式定义、样木材积计算、样地蓄积计算，建立完整样地数据库。

统计分析汇总：进行抽样统计分析、动态变化分析、统计报表汇总等。通过计算估计出森林覆盖率、林木总蓄积量、每年森林资源生长量、每年森林资源消耗量及其动态变化。

编制调查成果：森林资源清查成果是反映全国和各省（自治区、直辖市）森林资源状况最权威的数据。其主要成果包括：地面固定样地和样木因子的基础数据库，国家、省级以及流域森林资源现状表、动态变化表和成果报告，全国森林资源分布图、各省森林资源分布图、遥感影像图等，全国和各省森林资源信息处理和管理系统。

二、森林资源规划设计调查

（一）业务概述

森林资源规划设计调查（简称二类调查）以国有林业局（场）、自然保护区、森林公园等森林经营单位或县级行政区域为单位，为基层林业生产单位掌握森林资源的现状及动态，分析检查经营活动的效果，编制或修订经营单位的森林可持续经营方案、总体设计和县级林业区划、规划、基地造林规划，建立和更新森林资源档案，制定森林采伐限额，制定林业工程规划，区域国民经济发展规划和林业发展规划，实行森林生态效益补偿和森林资源资产化管理，指导和规范森林科学经营提供依据，按山头地块进行的一种森林资源调查方式。进行调查的内容包括编制有关调查经营数表，确定各级经营界限，查清森林、林木、林地以及林区内野生动植物和微生物等资源的种类、数量与分布，以及诸如森林更新、病虫害、森林火灾、珍稀动植物、森林多种效益评价等专业调查，客观反映调查区域自然、社会经济条件，综合分析和评价森林资源与经营管理状况。二类调查是经营性调查，一般每10年进行一次。随着各地对二类调查工作的重视以及遥感技术的发展和进步，利用高分辨率遥感图像（如SPOT5）结合地面调查的方式开展二类调查，不仅极大地减少了外业调查的工作量，也提高了调查速度、调查成果的质量和精度。

（二）业务流程

森林资源规划设计调查业务流程主要为：

小班区划：按小班区划条件划分小班，并绘制小班区域位置图。

小班调查：调查林地地类、林种、权属、林木的树种组成、优势树种、郁闭度、起源、平均胸径、平均树高、平均年龄等林木因子和土壤、海拔高度、坡度、坡向等生态环境因子。

数据输入：进行数据的采集、逻辑检查、蓄积计算，建立森林资源调查小班数据库。

数据统计分析：生成各类统计表、绘制输出森林分布图。通过计算估计出各经营单位和各级行政单位的森林覆盖率、林木蓄积量、每年森林资源生长量、每年森林资源消耗量、各类森林资源的面积和蓄积及其动态变化。

编制调查成果：编制成果报告、森林资源分布图、林相图，建立森林资源档案管理数据库等。

综合评价：根据调查分析数据，对森林资源经营管理、经营措施等成效进行综合评价，提出新一轮的森林资源经营方针和目标、经营措施和经营方案。

三、作业设计调查

(一)业务概述

作业设计调查(简称三类调查)是以某一特定范围或作业地段为单位,对森林资源、立地条件及更新状况等进行详细调查,以满足林业基层生产单位安排具体生产作业(如主伐、抚育伐、更新造林等)需要而进行的一种调查,其调查成果是分期逐步实施森林经营方案,合理组织生产、科学培育和经营利用森林资源的作业依据。面积较小时通常采用每木检尺法,以便获得较为准确的各种森林资源数据,面积较大时也常采用标准地法估测各种森林资源数据。作业设计调查包括采伐作业设计、低产林改造设计、人工抚育设计、森林更新设计、人工造林设计、封山育林设计等作业设计调查。

(二)业务流程

以造林作业设计和采伐作业设计业务流程为例,包括作业区选取,作业区森林资源状况、林下植被、立地条件等调查,选择经营类型或措施,作业设计,质量检查验收,建库,统计报表等。其流程如图 1-1。

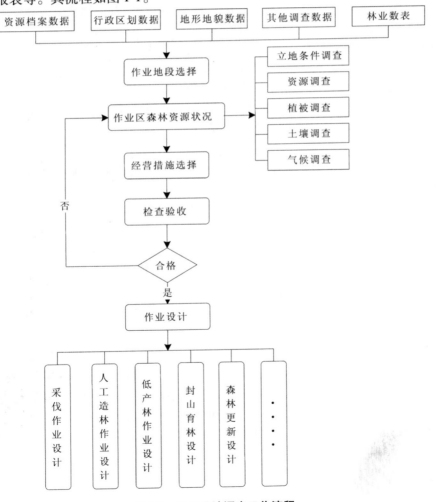

图 1-1　作业设计调查工作流程

四、年度森林资源专项调查

(一)业务概述

年度森林资源专项调查是我国森林资源管理的重要手段之一，也是森林资源监测体系主体的有效补充。其目的在于及时掌握林业生产或项目执行单位年度林业生产计划执行情况，评价林业生产任务执行效果，为林业及其相关主管部门调整年度生产计划，促进森林经营单位提高林业生产计划执行效果提供依据。年度森林资源专项调查内容，一般包括年度森林采伐限额执行情况、年度人工造林、人工促进更新、封山育林的实施及保存状况，年度征(占)用林地情况，重大林业生态工程等完成情况进行现地核(调)查等。核查方法一般以地(市)、县(林业局)为单位，采用现地核实的调查方法，年度森林资源动态调查每年由各级林业主管部门统一组织实施。

(二)业务主要内容

1. 营造林实绩综合核查

营造林实绩综合核查是将人工造林(更新)、飞播造林和封山育林进行综合，采用统一组织、统一标准和统一方法进行核查，为监测和评价全国营造林及重点林业工程建设的实绩与成效而开展的一项年度专项监测工作。

2. 采伐限额执行情况检查

采伐限额执行情况检查是为加强森林采伐限额管理，规范林木采伐行为，确保采伐限额制度有效实施而开展的一项具有行政执法性质的检查。该业务源于1986年开展的全国森林资源消耗量及消耗结构调查，1998年在全国实行林木采伐限额核查制度后，转变成以林木采伐限额制度执行情况为重点的监督检查。

3. 征占用林地调查(检查)

征占用林地调查(检查)是为加强全国林地管理，有效遏制林地向非林地逆转，稳定全国林地面积而开展的一项带有行政执法性质的检查。

4. 国家重点公益林区划界定认定核查与管护情况检查

国家重点公益林区划界定认定核查与管护情况检查是为全面了解和掌握各省(区、市)重点公益林区划界定和管护状况，核实重点公益林面积，评价各省(区、市)申报的重点公益林区划界定成果质量，确保各省(区、市)重点公益林区划界定成果的准确性和可靠性，为中央森林生态效益补偿基金的下达提供依据而开展的一项核查。

五、林业专业调查

(一)业务概述

林业专业调查是为森林资源调查和监测、林业经营管理、科学研究提供基础数据资料而不定期开展的特定内容调查。林业专业调查的内容取决于调查的具体目的和任务，其调查成果直接为林业调查、区划、规划、设计和林业生产建设等服务，其部分内容是二类调查的重要组成部分。林业专业调查包括森林土壤调查、立地类型调查、森林更新调查、森林病虫害调查、编制林业数表、非木质林产品调查、野生动物资源调查等。

（二）专业调查主要内容

1. 测树制表调查

我国幅员辽阔，各地自然条件和经营水平不同，为了便于管理和提高林业数表的适应性，林业数表是以各省（区、市）为单位自成体系。根据自然地理条件、林业区划或林区管辖范围划分区域，作为编表的基本单元。编制的数表种类包括一、二、三元立木材积表和航空像片立木材积表，林分断面积、蓄积量标准表，航空像片林分材积表，航空像片数量化林分蓄积量表，商品材出材率表，地位质量评价数表包括地位级表、地位指数表和地位指数数量化得分表等，情况森林经营数表包括林分生长过程表、收获量表、林分密度控制图。

2. 森林病虫害调查

森林病虫害调查方法是通过收集调查地区的自然条件、经济条件，尤其是森林调查，林区卫生状况，过去病虫害大发生的次数、种类、时间对森林造成的损失情况、灾害防治方法与防治效果等资料；采取踏查的调查方式，以林场为单位选设代表性强的工作路线，在工作线上用目测方法调查林内卫生状况和林区病虫害状况（主要病虫害种类、分布特点、株数被害率、被害程度、蔓延趋势等），并确定详查地点。踏查中应绘制踏查图，标明优势树种、组成、树高、林龄、郁闭度、海拔高以及调查段的距离等；病虫害标准地详细调查，在确定详查的地点上选设标准地进行详细调查，进一步查清病虫害种类、数量、危害程度，发生发展的原因，病虫害对林木所造成的损失以及病虫害的发生与生态环境的关系。

3. 森林更新调查

森林更新调查包括林冠下更新调查和迹地更新调查。其主要调查对象为天然近、成、过熟林，疏林，采伐迹地，火烧迹地，林中空地和未成林造林地（迹地人工更新造林地）。森林更新调查有一般调查和详细调查两类。一般调查可结合森林资源调查进行；详细调查可结合林型、立地类型等专业调查进行，亦可独立进行。

4. 野生动物资源调查

野生动物资源调查工作可分为综合性调查和专类性调查两大类。综合性调查是以某一区域（自然的和行政的）作对象，全面调查区域中各地段的动物及生境资源总体，为野生动物资源总体规划服务。专类性调查是以某一种（类）资源动物为调查对象，或为某些专业部门服务或为某些珍贵种类的数量恢复和扩大分布提供资料。

5. 非木质森林资源调查

调查方法可采用线路调查（概查），样地调查，补充调查或逐地逐块全面调查（详查）相结合的方法。凡是进行调查的非木质森林资源种类都要采集标本。

6. 森林土壤调查

森林土壤调查侧重查清土壤与森林分布、林木生长的关系，不同造林树种对土壤条件的要求和各种林业土壤管理措施等。森林土壤调查方法分概查和详查两种。概查是选择有代表性线路作路线调查，其任务是查清土壤类型随地形地势变化的空间分布规律性，并确定土壤分布图的制图单元和编制土壤分类系统表，同时为划分立地类型收集土壤基础资料。详查是根据不同要求，与有关专业协同进行逐地逐块的全区域调查。并且在森林资源调查和造林调查设计时，结合林木标准地、植物样地等设置土坑作剖面调查。

7. 森林立地类型(或林型)调查

森林立地类型调查所采用的调查方法可概括为面上路线调查和点上标准地调查两大类。山区通过从谷底向山脊的森林立地梯度变化规律开展调查,可掌握立地类型(或林型)随地形引起的自然条件变化规律性;在广阔平原或平缓台地、丘陵地区,通过森林立地纬度变化规律开展调查,掌握森林立地水平地带分布规律性。点上标准地调查可以全面掌握各立地类型(或林型)的立木组成、生长状况、其他植被层、地形、土壤、幼树更新等的基本特征,及它们间的相互关系,从中分析出制约各立地类型(或林型)立木生产力、更新、病虫害以及采伐后演替方向的主要因素,并提出不同立地类型(或林型)的营造林技术措施。

第二节 森林资源监测发展现状

一、国外森林资源监测发展现状

(一)北美

美国森林资源调查与分析(Forest Inventory and Analysis,FIA)始于1928年,以州为单位逐个开展资源清查,到20世纪90年代,美国大部分地区进行了3次资源清查,最多的地区进行了6次,目前平均清查周期为10年。1990年,美国一些联邦和州的机构在新英格兰发起了森林健康监测项目(Forest Health Monitoring,FHM)。FHM是一个由各州和联邦机构合作建立的独立监测体系,全国使用统一的监测方法,监测森林健康状况和森林发展的可持续性。1999年美国国会要求美国农业部林务局将FIA改为年度调查,林务局针对这个要求提交了一个五年的发展计划(Forest Inventory and Analysis Strategic Plan),国会负责提供资金支持该计划,以在全国范围内开展年度的森林资源调查与分析。林务局每个财政年度将提交一份森林资源调查监测的年度报告。截止到2009年,美国森林资源年度调查项目已经覆盖了46个州,占美国全国州总数的94%。从2003年起,美国开始建立综合FIA和森林健康监测(FHM)的森林资源清查与监测(Forest Inventory and Monitoring,FIM)体系,森林资源调查与监测主要由5个大区的森林调查和分析站完成,每年抽样20%的样地进行调查更新,采用三阶段样本(three-phase),①为遥感影像判读的样本,用于土地利用分层;②为地面样地,用于测量基本的林木因子;③为第二重地面样地的子样地,用于采集更详细的生态系统属性因子。

近年来美国在林业信息新技术领域投入了相当大的人力、物力,3S技术、数据库技术、网络技术和模型模拟技术等新技术广泛应用于森林资源调查、监测、经营管理和规划设计乃至研究教学,产生了明显的社会经济效益。在森林清查与分析项目(FIA)中遥感主要应用在以下三个方面:一是利用遥感图像进行野外导航,通过遥感图像进行分层(有林地/非有林地)提高估计精度,提高调查成果的空间分辨率和提供连续的空间分布信息,提高小面积单位(如县级)的估计精度;二是提供地面调查难以获取的调查因子如有关森林分割方面的信息等;三是利用包括TM、AVHRR、MODIS,航空像片等在内的历史遥感资料分析森林资源动态和变化趋势。GPS和PDA等技术应用于野外导航、样地定位和数据采集,实现数据采集的自动化、软件化。GIS工具(ArcGIS等)用于空间分析和成果图件制作。在森林经营管理上，美国无论国有林区、州有林、森工企业还是私有林主都非常重视林业信息技术，特别是 GIS 技术的应用，除了用于日常档案管理外，还积极用于日常森林经营分析。以 Plum Creek 公司为例，公司所改进研发的 IFMS 广泛应用于公司各个林场，以图层和报表形式存贮管理各个林场每块林地的森林分布、生长状况及经营措施信息，以及不同时期的遥感影像，实现森林资源档案管理的山头地块化。同时还用于林业制图、林业调查评估、造林历史追溯、采伐分析、立木决策支持、造林质量跟踪、森林认证评估等领域。此外，产出的数据还进一步用于采伐规划设计、造林预算、环境因子调整评估和土地价值评估等。

美国的森林资源与健康监测具有几个显著特点：一是已经形成了森林资源与健康状况综合监测体系；二是组织机构健全完善，具体实施合理分工、职责明确。全国由专门的机构统一负责，区域由五个研究站按分片具体负责；三是有较为完善的经费投入机制。实行预算制度，各部门先按既定方案和目标进行预算，联邦再根据全国财政状况与预算方案下拨专项经费；四是新技术应用促进了监测效率和监测水平的提高。

加拿大的森林资源均由各省自然资源部的林务局进行管理，各省负责省内的森林资源调查，每 5 年全国汇总一次调查数据。加拿大是较早将遥感和地理信息系统应用于林业调查的国家，同时也是世界林业发达国家中 RS 技术和 GIS 技术应用程度最高的国家之一。各省的森林资源清查基本都是以遥感图像为主，辅以地面调查，然后通过地理信息系统软件进行处理。目前大多数省的森林调查数据都能做到每年更新一次。加拿大的森林资源监测体系从 20 世纪 60 年代开始，从以森林面积和木材蓄积为主的监测向多资源监测和生态监测转变，目前新的森林资源监测体系中充分考虑了森林生态环境监测的内容。

（二）欧洲

德国全国森林资源调查始于 20 世纪 60 年代，由联邦食品、农业和消费者保护部林务局负责森林调查监测组织、协调工作，各州林业部门完成森林资源数据调查和收集工作，联邦农林渔业研究院是国家森林调查的主要技术支持机构。德国国家森林资源环境监测体系主要包括 3 个方面的内容：一是全国森林资源清查（National Forest Inventory，NFI），周期为 10 年；二是全国森林健康调查（Forest Health Survey），从 1984 年开始每年进行一次；三是全国森林土壤和树木营养调查，1987-1993 年开展第一次，2006-2008 年第二次，周期为 15 年。德国在森林资源调查广泛使用遥感和 GIS 技术。利用航片和卫片进行森林类型和土地利用分层和多重回归分析。使用 GIS 统计和解析全国森林资源。德国的国家森林资源监测技术主要有以下特点：①森林资源监测与其生态环境监测均在同一抽样体系框架下进行，综合构成完整的技术体系，实现了森林资源生态状况的综合监测。德国的三种全国性林业监测尽管周期不同，抽样强度不同，但抽样体系相同，并且由同一单位实施调查，这种体系既节省了费用，同时也便于数据的综合和比较。②重视森林生态功能，监测指标全面丰富，为德国的近自然森林的经营与发展提供了详实的基础数据。③充分发挥 3S 技术的优势，提高了工作效率。

奥地利森林资源监测采用各州独立完成州级森林资源调查，联邦进行全国森林资源统计和分析的模式。全国第 1 次森林资源调查开始于 1961 年，采用系统抽样方法，全部是临时样地，调查的间隔期为 10 年。1981 年起调查间隔期改为 5 年，并设立固定样地。通过固定样地调查，收集森林生态系统（特别是生长与收获、立地、公害、病虫害、无机物影响等）监测信息。奥地利森林资源监测通过遥感和地理信息系统技术研究成果的产业化改进了监测方法，提高了监测的效率。奥地利科学院应用研究所研究开发的林业监测信息系统可以模拟不同树种在不同立地条件下的生长发育状况，模拟森林生态系统的演化过程，模拟森林经济的发展趋势，模拟土地利用与覆盖，预测其发展态势，为国家层面的决策提供分析依据。Victoria 州 1988 年研究开发了集 GIS，经营管理系统（MIS）和决策支持系统（DSS）于一体的计算机系统（FRIYR），用于针叶树人工林经营管理决策支持的森林资源信息与收获调整。该系统可提供森林资源的现状和进行预测，并能为各种经营，造林和财务实施计划提供决策支持。

（三）国外森林资源监测的趋势与特点

从北美和欧洲几个国家的森林资源监测的现状，大致可以总结出国外森林资源监测的发展趋势与特点：

（1）监测内容的多元化与监测体系的综合化。监测内容日益丰富，从传统的以获取森林面积和蓄积为主要目标向注重森林资源与生态状况相结合的监测内容转变，如森林健康、森林生物量、生物多样性、野生动植物和湿地资源等监测逐渐发展，森林资源监测体系趋于综合化监测。

（2）监测周期缩短，监测频率加大。传统 5 年和 10 年的监测周期，已经不能满足林业发展的需要，各国逐步将监测周期缩短到 1 年。

（3）高新技术的大量应用。为提高监测效率和精度，高新技术如遥感、地理信息系统、全球定位系统等的应用已十分普遍；在数据的处理方面，使用了高速计算机设备和大型的分析软件来提升对图像校正、图像增强、专题分类的处理速度和精确性。

二、国内森林资源监测发展现状

我国的森林资源监测工作始于 20 世纪 50 年代初。70 年代在"四五"清查的基础上，开始建立全国森林资源连续清查体系。1989 年全国设立东北、华东、中南、西北四个区域的森林资源监测中心，形成了比较完善的森林资源监测机构。20 世纪 90 年代以来，随着林业的发展和生态建设的日益加强，我国又陆续开展了森林防火、荒漠化、沙化土地资源、野生动植物资源、湿地资源、森林自然灾害以及森林生态环境定位监测等监测工作。

从 1999 年第六次全国森林资源清查开始，遥感、全球定位、地理信息系统（3S）等新技术已逐步得到推广应用。1996 年在江西省进行了森林资源连续清查遥感样地调查试点，并于 1999 年在全国推广，要求各省在开展森林资源连续清查地面调查的同时进行遥感样地调查。1999-2003 年的第六次全国森林资源清查，充分利用遥感技术（RS）、全球定位系统（GPS）技术和地理信息系统技术（GIS）等，第一次实现了全面覆盖我国陆地（除港、澳、台）的森林资源调查，共布设地面固定调查样地 41.5 万个，遥感判读样地 284 万个。2004 年开始的第七次全国森林资源清查中，在原有高新技术进一步推广发展的基础上，拓展了 PDA 等新技术的应用，使森林资源清查技术不断进步和完善。在森林资源其它监测类型中，3S 技术主要应用于以下多方面工作中，利用遥感影像与地形图叠加在地理信息系统中进行小班区划，遥感影像与 GPS 结合进行野外导航，通过遥感影像进行分层（有林地/非林地）提高估计精度，通过使用地理信息系统来存储和管理森林资源图形和属性数据，对数据进行空间和属性的分析等。

随着我国经济社会的飞速发展，生态需求已成为全社会对林业的第一需求。中共中央、国务院《关于加快林业发展的决定》明确提出了新时期林业工作以生态建设为主的总体战略思想，指出我国林业已进入由以木材生产为主向以生态建设为主的历史性重大转变时期，要"建立完善的林业动态监测体系，整合现有监测资源，对我国的森林资源、土地荒漠化及其他生态变化实行动态监测，定期向社会公布。"2004年12月，国家林业局全面启动森林资源和生态状况综合监测体系建设框架研究，以探讨综合监测的主要技术体系和技术方法，并首先在广东省组织了森林资源和生态状况综合监测试点工作，2006年其研究取得了较大的成就，部分研究成果已经列入第七次全国森林资源清查的内容，进一步优化了部分省的抽样设计，在广东、内蒙古等省（区）建立了森林资源和生态状况监测试点，对森林生物量、森林碳汇、水源涵养、水土流失、土壤理化性质等监测进行了积极探索，为森林资源监测逐步过渡到森林资源和生态状况综合监测奠定技术基础。面对如何建立一个完善的森林资源监测体系，许多专家及林业工作者都进行了探讨，如广东省森林资源和生态状况综合监测体系由森林资源连续清查监测系统、非乔木层植被生物量样方监测系统、林地土壤监测系统、森林植物物种多样性监测系统以及森林景观生态监测系统5个子系统所组成（叶金盛、薛春泉等）；陈玉山、祁英、栾皓等人提出内蒙古自治区森林资源与生态状况综合监测体系应以森林生态系统、湿地生态系统、荒漠化生态系统和草原生态系统为监测对象，对过去内蒙古开展的各项监测内容和监测信息应进行科学整合；童德磊等对贵州现有的森林资源综合监测状况进行了分析，指出了现有的问题和相应的解决方案。我国森林资源与生态状况综合监测体系的建设还需要做大量的基础性研究和实践，如何协调森林资源连续清查体系与荒漠化监测、湿地资源监测等其他各监测体系，协调森林资源一、二、三类调查、协调全国与地方森林资源监测、协调森林资源与生态状况监测等方面的关系，逐步实现由森林资源监测为主向森林资源与生态状况综合监测的转变，建成系统化、网络化、规范化的综合监测和信息服务体系，最大限度地满足林业和生态建设的需求，实现对全国森林资源及相关生态状况的综合监测与评价。此项建设任务的开展任重道远。

总的来说，我国已基本建立了森林资源监测、土地荒漠化和沙化监测、湿地监测、森林病虫害监测、森林生态定位监测等体系，具有较为完善的组织管理系统和技术保障系统，为我国林业发展和生态建设提供了大量客观、科学和详实的数据，为我国林业的现代化建设做出了巨大贡献。但整个综合监测体系还远远不能适应生态建设的步伐，监测内容还不够完善，主要表现在监测目标单一、数据成果时效性差、新技术应用不充分、缺乏强有力的专家系统支持、整体监测工作不协调，数出多门，难以形成统一的信息处理与综合评价能力等方面。针对森林资源监测而言，其监测能力仍不能满足新形势林业发展和参与全球资源评价的需要。森林资源清查成果时效性差，与林业发展和生态建设的要求不相适应，体系惯性大，抗干扰能力弱，经费投入不足，科技进步较慢，新技术应用不充分，缺乏专家支持系统，综合评价能力不足，3S等新技术的应用还没能形成整体合力。虽然20世纪90年代以来遥感技术的应用有了一定的发展，但主要只能为小班区划提供辅助信息，难以根本解决地面调查的需要。近年来GPS技术也开始初步应用，但还没有引向深入。内业数据处理手段随着计算机技术的发展有了相当程度的发展，但GIS技术、网络技术等还没有给森林资源监测带来实质性的革新，尤其是信息管理系统的发展还跟不上林业发展的要求。国内许多省市也都建立了信息管理系统，虽然森林资源监测信息化的相关技术一直在不断进步，但仍存在建设速度参差不齐，技术标准不够统一规范，信息处理能力相对落后等缺陷，森林资源监测仍面临诸多困难和技术瓶颈，需要不断创新和发展。

第二章　森林资源监测技术体系

森林资源监测是强化森林资源保护管理，提高森林资源经营水平，提升林业应对气候变化能力的基础支撑，是发展现代林业、构建和谐社会的重要保障。我国森林资源监测工作，经过几十年的发展，监测队伍逐步壮大，监测技术不断改进，监测体系日臻完善，基本形成了以国家森林资源清查为主体，二类调查为基础，以作业设计调查和专业调查为补充的全国森林资源监测体系。目前，我国已完成了 7 次全国森林资源清查，为不同时期的林业建设和社会发展提供了及时可靠的信息。但随着我国林业进入以生态建设为主，积极推进集体林权制度改革，全面推动现代林业建设的关键时期，迫切需要进一步完善森林资源监测技术体系，不断提高监测成果质量，提升森林资源监测为林业与生态建设、经济社会可持续发展和应对全球气候变化提供信息服务的能力。

第一节　需求分析

一、多尺度森林资源监测体系目的与意义

我国现有的森林资源监测体系主要构成包括：一、二、三类调查、造林综合绩效核查等，不同层次的业务部门对森林资源及生态工程建设成效的监测有不同的需求，如国家层次主要关注全国森林资源宏观状况、生态和造林工程建设、森林资源病虫灾害等方面的宏观信息，省级、县级、林场或乡级单位则要不同程度地掌握更详细的数据，如落实到小班的二类调查、造林作业设计、伐区作业设计、更新调查、森林火灾、病虫害调查、生态公益林管理等内容。各个层次对森林资源监测信息的需求内容既相互独立，又相互联系，森林资源监测体系的各监测类型和内容同样既相互独立，又相互联系，如何协调各监测类型和监测内容，研建多尺度森林资源监测系统，对减少资源监测的内容重复，降低监测成本，优化监测资源，为我国林业发展和生态建设提供完整、全面的森林资源基础数据，推动我国森林资源监测的全面进步具有重要意义。

多尺度森林资源监测系统是以我国的森林资源监测中的一、二和三类调查等为主要研究对象，通过这些资源监测的现状、业务流程、发展方向以及三者之间关系的研究，构建满足国家、省、县多层次森林资源监测与管理需要，以"3S"技术，网络技术，生物学模型模拟技术等现代高新技术为基础的网络化、模块化的森林资源监测系统，形成可实际运行，具有分布式海量森林资源数据信息管理、处理、分发与服务的森林资源调查信息共享与服务体系。

二、森林资源监测信息需求

信息需求分析是建立森林资源监测技术体系的一项重要的基础工作。信息的获取是为一定的目的服务的，不同层面的用户有不同的信息需求。新中国成立以来，我国的森林资源监测工作得到了长足发展，信息供给能力日益增强。随着我国经济的快速发展，人们对森林资源开发利用的认识也发生着深刻的变化，逐步从粗放经营向集约经营的思想转变，从单一利用向可持续经营的思想转变；对森林资源信息的需求也发生着从简单到复杂、从单一到综合、从局部到整体的变化。开展森林资源监测信息需求分析，是适应当前发展现代林业、建设生态文明、推动科学发展的新形势，推进森林资源监测工作进一步发展的有效手段。总体来看，监测信息需求可以从国家宏观决策、林业改革发展、森林资源经营管理、国际合作交流、相关部门及公众等几个层面来进行分析。

（一）国家宏观决策信息需求

国家宏观决策是指对整个国家发展方向和奋斗目标的战略决策，涉及经济、生态、社会等各个方面。国家宏观决策必须以客观、真实、准确的信息为基础，以科学的预见性为前提，以系统的全局观为准则。党中央、国务院高度重视资源与环境问题，把合理利用资源、改善生态状况、实现可持续发展作为我国的一项基本国策。森林作为陆地生态系统的主体，对维护生态平衡和改善生态状况起着不可替代的作用，资源状况的变化必然对国家宏观决策产生重大影响。增加森林资源数量、提高森林资源质量，改善森林的空间分布及其健康状况，保证森林生态系统的生产力和长期健康稳定，是建设现代林业和发展国民经济的物质基础，也是实现人与自然协调发展的必备条件。

（二）林业改革发展信息需求

当前，我国林业步入了快速发展和构建林业三大体系、全面推动现代林业发展的新阶段，中央提出了科学发展观的战略决策，作出了建设生态文明的重要部署，高度重视林业改革发展，出台了一系列支持林业改革发展的重大措施。2008年以来中共中央、国务院出台了全面推进集体林权制度改革的意见，召开了新中国成立以来的首次中央林业工作会议，赋予了林业"四个地位"和"四大使命"。林业改革发展正面临着十分难得的历史机遇，承担着十分重大的历史使命。

2010年国家林业局提出了当前和今后一个时期林业改革发展的总体要求：以邓小平理论和"三个代表"重要思想为指导，深入贯彻落实科学发展观，全面落实中央林业工作会议和胡锦涛总书记、温家宝总理等中央领导同志重要批示精神，依靠人民群众，依靠科学技术，依靠深化改革，扎实开展植树造林，大力发展林业产业，全面加强生态保护，着力强化森林经营，确保2020年比2005年增加森林面积4000万公顷，增加森林蓄积量13亿立方米，森林覆盖率达到23%以上，林业产业总产值达到4万亿元。

随着国家林业改革发展，特别是集体林权制度改革的全面推进，森林资源监测必须为实现资源增长、农民增收、生态良好、林区和谐的目标提供基础信息支持。加强县域特别是"林改"区林政资源管理，落实林地经营权、林木所有权和处置权，满足经营者要求，离不开及时准确的山头地块森林、林地、林木信息支持。这就要求森林资源监测工作，必须充分利用遥感等现代高新技术，推进精准测量，将森林和林地落实到现地，并叠加地籍和林权权属档案信息，搭建全国—省级—县级—乡镇—村—户籍小班，上下贯通、相互兼容、集成统一的森林资源监测服务支持平台，以提高森林资源经营管理水平，更好地为林业改革发展服务。

（三）森林资源经营管理信息需求

新中国成立60年来，森林资源保护与发展取得了巨大成就。森林产品供给能力不断提升，累计为社会提供木材近100亿立方米、竹材近100亿根；全国森林覆盖率由8.6%提高到20.36%，林业为国民经济发展做出了巨大贡献。全国森林资源连续清查结果表明，1998年以来，林业进入了以生态建设为主的快速发展阶段。党中央、国务院相继颁布了《关于加快林业发展的决定》和《关于全面推进集体林权制度改革的意见》，确立了以生态建设为主的林业可持续发展道路，提出了严格保护、积极发展、科学经营、持续利用森林资源的基本方针，进一步加大了"三个系统一个多样性"的保护与建设力度，把森林资源保护与发展提升到维护国土生态安全、全面建设小康社会、实现可持续发展的战略高度。特别是"十一五"以来，我国林业全面推进集体林权制度改革，按照发展现代林业、建设生态文明、推动科学发展的战略思路，进一步加强资源管理，加大生态保护与建设力度，取得了显著成效。

我国的森林经营管理主要包含以下几个方面内容：一是森林资源动态变化监管。主要指森林资源数量、质量和分布以及变化情况等。二是森林资源的分析和评价。主要包括森林经营管理模式，各种森林资源的价值评估、计算，森林经营投资损益的判别，森林资源结构的调整等内容。三是森林经营决策、制订生产经营计划。森林经营决策的具体做法是根据企业现有的生产条件，提出解决问题的方法、决策过程和达到的目标，并论证决策方案的合理性。生产经营计划包括短、中、长期计划和年度计划。四是森林资源信息管理。这里所讲的资源信息主要包括区划调查成果，森林经营措施实施资料，森林资源档案，林政法规和社会经济条件资料等。除了管理这些信息外，还包括建立资源信息管理的系统和方法。森林资源管理的信息需求也主要围绕以上几个方面展开。

（四）国际合作交流信息需求

作为国际层面的信息需求，其目的主要是掌握全球的自然资源与生态总体状况或宏观情况（数量、质量、类型、分布等），资源变化对生态系统维持和经济社会发展的贡献，以及了解各国对相关国际公约的履约情况等。

《世界森林状况》报告信息需求。由联合国粮农组织编辑出版的《世界森林状况》报告，从1995年以来，每两年出版一期，已连续出版了六期。《世界森林状况》报告是一部关于森林资源与森林生态系统状况的综合信息统计与分析报告，它要求世界各国每两年提供一次信息。这些信息包括森林资源范围、森林健康、生物多样性、森林资源的生产功能、森林资源的保护功能和社会经济功能等6个方面的4个统计汇总表和15个评价报告表。具体包括以下内容：

统计汇总信息：包括各国和地区基本数据，如国土面积，人口（数量、密度、年变化率、农村人口），经济指标（人均国内生产总值、国内生产总值年增长率）等；森林面积及面积变化，如森林面积（森林总面积、占国土面积的比例、人均森林面积、人工林面积），森林覆盖变化（年度变化量、年度变化率）；森林类型、蓄积量及生物量，森林类型（热带、亚热带、温带、寒温带/极地），森林林木蓄积（总蓄积量、每公顷蓄积量），森林林木生物量（总生物量、每公顷生物量）；红树林面积，各类山地森林（热带亚热带湿润山地森林、热带亚热带干旱山地森林、温带北温带常绿针叶山地森林、温带北温带落叶山地森林、温带和北方阔叶及混交山地森林)面积;林产品生产、贸易及消费量,木质燃料、工业原木、锯木、木质人造板、纸浆、纸张与纸板。

森林资源评估,包括森林范围等 15 个方面的评估报表,具体内容见表 2-1。

表 2-1　森林资源评估要素

项目	内容
森林和林地范围	国土面积、耕地面积、牧场面积、林地(森林和其他林地)、其他土地和内陆水域的面积。森林(其中森林指面积超过 0.5hm²、树高超过 5m、郁闭度超过 10% 的森林,不包括农用林和集体林;其他林地指面积超过 0.5hm²,树高超过 5m,郁闭度 5%～10%,或郁闭度超过 10% 的灌木林地;其他土地指所有其他林地)面积等。
按权属统计的森林面积	提供不同权属的森林、其他林地的面积,权属包括公有(国家、省(州)、地区政府、政府机构或城市、乡村等公共团体);私有(个人、家庭、个人合作、企业、宗教、科研教育机构、投资基金和另外的私人机构)和其他(公有和私人之外的森林)。
按森林功能统计的森林面积	按照森林和其他林地两类,从主要功能、所有功能两方面描述森林或林地的木材生产、水土保持、生物多样性保护、社会服务。
按森林特征统计的面积	按照森林和其他林地,分别提供原始森林、次生林、近自然森林、人工商品林、人工公益林(保护林)的面积。
森林蓄积增长量	提供蓄积增长量和商品林蓄积增长量信息,其中蓄积增长量计算包括最小量测胸径、树干地径和顶部直径,树枝最小直径。
生物量储量	地上生物量(表土以上的生物的叶、花、果、干、枝、皮等)、地下生物量(所有活的直径超过 2mm 的根)、死亡木的生物量(包括所有站立或倒下的地上或地下的死的木质生物量),生物量总量和单位产量。
碳储量(碳汇)	地上活生物量的碳、地下活生物量的碳、死树生物量碳、其他废弃物的碳、土壤碳;二氧化碳排放量、森林及土壤的碳存储与排放量等。
生态系统健康与活力	人为活动对生态环境的破坏,包括侵占,开发为农地,道路、水利、城镇居民点建设与开矿用地,轮作农业、非法用火、游牧放牧、盗伐和偷猎,不合理经营,污染,外来有害生物入侵等数量和分布;火灾对森林内外的影响(烧毁的生命物质包括人、动物和植物,财产和释放的有害气体及影响等),虫害鼠害对森林健康的影响,由细菌、真菌、病毒等对森林的影响。
生物多样性	物种数量以及根据 IUCN 红皮书标准的濒危物种数量、关键的濒危物种数量、受威胁的物种数量。并要求根据地理分布和入侵行为将物种划分为四个类型,即本地物种、外来物种已本地化且具有入侵行为、外来物种已本地化、外来物种未本地化。自然保护区(面积、数量、比重)、哺乳动物、鸟类、高等植物、濒危野生动植物清单等。
蓄积增长量的结构	最常见的前 10 个树种的蓄积量,其他树种的蓄积量。
木材产量	包括工业用材产量和能源用材产量。
木材产值	包括按照当地价格计算的工业用材和能源用材的产值。
非木质林产品产量	植物产品及原料(食物、饲料、药材及香料、染料、器具及手工艺品和建筑用品、观赏植物、分泌物质、其他植物产品)的产量;动物产品及原料(活动物、皮革及营养物质、蜜蜂及蜂蜡、药材、颜料和染料、可食用的动物产品、不可食用的动物产品)的产量。
非木质林产品产值	按当地价格计算的上述各类植物和动物产品产值。
林业就业	包括主要林产品生产人员、服务人员和参与林业活动的临时人员的数量。

联合国森林论坛国家报告信息需求。1992 年 6 月在巴西里约热内卢召开的联合国环境与发展大会，通过了一系列重要决定，如《环境与发展宣言》、《21 世纪议程》、《联合国气候变化框架公约》和《生物多样性公约》。但由于森林问题的复杂性，围绕是否缔结国际森林公约问题，发达国家和发展中国家针锋相对，会议没有就森林问题的国际文书达成共识，只通过了一个无法律约束力的《关于森林问题的原则声明》。联合国环发大会以后，许多国家特别是发达国家要求开展关于国际森林问题的政策对话。1992 年 12 月，联合国大会批准了环发大会的成果，并通过决议成立了隶属于经社理事会的可持续发展委员会。1995 年 6 月，经社理事会决定在可持续发展委员会下成立政府间森林问题工作组（IPF），继续政府间森林问题的政策对话。森林工作组的任务是在 2 年的期限内，通过召开 4 次会议，就与国际森林问题有关的 5 个方面（即：①执行联合国环发大会有关森林问题决议的情况；②财政援助和技术转让中的国际合作；③科学研究、森林评价和制定森林可持续经营的标准和指标；④与森林产品和服务有关的贸易与环境问题；⑤国际组织和多边文书，包括有法律约束力的机制）的问题开展讨论，寻求共识，提出行动建议，并最终形成一份报告，提交 1997 年召开的可持续发展委员会第五次会议讨论。森林工作组经过激烈的辩论，最终就 5 个方面 12 个议题通过了约 150 条行动建议。

根据可持续发展委员会第五次会议的建议和第十九届特别联大的决议，1997 年 7 月，经社理事会决定在可持续发展委员会下成立政府间森林问题论坛（IFF），以继续森林工作组未尽的工作。森林论坛的期限也为两年，其任务是就全球制定关于国际森林问题的有法律约束力的机制找出解决办法，并在 2000 年向可持续发展委员会第八次会议提交报告。森林论坛最后也通过了一个包括 130 余条行动建议的报告提交给可持续发展委员会第八次会议。但是，在资金机制、技术转让、贸易与环境、国际森林文书等方面仍然存在重大分歧。2000 年 10 月，经社理事会根据可持续发展委员会第八次会议的建议，决定在经社理事会下成立联合国森林论坛（UNFF），并作为联合国的常设机构。联合国森林论坛的使命是通过 5 年的政府间国际森林政策对话，就是否最终通过谈判缔结国际森林文书作出最后决定。联合国森林论坛国家报告需要的森林资源和生态状况的具体信息需求包括：

生态系统状况：森林资源（土地总面积，林地面积，森林面积，森林覆盖率，森林蓄积量，年生长量，年消耗量，人均森林面积和蓄积量，森林单位面积蓄积量；人工林保存面积；天然林面积及占森林面积的比例，其中处于基本保护状态的天然林，零散分布于全国各地生态地位一般的天然林，集中连片分布于大江大河源头、大型水利工程周围和重要山脉核心地带等重要地区的天然林）；动植物资源（动物资源包括全部的兽类、鸟类、爬行、两栖的种类以及特有、濒危野生动物种类；植物资源包括全部裸子植物、被子植物以及特有、濒危野生植物种类）；湿地资源（湿地类型及其特点，湿地面积，其中天然和人工湿地面积）；荒漠化资源（荒漠化类型及特点，荒漠化土地面积，占国土面积的比例，其中沙质荒漠化面积，占荒漠化土地面积的比例；荒漠化土地主要分布，其中最严重地区的分布情况）。

生态系统动态变化与影响：水土流失面积，占国土面积的比例，每年流失土壤数量，每年的扩展速度；野生动植物物种减少的种类及占总物种的比例，每年因水、旱等自然灾害造成的直接经济损失；每年因荒漠化造成的直接经济损失，受荒漠化影响的土地总面积，沙化土地年均扩展速度；湿地减少面积，湿地年减少速度。

林产品供需状况：林产品供需状况，商品材年消耗量，供需缺口。

生态系统保护：用于野生动植物及其栖息地保护的森林和湿地生态系统的类型、数量、面积和分布；建立的自然保护区个数、面积及比例，其中，国家级自然保护区个数、面积及比例，野生动物救护繁育中心和珍稀植物种质种源基地的个数及面积；已完成造林面积，沙地被改造成农田、牧场、果园面积，草场得到恢复和保护的面积，开发沙区面积，其中人工治沙造林面积，飞播造林种草面积，封沙育林育草面积，治沙造田及低产田改造面积，人工种草及改良草场面积，沙地森林覆盖率变化，沙丘高度降低率，沙丘年移动速度，每年流入黄河的泥沙减少量，沙区粮食产量，饲养的牲畜种类和数量，造林面积及成活率，飞播造林及成效，耕地和草场年退化面积，湖泊年缩水面积，流域内河道枯干面积及比例，森林及草场衰退面积及比例，荒漠化防治工程建设面积、分布及效果；治理水土流失面积，包括修梯田、建坝地、治沙造田，人工造林、飞播造林、封山育林等。

（五）相关部门及公众等信息需求

除了上述的信息需求以外，与林业相关的一些行业主管部门、有关教学科研单位、学术团体和社会公众等也需要了解森林资源状况方面的信息。这方面的信息需求比较复杂，以下按两大类进行分析。

相关行业的信息需求。林业不仅是国家经济社会发展的重要组成部分，而且对国民经济和社会发展的其他方面也产生极其重要的影响，特别是与林业发展有直接关系的农业、水利、国土、环保、旅游、气象等行业。森林不仅能提供丰富的林产品，而且还具有水土保持、水源涵养、净化空气、美化环境等功能，充足的森林资源是保证农业安全生产、改善生态环境质量、提高旅游事业发展竞争力、维持水利枢纽工程正常运作的有力保障。所以，这些相关行业在制定其可持续发展战略，以及各种规划、计划时，需要得到林业相关信息的支持。这些信息主要包括：森林资源的面积、蓄积、种类及分布，森林在水源涵养、水土保持、净化空气等方面的信息。具体内容如林区产水量及林区持续产水的时间，控制向江、河、湖、海的泥沙流失量，吸收空气、水、土壤中的各种有害物质的数量，减少泥石流、塌方等自然灾害的能力，对区域温度、湿度、光照、降雨等影响程度的信息。

社会公众等信息需求。社会公众等信息需求主要指教育科研机构、学术团体和个体公民为开展科学研究、文化教育、社会参与、科技知识普及、国际国内各种学术交流等活动对森林资源和生态状况信息的需要。社会公众的信息需求是没有时间界限的，对信息的时间连续性、频率以及延续的时间长度等都没有固定的要求。社会公众等信息需求的对象非常复杂，可归纳为两大类需求群体。

一类是为探索森林资源与生态状况内在关系及受外界干预后的各种变化规律或发展趋势，这类信息需求的主体是从事相关科学研究的集体和个人。这类群体需要的森林资源与生态状况的信息范围不一定很广，但要求信息内容和森林生态系统类型要全面（从宏观到微观、从现状到历史、从个体到群体等），几乎包括前述的所有相关信息，而且要求信息的连续性和周期性要好，长期固定观测的信息是其最渴望的信息。当然对于某一个领域的专家学者，其信息需求一般仅限于该特殊领域，而不涉及全部的信息内容。如进行火灾预测预报研究的专家，可能最关心的是与引起火灾发生的三个要素（时间、空间、人）相关的信息，火源、可燃物和气候等信息，而地类、土壤、林种、年龄等则不是其考虑的重点。

另一类是为了获得一些关于森林资源和生态状况的常规性知识，如森林资源和生态状况的一些概念、森林资源的变化可能对生态安全、人类社会发展产生哪些影响，什么样的生态状况有利用于森林资源的培育等知识。具体来讲就是人们想了解关于森林资源和生态状况的基本知识(乔木、灌木、草本以及在何种条件下可以种植乔木、灌木和草本植物)，乔木、灌木、草本等植被对水土保持、水源涵养、净化空气、防风固沙、美化环境等方面的作用，以提高对森林资源和生态环境的保护意识。

三、森林资源监测内容及数据需求

森林资源调查的任务和内容是随着林业发展形势不断发展变化的。总体来看，目前一类调查以省(区、市)为单位进行，以抽样调查为基础，采用设置固定样地为主，定期实测的方法，在统一时间内，按统一的要求查清全国森林资源宏观现状及其消长变化规律。二类调查以森林经营单位或县级行政区域为单位，采用回归估计、抽样控制总体和小班目测等技术方法，掌握森林资源的现状及动态。三类调查以某一特定范围或作业地段为单位，采用实测或抽样调查方法，对森林资源、立地条件及更新状况等进行详细调查。资源档案更新和专业调查是依据不同的调查目的和任务，而采用相应的技术方法。林业专业调查的调查内容取决于具体调查目的和任务，部分内容还是二类调查的重要组成部分。以下主要介绍森林资源连续清查、森林资源规划设计调查、森林作业设计调查的主要调查内容。

(一)森林资源监测内容

1. 森林资源清查

森林资源清查的主要对象是林地和林木资源，调查内容主要包括各类林地面积和各类林木蓄积。但是，随着我国林业在经济社会发展中的地位和作用日益增强，生态需求逐渐成为社会对林业的第一需求。为满足以生态建设为主林业跨越式发展的需要，我国森林资源清查的内容也得到了逐步扩充。目前我国的森林资源清查内容可以分为以下六个方面：土地利用与覆盖、立地与土壤、林分特征、森林功能、生态状况和其他内容。

土地利用与覆盖。土地利用与覆盖调查包括土地类型(地类)、植被类型、植被总覆盖度、灌木覆盖度、灌木平均高、草本覆盖度、草本平均高等；

立地与土壤。立地与土壤调查包括地形因子和土壤因子两大类，其中地形因子包括地貌、坡向、坡位和坡度，土壤因子包括土壤名称、土壤厚度、腐殖质厚度和枯枝落叶厚度；

林分特征。林分特征因子调查包括树种(组)、起源、年龄、龄组、郁闭度、平均胸径、平均树高、平均株数、单位蓄积、群落结构、林层结构、树种结构、自然度、可及度等；

森林功能。反映森林功能方面的调查因子包括森林类别、林种、公益林事权等级、公益林保护等级、商品林经营等级、森林生态功能等级、森林生态功能指数等；

生态状况。反映生态状况方面的调查因子包括湿地类型、湿地保护等级、荒漠化类型、荒漠化程度、沙化类型、沙化程度、石漠化程度等、森林健康等级、森林灾害类型、森林灾害等级；

其他内容。其他有关调查因子还包括流域、林区、气候带、土地权属、林木权属、工程类别、四旁树株数、毛竹株数、杂竹株数、天然更新等级、地类面积等级、地类变化原因、有无特殊对待、采伐管理类型、县（局）代码、纵坐标、横坐标、地形图图幅号、样地类别、样地号、调查日期等。

2. 森林资源规划设计调查

森林资源规划设计调查的基本调查内容包括：核对森林经营单位的境界线，并在经营管理范围内进行或调整（复查）经营区划；调查各类林地的面积；调查各类森林、林木蓄积；调查与森林资源有关的自然地理环境和生态环境因素；调查森林经营条件、前期主要经营措施与经营成效。

另外，还应依据森林资源特点、经营目标和调查目的以及以往资源调查成果的可利用程度，确定是否增加以下调查内容以及调查的详细程度：森林生长量和消耗量调查；森林土壤调查；森林更新调查；森林病虫害调查；森林火灾调查；野生动植物资源调查；生物量调查；湿地资源调查；荒漠化土地资源调查；森林景观资源调查；森林生态因子调查；森林多种效益计量与评价调查；林业经济与森林经营情况调查；提出森林经营、保护和利用建议。

3. 作业设计调查

森林作业设计调查主要包括森林分类经营、区划和作业小班调查、商品林采伐作业设计、一般公益林采伐作业设计、重点公益林作业设计、森林更新设计、工程设计等调查和设计内容。

森林分类经营情况，包括商品林和生态公益林界定，并分别林况因子、立地因子、森林成熟、采数年龄的确定、材种规格、树木材质等级划分、采伐工艺设计、更新设计和工程设计等的调查和设计。

区划和作业小班调查。包括采伐更新作业的小班区划、小班面积、小班调查内容（起源、林层、优势树种、平均年龄、平均胸径、平均树高、地位级、伐前更新等级、下木和植被等林况因子；地形、坡向、坡度、土壤等立地因子；森林成熟；采伐年龄；材种规格；树木材质；采伐工艺）。

商品林采伐作业设计。包括适用范围、采伐作业设计、抚育伐作业设计、低产林改造作业设计的方式、方法、技术要求、采伐强度、采伐木的确定、采伐开始期与间隔期、改造措施等。

一般公益林采伐作业设计包括更新采伐和抚育伐作业。重点公益林作业设计包括封山育林设计。

森林更新设计包括人工更新、人工促进天然更新和天然更新等。

工程设计包括对运材岔线设计、简易公路（冻板道）设计、装车场、楞场设计、集材道设计、简易工程设计等。

4. 年度森林资源专项调查

年度森林资源专项调查内容，一般包括年度林地征占用调查、营造林综合核查、采伐限额执行情况检查、三总量调查、消耗量及消耗结构调查、全国生态公益林界定调查与核查等，其调查结果作为评价森林经营效果和林业行政执法的依据。

5. 林业专业调查

林业专业调查是为森林资源调查监测、林业经营管理、科学研究提供基础数据资料而不定期开展的某种特定内容调查。林业专业调查的内容取决于具体调查目的和任务，其调查成果直接为林业调查、区划、规划、设计和林业生产建设等服务。林业专业调查提供的信息，既满足某些特定的需要，也是抽样调查、图斑调查和年度核（调）查信息的补充。通过开展各类专项调查，为国家宏观战略决策、经营管理措施落实、资源保护利用监督，以及履行国际公约或协定、加强国际交流与合作等提供信息服务。

（二）森林资源监测数据需求

1. 森林资源清查

（1）遥感数据需求

①遥感原始数据

一类调查遥感数据一般采用中空间分辨率（10~30m）卫星遥感数据，时相要求在光谱差别较大的植被生长季节，与调查时间相差不超过两年，云量一般小于5%。每年需要获取覆盖全国五分之一省份的遥感数据，五年覆盖全国一次，数据量近1TB。

②遥感处理数据

对于获取的遥感数据要通过选取控制点进行几何精校正，全国要选择的控制点约5万个，需要建立全国控制点库。遥感影像经过几何精校正，一般选择近红外、短波红外、红波段按RGB进行波段组合，并经灰度拉伸，融合处理，形成遥感判读工作用图（遥感处理成果图），全国约有500G，需要建立遥感成果数据库。

③解译标志数据

在遥感解译判读过程中，要分类型、时相、区域差异建立解译标志，建立的解译标志全国超过5000个，需要建立遥感判读解译标志数据库进行管理。

（2）空间数据需求

①基础地理信息

专题图制作时，需应用全国1：25万基础地理数据包括行政界线、河流、湖泊、水库、公路、铁路、居民点等要素，以及全国1：25万DEM数据。

②公里（经纬）网

在遥感判读工作用图上，要叠加1km×1km或2km×2km或4km×4km公里网（在公里网交叉点空出3×3或5×5个像元）和10'×15'经纬网。遥感判读工作图按1：5万分幅制作。

③林业专题数据

全国以省为单位制作的森林分布图、湿地分布图、荒漠化/沙化土地分布图，以及森工企业局界线、自然保护区界线（或点）、国有林场场址（点）、国家森林公园园址（点）等。

（3）属性数据需求

①样地调查数据

包括地面固定样地记录和遥感样地判读记录。地面固定样地记录主要有固定样地空间位置、土地利用与覆盖、立地与土壤、林分特征、森林功能、生态状况、权属类型、区域特征等75项样地调查因子数据，样木的立木类型、检尺类型、树种、胸径、林层、采伐管理类型、方位角、水平距等样木调查因子数据，以及调查记录中的样地/样木位置图、树高测量、植被调查、灾害调查、荒漠化/石漠化程度调查、更新情况等记录数据。遥感样地判读记录主要有判读样地空间位置、土地利用与覆盖、林分特征、土地退化情况等12项调查因子数据。

②成果报表数据

包括森林资源现状数据和动态数据。森林资源现状数据主要有各类土地面积、各类林木蓄积、有林地资源、乔木林资源、天然林资源、人工林资源、用材林资源、竹林/经济林/疏林地与灌木林地资源、森林各类型面积按灾害类型/灾害等级/森林健康等级、植被类型/湿地类型/荒漠化土地/沙化土地/石漠化土地面积等，动态数据主要有各类土地面积动态、各类林木蓄积动态、乔木林资源动态、天然林资源变化动态、人工林资源变化动态、森林资源消长动态动态等。共有110多个成果报表数据。

③技术文档数据

包括成果报告、内业统计说明书、技术方案、工作方案、技术总结报告、工作总结报告、质量检查验收报告、外业调查操作细则、社会经济调查记录等技术文档资料。

2. 森林资源规划设计调查

(1)遥感数据需求

①遥感原始数据

二类调查遥感数据一般采用高空间分辨率(1~10m)卫星遥感数据或航空摄影数据，时相要求在光谱差别较大的植被生长季节，与调查时间相差不超过两年，云量一般小于5%。

②遥感处理数据

对于获取的遥感数据要通过选取控制点进行几何精校正，需要建立控制点库。遥感影像经过几何精校正，一般选择全色波段和多光谱融合处理，并经灰度拉伸，形成遥感判读区划工作用图(遥感处理成果图)，需要建立遥感成果数据库。

③解译标志数据

在遥感判读区划过程中，要分类型、时相、区域差异建立解译标志，并建立遥感判读解译标志数据库进行管理。

(2)空间数据需求

①基础地理信息

专题图制作时，需应用1:5万/1:1万基础地理数据包括行政界线、河流、湖泊、水库、公路、铁路、居民点等要素，1:5万/1:1万DEM数据，以及1:1万或1:2.5万数字栅格地形图数据。

②公里网

在遥感判读区划工作用图上，要叠加1km×1km公里网。遥感判读区划工作图按1:5万/1:1万分幅制作。

③林业专题数据

以经营单位为单位制作的基本图、林相图、森林分布图，以及县、乡行政界限等。

(3)属性数据需求

①小班因子调查数据

小班因子调查因子主要包括：空间位置、权属、地类、工程类别、事权保护等级、地形地势、土壤/腐殖质、下木植被、立地类型、立地等级、天然更新、造林类型、林种、起源、林层、群落结构、自然度、优势树种(组)、树种组成、平均年龄、平均树高、平均胸径、优势木平均高、郁闭/覆盖度、每公顷株数、散生木、每公顷蓄积量、枯倒木蓄积量、健康状况、调查日期等。

②统计报表数据

二类调查规定要求提交6种统计表,6种表为各类土地面积统计表;各类森林、林木面积蓄积统计表;林种统计表;乔木林面积、蓄积按龄组统计表;生态公益林(地)统计表;红树林资源统计表,以及其它由各经营单位确定的统计表。

③技术文档数据

包括工作方案、技术方案、外业调查操作细则、成果报告、内业统计说明书、工作总结报告、技术总结报告、质量检查验收报告,以及社会经济调查和经营措施调查记录等技术文档资料。

3.作业设计调查

(1)资源档案数据

包括作业地段所在小班的空间位置、权属、地类、工程类别、事权保护等级、地形地势、土壤/腐殖质、下木植被、立地类型、立地等级、天然更新、造林类型、林种、起源、林层、群落结构、自然度、优势树种(组)、树种组成、平均年龄、平均树高、平均胸径、优势木平均高、郁闭/覆盖度、每公顷株数、散生木、每公顷蓄积量、枯倒木蓄积量、健康状况等因子。

(2)空间数据需求

包括作业地段的地形图、林相图,以及其他林业专题图。

(3)作业小班调查数据

包括作业小班的面积,植被的种类、高度、盖度,森林资源的起源、优势树种、树种组成、株数、平均年龄、郁闭度、平均胸径、树高、出材量、出材等级,立地条件的坡度、坡向、坡位,土壤的种类、厚度、腐殖质厚度,经营类型和措施的更新类型、采伐方式、采伐强度、采伐株数、造林方式、造林树种,以及母树林木、作业道路、交通状况等。

4.年度森林资源专项调查

(1)统计区划数据

各省(区、市)公益林区划面积,重点工程建设面积,以县为单位的营造林(人工造林、人工更新、飞播造林和封山育林)面积、采伐量、采伐限额、占用征用林地面积等方面的区划资料和统计数据,以及有关的作业设计、施工、检查验收、档案、管护、抚育、林权证发放情况等资料数据。

(2)空间数据需求

包括检查区域的地形图、林相图,作业设计(伐区、营造林、占用征用林地)和公益林区划图面资料等,以及核(调)查地块的空间信息。

(3)核(调)查数据

营造林实绩综合核查数据包括飞播造林小班调查(出苗)、飞播造林成效小班调查、飞播造林样元调查(出苗)、飞播造林样元调查(成效)、天保工程森林管护调查、天保工程森林管护、综合核查抽乡情况、综合核查(分县上报面积)抽乡情况、综合核查(县确认面积)抽乡情况、重复上报虚报登记情况、人工造林更新分县核查结果、人工造林更新实绩小班调查、退耕还林保存状况小班调查、年度人工造林更新原合格面积保存状况小班调查、封山育林实绩核查小班调查、封山育林成效核查小组调查、封山育林实绩核查样元记录、封山育林成效调查样元记录、飞播造林出苗调查播区因子记载、飞播造林成效调查播区因子记载等调查数据，以及按单位统计的森林保护状况核查结果、封山育林核查结果、飞播造林核查结果等。

采伐限额执行情况检查包括伐区样本抽样情况、采伐作业质量评分因子统计情况、木材生产计划统计、伐区审批汇总、伐区拨交汇总、伐区验收汇总、采伐限额检查工作量统计、审批拨交采伐量与限额统计、年度采伐限额相关文件登记、森林采伐限额统计、伐区发证情况统计等调查数据，以及总采伐量统计计算、"三率"汇总、检查伐区采伐情况统计、木材生产计划与采伐限额比较统计、木材生产计划与发证采伐量比较统计、发证采伐量与采伐限额比较分析等数据。

征占用林地调查(检查)包括占用征用林地检查记录、上年度恢复森林植被和使用森林植被恢复费情况、占用征用林地审核(批)情况、占用征用林地森林植被恢复费及其他三项费用缴纳情况、占用征用林地林木采伐许可证办理采伐林木情况、占用征用林地分地类情况、违法占用征用林地情况、占用征用林地检查项目情况等调查数据。

国家重点公益林区划界定认定核查与管护情况检查包括核查小班号、原小班号、图幅号、申报生态区位、核实生态区位、区位名称、申报工程区、核实工程区、申报地类、核实地类、申报林地权属、核实林地权属、申报林木权属、核实林木权属、申报林种、核实林种、申报面积、核实面积、不核实类型、是否合格、不合格类型、是否签定了禁止或限制采伐协议等调查因子数据。

5. 林业专业调查

(1)森林土壤调查

根据土壤调查线路，获取的植被、地形、土质、土壤名称、土壤厚度等土壤标准地和剖面调查数据，以及土壤分布图、土壤分类系统表等。

(2)森林立地类型(或林型)调查

获取的地形、地貌、海拔、林木组成、生长状况、植被、土壤、幼树更新、病虫害以及采伐后演替方向，立地类型(或林型)表等数据。

(3)测树制表调查

获取的包括标准木、解析木数据，一、二、三元立木材积表和航空像片立木材积表，林分断面积、蓄积量标准表，航空像片林分材积表，航空像片数量化林分蓄积量表，商品材出材率表，地位质量评价数表包括地位级表、地位指数表和地位指数数量化得分表，以及林分生长过程表、收获量表、林分密度控制图等数据。

(4)森林病虫害调查

获取的包括病虫害种类、分布，株数被害率、被害程度、蔓延趋势，被害优势树种、组成、树高、林龄、郁闭度、海拔高，发生发展的原因，病虫害对林木所造成的损失以及病虫害的发生与生态环境的关系等数据。

(5)森林更新调查

获取的包括目的树种幼树株数、分布、高度、健康状况、破坏情况，以及地类状况等数据。

（6）非木质森林资源调查

获取的包括调查线路，非木质森林资源种类、分布、生境、数量、生长状况、更新情况等数据。

（7）野生动物资源调查

获取的包括野生动物资源种类、分布、数量、生境、濒危程度、保护等级等数据。

四、功能需求分析

多尺度森林资源监测系统立足于满足国家、省、县不同管理部门森林资源监测与管理工作的需求，按系统体系结构的布局，从系统功能上可以分为基础地理信息管理平台、森林资源监测基础平台、森林资源监测业务应用系统三个主要部分。

基础地理信息管理平台主要对公共基础地理数据、遥感影像、地形图等数据进行管理和维护。

森林资源监测基础平台主要是森林资源管理中所涉及的公共基础功能的开发，包括数据交换子系统（中间件）、林业制图子系统、林业模型子系统、统计表单子系统、数据服务子系统。

森林资源管理专业子系统主要实现对国家、省、县森林资源监测及成果数据进行管理和维护，主要子系统有森林资源连续清查子系统、森林资源规划设计调查子系统、森林资源规划设计三类调查子系统、外业调查 PDA 处理系统、森林资源发布查询浏览子系统等。

（一）基础地理信息管理需求

基础地理信息管理是各专题管理的基础，每个专题地理信息管理都需要再此基础上运行并开发相应的专题功能。系统后台采用大型数据库和空间引擎技术，实现对多源、多尺度、多时态的空间数据的有效管理及应用。主要功能模块见图 2-1。

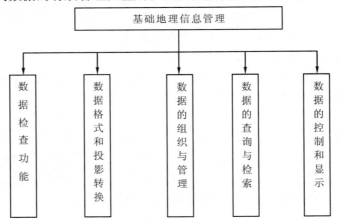

图 2-1　基础地理信息管理平台功能图

1. 数据检查功能

数据检查主要实现对不同层次的森林资源监测成果数据的自动质量检查与评价。不同层次的森林资源监测成果数据库的数据以及后续更新的数据均需在入库前进行质量检查，并要确保把数据检查规则的一致性。数据检查以交互式和批量进行，支持多用户并行检查，要能产出内容清晰、易于错误定位、提供一定错误修正指导的检查报告和部分统计评价结果。数据检查的内容主要有：

（1）数据完整性检查

支持检查不同层次监测数据的地理覆盖范围是否完整、无遗漏；表格数据是否无遗漏和无多余；元数据是否无遗漏和无多余；检查必填数据项不能为空值等。

（2）数据逻辑性检查

检查空间数据要素分层（如要素层名称和几何特征）、属性（表格）、元数据的数据结构（如表名、字段长度、字段类型和约束条件等）是否与森林资源监测的相关标准保持一致；检查数据项的值是否符合值域范围的要求，值间的关系符合规定的逻辑关系；检查是否按要求建立拓扑关系，建立的拓扑关系是否正确，如多边形封闭、不存在多余标识点、悬挂节点、坐标点重叠、线和弧段自相交等现象。

（3）属性数据准确性检查

检查数据值及其单位的正确性，如地类图斑面积扣除的正确性；检查土地调查分类面积汇总表等统计汇总表数据是否正确；检查调查成果和汇总成果的数值单位是否符合要求。

（4）数据检查自定义

系统应支持用户选择检查数据对象；可针对不同检查对象选择不同检查项；支持用户对检查规则进行自定义；用户可自定义数据检查结果的缺陷分级。

（5）检查结果评价与处理

系统应支持对检查错误的详细记录，用户可以根据错误记录定位到错误处，并支持用户对错误进行批量处理；实现数据质量评价模型和表格、评价报告模板等的自定义和设置；实现评价结果与评价报告的输出等功能。

2. 数据格式和投影转换

多尺度森林资源监测系统应支持分批或一次性将不同层次不同格式的森林资源监测数据转换为多尺度森林资源监测系统支持的统一格式，并生成数据转换报告。同时系统应支持各类型数据的导入，包括外部影像数据和矢量数据的导入。

（1）数据格式转换

不同数据源矢量、图像、数字高程模型、属性数据等数据格式的转换；空间数据与其它行业的空间数据相互转换。

（2）坐标转换与投影变换

支持北京54、西安80与WGS84等坐标系之间的相互转换；支持投影参数设置，可实现矢量数据和栅格数据的投影变换；支持空间数据的动态投影；支持坐标去带号、增加带号、整体平移、仿射变换、线形变换、多项式变换。

3. 数据的组织与管理

（1）数据视图管理

系统必须支持不同层级的快速检索机制，自动按照浏览的级别确定显示相应的内容；实现对海量空间数据的快速无缝浏览；支持空间数据的动态投影；支持鹰眼图功能；支持基本的放大、缩小、平移、全图；支持比例尺控制；书签管理，包括创建书签、删除书签、定位书签等功能；支持对影像数据的无缝快速浏览。

（2）数据图层管理

可添加或移除图层，可改变图层显示顺序；选择图层是否显示，定义图层显示的比例尺范围；支持图层的标注字段选择和动态标注；支持图层的符号选择和应用。

（3）属性数据库管理

属性数据管理主要任务是对属性数据进行数据维护（输入、修改、删除、数据有效性检查）、导入导出（数据格式转换、数据上报和下发）、查询等功能。数据库管理的目的是整合已建立的项目计划数据库、专家知识库以及公共资源数据库，采用数据库优化和数据仓库建立、数据交换、数据挖掘技术，实现以 GIS 为平台的数据一体化管理，完成数据录入、更新、查询、分析、统计报表等功能，同时，通过数据管理建立安全可靠的数据库访问机制和分级用户管理系统。

通过对数据库管理中各种功能综合应用和定制，提取各种专题信息，进行面向应用层面的各种开发，可建立多尺度森林资源监测系统的各应用子系统，因此，数据库管理是应用系统开发的基础。

4. 数据的查询与检索

信息查询是在数据管理的基础上，为管理决策提供各种可用的信息，方便灵活的查询方式是多尺度森林资源监测系统非常重要的功能之一。多尺度森林资源监测系统将信息查询分为四种功能：

（1）专题信息查询

该功能是在对各类用户进行需求调查的基础上，设置几种固定的信息系统与管理人员常用的信息查询方法。以便信息系统管理人员和一般用户快速地获取查询和统计信息，如果所查询的信息具有空间信息可同时生成相应的 GIS 专题图。

（2）任意查询

该功能辅助信息系统管理人员和一般用户制定查询和统计表达式。多尺度森林资源监测系统将根据这些表达式提取查询和统计信息。任意查询为用户提供了更加灵活的查询和统计模式。用户可以随意的建立表达式进行信息查询和统计，如果所查询的信息具有空间信息，则除了输出数据报表和统计图外，还生成相应的 GIS 专题图，同时可以根据需要将其保存为定制查询。

（3）定制查询

将表达式查询的有关规则进行存储。此后，用户再进行类似查询和统计时，只需选择定制查询和统计表达式的名称，便可获取所需信息。通过该机制，使用户就像使用专题查询一样使用多尺度森林资源监测系统的查询功能，为各级管理用户提供信息服务。

（4）空间属性查询

根据空间信息对各种属性信息进行查询统计，空间数据查询检索（地图要素查询、空间拓扑关系查询检索、统计分析查询、空间分析查询检索、海量数据组织查询检索、元数据查询检索、浏览）、空间属性综合查询（图表互操作查询、空间属性分析查询、报表统计查询、因子分析查询、条件查询、模糊查询、属性数据元数据查询、检索、浏览等）。

5. 数据控制与显示

系统提供图层是否可见控制、按比例尺自动切换调图、鹰眼控制功能、三维显示功能等功能。

（1）图层的可见性控制

用户可以根据需要调整任意专题图中的任意图层的可见性（可见/不可见）

（2）按比例尺自动切换调图

由于系统中的每一类矢量地图图层都存在100万、25万、5万、1万等多种比例尺，通过预先设置每一图层的最大最小比例尺，可以控制在任意屏幕比例尺下，当前地图窗口只有一个比例尺的图层被显示。

（3）鹰眼控制功能

鹰眼视图显示了您所选择地图区域在整个地图范围中的相对位置，方便全面的了解信息状况。

（4）三维显示功能

借助于DEM进行三维显示，可以旋转视角，缩放和夸张显示，也进行三维地形特征分析、坡向、坡度分析计算、可视域分析、水土流失分析、土壤侵蚀分析、林分地形环境分析、流域范围分析、山脊、山谷特征线的提取和分析、高程带划分等，三维显示效果图可以保存为图像文件。

（二）森林资源监测基础功能需求

森林资源监测基础功能需求主要是对森林资源监测和管理所需要的公共的、基础的功能进行提炼，开发成林业资源监测和管理中所涉及的基础模块或中间件，为专业子系统的搭建提供基础模块，这样可避免大量的重复开发和数据库建设的工作。主要包括数据交换子系统、林业制图子系统、林业模型子系统、统计表单子系统、数据服务子系统等，见图2-2。

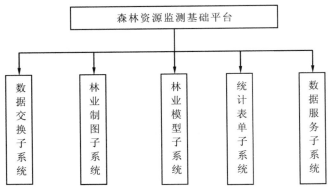

图2-2　森林资源公共基础管理平台功能图

1. 数据交换

实现不同空间尺度、不同管理层次、不同平台基础数据库、专题数据库之间的数据交换；相同管理层次基础数据库、专题工程数据库之间的数据交换。多尺度森林资源监测系统中各种信息转换为其他数据格式，便于其他的软件使用，对数据进行进一步的处理，将其他的数据格式的数据读入到多尺度森林资源监测系统中。该功能提供了多尺度森林资源监测系统与其他系统之间进行数据交换的机制，该功能的强大与否是判断一个系统好坏的重要标志。

2. 林业制图

多尺度森林资源监测系统中的所有基础矢量地图的制图符号显示及配色方案均参照《中华人民共和国地形图图式标准》、《中华人民共和国地图符号标准》中对各比例尺地图的相应规定执行。系统提供一套完整的图符号显示及配色方案，用户可以使用默认配置，也可以自定义配置。

（1）图面整饰与图形打印功能

标准图廓：根据需要可预先在模板中定义多个满足不同需求的图廓，供打印时选择；

自定义图廓：允许用户实时对图廓的大小、样式、比例进行调整以满足临时出图的要求；

打印设置：可以选择打印机、纸张类型、纸张大小；可以任意指定打印范围、打印比例；可以旋转任意角度打印；可以调节打印色彩、线宽比例；提供针对打印机精度的微调节方法。

可直接打印输出，也可打印输出为 BMP 文件。

（2）制图模板功能

系统提供方面的模板修改和制作符号的工具。用模板控制成图生产，便于生产出规范的产品。

能对地图要素包括字体（字体类型、型号大小、加粗否、斜体及倾斜方向、色彩）、符号（类型选择、大小、线条粗细、色彩，并建立符号库，而且自创符号）、填充（色彩）和线型（线型、色彩、粗细、间距）、图名（名称、字体、加粗、阴影等）、图例、公里网（线型、色彩）、经纬线（线型、色彩）、比例尺、指北针、边框及花边等要素进行修改和编辑，参照相关制图标准和林业出图标准进行。

能根据图例进行符号、注记、线型、填充式样的调整改变专题图中的这些要素。可以根据图面设置自动生成图例，并可对图例进行编辑，可改变图例放置位置，图例的整体比例调整，图例可保存成为文件，方便下次调用。并能对图例进行编辑：包括对标题、列数、偏移量、字体、图例的背景等进行调整。

（3）遥感影象图制作

在遥感影像图上叠加矢量图层，如区划界线，居民点，标注点，做好图面整饰后可直接打印输出，也可根据设置的比例尺生成图象文件。

3. 森林资源模型

森林模型技术是以森林资源总体为对象，应用系统的观点与方法，进行森林生长、产量、质量、结构与功能的分析摸拟，实现对森林资源数量、质量、分布和变化的预测分析与评价，为森林生态系统经营管理提供科学依据。因此，建立模型机理意义强，具有很强普遍性，提供方便友好界面、可视化、用户可定义，易于在森林资源管理中应用的模型系统，是森林模型模拟技术发展趋势。

林业模型子系统主要预设置的模型包括林分林木生长模型、消耗模型、更新模型、材积模型等。同时要求系统提供友好的界面和智能定义方法，可以将实际生产过程中总结出来的模型维护和扩充到计算机模块中，以方便、快捷、灵活地进行森林资源动态变化和发展态势的模拟与预警预测。

4. 统计表单

在森林资源监测中，监测成果之一是产出大量的统计表。这些统计表一般都是格式固定，比较规范。因此，按照森林资源监测的调查规范和标准，将这些表单的内容进行归纳，开发森林资源监测表单统计子系统，将会大大提高生产单位的出表效率。

统计表单的开发主要包括统计表头的自定义、数据源的连接、统计条件的输入、表单的显示等几方面内容。

5. 数据服务

整个多尺度森林资源监测系统是基于网络的，数据服务也是系统主要的基础模块之一。采用面向服务架构（Service Oriented Architecture，SOA），进行数据服务子系统的开发。数据服务子系统充当抽象层，提供一些用户可能感兴趣的公共函数，它与底层资源通信，并从上层应用程序去除数据位置、类型和管理，留下虚拟数据源。对应用程序开发而言，虚拟数据源意味着集中干手边的数据问题，无需重写访问不同数据的管道。为使数据服务是自包含的，最理想的情况下它们应包含以下信息：数据源的元数据、连接信息、用于读取/导航和更新数据源的接口函数、数据服务间的关系信息、安全信息、数据服务的元数据。

数据服务主要包括：目录服务（CAT）、网络地图服务（WMS）、网络要素服务（WFS）等内容。

（三）森林资源监测业务应用需求

森林资源监测业务应用需求主要实现对国家、省、县森林资源各监测业务系统化及监测成果数据化、网络化管理以及通过模型、空间分析等产出服务于决策和生产应用的信息。

1. 国家层次的系统需求

在国家级森林资源监测系统尺度上，要解决和实现以下几个业务需求：包括基础地理信息管理、遥感影像管理系统、PDA 一类外业调查成果组织管理、一类清查成果展示、二类主要成果管理以及部分森林资源监测成果发布等需求（见图 2-3）。其中前两部分的功能需求，从基础地理信息管理平台中继承而来，这里不再详细介绍，重点对最后面四个部分的需求进行分析。

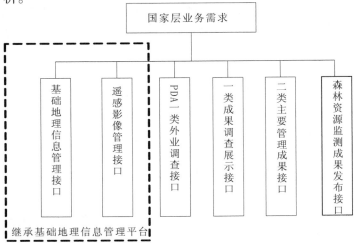

图 2-3 国家层业务功能和接口需求

（1）PDA一类外业调查接口需求

PDA一类外业系统是主要完成外业一类样地、样木的调查后，能提供数据上传和下载功能。提供这样的接口，有利于外业工作分层若干小组开展工作，同时，也便于将各个小组的工作集中管理和备份，也避免了PDA系统的电池不足和存储空间有限等问题。

（2）一类调查成果展示功能

①数据信息的组织管理

数据信息的组织和管理主要包括系统能对样地（样木）数据，遥感数据、基础地理空间信息、专题图件等进行入库组织和管理；同时，对统计报表和其他成果进行管理。

②展示功能

主要包括工作流程的展示，森林分布图的展示，样地样木的展示、专题数据，如天保工程、退耕还林、京津风沙源、三北防护林等工程图的展示。

③成果数据查询与分析

实现逐级对样地、样木数据、遥感判读数据的查询，（查询结果界面可自定义）；实现对清查统计表的查询；实现对各次清查成果的技术方案、技术细则、技术规定、技术报告、成果报告、图件等文档类数据的查询；实现热点区域样地类型分析；实现对工程区、流域、省级单位、热点区域等兴趣区内的样地类型分析，以柱状图等显示。

④三维立体显示

能在三维立体空间上，显示固定样地点和森林分布等信息。

（3）二类调查主要成果管理接口需求

国家级森林资源监测系统中的二类调查成果管理系统的功能主要实现对各个省的二类主要成果数据进行标准化整合，能够实现组织管理、查询显示及以省为总体与一类调查统计数据比较分析等功能。

①标准化处理功能

由于每个省的二类调查数据都有一定的地方特色，需按照国家的同一规范和标准进行标准化整合。

②数据的组织管理

数据的组织和管理主要包括系统能经过标准化处理和整合后的二类调查数据及成果，进行入库管理。需进行管理的数据有遥感数据、基础地理空间信息、专题图件、小班控制样地数据等。

③查询与显示功能

查询与显示功能包括对一类固定样地点位置的查询、属性信息的查询；对某一范围的二类调查数据位置和属性的查询；按行政界线进行查询；按属性进行查询和定位等功能。

④三维立体显示

能在三维立体空间上显示二类调查小班数据和森林分布等信息。

（4）一类与二类调查关键指标数据的比较接口需求

由于一类调查数据是以省为总体的，因此，一类与二类关键指标的比对，也建立在以省为总体的基础之上。通过对样地的统计计算，二类调查数据的汇总计算以及样地与小班地类等指标数据一致性的比较后，分析一类和二类数据的差异性，原则上，使用一类抽样调查数据进行该省二类调查数据的面积、蓄积等进行总体控制。

（5）森林资源监测成果发布接口需求

森林资源监测成果发布系统主要采用 B/S 结构，实现社会公众关心的森林资源监测指标、分布状况等的发布，满足全国人民了解全国森林状况，提供公共森林资源成果发布平台。

①元数据发布

将元数据信息发布到发布子系统里，为数据的分发及应用提供服务，为检索所需资源提供服务。元数据采用国家测绘局行业标准统一管理，利用元数据编码语言（Metadata Encoding Languages）对元数据元素和结构进行定义和描述，存放有关数据源、数据分层、产品归属、空间参考系、数据精度、数据更新等方面的信息。

②地图发布

使用 WebGIS 功能，结合数据安全和权限，发布多种专题地图和信息，如"森林分布图"、"林业基础设施分布图"等。

③地图检索

系统提供了两种地图检索方式，方便地图的管理及查询。用户可以指定所要检索的地图位置，查询结果自动调整为适合的比例尺显示。

a）按经纬度检索

用户通过设置的经纬度范围得到所要定位的地图。

b）按地名检索

根据用户输入的地点名称检索对应地图。

④地图量算

a）显示当前鼠标所在位置坐标

当打开地图后，任何时刻用户鼠标所在位置坐标均可自动在状态栏处显示。

b）距离量算

用户首先点击距离量算工具，然后连续点击地图上所要量测的线段的两个端点，即可得到距离量算结果。

⑤资料查询

可以分时、分类查询检索信息库内的资料，但只能查出自己权限内的资料。系统分页列出用户权限范围内所有满足条件的资料，将结果按时间顺序排列。

⑥地图打印

可以将地图信息、图例信息以及缩略图打印输出。

2. 省级层次的业务需求

在省级森林资源监测系统中，要解决和实现以下几个业务需求，包括基础地理信息管理系统、遥感影像管理系统、二类调查成果管理系统以及省级部分森林资源信息成果发布系统（见图 2-4）。其中前两部分的功能需求，从基础地理信息管理平台中继承而来，这里不再详细介绍。重点对最后面两个部分的需求进行分析。

（1）二类调查成果管理功能

①数据检查功能

逻辑条件定义。用户灵活定义逻辑检查的具体条件或表达式。既可通过选项选择已经定义好的逻辑检查条件，也可增加相关逻辑检查条件表达式。

属性因子逻辑检查。用预定的和用户自定义的逻辑条件进行小班因子数据逻辑关系检查。检查完毕时，显示检查结果。当选择一条错误时，同步显示该小班的数据，可修改保存，并将修改过程形成日志文件。

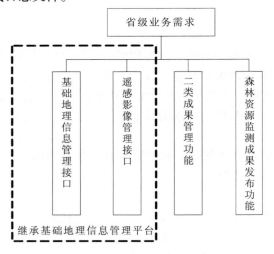

图2-4 省级业务系统接口和功能需求

图斑检查。同步显示地形图或遥感影像图，可进行图斑边界修改、标记和保存，并将修改过程形成日志文件。

②拼接及建库功能

以县为单位，图斑逻辑检查和属性逻辑检查完毕后，将全省二类调查图面数据进行拼接，并建立数据库。

③查询与分析功能

查询与分析功能应包括综合信息查询与分析和逐级查询。

综合信息查询与分析主要包括：在森林资源二类调查数据和其他专题信息的基础上，进行信息查询；可以采用点选、选取行政区域、矩形框选、任意多边形选取等进行查询获得属性信息；提供便于各种地理空间信息选择的相关图形操作功能；对于多条记录的查询结果，要提供数据列表输出；支持选择区域内森林资源数据的属性信息的显示和输出；支持针对所查图形的图形输出等。

逐级查询主要包括：不同行政区划和森林区划，建立层次目录结构；选择任意层次行政单位或林业区划单位，查询对应的图形和属性信息及相关的统计分析信息；在索引图支持下，按照行政区划级别的不同进行森林资源信息的逐级向下查询或者向上返回。

④报表统计汇总

报表统计。按照二类调查技术规定要求的统一格式统计报表。用户还可根据需要自行定义报表内容和表头。

报表汇总。用户可根据需要自行定义统计范围进行报表汇总。

报表预览、打印。能浏览、查询报表内容，并按需要的页面打印输出。

（2）二类与一类关键指标数据的比较接口需求

以省为单位，统计森林资源关键指标，是因为一类抽样数据是以省为总体的，因此，一类与二类关键指标的比对，也应以省为总体进行关键指标数据的统计。通过对样地的统计计算，二类调查数据的汇总计算以及样地与小班地类等指标数据一致性的比较后，分析一类和二类数据的差异性，原则上，使用一类抽样数据进行该省二类调查数据的面积、蓄积等进行总体控制。

（3）森林资源监测成果发布系统

森林资源监测成果发布系统主要采用 B/S 结构，实现省级森林资源监测指标、分布状况等的发布，满足本省人民了解全省森林状况。

①元数据发布

将元数据信息发布到发布子系统里，为数据的分发及应用提供服务，为检索所需资源提供服务。元数据采用国家测绘局行业标准统一管理，利用元数据编码语言指对元数据元素和结构进行定义和描述，存放有关数据源、数据分层、产品归属、空间参考系、**数据精度**等方面的信息。

②地图发布

使用 WebGIS 功能，结合数据安全和权限，发布多种专题地图和信息，如"森林分布图"、"林业基础设施分布图"等。

③地图检索

系统提供了两种地图检索方式，方便地图的管理及查询。用户可以指定所要检索的地图位置，查询结果自动调整为适合的比例尺显示。

a）按经纬度检索

用户通过设置的经纬度范围得到所要定位的地图。

b）按地名检索

根据用户输入的地点名称检索对应地图。

④地图量算

a）显示当前鼠标所在位置坐标

当打开地图文档后，任何时刻用户鼠标所在位置坐标均可自动在状态栏处显示。用户可以选择屏蔽此功能。

b）距离量算

用户首先点击距离量算工具，然后连续点击地图上所要量测的线段的两个端点，即可得到距离量算结果。

⑤资料查询

可以分时、分类查询检索信息库内的资料，但只能查出自己权限内的资料。系统分页列出用户权限范围内所有满足条件的资料，将结果按时间顺序排列。

⑥地图打印

可以将地图信息、图例信息以及缩略图打印输出。

3. 县级层次的业务需求

在县级森林资源监测系统中，要解决和实现以下几个业务需求：基础地理信息管理、遥感影像管理、二类调查数据管理、档案数据更新、PDA 二类调查采集以及三类调查作业设计等几个方面的功能需求（见图 2-5）。其中前两部分的功能需求，从基础地理信息平台中继承而来，这里不再详细介绍，重点对后面四个部分的需求进行分析。

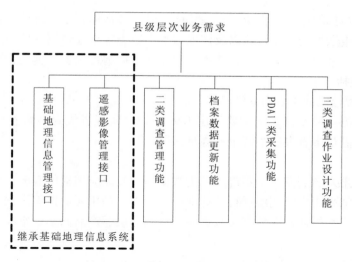

图 2-5　县级业务系统接口和功能需求

（1）二类调查数据管理功能

①数据录入功能

主要包括属性数据录入和空间数据加工功能。属性数据录入、编辑功能：系统提供基于小班调查表的数据录入界面。非数值的因子用代码的方法填写，并提供选择项；系统提供浏览、增加、删除和修改小班数据。增加、删除和修改小班数据时候，生成日志文件；空间数据加工功能：包括空间栅格数据扫描，空间数据校正（遥感影像或扫描地形图），空间数据矢量化、编辑、修改，空间数据拼接、闭合、生成拓扑，赋关键字（省代码、县代码、乡代码、村代码、林班号、小班号、亚小班班号等）以及建立专题图符号库和空间数据库等。

②数据检查功能

主要包括逻辑条件定义、属性因子逻辑检查、图斑检查。逻辑条件定义：用户可灵活定义逻辑检查的具体条件或表达式。既可通过选项选择已经定义好的逻辑检查条件，也可增加相关逻辑检查条件表达式；属性因子逻辑检查：用预定的和用户自定义的逻辑条件进行小班因子数据逻辑关系检查。检查完毕时，显示检查结果。当选择一条错误时，同步显示该小班的数据，可修改保存，并将修改过程形成日志文件；图斑检查：同步显示地形图或遥感影像图，可进行图斑边界修改、标记和保存，并将修改过程形成日志文件。

③查询与分析功能

查询与分析功能应包括综合信息查询与分析和逐级查询。综合信息查询与分析主要包括：在森林资源二类调查和其他专题信息的基础上，进行信息查询；可以采用点选、选取行政区域、矩形框选、任意多边形选取等进行查询获得属性信息；提供便于各种地理空间信息选择的相关图形操作功能；对于多条记录的查询结果，要提供数据列表输出；支持选择区域内森林资源数据的属性信息的显示和输出；支持针对所查图形的图形输出。

逐级查询主要包括：不同行政区划和林业区划，建立层次目录结构；选择任意层次行政单位或林业区划，查询对应的图形和属性信息及相关的统计分析信息；在索引图支持下，按照行政区划级别的不同进行森林资源信息的逐级向下查询或者向上返回。

④专题图制作

制作的专题图包括基本图、林相图、森林分布图，以及工程、土壤分布图等。

⑤系统维护

系统维护应包括环境设置、报表定义、代码维护、数据备份、数据恢复等。环境设置主要包括统计处理单位(范围)、背景颜色、字体、线型、填充、投影等。可自定义报表内容。可进行代码维护、参数输入编辑等。

(2)档案数据更新功能

①数据编辑

根据造林、采伐等发生人为经营活动和自然灾害情况，可对小班边界和属性进行编辑、修改和储存，产出变化数据，对于这些操作，要形成用户、时间等日志文件。

②因子更新

通过预制包括胸径、树高、材积等林木生长模型，并利用模型对小班因子数据进行更新和储存，并形成日志文件。

③数据浏览、查询、统计

可对档案数据进行浏览、查询，还可单独对更新信息进行提取、查询和统计，并按照报表要求进行统计输出。

(3)三类调查作业设计功能

①造林作业设计功能

造林作业设计系统一般也是基于最新的或更新森林资源规划调查设计数据的基础上进行的，通过造林作业设计子系统，实现图形库与档案库的互查互动，全面掌握作业区情况，并完成作业区设计图文材料、统计报表等一体化生成。

a)专题图调用和森林资源信息查询、检索功能

随时可以调用工作中常用的二类基本图、林相图、地形图、分类图等专题图，并能在图上进行各种信息的查询，还可以通过条件设置来查询图面信息，即进行图库同步查询、检索和统计分析。

b)造林作业区初步设计功能

利用基础地理信息平台所提供的空间数据管理功能，根据"造林作业规程"，设置组合条件，如设定经营区、地类、立地条件等参数范围，筛选满足条件的林班、小班。

将满足条件的林班、小班定位在地图上，打印地图或输出到 PDA 系统，供野外调查人员使用。

c)野外调查

野外调查由外业人员借助 PDA 系统，通过 GPS 定位，圈定造林作业区域，确定造林树种、造林模式等，并在 PDA 上填写野外调查卡片。

d)造林作业详细设计

野外调查资料转入本系统，系统通过读取野外调查提供的 GPS 数据及相关调查数据，生成造林作业分布图和造林作业设计资料，形成造林作业数据和图面数据。

e)造林作业区分布及作业条件分析

利用本系统可生成作业区落实到林班小班的作业区分布图及作业区分布图的三维显示，以直观地查看作业区的分布情况，并可查询任一造林作业地块的林相信息。在造林作

业分布图上加等高线，可查询地形信息，测量坡度；叠加道路层，可测量造林作业区道路的距离，用户可以根据这些测量值，组织合理的造林作业方式。

②采伐作业设计功能

采伐作业设计系统也是基于最新的或更新森林资源规划调查设计数据的基础上进行的，通过采伐作业设计子系统，实现图形库与档案库的互查互动，全面掌握伐区情况，伐区设计图文材料一体化生成。

a）专题图调用和森林资源信息查询功能

利用本系统随时可以调用工作中常用的林相图、地形图、分类图等专题图，并能在图上进行各种信息的查询，还可以通过条件设置来查询图面信息，即进行图库同步查询、检索和统计分析。

b）伐区初步设计功能

利用基础地理信息管理平台所提供的空间数据管理功能，根据"采伐作业规程"，设置组合条件，如设定经营区、龄组、林分高、林分直径、公顷蓄积、立地条件等参数范围，筛选满足条件的林班、小班。

将满足条件的林班小班定位在地图上，打印地图或输出到 PDA 系统，供外业野外调查人员使用。

c）野外调查

野外调查由外业人员借助 PDA 系统，通过 GPS 定位，圈定采伐区域（小号），每木检尺，确定伐倒木，并在 PDA 上填写野外调查卡片。

d）伐区详细设计

野外调查资料转入本系统，系统自动计算每木蓄积、出材量、采伐小号的面积、蓄积、采伐强度、采伐蓄积等。系统通过读取野外调查提供的 GPS 数据，生成伐区分布图和伐区设计资料，形成采伐数据和图面数据。

e）伐区分布及作业条件分析

利用该系统可生成伐区落实到林班小班的伐区分布图及伐区分布图的三维显示，以直观地查看伐区的分布情况，并可查询任一采伐地块的林相信息。在伐区分布图上加等高线，可查询地形信息，测量坡度，叠加道路层，可测量伐区道路的距离，用户可以根据这些测量值，组织合理的采运方式。

（4）PDA 二类调查数据采集功能

①数据的上传和下载功能

按照二类调查等工作的要求，在内业台式机上准备相应的图形数据、属性库结构后，通过数据通讯，下载到 PDA 上；反之，可将外业采集回来的数据上传到内业系统中。

②空间信息管理功能

主要能够完成下载图形、图像数据的打开、删除、保存、关闭、图层管理等。在如二类调查中，要涉及各种地图数据，如行政界、居民点、森林资源分布等矢量数据，还有遥感图像、扫描地形图等，这些数据都要能被管理，如打开一幅区划界图，要保存采集到的小班数据，对林相图属性的设置等功能。

③GPS 导航及定位功能

通常 GPS 导航、定位主要是利用 GPS 接收机通过 RS-232 串口将 GPS 定位信息传送到

PDA，通过应用软件对信息的提取存储，为后续的处理和决策提供服务。在多尺度森林资源监测系统中，可以根据 GPS 信息来完成二类小班的定位，也很容易得出调查人员目前在什么位置。

④图形数据编辑功能

图形的编辑功能体现在增加点要素、增加线要素、增加面要素、删除点要素、删除线要素、删除面要素及对这些要素的修改功能，如节点移动等等。

⑤属性因子录入功能

属性因子录入功能是指按照二类调查的库结构，通过录入界面（自动生成），设置相应的录入逻辑检查功能，可将采集的属性数据更新到与当前空间数据相连的数据库中。

⑥用户设置功能

主要内容包括：对 GPS 协议的支持，设置通信参数，连接 GPS 接收器，GPS 激活以及 GPS 的测试等。设置通讯参数是指对串口通信参数的设置，一般是指波特率、数据位、停止位及有无奇偶校验等。当这些参数完成设置后，就可以从串口按一定的时间读取 GPS 信息了。同时也包括设置地图数据和文件路径、系统文件路径等。

五、软硬件环境和性能需求

多尺度森林资源监测系统管理的数据量巨大，面对的应用需求比较复杂，同时考虑到系统的扩展性，系统应满足运行快速高效、数据稳定安全、支持海量空间数据网络化管理等要求。

（一）硬软件环境

1. 硬件环境

根据对森林资源监测的业务逻辑分析，多尺度森林资源监测系统各项业务均需要多部门多级别之间的协同操作才能完成，需要管理的各类信息数据量巨大，业务应用复杂。因此，系统的运行需要包括数据库服务器、应用服务器在内的主要设备。服务器系统作为多尺度森林资源监测系统数据中心的核心设备，提供计算处理服务、网络应用服务、业务应用服务和其他服务。根据国家和各省网络的逻辑构成，多尺度森林资源监测系统的硬件包括数据库服务器、应用服务器、WEB 服务器、WEBGIS 服务器、视频影像服务器等。

（1）数据库服务器

数据服务器能力主要体现为管理与支撑全国多层次森林资源数据、遥感数据，基础地理等数据的能力。数据库服务器作为业务系统的核心，具有业务量大、存储量大等特点。它承担着业务数据的存储和处理任务，因此关键数据库服务器的选择就显得尤为重要。服务器的可靠性和可用性是首要的需求，其次是数据处理能力和安全性，然后是可扩展性和可管理性。为保证多尺度森林资源监测系统持续稳定高效地运行，须保证服务器数据存储系统较高的可靠性、扩展性和灾难恢复能力。

（2）应用服务器

应用层服务器承担着业务系统的各类应用服务，能力主要体现在对各应用系统的数据进行统计、分析、数据挖掘等运算能力，能够处理大量的并发连接处理，并能在用户数增加的情况下保持良好的性能平衡。除此之外，能够提供连续可用的可靠性，能够适应各种网络环境的扩展能力也是需要考虑的因素。

（3）网络服务器

多尺度森林资源监测系统设计不同层次的森林资源成果发布，系统需要门户网站。不同层次的数据访问量有所不同，但网络服务器必须满足信息的正常快速访问，不死机。

（4）存储设备

依据对多尺度森林资源监测的各项业务量和信息量的测算结果，多尺度森林资源监测系统所涉及的数据达数十 TB。因此必须考虑用磁盘阵列进行存储。系统数据要求采用 RAID 技术保证数据的安全，同时，考虑到数据的更新和备份，这对存储设备的要求和容量比较高。

（5）网络设备及通信线路

多尺度森林资源监测系统必须构建成一种网络环境才能具有生命力，但对网络环境和通信线路，应借助现有的网络环境和资源。

2. 软件环境

系统软件主要包括操作系统、数据库管理系统、网络及系统管理软件、中间件。

（1）操作系统

多尺度森林资源监测系统各类服务器主要是应用系统使用的 PC 服务器，对于业务量和数据量大、访问频繁、数据结构复杂的数据库服务器需要使用小型机，为了保证这些机器能够投入应用及使用，必须配备操作系统软件，主要为运行于服务器上的主流、通用的操作系统，如：Windows/Linux/Unix。

（2）数据库管理系统

多尺度森林资源监测系统需要存储和处理大量的基础数据和业务数据。为科学组织数据，提高数据存储的效率，确保数据完整性，多尺度森林资源监测系统采用数据库管理系统来管理这些数据。备选的数据库管理系统应具备运行稳定、方便易用、具有海量数据管理能力和良好的数据备份和恢复能力，如：Oracle/SQL Server。

（3）网络及系统管理软件

网络及系统管理软件必须集服务器、网络设备、安全设备和应用管理于一体，支持 Windows/Linux/Unix 等各种操作系统的服务器，支持主流厂家网络设备、安全设备；支持 Oracle、SQL server、DB2、Sybase 等各数据库；支持 Weblogic、Websphere 等中间件以及 Web、Mail、OA 等各种企业应用。其主要能力一方面要满足包括服务器、网络设备、应用系统、业务流程、中间件、服务器和网络设备拓扑图、网络应用拓扑图、全网集中与个性化等监测要求，另一方面还要满足灵活的报警条件设置、多样报警、及时提供管理员故障连锁诊断功能、安全异常状态报警、关联报警、故障自动恢复等功能要求。

（4）中间件

多尺度森林资源监测系统需要存储各种不同数量级的基础地理数据、森林资源基础数据和专题数据，数据类型大多数为图形、图像数据以及属性数据，其数据结构较为复杂，需要相应的具备地理空间数据管理能力的空间数据管理中间件。同时，也需要使用支持应用系统正常运行、为应用系统运行服务的应用服务器中间件以及为数据交互提供交互服务的消息中间件。

（5）性能指标

多尺度森林资源监测系统需支持海量空间数据的快速分发、管理以及传输，同时支持分省、分县存储；支持跨存储单元的数据浏览（动态投影）；支持数据查询和统计分析；支持空间数据的快速浏览查询等。具体性能指标方面至少应满足如下要求：

①支持最大并发访问数：100。

②查询响应速度：在最大并发访问情况下，查询小于 5s。

③矢量数据浏览速度：在最大并发访问量的情况下，客户端浏览县级以上森林资源调查空间数据速度应在 10s 以内。

④栅格数据浏览速度：在最大并发访问量的情况下，客户端浏览加载任何尺度的影像数据，单屏刷新速度不超过 3s。

⑤系统稳定性：应满足 24h×365d 不间断稳定运行要求。

六、安全性需求

系统安全性需要从技术层面和管理层面两个方面来阐述，从技术层面上分析，实现信息系统安全的目标就是确保信息在采集、存储、传输、处理、使用、销毁整个生命周期内的保密性、完整性、可用性。从这个角度上看，安全系统需要满足的能力就是配合全网行之有效的安全策略、措施，来实现信息的保密性、完整性、可用性；从管理层面上分析，实现信息系统安全的目标就是确保信息系统内部发生安全事件、少发生安全事件、即使发生安全事件也要将影响降到最低。从这个角度上来看，安全系统需要满足的能力就是配合全网行之有效的信息安全事件的处理机制与流程，实现信息安全事件的明确定义、快速发现、及时报告、迅速响应、客观评价、准确预警。安全性需求为以下几个方面：

①系统安全性运行管理平台软件的能力要满足：高效管理网络资源、收集设备的安全事件、分析安全事件与自动匹配关联、实时监控与综合防范、提供反制的能力、安全信息的发布。

②病毒防护系统软件的能力要满足：必须对网络服务器和各个网络节点的操作系统有良好的兼容，实时网络防毒系统应当对网络内所有可能作为病毒寄居、传播及受感染的计算机进行有效的防护，用能涵盖网上所有的操作系统平台；必须有一个完善的病毒防护管理体系，负责查杀病毒软件的自动分发、自动升级、集中配置和管理、统一事件和警告处理，保证整个闭度防护体系的一致性和完整性。

③防火墙软件系统的能力要满足：通过制定安全策略实现内外网络及内部网络不同信任域之间的隔离与访问控制，可以实现单向或双向控制，对一些高层协议实现较细粒度的访问控制。

④入侵检测软件系统的能力要满足：能够实施监控网络传输，自动监测分析可疑行为，发现来自网络外部或网络内部以及针对主机的攻击并可以实时响应，通过多种方式发出警报，阻断攻击方的连接。

⑤漏洞扫描软件系的能力要满足：可以对网络中的所有部件（WEB 站点、防火墙、路由器、TCP/IP 及相关协议服务）进行攻击性扫描、分析和评估，发现并报告系统存在的弱点和漏洞，评估安全风险，提供专家级的改进建议，帮助系统管理员修补安全漏洞。

七、与现有系统的接口需求

多尺度森林资源监测系统要充分考虑我国森林资源监测现有的系统运行情况，并提供有关接口，确保系统的集成和共享。

第二节　技术体系

一、标准规范

森林资源监测标准规范是森林资源监测系统的基础，为了提高森林资源监测数据应用水平和使用范围，森林资源数据的采集、管理、应用服务必须采用统一的数据标准和规范，这样才能保证森林资源监测系统各类数据集之间能互相兼容，从而达到较高的应用水平。

森林资源监测系统采用的标准，首先是遵循现有林业调查标准；其次要参照国家有关林业信息化建设标准、有关空间信息系统的标准。按照"面向实际、突出重点、轻重缓急"的原则，认真研究国际标准和国内外已有的先进标准，合理引用适合我国森林资源信息化建设的标准，根据建设需要重点修订完善已有标准，优先制定森林资源系统建设急需的、共性的、基础性和关键性的标准。参照《全国林业信息化建设纲要》（2008—2020），森林资源监测系统的标准规范体系由基础性标准、信息资源标准、应用标准、基础设施标准和管理标准组成。

基础性标准是标准化体系的基础标准，是其他标准制定的基础，主要包括：森林资源信息标准化指南、森林资源信息术语、森林资源信息文本图形符号和其他综合标准。

信息资源标准主要包括：森林资源信息分类与编码、森林资源信息资源的表示和处理、森林资源信息资源定位、森林资源数据访问、目录服务和元数据等标准。

应用标准主要包括：森林资源业务应用流程控制、林业资源成果文档格式、森林资源业务功能建模、森林资源业务流程建模、森林资源业务应用规程和森林资源目录和交换体系等标准。

基础设施标准主要包括：信息安全基础设施和计算机设备等标准。

管理类标准为森林资源信息化建设和系统运行管理提供管理办法和制度等，包括森林资源信息化建设中的数据库、应用系统、应用支撑、基础设施建设和运行等方面的管理办法和制度。

二、数据采集技术

（一）传统方式的数据采集技术

传统的数据采集技术是指目前在森林资源调查、监测和管理过程，常用的数据采集方法，主要有抽样调查、小班调查、年度核（调）查和林业专业调查等。在我国现行的森林资源监测体系中，国家森林资源连续清查就是一种基于抽样理论的一种调查方法，它是从整体出发，用以获取较大范围的宏观统计信息的一种方法。森林资源规划设计调查，是一种图斑调查的方法，其主要是用于局部监测，用以获取落实到山头地块的微观区划调查信息和宏观统计汇总信息；年度核（调）查是通过抽样、统计、汇总、查看等方法，及时掌握林业生产或项目执行单位年度林业生产计划执行情况，评价林业生产任务执行效果的一种调查方法。林业专业调查是为森林资源调查监测、林业经营管理、科学研究提供基础数据资料而不定期开展的某种特定内容调查，是其他专项调查重要补充。

1. 抽样调查

（1）抽样调查概念

抽样调查是指从研究对象的总体中抽取一部分个体作为样本进行调查，以对样本进行调查和统计的结果来推断总体特征的一种调查方法。在我国现有森林资源监测体系中，国家森林资源连续清查就是采用这种调查方法。它是以一定区域为总体范围（通常以省为总体），按照抽样精度要求系统布设一定数量的样地，通过对这些样地进行定期复查，得到总体范围内森林资源现状与动态变化信息，其调查结果，主要用来满足宏观（国家级、省级）管理与决策需要，同时也满足国际和社会公众的信息需求。

（2）抽样调查的特点

抽样调查是根据部分实际调查结果来推断总体标志总量的一种统计调查方法，属于非全面调查的范畴。它是按照科学的原理和计算，从若干单位组成的事物总体中，抽取部分样本单位来进行调查、观察，用所得到的调查标志的数据以代表总体，推断总体。

与其他调查一样，抽样调查也会遇到调查的误差和偏误问题。通常抽样调查的误差有两种：一种是工作误差（也称登记误差或调查误差），一种是代表性误差（也称抽样误差）。但是，抽样调查可以通过抽样设计，通过计算并采用一系列科学的方法，把代表性误差控制在允许的范围之内；另外，由于调查单位少，代表性强，所需调查人员少，工作误差比全面调查要小。特别是在总体包括的调查单位较多的情况下，抽样调查结果的准确性一般高于全面调查。因此，抽样调查的结果是非常可靠的。

抽样调查数据之所以能用来代表和推算总体，主要是因为抽样调查本身具有其他非全面调查所不具备的特点，主要是：

①调查样本是按随机的原则抽取的，在总体中每一个单位被抽取的机会是均等的，因此，能够保证被抽中的单位在总体中的均匀分布，不致出现倾向性误差，代表性强。

②是以抽取的全部样本单位作为一个"代表团"，用整个"代表团"来代表总体。而不是用随意挑选的个别单位代表总体。

③所抽选的调查样本数量，是根据调查误差的要求，经过科学的计算确定的，在调查样本的数量上有可靠的保证。

④抽样调查的误差，是在调查前就可以根据调查样本数量和总体中各单位之间的差异程度进行计算，并控制在允许范围以内，调查结果的准确程度较高。

基于抽样调查具体经济性好、实效性强、适应面广、准确性高的特点，抽样调查被公认为是非全面调查方法中用来推算和代表总体的最完善、最有科学根据的调查方法。其一般步骤主要有界定总体、制定抽样框、分割总体、决定样本规模、确定调查的信度和效度、决定抽样方式、实施抽样调查并推测总体。

（3）国家森林资源清查固定样地

国家森林资源连续清查是以省（区、市）为总体的固定样地抽样框架，采用每年完成若干省份、5年完成全国并进行汇总的方式进行的。

样地设计从类型上讲有方形样地、圆形样地、角规样地、截距样地之分；从抽样单元的样地数量上讲有单个样地、群团样地和复合样地之分。国家森林资源连续清查的样地基本上采用了 $0.0667 \sim 0.08\text{hm}^2$ 的方形样地，其中大部分省的样地面积设计为 0.0667hm^2。

（4）国家森林资源清查样地调查方法

国家森林资源清查样地调查方法，从操作流程来看，样地调查主要包括样地定位与测设、样木因子调查、样地因子调（复）查三个部分。现在国家森林资源连续清查的外业工作，主要是进行样地复查。样地复查是动态变化信息产出的基础，可分为全部样地复查、部分样地复查和临时样地调查三种类型。全部样地复查需要对所有的样地和样木设置固定标志，以便下期调查时能够对样地、样木因子进行复测，通过前后期样地、样木调查数据的一一对比，产出高精度的动态变化信息；部分样地复查也可产出动态变化信息，但由于有部分样地被临时样地替换，对动态变化信息的精度有一定的损失，而且通过多期复查后计算过程将变得十分复杂；临时样地调查是指不进行样地复查而每次都重新设置样地进行调查，一般对动态变化的估计效率很低。

2. 图斑调查

（1）图斑调查概念

图斑调查是以遥感影像图和地形图为基础信息，对某一监测范围内的森林资源和生态状况，按照主要调查因子区划成不同类型的斑块，并调查各斑块的森林资源或生态状况属性，产出森林资源和生态状况局部微观信息的调查方法。图斑调查包括图斑区划和属性调查两部分内容。我国现行体系中的森林资源规划设计调查就是采用图斑调查方法，它将森林资源等监测内容落实到山头地块，客观反映监测范围内的森林资源经营管理和生态治理状况，为各级地方政府和有关部门编制森林资源保护与发展规划，开展森林资源经营管理活动，制定生态保护措施提供基础信息。

（2）图斑调查方法

图斑调查从技术上讲，它的一般步骤是资料准备（前期资料、遥感影像、地形图等）、区划标准制定、图斑区划、属性调查、精度分析和报告编制等。

①图斑区划

图斑区划是以遥感影像图和地形图为基础信息，根据森林资源的现实分布情况，按照各类主要调查指标综合区划成不同类型斑块的过程。图斑区划界线和各类规划的区划界线与行政界线，以及地形地貌的点、线、面界线等的集合，构成了斑块区划系统的基础信息。这些界线可分为两大类：第一类是由调查员现地（或在遥感影像图上）划定的界线，这类界线只有斑块区划界线；第二类是调查前已经确定的、调查员不可随意改动的界线，包括各级行政界线、基础地理界线、林业规划界线、分类经营界线、土地权属界线、林班界线和土壤类型分布界线等。开展斑块调查时，第二类界线原则上应利用已有的各种区划结果，只对发生了变化的部分进行修正；第一类界线是斑块区划的重点，它由调查员按照斑块划分条件，根据森林资源和生态状况的分布特性进行区划。斑块划分的条件，应综合考虑森林资源的有关调查要求，使划分的斑块能同时满足不同监测对象信息采集的需要。

②属性调查

属性调查是在图斑区划的基础上对斑块的各类调查因子进行全面调查，调查方法包括实测、目测或遥感判读。定量调查因子如土层厚度、平均胸径、平均树高、单位面积林木蓄积等，一般应采用测量工具进行实测；定性调查因子如优势树种、群落结构、森林健康度、荒漠化土地类型、荒漠化程度等，一般采用目测方法进行调查；对于交通不便或人力难以到达的区域，一般采用遥感判读的方法。

（3）调查特点

图斑调查的特点，主要体现在下面几个方面。

①能提供落实到山头地块的局部微观信息

由于图斑调查方法以斑块区划为基础，提供的信息包括了多层次的统计数据和点、线、面等空间分布信息，能够将森林资源的调查数据落实到山头地块，从而可以提供任何一个斑块的森林资源和生态状况信息。

②提供的信息可以进行多级统计汇总或细分

图斑调查的基本单位是斑块，斑块以上的各级都可以采用累加的方法进行统计。统计结果的精度与参加统计斑块的个数关系不大，而与各斑块的调查允许误差直接相关。由于各斑块的调查允许误差是基本相同的，因此斑块区划调查结果可以进行不同范围和不同层次的统计，也可以对总体统计结果进行多层次或多级细分。

③调查工作量大，调查成本高

图斑调查需要对某一监测范围内的全部土地面积进行斑块区划和属性调查，基本类似于全面调查，因此其调查工作量大，调查成本也大大高于样地调查。但它是获取落实到山头地块详细信息的常规调查方法，产出的信息主要为林业经营管理服务。

3. 森林资源专项调查

（1）核查方法

核查方法一般以地（市）、县（林业局）为单位，采用现地核实的调查方法，年度森林资源动态调查每年由各级林业主管部门统一组织实施。

（2）核查内容

年度森林资源专项调查内容，一般包括年度林地征占用调查、营造林综合核查、采伐限额执行情况检查、三总量调查、消耗量及消耗结构调查、全国生态公益林界定调查与核查等，其调查结果作为评价森林经营效果和林业行政执法的依据。

4. 林业专业调查

（1）调查方法

专项调查是根据特定的信息需求，采用样方（样线）调查、典型调查、社会调查、专题考察等多种调查方法。

（2）调查内容

林业专业调查是为森林资源调查监测、林业经营管理、科学研究提供基础数据资料而不定期开展的某种特定内容调查。林业专业调查的内容取决于具体调查目的和任务，其调查成果直接为林业调查、区划、规划、设计和林业生产建设等服务。部分内容是二类调查的重要组成部分。林业专业调查包括森林土壤调查、立地类型调查、森林更新调查、森林病虫害调查、编制林业数表、非木质林产品调查、野生动物资源调查等。

（3）调查特点

①采集的信息具有针对性

林业专业调查是针对某一特定监测对象的信息需求特点而开展的专题调查，因此信息的采集非常具有针对性，一般是抽样调查和图斑调查方法难以做到的。如对于陆生和水生野生动物的监测，因为野生动物的流动性比较大，只采用样线调查难以满足要求，必须结合专题考察等方法才能获取较全面的野生动物信息。

②提供的信息具有多样性

林业专业调查的内容是多方面的，包括野生动植物资源、森林火灾损失、森林病虫鼠害、森林资源经营管理状况、林业社会经济状况等多项调查。由于监测对象特性和信息需求特点的不同，必须采用不同的调查方法。调查的时间和周期也具有特殊性，难以作出统一的规定。

③信息采集要求具有时效性

林业专业调查提供的信息要求具有很强的时效性。如营造林实绩综合核查、采伐限额执行情况检查、征占用林地检查、森林火灾损失调查、森林病虫鼠害调查必须在当年或次年进行。这些调查如果也按照 5 年或 10 年的间隔期进行，调查的数据将失去现实指导意义。

（二）基于遥感方式的信息采集技术

林业遥感一直是我国遥感技术应用中的一个非常活跃的领域。概括起来说，利用遥感技术进行森林资源调查和经营管理经历了以下几个阶段：即 20 世纪 20 年代开始试用航空目视调查；30～40 年代利用航片进行森林区划和成图，结合地面进行森林资源勘测；50 年代中发展了利用航片的分层抽样调查；60～70 年代，由于引进大量新的设备和先进的技术，如红外彩色摄影，多光谱摄影、光学增强技术等，开始形成森林抽样调查体系；80～90 年代，卫星遥感技术逐步由森林资源调查与监测的生产性实验探索，开始进行区域性森林资源调查实践。初步确立了我国现阶段卫星遥感技术在资源与环境领域应用的科学基础和技术方法模式；90 年代后期，卫星遥感技术在我国国家森林资源监测体系中的应用得以业务化应用，在林业系统更迅速地推广普及。现在，卫星遥感技术已成为获取森林资源信息的重要手段。随着这一技术的不断完善，它将给林业可持续发展和有效的经营管理提供更为及时、准确、深入的信息服务。

1. 基于遥感数据采集的原理

遥感是一种远距离的、非接触性的目标探测技术和方法。通过对目标进行探测，获取目标信息，然后对所获取的信息进行加工处理，从而实现对目标进行定位、定性或定量的描述。其主要原理是利用不同物体和物体的不同状态具有不同的电磁波特性，卫星传感器探测地表物体对电磁波的反射和物体自身发射的电磁波，然后按照一定的规律把电磁辐射转换为图像、经过处理，提取物体信息，完成远距离识别物体和物体的状态。

不同物体和表现具有各自的电磁波辐射特性，才有可能应用遥感技术，通过传感器来接受不同物体所发生的电磁波，形成磁带或影像，以供各个行业信息提取之用。森林资源也是如此，且具有分布广、面积大、再生性和周期长等特点，因此，森林资源调查采用遥感技术，势必能提高资源调查的速度和精度，同时，也能利用遥感技术的周期性和重复观测的特点，提取森林资源的动态变化情况。

遥感技术是建立在物体电磁波辐射理论基础上的。可见光只是多种形式的电磁能之一。无线电、热、紫外线以及 X 射线是其他常用的电磁能。所有这些能量本质上是相似的，都是遵循基本波动理论的辐射(图 2-6)。电磁振动的传播是电磁波（当电磁振荡进入空间，变化的磁场激发了涡旋电场。变化的电场又激发了涡旋磁场，使电磁振荡在空间传播，这就是电磁波）。将各种电磁波按波长的大小(或频率的高低)依次排成图表，此表即为电磁波谱。

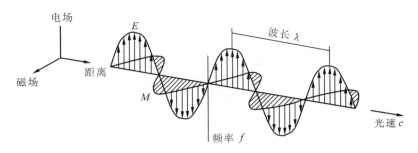

图 2-6 基本波动理论

根据基础物理理论，电磁波服从一般公式：

$$c = v\lambda \tag{2-1}$$

由于 c 是一个基本常数（3×10^{8} m/s），任何给定波的频率 v 和波长 λ 成反比关系，两个参数任何一个都可以描述一个波的特点。遥感中常用电磁波谱中波长位置对电磁波分类（图 2-7）。波谱中测量波长的单位是 μm。

虽然为了方便使用，通常设置了电磁波谱区间并给予名称（例如"紫外"和"微波"），但对于两个命名的光谱区间之间并没有清楚的分界。波谱是用传感器通过不同方法测量每种类型的辐射来划分的，也从各种波长能量特征的固有差异来划分，但前者使用较多。必须指出的是，遥感中所使用的电磁波谱部分，位于一个连续波段，其特点通过 10 的多次幂的变化量表现出来。所以，通常用对数图描述电磁波谱。在这种图中，"可见光"部分占有特别小的区间，因为人眼对光谱感觉的范围只是大约为 $0.4 \sim 0.7 \mu m$。"蓝"色为 $0.4 \sim 0.5 \mu m$，："绿"色为 $0.5 \sim 0.6 \mu m$，"红"色为 $0.6 \sim 0.7 \mu m$。紫外能量区（UV）与波谱中可见光部分蓝色的尾部相邻，而 3 种不同类别的红外（IR）波：近红外（$0.7 \sim 1.3 \mu m$）、中红外（$1.3 \sim 3 \mu m$）和热红外（$3 \sim 13 \mu m$），则与可见光区域红色的尾端相邻。更长的波长部分（1mm $\sim$ 1m）是波谱的微波部分。

通常传感器系统工作在波谱段中的一个或几个波段，如可见光、红外线或微波等。要特别注意的是，在红外波段，只有热红外波段的能量是直接与热的感觉相关，而近红外和中红外则不然。

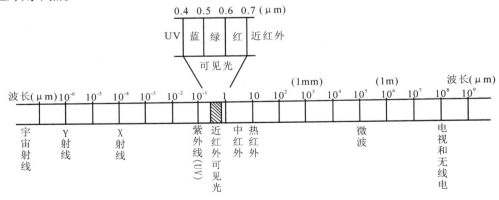

图 2-7 电磁波谱图

虽然波段理论很容易描述成电磁辐射的特性，但是电磁如何与物质相互作用则要另外的理论来解释，这就是粒子理论。该理论认为电磁辐射由许多离散的单元组成，称为光子或量子，一个量子的能量为：

$$Q = hv \qquad (2-2)$$

式中：Q = 一个量子的能量，单位是焦耳（J）

　　　　h = 普朗克常数，6.626×10^{-34} J·s

　　　　v = 频率

将电磁辐射的波和量子模型联系起来，可以将式(2-1)中 v 带入式(2-2)，得到：

$$Q = \frac{h}{\lambda} \qquad (2-3)$$

由此可见，量子的能量与其波长成反比。波长越长，能量值越小。这在遥感中有重要的意义，就是自然界中发射的长波辐射，例如不同地形特征的微波辐射，与相对较短波长的辐射，例如热红外比较，探测起来要困难得多。一般情况下，要探测低能量的长波辐射，为了获得足够的能量信号，在给定的时间内必须探测足够大的地表区域。

太阳是遥感中电磁辐射的最主要的来源。然而，绝对零度（0 K 或 −273℃）以上的所有物体都会连续地发出电磁辐射。这样，地球上的所有物体都是电磁源，尽管它们有不同于太阳的量值和光谱组成。如果不考虑其他因素，物体辐射能量是该物体表面温度的函数。这一特性可以用斯帝芬-波尔兹曼（Stefan-Boltzmann）定律表达，即：

$$M = \sigma T^4 \qquad (2-4)$$

式中：M = 物体表面的总辐射度，W·m^{-2}

　　　　σ = 斯帝芬-波尔兹曼常数，5.67×10^{-8} W·m^{-2}·K^{-4}

　　　　T = 发射物体的绝对温度 K

这一定律对于辐射能量来源的表达是基于黑体条件下的。黑体是绝对黑体的简称，指在任何温度下，对任何波长的电磁辐射的吸收系数恒等于 1（100%）的物体。其发射率为 1，透射率为 0。

目前仅说明物体辐射出的能量是其温度的函数，见式(2-4)。像物体发射的总能量随温度的变化那样，发射能量的光谱分布也随温度变化。图 2-8 表示当温度从 200K 变化到 6000K 时，黑体能量分布曲线。坐标轴单位（W·m^{-2} μm^{-1}）表示在每 1μm 波谱间隔内黑体发出的辐射功率。因此，曲线下的面积等于总辐射出射度 M，曲线可以从图形的角度作为斯帝芬-波尔兹曼（Stefan-Boltzmann）定律表达，即辐射体温度越高，发射的辐射总量越大。曲线也显示出随着温度的增高，黑体辐射分布的峰值向短波方向移动。主波长或黑体辐射曲线达到最大值的波长与其温度的关系，服从维恩（Wien）位移定律：

$$\lambda_m = A/T \qquad (2-5)$$

式中：λ_m = 最大波谱辐射出射度对应的波长，μm

　　　　A = 2898μm·K

　　　　T = 温度，K

因此，对某一黑体，最大波谱辐射出射度对应的波长与黑体的绝对温度成反比。当金属体，例如铁片，加热时可以观察到这一现象。当物体变得越来越热时，它开始发光并且颜色也像波长变短的方向变化——从深红到橙，到黄，最后到白色。

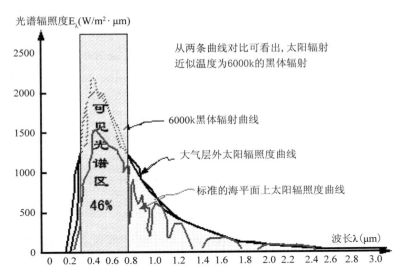

图 2-8 太阳能量随波长的分布

2. 不同分辨率遥感数据的采集技术

不同遥感数据源、不同分辨率的遥感数据，其用来进行森林资源监测的方法，流程和步骤，往往也不尽相同。对不同遥感数据源的空间分辨率和光谱特征等载荷参数分析，结合不同空间尺度森林资源监测的需求分析后，形成不同空间尺度的遥感监测方案、地类和森林植被的分类系统、技术流程、监测指标、成果要求等，为不同空间尺度的森林资源监测提供技术方法。

对于森林资源监测，运用 MODIS、TM、SPOT5、Quickbird 等遥感数据进行多层次遥感监测，从宏观－中观－微观多个层次对森林资源现状及变化进行监测。以 MODIS 数据为信息源，采用植被指数模型分析的方法，提取监测范围森林植被及其生长状态信息；以 TM、SPOT5 数据为信息源，结合二类调查资源等，对监测范围内的土地覆盖和森林资源状况进行详细调查；以 Quickbird 数据为信息源，对监测范围内的森林资源进行直观监测。在多层次遥感监测中，将较高级分辨率遥感数据的判读调查结果，作为较低级分辨率遥感信息提取的分析基础和验证手段，提高监测效率，并建立监测成果之间的相应关系。

（1）低分辨率遥感数据采集技术

低分辨率遥感数据采集技术是以 MODIS 等为代表的低分辨率卫星数据为基础数据，充分 MODIS 数据覆盖范围广、数据更新快、反映地表变化信息及时的优势，建立基于时间序列数据集和植被指数的遥感定量估测模型，进行森林状况宏观监测，提取森林变化面积及其影响区域等信息，反映大区域森林植被动态变化，为小尺度遥感测量和地面详细调查标示调查对象和范围。MODIS 选取波段为红光波段（0.62~0.67μm）和近红外波段（0.841~0.876μm），空间分辨率为250m。具体方法如下：

①图像处理

MODIS 图像处理主要包括大气校正、几何校正、投影转换等。

②NDVI 生成与合成

首先利用 MODIS 的红光和近红外波段，逐日生成 NDVI 数据。然后采用最大值合成法，以 10 天为时间间隔，逐日逐像元选取"最晴空"、最接近于星下点和最小太阳天顶角的像元值，代表该像元 10 天间隔期内的 NDVI 值，生成 10 天的 NDVI 合成数据；10 天的 NDVI 产品再合成，形成月 NDVI 合成数据，从而一年形成 12 个月 NDVI 时间序列数据集。最后采用累积法，借助云检测产品，逐日累积无云像元，生成 NDVI 年累积数据。月 ND-VI 合成数据和年 NDVI 累计值是森林植被地类转移和长势监测的基础参数。

③森林指数计算

森林指数(FI)是一定时间间隔期内处于高值(R)区的植被指数 $NDVI$ 的积分，用于反映森林植被时空分布状况，$FI = \sum (NDVI - R)$。

式中，R 用于界定森林植被与其他植被的边界，按 90% 的概率，以每个训练样本 NDVI 年合成最低值减去 $NDVI$ 标准差的 2 倍计算，为 0.7。

④森林植被及其生长状况分析

以 $\Delta NDVI$ 为监测指标，采用逐年比较模型，分区域进行林木生长状况监测，分析生长处于趋好或趋弱状态的森林植被分布情况。

$$\Delta NDVI = \frac{NDVI_2 - NDVI_1}{NDV_1}$$

以森林指数(FI)为监测指标，分别监测区提取森林植被分布信息。

根据 $\Delta NDVI$ 与零的关系，来判断当年林木生长是否处于变好或退化阶段。差值绝对值越大，生长状况差异越显著，森林质量变化越剧烈。

MODIS 监测技术流程见图 2-9。

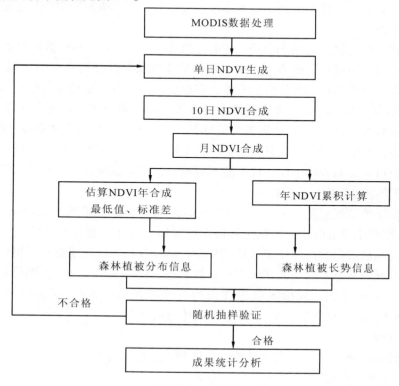

图 2-9　MODIS 监测技术流程

（2）中分辨率遥感数据采集技术

中分辨率遥感数据采集技术是以 TM 等为基础数据，选取重点区域，利用地表植被在多时相卫星图像所表现出的影像特征差异，结合辅助多维空间信息，对变化区域进行证据推理，进一步确定和细化变化像元，准确区划分布区域、估测影响面积，分析变化发生原因，揭示森林资源发生变化的来龙去脉。

①TM 遥感数据处理

在获取 TM 多光谱数据后，应进行几何精校正、波段组合、数据融合、图像增强、图像镶嵌等处理。经过波段组合与数据融合处理，使生成的图像既具有高分辨的空间特征，又具有多谱段的光谱特征；经过图像增强处理，增大地物色彩反差，使图像清晰、层次分明；经过图像镶嵌处理，使相邻景的 TM 图像过渡平滑。

②参照资料的落实

结合监测范围的二类调查资料，综合考虑 TM 遥感图像的色彩、纹理与结构特点，采用遥感图像目视判读的方法，将监测图斑落实到遥感影像图上，并通过现地调查，核实图斑的各项监测指标。

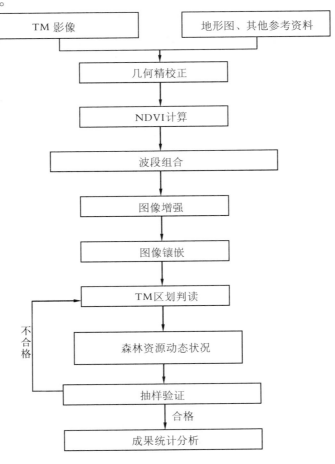

图 2-10　TM 遥感监测流程

③森林资源动态监测

根据 TM 遥感影像特征及其反映的变化信息，采用目视判读与调查核实相结合的方法，判读图斑的地类、郁闭度、图班界线等属性，进而掌握监测范围内的森林资源现状和森林资源 TM 遥感监测流程（见图 2-10）。

（3）高分辨率遥感数据采集技术

高分辨率遥感数据采集技术以 SPOT5、QuickBird 等为基础数据，对森林资源发生重大变化区域内，选取典型地块，详细调查森林、林木和林地数据、质量、结构和分布，并着重进行森林健康状况、发生变化的原因、程度、边界以及可能的变化趋势等的调查与核实，反映森林内部林木个体的生长发育特征。

利用 SPOT5 数据空间分辨高的优势，充分发挥现有林相图、固定样地等资料的作用，采用 SPOT5 遥感判读、地面验证与调查核实相结合的方法，根据 SPOT5 遥感影像特征反映的变化信息，采用遥感判读与现地核实相结合的方法，跟踪监测区范围内的森林资源变化情况。监测方法如下：

①SPOT5 遥感数据处理

SPOT5 含有 2.5m 分辨率全色波段和 10m 分辨率多光谱数据，应进行正射校正、波段组合、数据融合、图像增强、图像镶嵌等处理。经过正射校正，将 SPOT5 数据校正到高斯投影下，消除因地形高差引起的图像畸变；经过波段组合与数据融合处理，使生成的图像既具有高分辨的空间特征，又具有多谱段的光谱特征；经过图像增强处理，增大地物色彩反差，使图像清晰、层次分明；经过图像镶嵌处理，使相邻景的 SPOT5 图像过渡平滑。

②参照资料的落实

结合监测范围的二类调查资料，综合考虑 SPOT5 遥感图像的色彩、纹理与结构特点，采用遥感图像目视判读的方法，将监测图斑落实到遥感影像图上，并通过现地调查，核实图斑的各项监测指标。

③监测范围内的森林资源动态监测

根据多期 SPOT5 遥感影像特征及其反映的变化信息，采用目视判读与调查核实相结合的方法，通过判读验证图斑的地类等属性及界线，监测范围的森林资源变化情况。

SPOT5 遥感监测流程见图 2-11。

（三）基于 PDA 方式的采集技术

在森林资源监测中，外业调查作为一项基础性的无可替代的工作，其重要意义不言而喻。森林资源野外调查的数据从表现形式上来看，可以是一类的样地信息，导航轨迹信息、也可以是图斑信息和属性信息，如二类调查的小班信息和因子调查信息等。传统的数据采集往往借助于纸质地图来定位，属性数据则是采用纸质记录卡片来进行输入的，由于野外工作中定位不便，并且无法对记录的完整性和因子关系逻辑性进行检查，导致录入因子遗漏、错误和矛盾的现象时有发生。同时，后期进行汇总导入计算机的时候也很容易因为二次录入的工作量巨大而导致错误。因此，需要寻找一种新的方法或技术来代替传统的手工作业方式，这种技术不仅要能够减轻劳动量，而且要能提高效率，同时经济上也要可行，这样 PDA 技术的出现，无疑成为解决这一问题的主要途径。

PDA，英文全称 Personal Digital Assistant，即个人数码助理，一般是指掌上电脑。相对于传统电脑，PDA 的优点是轻便、小巧、可移动性强，其最大的特点是其自身的操作

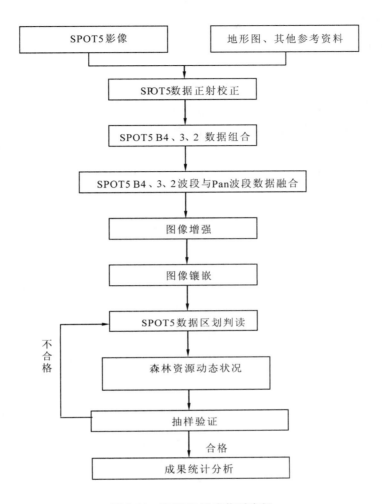

图 2-11　SPOT5 遥感监测流程

系统，一般都是固化在 ROM 中的。其采用的存储设备多是比较昂贵的 IC 闪存，容量越来越大。掌上电脑一般没有键盘，采用手写和软键盘输入方式，配备有标准的串口、红外线接入方式并内置有 MODEM，以便于个人电脑连接和上网。PDA 的应用程序的扩展能力比较强，基于其自带的操作系统，任何人可以利用开发工具编写相应的应用程序，进行任意安装和卸载。因此，利用 PDA 技术，可以充分发挥其便携、移动性、实时通讯、集成与定位等特点，大大提高林业数据野外采集的效率，是一个应用潜力巨大的领域。

将 PDA 应用于森林资源调查外业数据采集中，有助于改善传统的空间数据的采集方式。它无需借助纸质地图，与 GPS 的集成可以方便的定位，它使有效控制采集数据的完整性与检查采集因子之间的逻辑错误成为可能，同时，它也减轻了内业数据录入的工作量，减少了数据出错的概率，也有利于森林资源信息采集的全程信息化。

三、数据处理技术

（一）数据源分析

森林资源监测涉及的信息量大，数据繁多，包括不同方面、不同层次、不同形式的各类数据。在内容上既有反映森林资源现状数据，也有反映森林资源变化数据；从信息系统的表现形式上看，这些数据主要由空间定位数据、调查属性数据和社会经济属性数据组成。从数据的采集加工和应用过程来看，有原始数据、派生数据和综合数据。不管数据类型如何划分，所有森林资源监测数据，在数据录入之前，明确数据类型、理清各类数据之间的逻辑关系和系统数据间的流程关系是数据处理和数据库建立的关键环节之一。

林业数据库主要数据类型见表2-2。

表2-2　数据类型表

序号	大类	子类	数据类型
1	公共基础数据		
1.1	基础地理数据	DLG 数据	空间矢量数据
		DRG 数据	空间栅格数据
		DEM 数据	空间栅格数据
1.2	遥感数据	原始数据	空间栅格数据
		处理后数据	空间栅格数据
2	森林资源基础数据		
2.1	森林资源调查数据	一类调查数据	矢量、属性数据
		二类调查数据	矢量、属性数据
		森林资源年度变化数据	矢量数据
		伐区调查设计数据	矢量数据
		照片、摄像	多媒体数据等
		标准、文档、技术规程等	文档数据
3	林业专题数据		
3.1	森林专题数据	森林分布图	矢量、属性数据
		遥感影像图	栅格数据
		各类统计表	统计数据
4	元数据		属性数据

（二）数据处理关键技术

为实现森林资源监测所涉及的各类空间数据、属性数据的数据库建库、管理、维护、更新以及交换等核心应用，下面的数据处理技术，必不可少。

1. 数据检查技术

数据检查主要实现对不同尺度森林资源调查成果数据的自动质量检查与评价。通过检查内容和结果，形成内容清晰、易于错误定位、提供一定错误修正指导的检查报告和部分统计评价结果报告。

（1）整体性检查

根据《森林资源调查成果检查验收办法》、《森林资源调查技术规程》、《森林资源信息管理系统数据库标准》等相关规定，检查提交数据的目录组织结构、文件命名、数据分层是否正确或是否符合提交要求；数据成果是否提交全面、是否通过自检、省检和国家级检查；提交数据现势性是否符合要求。

（2）逻辑一致性检查

检查空间数据要素分层（如要素层名称和几何特征）、属性（表格）、元数据的数据结构（如表名、字段长度、字段类型和约束条件等）是否与《森林资源信息管理系统数据库标准》保持一致；检查数据分层之间的逻辑关系是否正确，如所有的森林资源调查数据不应超出行政区等；检查数据项的值是否符合值域范围的要求，值间的关系是否符合规定的逻辑关系，如按照地类和行政区划进行统计的面积结果应一致等；检查是否按要求建立拓扑关系，建立的拓扑关系是否正确，如多边形封闭、不存在多余标识点、悬挂节点、坐标点重叠、线和弧段自相交等现象。

（3）空间定位准确度检查

检查不同比例尺空间数据坐标系是否符合相关要求；投影方式的选择及参数的设置是否正确。检查相邻分幅的同一数据层实体的接边精度是否符合要求，行政界线接边要以民政勘界成果为基础，要求边界不重不漏，低精度数据应服从高精度数据。系统还应支持对各级接边质量进行检查，保证各级接边质量。

（4）属性数据准确性检查

检查所有属性数据域值及其代码的正确性；各个相关属性字段的逻辑关系是否成立，如非林地类的小班，林分因子的属性值为空值。检查森林资源调查分地类面积统计表等与行政区划总面积数据是否相符合等等。

（5）检查结果评价与处理

通过对检查错误的详细记录，进行处理后，按照打分规则、评价模型、评价表格、评价报告等方式，产出评价结果与评价报告。

2. 数据交换技术

森林资源监测涉及的不同方面、不同层次、不同格式的各类数据，因此要对其进行数据格式的转换，并具有外部各类数据的导入，包括外部影像数据和矢量数据的导入的各种接口。

（1）格式转换

实现森林资源调查规定的数据提交格式与森林资源监测系统间数据格式的快速无损转换；实现 E00、VCT、ARCGIS 系列数据格式之间的转换。

（2）坐标转换与投影变换

支持西安 80 与 WGS84 等坐标系之间的相互转换；支持投影参数设置，可实现矢量数据和栅格数据的投影变换；支持空间数据的动态投影；支持坐标去带号、增加带号、整体平移、仿射变换、线形变换、多项式变换。

3. 数据编辑与处理技术

按照使用权限，提供各类数据编辑与处理工具，进行数据处理以及相关数据检查后数据错误的修改编辑。主要包括：

（1）数据错误的自动修改

提供数据错误的自动批量处理，针对数据质量检查记录，实现批量自动改正数据错误，并生成错误修改报告。

（2）矢量数据编辑处理

提供空间数据的编辑处理，可实现对点、线、面等空间对象的增、删、改编辑功能，支持相邻图幅的自动接边和手动接边；可进行矢量数据的拓扑生成，对拓扑错误进行修改，支持对矢量数据的导出和删除；对矢量数据的编辑可实现基于规则的批量处理。

（3）栅格数据处理

提供栅格数据处理功能，如支持 RGB 影像合成、灰度图像转换、多图层影像合成；支持输入控制点纠正、基于图像纠正、基于矢量纠正等影像纠正方式；支持空间数据投影定义、不同参考系统变换、不同投影之间变换；具有建立金字塔索引、影像对比度调整等常用图像处理功能；能够进行图像的裁减（空间坐标定义、图形、图像、AOI 方式）、镜像、旋转、自动拼接、空间分辨率调整等常用图像处理功能。

（4）属性数据编辑

提供属性字段增加、删除；可实现数据记录删除、追加与修改；实现对属性数据的导出；支持基于规则的属性数据编辑批量处理。

四、分析评价技术

各级森林资源监测提供了大量关于我国的森林资源和生态状况现状、动态和空间分布信息。为了从中提炼出不同层次用户所需要的信息，并为各级政府和林业主管部门提供决策依据，需要开展相关的分析评价工作。评价是将森林资源和生态状况的现状、动态、结构、分布、功能等，用一定的指标进行定性评估或定量评价，抽象出森林资源及其生态系统的特征和发展规律，以及与社会经济发展、环境保护和生态建设之间的内在联系，为国家宏观决策、林业可持续发展及相关部门和社会公众等提供信息支持。

（一）分析评价技术流程

森林资源综合评价技术系统主要分为数据层、模型层、评价层和用户层四个层面，其业务运行流程见图 2-12。

数据层：森林资源综合评价技术的数据基础是森林资源监测数据库，在此基础上经数据挖掘和数据抽稀处理后形成评价业务专题数据，直接服务于评价与决策支持系统。基于评价业务专题数据确定评价指标的提取路径和计算方法，形成系统评价指标集，提高系统运行效率。系统提供默认的评价指标集，用户也可以自定义评价指标，并完善评价业务专题数据内容。

模型层：模型层主要包括指标管理模型、评价对象模型和评价方法模型。针对特定的评价对象在评价指标集（数据层）的基础上确定评价指标体系，指标体系经优化、赋值、无量纲化等一系列处理后提交给评价模型（评价对象模型和评价方法模型）。其中评价对象模型是针对对象的模型，如森林资源经济评价模型等，属动态模型；评价方法模型主要包括一些客观的综合评价数学模型，如层次分析、模糊分析、主成分分析等，属静态模型。

评价层：确定优化后的评价指标体系并选择适当的评价对象模型和评价方法模型后，

开展评价工作，生成评价成果并进一步开展规划等产品的制作，评价成果提交给系统用户。

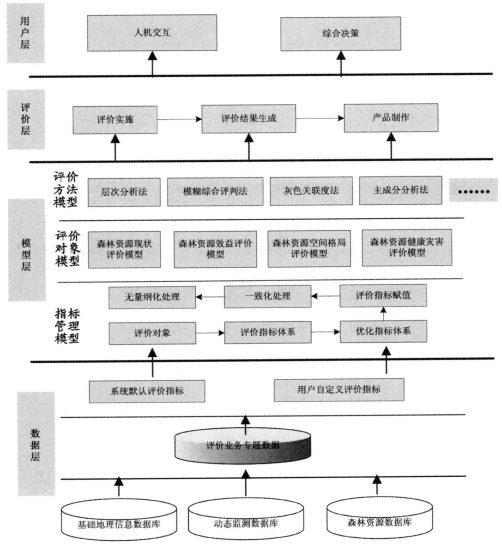

图 2-12 S 分析评价业务流程

用户层：系统用户根据评价成果和决策产品制定相应的森林资源管理政策。

(二)分析评价设计

1. 数据层设计

本部分只重点说明数据层中的评价专题数据层的结构设计。

基础地理信息数据库经抽稀、整合、再组织等处理过程后，形成面对象、线对象和点对象，在此基础上形成各种数据库表集，数据库表集划分为结构化和非结构化两类，其中结构化数据库表集存储定量数据，如林地面积、森林资源面积、蓄积等，非结构化数据库表集存储非定量信息，如林地分布、森林资源分布、森林资源年度核查情况等。各对象数据通过关键字(如总体、省、市代码，ID 代码)建立索引与关联关系。系统在各数据库表集的基础上生成系统评价指标集，建立指标驱动的数据组织与管理机制。森林资源专题数据管理系统结构关系见图 2-13，森林资源评价指标集组成见表 2-3。

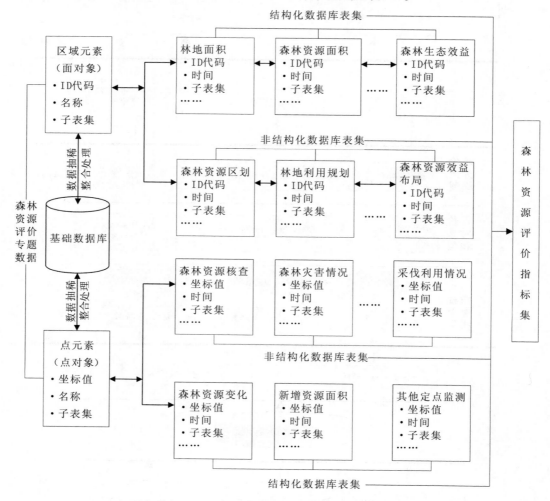

图 2-13　数据库管理系统结构关系图

2. 模型层设计

（1）指标管理模型

系统针对一系列评价对象给出默认的、经过优化的评价指标体系，包括指标的组成、结构与权重向量等，但由于评价指标对于评价对象的影响程度在不同地区和不同时间均会有所差异，因此，评价指标体系是动态的，指标管理模型就是针对指标的这一特性进行动态管理，具体包括指标初选、优化与指标的规范化处理。

①指标体系的初选与优化

通过全面性检查检验、独立性检验和有效性检验，可完成指标体系的初选和优化。全面性、可测性指标检验，可确保指标体系是否包含了目标的各个方面的信息，是否每个指标都可以直接或间接测定；独立性检验是为了检验同一层次指标间是否满足独立性要求，若同层指标间具有相关性或表达内容部分重复，则需消除这种影响，一般采取删除不重要指标以消除相关性或者分解内容部分重复的指标为更细致的指标的方法来解决；有效性检验是为了对那些评价指标各评价个体的取值无明显差异，即这类指标对评价结果无明显影响，这类指标也是冗余的，系统通过数学方法的筛选删除此类指标。

表 2-3　森林资源评价指标集结构表

评价指标集	评价指标子集	具体指标	关联数据库表集
林地利用状况评价	林地利用潜力	已利用林地面积、未利用林地面积、各类型林地面积等	各类林地面积、后备林地资源面积等
	林地利用总量		
	林地利用分量		
森林资源现状评价	森林资源分布状况	森林覆盖率、森林面积蓄积、森林资源区划等	一类调查数据、二类调查数据、基础地理信息等
	森林资源环境适宜性评价		
森林资源质量评价	地类结构情况	林地面积、森林林面积、单位蓄积量、林种区划、树种结构等	一类调查数据、二类调查数据
	林种结构		
	树种结构		
森林效益评价	生态效益	森林环境、土壤、郁闭度、植被总盖度、土壤侵蚀、土壤理化性质	一类调查数据、二类调查数据定点观测、科学实验
	经济效益	森林蓄积、树种、林木价格、经济林及林副产品价格	一类调查数据、二类调查数据
	社会效益	森林游憩、生物多样性、森林卫生保健、科学研究	一类调查数据、二类调查数据、定点观测、问卷调查
森林灾害预警预报	林地退化	林地土壤侵蚀速度	土壤侵蚀速度
	森林病虫害	受灾面积、程度	森林灾害情况等

注：表中只侧重表示评价指标集的结构，并未列出所有的评价指标。

②指标规范化处理

指标体系规范化处理的主要内容包括方向性一致化、无量纲化与标准化。

方向性一致化是指评价指标通常可分为正向性指标、逆向性指标和中性指标三类。通常系统将各类型指标统一转化为正向性指标。对于逆向性指标，可以通过取指标允许上限值与指标值之间差值或直接取指标值倒数值的方法完成正向化转换；对于中性指标，可以首先取指标值与最优状态值之间差值的绝对值完成逆向性转换，再通过前述方法完成指标的正向化转换。

无量纲化与标准化是指各指标取值的量纲不同造成的不可公度性会给综合评价带来困难，因此需对各指标的取值进行无量纲化处理，使各评价指标值取值范围能够在一个大致相同的域内（如 0 ~ 1 之间），无量纲化的过程就是将指标实际值转化成指标评价值的过程。无量纲化与标准化的方法很多，系统通常采用阈值法、标准化法和权重法等几种方法。

经过优化与规范化处理的指标体系进入评价模型，开始实施评价工作，整个指标管理模型的工作流程见图 2-14。

（2）评价对象模型

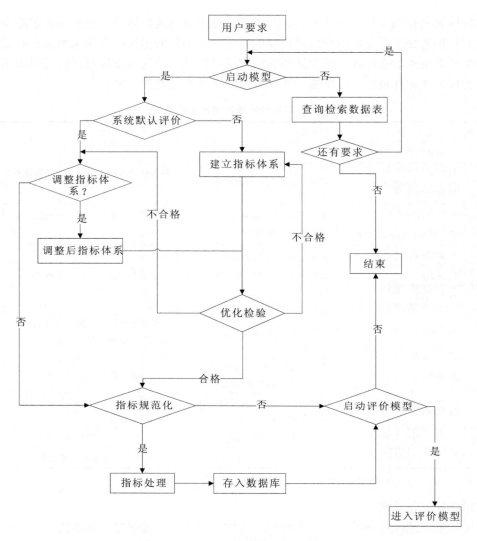

图 2-14 评价指标管理模型工作流程图

森林资源监测评价对象模型是针对森林资源具体评价内容设立的评价模型。按照评价内容分为林地利用状况评价、森林资源现状评价、森林资源质量评价、森林效益评价、森林灾害预警预报等几个方面，按照评价的深度和层次可以分为单因素评价和多因素评价两种。单因素评价主要针对与森林资源监测关系密切、森林资源监管人员急需掌握的单一要素进行现势和趋势性的评价，也称为统计性评价，如林地资源总量与分量、森林资源总量与分量、森林覆盖率等；多因素评价主要针对一些复杂的评价对象，利用多种指标综合反映其总体特征，挖掘隐藏于诸多数据之后的重要信息。

①林地利用状况评价

林地利用状况评价的内容包括林地利用现状潜力评价和林地利用总量、分量评价与趋势性预测。

林地利用现状潜力评价是指分析评价林地利用和保护强度、潜力以及林用的秩序性等内容，为优化产业结构、制定林地利用规划等提供决策支持。主要的评价指标包括已利用林地面积、未利用林地面积、各类型林地面积以及其他社会经济指标等。

林地利用总量、分量评价与趋势性预测是分析各类型林地利用面积以及林地利用总面积，并作出未来 5~10 年内的趋势性预测，为编制林地利用规划、林业产业结构调整计划等提供依据。主要评价指标有已利用林地面积、未利用林地面积、各类型林地面积等。

②森林资源现状评价

森林资源现状评价包括森林资源分布状况评价和森林资源环境适宜性评价等内容。

森林资源分布状况评价是指通过森林资源功能区划，掌握各区划的大类、子类的面积及比例，从而掌握全国森林资源的分布状况。主要评价指标有森林覆盖率、森林面积蓄积、森林资源区划等

森林资源环境适宜性评价是指在森林资源区划和分布的基础上，结合森林立地条件以及未来进行保护、利用和经营等因子，做出环境适宜性评价，使其在最小的环境成果下，提供最大的生态、社会和经济利益。主要评价指标是森林单位面积蓄积、林分结构、景观、可及度等。

③森林资源质量评价

森林资源质量评价主要包括地类结构情况、林种结构和树种结构等方面的内容。

④森林效益评价

森林效益评价包括生态效益、经济效益和社会效益评价。

森林生态效益是指在人类干预和控制下的森林生态系统，对人类化的环境系在有序结构维持和动态平衡保持方面的输出效益的总和。包括森林的涵养水源效益、保土效益、储能效益、制氧效益、同化二氧化碳效益、降尘净化大气效益、生物多样性保护效益、防风固沙效益、护岸护堤护路的防护效益和调节小气候效益等。一般从涵养水源价值、保育土壤价值、净化水质价值、净化空气价值(固碳制氧价值)、净化环境价值、保护生物多样性价值等方面进行评估，方法包括边际机会成本法、影子价格法、替代性市场法、意愿调查评估法等。主要评价指标包括森林环境因子、土壤、郁闭度、植被总盖度、土壤侵蚀、土壤理化性质等。

森林经济效益是指指在人类对森林生态系统进行经营活动时所取得的，已纳入现行货币计量体系，可在市场上交换而获利的一切收益，也称直接效益。通常人们把林地价值、木材产品价值、薪炭材价值、鲜果干果产品价值、食用原料林产品价值、林化工业原料林产品价值、药用林产品价值、野生动物(水生、陆生)产品价值、林下资源产品价值和其他林副产品价值计算为森林的直接收益。方法包括市场价格法、未来收益净现值法、预期收益净现值法等。对于各种木材和非木材林产品，如果条件具备都要尽量按现期市场价格进行评估；对于具有存货性质的林木(如幼龄林和中龄林)，习惯做法是在扣除把林木培育成熟、采伐、运输等费用后，把未来销售林木的收益折成现期价值，按未来收益净现值法进行评估。主要评价指标包括森林蓄积、树种、林木价格、经济林及林副产品价格等因子。

森林社会效益是指林业经营系统为社会系统提供除去经济效益外的一切社会收益，它体现在对人类身心健康的促进作用方面，对人类社会结构改进方面以及对人类社会精神文明状态改善方面。社会效益是森林效益的重要组成部分，一般从森林提供的就业机会、森林游憩和森林的科学、文化、历史价值等方面进行评估。目前，对森林提供的就业机会主要采用投入产出法、指数法进行评价；对森林游憩价值主要采用旅行费用法等进行评价；

对森林的科学、文化、历史价值主要采用指标评价法、条件价值法和综合模型评价法等进行评价。主要评价指标包括森林游憩、生物多样性、森林卫生保健、科学研究等因子。

⑤森林灾害预警预报

森林灾害预警预报包括林地退化预警和森林病虫害预报。

通过统计分析林地土壤退化的发生位置、影响范围、经济损失等要素，选取适合的综合评价模型和预测模型对林地退化进行预警预报。主要评价指标包括林地土壤侵蚀速度、经济损失等。

通过统计分析森林资源病虫害发生位置、影响范围、受灾程度等要素，选取适合的综合评价模型和预测模型对森林病虫害进行预警预报。主要评价指标包括受灾面积、程度等。

（3）评价方法模型

森林资源监测评价方法主要为客观的数学模型，通过编程实现目前较为成熟、通用的综合评价、数据挖掘以及趋势预测的数学运算过程，系统根据评价对象和评价内容给出默认的评价方法，并允许用户选择其他评价方法以便于进行各方法之间评价结果的比对。评价方法模型基于模块化的思想设计，可增加新的评价方法，有利于系统的更新和维护。主要的评价方法模型包括综合指数法、模糊评价法、矢量-算子法、AHP 法、Delphi 法、模糊综合评判法、主成分分析法、TOPSIS 法、灰色关联度分析法、决策树模型、人工神经网络模型等。

①综合指数法（Comprehensive Index 或简写 CI）

综合指数法是较为常用的一种生态状况评价方法，它是将各评价因子进行归一化处理后的值与相应权重的乘积之和作为综合指数来进行评价，其中归一化处理方法包括线性插值变换、对数插值变换和非线性变换等多种。

②模糊评价法（Fuzzy Evaluation）

模糊评价法是对具有不确定性的模糊对象进行系统评价的一种方法。如生态状况的质量好坏可以用 $0 \sim 1$ 表示，取 0.8 比 0.7 要好。模糊评价一般包括两个集合（因素集 U、评语集 V）和一个模糊变换器。

因素集 $U = \{ U1, U2, U3, \cdots, Un \}$

评语集 $V = \{ V1, V2, V3, \cdots, Vm \}$

为表示单因素 Ui 在评语集中的所起作用的大小，用 $\tilde{A} = \{ W_{U1}, W_{U2}, W_{U3}, \cdots, W_{Un} \}$ 表示；同样，用 $\tilde{B} = \{ W_{V1}, W_{V2}, W_{V3}, \cdots, W_{Vm} \}$ 表示某个评语在评语集中的权重系数。

对于第 i 个评价因素 Ui 作出 Vj 评定时，有一个相应的隶属度 rij，则构成了相应的隶属度向量 $R_i(r_{i1}, r_{i2}, r_{i3}, \cdots, r_{im})$。

对每个因素作出所有评定就构成了评价矩阵 R：

$$R = \begin{bmatrix} r_{11} & r_{12} & \cdots & r_{1m} \\ r_{21} & r_{22} & \cdots & r_{2m} \\ \vdots & & & \\ r_{n1} & r_{n2} & \cdots & r_{nm} \end{bmatrix}$$

一般规定 $\sum_{j=1}^{m} r_{ij} = 1 (i = 1, 2, \cdots, n)$，故 $\tilde{B} = \tilde{A} \cdot R$。

3．统计分析与综合评价

（1）统计分析

森林资源统计分析是指运用数理统计理论和各种分析方法以及与森林资源和生态状况综合监测有关的知识，通过定量与定性相结合的方法进行的统计和分析活动。统计分析是继数据采集、数据处理、数据建库、数据更新之后，通过统计、分析、模拟等技术手段挖掘获取更丰富、更全面、更深层次信息的重要技术环节，从而为森林资源监测的有关评价和信息服务提供依据。森林资源监测的数据统计方法视监测的具体技术方法而定，如样地调查采用抽样方法进行统计，图斑调查一般采用汇总方法进行统计等。

（2）综合评价

森林资源综合评价是将森林资源和生态状况的现状、动态、结构、分布、功能等，用一定的指标进行定性评估或定量评价，抽象出森林资源及其生态系统的特征和发展规律，以及与社会经济发展、环境保护和生态建设之间的内在联系，为国家宏观决策、林业可持续发展及相关部门和社会公众等提供信息支持。

森林资源综合监测就是要实现对森林生态系统的全面监测和综合评价，为生态建设和林业可持续发展乃至经济社会可持续发展提供决策支持。因此，生态状况综合评价是森林资源综合监测的一项极其重要的内容。开展森林资源生态状况综合评价，就是在森林资源专项评价的基础上，对森林资源总体生态状况及其发展变化进行评价，分析影响生态状况的各种因子，评估生态建设成效，提出生态治理对策建议。

五、信息管理与服务

森林资源综合监测系统的信息管理与服务功能，主要包括信息管理系统和信息服务系统两大部分。信息管理包括数据管理和系统管理等；信息服务包括信息服务方式和信息服务对象等。

（一）信息管理

信息管理是森林资源监测系统的重要内容。信息管理平台维持正常运转，是高质量完成信息服务工作的基础性工作。从广义上理解，它包括数据管理和系统管理两部分。数据管理主要是对各监测数据库的管理维护，涉及元数据管理、数据输入输出管理、数据存储管理等问题，是数据库系统保持正常运转的基础。系统管理主要是对综合监测信息共享平台的日常维护工作，涉及系统安全性、数据一致性、系统资源调配的合理性等问题，是系统正常运转的根本保证；系统管理和数据管理是综合监测信息管理平台不可或缺的两个部分，缺乏系统管理，整个系统的安全性得不到保证，正常运行就无法进行；而缺乏数据管理，数据库就不能正常工作，用户的信息服务就得不到满足，系统建立就失去了意义。因此，森林资源综合监测系统的设计必须确保具有强大的数据管理功能和系统管理功能。

1．数据管理

数据管理是森林资源综合监测系统的常规功能，主要包括元数据管理、数据录入维护、数据导入导出、数据备份及其他管理等内容。

（1）数据交换、导入导出

数据交换是指通过交换参数设置、交换监控与管理等技术，支持分批或一次性将不同格式的数据转换为森林资源综合监测系统要求的数据库统一格式；对于坐标系不符合森林资源监测系统要求的，支持坐标系统转换。

实现对通过质量检查的森林资源综合监测系统所涉及的矢量数据（如一类清查固定样地点、二类调查区划数据等）、遥感影像栅格数据（TM、SPOT5 等）通过手动、自动批量等方式导入数据库，没有通过质量检查的，不能入库；可以在数据入库的同时实现元数据的入库及元数据信息的追加，建立数据和元数据之间的关联；可以针对数据入库情况，自动生成数据入库报告，供用户参考。

（2）数据录入维护

主要用于森林资源综合监测系统所涉及的原始数据和其他相关数据进行录入。同时建立基于数据诊断模型和专家系统的数据逻辑检查系统，一方面辅助数据的输入，另一方面排除数据的录入错误和各种逻辑错误，保证基础数据的质量。

（3）数据视图管理

支持不同层级的快速检索机制，自动按照浏览的级别确定显示相应的内容；实现对海量空间数据的快速无缝浏览；支持空间数据的动态投影；支持鹰眼图功能；支持基本的放大、缩小、平移、全图；支持比例尺控制；书签管理，包括创建书签、删除书签、定位书签等功能。

（4）数据浏览和三维展现

支持海量空间数据的快速浏览，支持常见的遥感影像数据格式直接读取及浏览，可通过定制开发和扩展支持更多数据格式空间数据的读写及浏览。系统还应支持全国范围内遥感影像以及空间数据的无缝浏览。同时，支持可实现 DEM 数据、影像数据、森林资源分布等数据的叠加及三维表现。

（5）数据查询、统计与分析

数据查询统计是森林资源监测系统的重要组成部分，要求系统支持多种查询方式，包括通过点查询、行政区、拉框查询、缓冲区查询、多边形查询等多种空间查询方式，通过任意属性字段查询，组合查询等实现对数据的查询和图斑历史变更情况追溯查询。

数据统计是根据森林资源监测调查相关要求，动态生成森林资源调查分类面积汇总表等；支持向导式数据统计汇总；可以自定义和保存统计规则，通过选择统计规则和统计对象可实现数据的统计汇总；可实现对多尺度、跨存储单元数据的统计；统计汇总结果可表示成多种类型的图和表，并且可以输出成 WORD、PDF、EXECL、JPEG 等多种格式。

数据分析是根据定制的数据分析规则，选择数据分析对象，可实现对存储数据的分析，如森林资源结构分析、森林资源年度变化分析等；支持缓冲区分析、叠加分析等 GIS 通用空间分析功能。

（6）数据更新和历史数据维护管理

系统可实现对空间数据、元数据、表格数据与其他数据的更新；支持多种粒度的数据更新，可以根据森林资源调查工作开展的需要，进行调查数据的库整体更新、部分替换式更新、增量更新；在更新时，可实现对更新数据的校验，更新可批量自动完成；可自动生成数据更新报告；可以对数据更新历史进行浏览与查询统计。

历史数据管理与回溯：已经更新的森林资源利用数据自动进行标记并进入历史数据管理；可在指定时间点和选择数据范围基础上，实现基于要素级的森林资源利用历史数据回溯，查看森林资源利用数据的变化历史。

（7）专题图制作

森林资源监测的专题图制作，包括符号库管理、制图模板管理和专题图产出。

符号库管理：按照森林资源综合监测相应规范的要求，提供标准的图式图例符号模板，同时提供符号库编辑器，支持定制通用符号和针对不同数据、不同比例尺的符号并形成自定义符号库；提供符号库管理功能，根据实际需要，用户可新建符号，也可更新或删除符号库中已有的符号。在更新符号时，用户可对符号的类型、类别、尺寸、样式、色彩、图案等属性信息进行修改。

制图模板管理：系统提供森林资源综合监测相应规范要求的全套标准制图模板，包括图名、接图表、内外图廓、经纬网、四角坐标、比例尺、指北针、图例、制作单位等信息；用户可以对模板进行修改并进行模板的保存。

专题图产出：可以选择和应用制图模板并进行相应修改和调整，根据森林资源综合监测相应规范要求制作土地利用现状图、森林资源分布图、森林资源等级图和影像图等；也可以选择数据源制作专题图；可制作标准分幅图、行政区分幅图、矩形或任意范围专题图。

（8）元数据管理

综合监测元数据包括空间元数据和属性元数据。由于综合监测信息管理平台是一个复杂的大系统，涉及方方面面的海量数据，其源数据来自不同的区域和监测项目，有着不同的表现形式，具有多尺度、多类型、多时相的特点，而且数据交换与共享频繁，必须具有元数据管理技术的支持。随着时间的推移和数据的变化，元数据库也需要进行管理和维护。

支持元数据的入库；维护元数据与数据的关联；可对元数据进行浏览；可对元数据进行查询和统计汇总；在数据经历重要处理时追加或更新相关元数据信息；可实现元数据的输出与打印。

（9）其他管理功能

其他管理功能还包括对数据表的管理、数据的加密和解密、数据的压缩和传输、投影坐标系统的自动转换等。

2. 系统管理

系统管理是综合监测信息管理平台的基础，直接影响到整个系统的正常运行。主要包括用户管理、代码管理、访问控制及安全管理等功能模块。

（1）用户管理

根据森林资源监测信息的安全级别、用户级别及监测信息的内容，建立森林资源监测信息、服务与用户的对应关系，既保证各项监测信息尽可能得到充分的利用，同时又保证信息的安全性需求。由于不同用户所拥有的数据、应用系统的权限有一定的差异，因此，森林资源监测综合系统采用严格的用户身份管理和权限分级管理机制。

系统需要通过用户、角色和密码管理进行身份管理，将用户身份、数据操作内容和操作功能进行绑定控制，确保数据安全。系统用户表由系统管理员在系统初始化时设定，并采用实名制、只允许在人员变动时有系统管理员进行用户表的调整。对数据和数据库的操作权限如读、写、下载等进行严格划分，并管理员针对特定用户角色和数据内容进行派发。

（2）数据字典管理

森林资源监测综合系统需要对元数据标准、林地利用分类标准、森林资源调查分类标准、系统初始用户、部门名称、操作权限类型、各类数据库标准、数据密级、各级行政代码、区划类型代码、专题分类目录等需要统一规范的对象，通过数据字典进行统一管理。管理员利用系统提供对数据字典的添加、保存、输出、修改功能。维护管理一个数据字典内的字典项，增加、删除、修改字典项内容。系统需提供数据字典的版本管理。

（3）数据备份

管理系统应制定完备的数据库和数据备份策略，可以实现数据库的自动备份与恢复。备份需要考虑不同数据类型的数据量、不同的数据更新特征、不同数据的存储要求选择不同的备份方式和备份频率。数据备份方式应该包括整体备份、增量备份等。数据备份频率应该为年度、不定期等。如基础地理数据在一定时期内基本不存在更新问题，因此在系统数据备份策略中可以不考虑基础地理数据的更新；而对年度更新的林地利用数据、森林资源消长数据，考虑到全国的数据量比较大，但是每年更新数据较小的特点，应该考虑对增量部分进行年度备份。对文档数据等不采用数据库进行管理的数据，因此需要进行定期的拷贝备份。用户也可以选择数据对象和备份方式进行数据的手动备份和恢复。

（4）安全管理

森林资源监测系统是分布式计算机系统，各数据中心需要建立相应的安全策略，设置安装防火墙和入侵检测系统，进行系统安全管理。同时采取对数据实施保密分级、数据加密等措施，以提高数据库的完整性、保密性、可用性。为了保证分布式空间数据库的安全性，可以采取系统登录检测、系统操作权限的控制、存取控制、使用日志、权限分级等技术，也要保证系统在局部故障条件下能持续运行并且系统中的数据无丢失现象。

（5）系统监控

森林资源监测系统需有独立的系统监控模块，支持对系统和数据库状态的监控，可以根据系统和数据库状态进行系统资源调配、数据库优化等操作；对用户的连接与状态、用户对数据访问和数据操作等进行监控，能够设置和调整系统报警规则和相应处理响应，发现恶意操作或非正常操作等问题时可采取中止连接、中止操作等措施。

（二）信息服务

森林资源监测系统信息服务是森林资源监测系统的出发点和归宿，是森林资源监测系统研究的重要内容和领域，是用不同的方式向不同层次用户提供所需信息。信息服务通过研究用户、组织用户、组织服务，将有价值的信息传递给用户，最终帮助用户解决生产、管理中存在的问题。从这一意义上来说，信息服务实际上是传播信息、交流信息、实现信息增值的一种手段。森林资源监测系统的信息服务，也就是借助森林资源监测基础信息平台，通过数据交换、联机数据挖掘、图表输出、信息发布等手段，满足不同层次用户对森林资源信息的需求；同时也可以通过数据交换网络、门户网站开展信息服务等方式，按特定的要求对森林资源信息及相关信息进行分析评价与辅助决策，满足不同层次用户对森林资源监测信息的深度需求。

1. 信息服务方式

森林资源监测系统的信息服务方式包括信息查询和检索服务、信息咨询服务和信息发布等。

（1）信息查询和检索服务

根据不同层次用户的需求，按照数据标准化和共享的要求，通过网络或门户，从已建的不同类型的森林资源数据库或信息系统中，迅速、准确地查出与用户需求相符合的，有价值的数据和信息。

（2）信息咨询服务

基于综合监测系统的数据和监测成果，进行数据处理、数据发现、数据加工后，通过本地或远程的调用，处理和分析后，按用户需求，开展信息咨询服务。

（3）信息报道与发布服务

森林资源综合监测成果及专题监测成果由国家相关部门组织审核后，对外统一发布，及时报道，满足用户关于森林信息的需求。

2. 信息服务对象

森林资源监测系统的信息服务对象主要包括：国际交流合作、国家宏观决策、生态建设与林业发展改革、相关行业及社会公众等。

（1）服务于国际交流合作

作为世界上很多国际环境公约的缔结者和参与者，需广泛参与森林资源的国际交流，需按照一些国际组织，如 FAO，IUCN 等提供的格式和表格，提交我国森林资源监测方面取得的成果，如森林资源数量、质量、类型和分布等，进而反映出我国森林资源利用和保护方面取得的成效，为国际合作与交流提供的信息服务。

（2）服务于国家宏观决策

森林资源作为国民经济发展的重要战略性资源，作为生态文明建设的重要力量，有关森林资源信息，都是国务院和国家发展与改革委员会、财政部等有关部委在宏观决策中，所需要掌握的，因此，森林资源监测系统产出的信息，必须能为经济社会可持续发展和国土生态安全提供决策依据。

（3）服务于生态建设与林业发展改革

林业生态建设和发展改革的制定，必须是在摸清我国现有森林资源家底、生态治理、破坏的实际状况基础上进行的，森林资源信息作为我国制定生态建设与林业发展改革政策时所需参考的基础性数据之一，必须能产出服务于林业生态建设和发展改革所需的森林资源数量质量、森林生态系统健康、生物多样性保护等方面的信息。

（4）服务于相关行业及社会公众

森林资源监测信息还需服务于与林业发展有直接关系的农业、水利、国土、环保、旅游、气象等行业，因为这行行业在其发展战略制定和落实方面，需要得到林业相关信息的支持。同时，也需对一些诸如教育科研机构、学术团体和社会公众等，为其开展科学研究、科技知识普及、文化教育、社会参与、国际国内各种学术交流等活动提供服务。

第三节　总体框架

一、业务框架

国家森林资源监测系统技术框架按流程来说包括信息采集、信息处理和信息发布几个技术环节。从每个环节要完成的功能上，在信息采集中，主要说明数据采集的方法和要采集那些方面的内容，这是国家森林资源监测系统的基础和重点。在信息处理中，主要包括信息管理和分析评价两部分内容。信息管理指的是对采集的各种森林资源数据，如样地调查数据、图斑调查数据、遥感调查数据、调查成果数据和其他数据的组织和管理。分析评价是指在建立各种数据库的基础上，借助各种不同的分析方法，对森林资源的经济效益、生态效益和社会效益的评价，产出分析报告，为各级政府、国际机构、科研、采集、处理、管理服务，如图 2-15 所示。

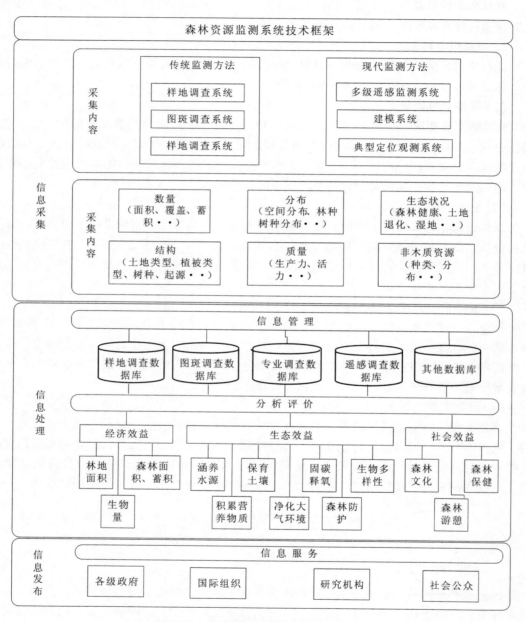

图 2-15 森林资源监测技术系统框架图

二、系统技术框架

多尺度森林资源监测系统由标准规范、运行环境、森林资源监测数据库、基础地理信息平台、森林资源监测基础平台、森林资源监测业务应用系统等6大要素组成。其中标准规范、运行环境、森林资源监测数据库是森林资源综合监测系统的基础设施。基础地理信息平台是重要支持。森林资源监测基础平台、森林资源监测业务应用系统是系统的研究重点。

在多尺度森林资源监测系统中，各个平台和业务系统开发要采用统一的开发架构，各个系统之间要有相应的接口，这样便于业务系统的搭建和扩展，如图2-16所示。

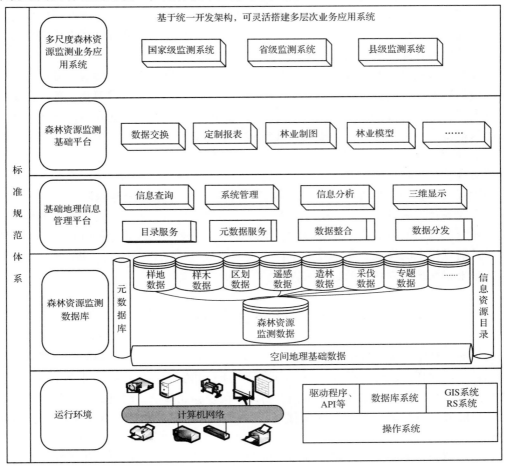

图2-16 多尺度森林资源监测系统技术框架

第三章　森林资源监测野外信息采集

"数字林业"是林业信息化发展的必然趋势，也是提高森林资源管理效率与发展林业经济的最为有效的手段之一。目前"数字林业"所需要用到的技术已基本成熟，但是作为林业资源数据采集与更新任务最为繁重的森林资源监测，却一直难以实现数据的快速数字化采集与更新。这其中虽然有技术上的原因，但是林业资源数据采集与更新方法的复杂性是制约林业数据的获取与更新的最主要的原因。

森林资源数据是林业管理与决策的基础，也是生态环境建设的重要数据基础。森林资源专题数据来源于各类森林资源清查与生产活动。当前森林资源数据采集工作广泛采用计算机技术与3S技术，以PDA等软硬件为支撑，提出了数字化森林资源调查方案，建立了相关的数据采集系统，为数据采集的标准化与共享奠定了基础。然而由于森林资源数据采集过程的复杂性与采集规范的多样性，数据采集软件与数据采集过程远未达到规范化，因此需要对规范化森林资源数据采集问题进行深入研究，提出合理的解决方案。

早期开发的基于PDA的野外信息采集软件针对单个区域单个专题调查任务，难以应用于多个业务及扩展到其他域。另一方面基于通用表单数据录入软件方式开发的软件，缺乏对林业专业知识的有效集成，导致软件难以适应复杂多变的专题业务逻辑。随着应用的深入以及信息技术的发展，基于业务逻辑建模的集成移动通讯、GIS、GPS为一体的PDA智能数据采集系统为森林资源野外调查提供了新的方法与工具。

第一节　野外信息采集内容

以林地、林木以及林区范围内生长的动、植物及其环境条件为对象的林业调查，简称森林调查。目的在于及时掌握森林资源的数量、质量和生长、消亡的动态规律及其与自然环境和经济、经营等条件之间的关系，为制订和调整林业政策，编制林业计划和鉴定森林经营效果服务，以保证森林资源在国民经济建设中得到充分利用，并不断提高其潜在生产力。

森林资源调查按调查的地域范围和目的分为：以全国（或大区域）为对象的森林资源调查，简称一类调查；为编制规划设计而进行的调查，简称二类调查；为作业设计而进行的调查，简称三类调查。这三类调查上下贯穿、相互补充，形成森林资源调查体系，是合理组织森林经营，实现森林多功能永续利用、建立和健全各级森林资源管理和森林计划体制的基本技术手段。

这些调查需通过野外调查获取大量空间、属性以及多媒体数据，并且需要进行数字化管理。采用PDA智能数据采集系统开展野外工作，可以提高工作效率，实现森林资源调查的无纸化作业。

森林资源监测野外调查主要包括国家森林资源连续清查（简称一类清查）、森林资源规划设计调查（简称二类调查）和三类调查。

一、数据采集特征

通过对森林资源各专题调查任务进行分析可知，森林资源调查数据采集具有以下特点。

（一）监测目标综合性

每个专题调查任务针对多个调查对象的多个尺度信息进行采集，同时满足多个监测目标。如二类调查除了对森林资源的基本调查内容外，还包括对森林更新、森林病虫害、森林火灾、野生动植物资源等的调查。

（二）数据采集类型多样性

森林资源调查不仅采集林地境界线、样地坐标等位置信息，而且录入大量表格因子，同时需要采集图像、视频等多媒体信息。

（三）数据录入任务繁重

每个区县涉及上万个调查单元，每个单元需要填写多个调查表格，每个表格可包含多达上百个因子，数据采集工作量大。

（四）调查因子多样性

调查目标的不同导致专题调查因子有较大区别；由于调查因子的地域导致同一专题在不同省、不同地区调查因子也有地域区别；同时调查因子取值具有地域性，同一调查因子在不同省份或地区取值不同。

（五）因子间业务逻辑复杂

由于调查的多角度、多尺度以及调查目标的综合性，不仅不同目标的因子存在重叠与关联，而且同一调查对象不同侧面与不同尺度间存在复杂的业务逻辑关系。

二、调查因子采集特征

国家森林资源专题调查各类调查规范，明确了需要调查的因子以及因子测量方法，并对重要因子进行了分类与编码。调查因子间的主要关系包括三个方面：首先由于调查的多目标性，将调查因子分为基础因子与专题因子两大类，基础调查因子为所有目标共享，专题因子随样地情况而变化；其次在专题因子中由于因子间存在相互推导或者计算的关系，可分为调查因子与导出因子，调查因子需要野外测量并且必须由用户填写，而导出因子则需通过公式或模型计算；最后在调查过程中一些因子的输入限制其他因子可输入性或者取值范围，而一些因子输入必须与其他因子的同时输入才能保证信息的完整性。对于以上这三种关系需要通过 XML 技术对森林资源调查的概念、层次及关系进行描述。

对于森林资源调查的输入软件，要指导用户需要输入哪些因子、可输入哪些值，以及判断因子的取值是否符合因子间的逻辑关系。对于森林资源不同专题调查来说，这三个方面都是因地而异、动态变化的，因此需要调查人员深入而准确地理解调查规范，否则会发生错误而影响工作效率。

三、森林资源调查软件特征

由于森林资源调查数据采集具有以上特征，森林资源调查软件不但要求能够快速、准确、有效地录入各类数据，而且不同的专题调查采用相似的操作模式，这样可以降低数据录入工作的复杂性，提高工作效率。

传统的森林资源数据采集以手工记录与纸质材料保存，数据共享与交换的效率极低。现代林业要求以网络与数据库技术为基础，实现数据的共享与交换。数据共享的基础是森林资源数据的数字化，因此无论纸质数据记录，还是直接数字化数据采集，都需要以数据采集软件为基础完成数据的数字化。

目前各种森林资源调查独立开发一套数据录入程序，不同录入程序从操作方式、工作效率优化上良莠不齐，并且存在难于扩展等问题。例如当调查因子增加时，需要修改程序的录入界面及约束条件，并且需要开发者修改程序来实现。通过对森林资源数据录入特征进行综合分析，基于 PDA 的森林资源数据采集软件应具备以下几个主要特征，包括数据采集规范性、录入高效性、操作简捷性、可扩展性与可移植性。

（一）调查因子采集规范

森林资源各项调查数据采集应按照统一调查规范逐级录入，如一类调查全国统一制定调查因子，二类调查在全国规范的基础上各省保持一致。调查因子的元数据说明及取值范围的一致性需要在软件以及因子输入过程中得到反映，包括所有调查数据输入项、数据编码规范、调查因子取值范围、因子间逻辑关系等限制条件，保证数据输入的完整性与一致性。

（二）数据录入高效

数据采集软件的核心问题是工作效率。对于林业资源数据采集软件，一方面需要吸收其他数据录入软件所采用的有效方法，另一方面需要依据森林资源数据内在逻辑建立专用输入控件，以提高工作效率，最后输入软件需要有很强的数据逻辑检查功能，自动查找出输入数据中存在的逻辑错误，方便用户及时发现并修改以改善数据质量、提高效率。

（三）软件操作简捷

界面友好、操作简捷是对所有应用软件的基本要求，而对于林业资源调查尤为重要。由于林业资源调查的主要操作人员为基层人员，他们计算机操作能力相对薄弱，因此数据录入操作不能过于复杂。对于每个专题调查采用不同的软件与操作方式，也会增加他们学习与掌握软件操作的难度。

（四）可扩展性与可配置性

可扩展性主要指软件应具备随需而变的能力，根据调查需要由用户调整扩展调查因子，设置输入逻辑。可配置性是指针对一个专题制定的工作环境通过简单的参数定义及调整可在不同地区使用。

因此，研发具有以上特征的森林资源数据采集软件进行野外调查，同时制定合理的采集流程以实现数据采集的标准化，有助于提高效率、保证数据质量。

第二节　PDA 野外信息协同采集技术

森林资源野外调查按信息采集方式与内容可分为 GIS 勾绘编辑、GPS 位置采集、属性数据录入、图像等多媒体信息采集几个方面。应用 PDA 进行数据采集，可通过集成 GIS、GPS 技术、数字相机等技术与设备，构建信息采集的集成环境，实现多源信息采集的协同工作。

一、PDA 多源信息采集技术

根据对森林资源多专题调查任务的分析，调查系统功能需求如图 3-1 所示。

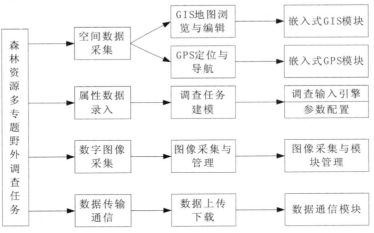

图 3-1　功能需求

嵌入式 GIS（或称"移动 GIS"），是新一代地理信息系统发展的代表方向之一，它是运行在嵌入式计算机系统上高度浓缩、高度精简的 GIS 软件系统。嵌入式计算机系统是隐藏在各种装置、产品和系统之中的一种软硬件高度专业化的特定计算机系统，是计算机技术发展到后 PC 时代或信息电器时代的产物。嵌入式 GIS 运行在嵌入式设备（掌上电脑、PDA、智能手机）上。与台式 PC 机不同，嵌入式 GIS 基础内核要小，功能适用，文件存储量要小。而 GIS 空间数据包括图形数据、拓扑数据、参数数据以及属性数据等，其数据量非常大，所需存储空间也应很大。所以，针对嵌入式设备的特点并结合 GIS 应用程序的需求要重新设计 GIS 平台。

移动 GIS 是以移动互联网为支撑、以 GPS 智能手机为终端的 GIS 系统，是继桌面 GIS、WEBGIS 之后又一新的技术热点，移动定位、移动 MIS、移动办公等越来越成为企业或个人的迫切需求，移动 GIS 就是其中的集中代表，使得随时随地获取信息变得轻松自如。

在 PDA 上实现的 GIS 功能以满足森林资源野外调查系统的需要为目标。需要的基本功能包括：地图浏览，支持地图的放大、缩小、平移；地图渲染，支持地图样式的配置、矢量要素的查询渲染；地图查询，支持属性查询、空间查询以及属性和空间的混合查询；要素编辑，支持要素的添加、删除、修改，其中包括要素几何的节点编辑、属性编辑修改等；数据缓存，支持瓦片的服务器缓存、瓦片更新、客户端缓存以及矢量数据的本地缓存，实现离线或在线数据浏览；影像叠加，支持遥感影像数据的叠加，并在其上采集、编辑数据；数据同步，支持移动 GIS、WEBGIS、桌面 GIS 的数据同步及时获取更新过的最新数据；空间分析，支持各种空间查询分析、网络分析；GPS 定位，支持获取手机 GPS 定位数据，实现 GPS 定位监控；动态图层，支持动态图层，在底图上叠加动态要素点，比如 GPS 等动态刷新的点；扩展定制，高可扩展性，支持 GPS 语音导航，与移动 MIS、移动 OA 的无缝集成，以及各种其他服务的组合；数字相机，WM5.0 以上使用 SHCamera-Capture 接口可以调出照相机进行拍照、摄像，并得到图片或视频文件的路径。对视频、图象等采集、显示、上传。

二、系统框架

森林资源调查数据输入以各专题调查任务为基础，由于调查数据的综合性与地域性等特征，从而对调查输入软件提出新的要求。林业调查数据不但要求能够快速、准确、有效地录入各类数据，而且需要不同的调查种类应用相同的操作模式，这样可降低数据录入工作的复杂性，提高工作效率。

依据需求分析及功能需求，调查系统包括两大部分，左边为系统维护与配置工具，右边为系统运行支持模块(图3-2)。

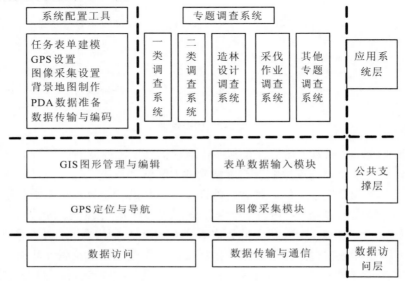

图3-2　森林资源多专题调查系统框架

以公共模块为基础，建立统一的软件架构以及可重用组件，是构建多专题调查系统合理可行的方式。通过引入领域分析与表单建模技术，可有效提高公用模块的共享性，操作一致性与软件的可移植与扩展性。因此需要通过领域分析发现不同专题调查之间的相似性与变化性，为可重用组件设计与实现提供依据。

多专题森林资源调查系统通过对不同调查任务的建模，形成对应的调查任务配置信息。多专题调查系统以运行时支持库为基础，实现了对不同专题调查任务的支持(图3-3)。

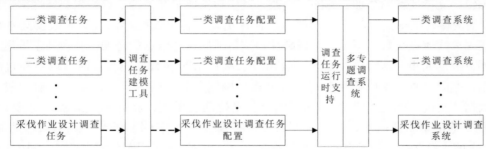

图3-3　多专题森林资源调查系统技术原理

三、关键技术

(一)智能任务配置技术

多专题森林资源数据输入建模研究的主要技术包括两部分。第一部分为调查数据输入建模技术，包括调查任务建模、调查项目建模、调查输入表格建模、逻辑关系建模、代码表建模五个子模型，主要解决专题数据输入相关的任务、输入模式及内在关系的描述。第二部分研究通用软件框架与工具的功能实现技术，实现对多专题数据输入软件的功能支撑。

(二)多专题调查系统可重用表单控件

不同专题森林资源调查录入中调查因子各异，但在软件实现上有许多共同特征。一方面专题调查中相同操作方式的因子可以采用一致的录入界面；另一方面对不同专题调查的同一调查因子可用相似的业务逻辑处理和数据存储。根据调查因子操作方式的不同，对专题的调查因子进行分解归类，形成不同的调查因子类。对于每类调查因子分别设计可重用表单控件，实现同类因子的录入、验证处理及存储。通过研究可重用表单控件的设计原则、组成结构、分类方法和重用方法，就可开发一系列可重用表单控件。通过对这些控件的配置和组合，实现对不同专题森林资源调查系统的支持(图3-4)。

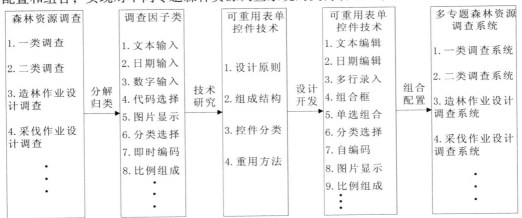

图3-4 可重用表单控件研究框架图

(三)数据处理与交换技术

数据上传下载是 PDA 调查系统与台式机进行数据交换的主要方式，为了实现方便快捷的操作，需要对数据目录进行规范管理，包括调查数据文件名、背景图命名、目录设置、表单建模配置参数等内容。规范并设定调查数据的目录结构，以使数据准备与上传下载工作方便简捷。对调查数据文件命名进行规范、方便不同调查组任务的区分以及数据合并的规范化。表单建模参数是系统运行管理的重要参数，需要对不同调查任务的参数表进行规范化管理，实现多任务配置的管理。

以移动通信技术为基础，建立基于 SOA 架构为基础的远程数据访问、交换、交互功能，实现 PDA 系统功能的外延。通讯网络采用现有无线网络，PDA 手机具备接入无线网络功能，通过访问 Web Service 与 Web 服务端进行信息通信。服务端的 Web 服务器的主要任务包括综合各项 Web 服务并进行发布，接收 PDA 客户端发来的 HTTP POST 请求并转发给对应的 Web Service 服务器，以及在收到 Web Service 服务器返回的 SOAP 应答后将这些应答传送回 PDA 客户端。

（四）嵌入式 GIS 野外调查系统集成技术

采用统一软件框架，集成各项数据采集功能与移动通信技术，实现调查任务的智能化集成。

以 GIS、GPS 等技术为基础，建立嵌入式空间数据采集、管理、分析、处理功能以及基于 GPS 的数据采集与导航功能中间件，支持地图数据的显示、查询、输入、编辑以及 GPS 定位、数据采集、导航。

第三节　多专题信息采集系统设计与开发

森林资源调查依据调查目标的不同，调查方法与调查对象有很大的不同，但是从领域分析的角度来看，有许多共同的特征。首先所有专题调查以调查规范或操作细则为基础，定义了调查的技术标准、组织机构、内容与方法、结果统计与制图、质量管理等各个方面。其次在调查方法上，一类、二类、三类都有采用每木检尺的方法进行样地或标准地调查，同时需要调查位置、地形、土壤、植被状况等生态环境因子。最后在调查软件实现上，都需要相同的 GIS 以及 GPS 相关功能的支持，并且对调查成果提交有明确的要求，需要以数字化以及其他方式进行建档管理。因此需要以专题调查的公共特征为基础，建立统一的软件架构以及可重用组件，实现对多专题调查任务的支持。

对于森林资源数据调查与采集软件，在用户界面层应该操作方便，易于使用。通过提高输入过程的自动化程度，提高输入效率，减少输入过程的人为错误。对于不同的调查任务，应能采取相似的操作模式，降低学习成本。在软件的实现上，充分体现各个模块的共享性，减少开发成本。开发完成的软件，应能方便地通过参数设置满足不同的调查任务，通过充分利用代码输入，保证数据的标准化与规范化。

一、多专题信息采集领域分析

领域分析通过对领域中若干典型成员系统的需求进行分析，考虑预期的需求变化、技术演化、限制条件等因素，确定恰当的领域范围，识别领域的共性特征和变化特征，获取一组具有足够可复用性的领域需求，并对其抽象形成领域模型；领域设计以领域需求模型为基础，考虑成员系统可能具有的质量属性要求和外部环境约束，建立符合领域需求、适应领域变化性的软件体系结构；领域实现则以领域模型和软件体系结构为基础，进行可复用构件的识别、生产和管理。这样，基于领域工程的成果，新应用系统的开发不再是从零开始，而是建立在对分析、设计、实现等阶段的软件资产大量复用的基础上。

依据领域分析方法，森林资源调查软件开发涉及四个阶段的问题，包括调查任务划分、业务分析、业务模型建立、业务功能开发、用户界面设计与开发。首先对于各种森林资源专题调查系统，从问题域上可以划分为调查任务、调查项目、调查表格、调查因子这四个层次的基本对象。以二类调查为例，二类调查作为一项调查任务，涉及的调查项目包括小班调查、林带调查、四旁树调查等。小班调查项目又包括了许多专项调查，对应多个调查表格，包括小班基本信息表、林分信息、植被信息、森林健康等专题信息。小班基本表又由区划信息、立地信息、林地属性等调查因子组成。在调查表格层次，表格之间存在着多种关系，如小班基本表与有林地天然更新表记录为一对一关系，而小班基本表与角规记录表或标准样地表记录之间为一对多的关系。业务分析阶段针对调查任务的基本对象进行业务分析，明确各个层次对象之间的关系，分别包括调查任务分解、调查项目分解、调查表格分析、调查因子分析。对于业务分析阶段获得的结果，建立业务模型，表述各种关系。然后开发设计建立对应的业务功能，包括任务管理对象、项目管理对象、页面管理对象以及输入控件对象。对于每一项业务功能，提供统一的管理工具界面对象，为用户数据输入各个阶段提供方便的操作(图3-5)。

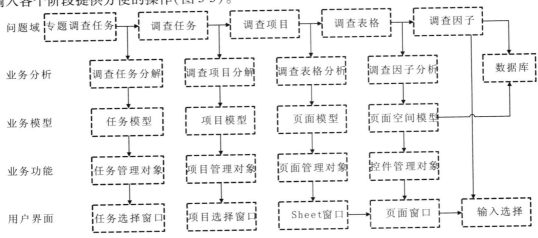

图3-5　多专题数据输入软件领域建模框架

二、多专题信息采集建模

多专题森林资源调查系统通过对不同调查任务的建模，形成了对应的调查任务配置信息。多专题调查系统以运行时支持库为基础，实现对不同专题调查任务的支持。因此构建多专题调查系统的关键是研究多专题调查输入的建模技术，并开发相应的建模工具与运行时支持库。由于在多专题调查系统中主要的变化点来源于调查目标的不同，因此本文针对调查数据输入部分的建模进行详细分析，对于其他公共功能的建模，不作进一步分析。

对于多专题森林资源调查，首先每个专题调查的任务不同。对于每个调查任务，由于调查的综合性，又可以分为多个调查项目。每个调查项目，依据调查目标的多样性，可以分解为多个调查表格。对于每个调查表格，按照因子的描述特征，又可分为多个输入页面，每个页面由多个调查因子组成。多专题调查数据输入包括以上五个等级的要素建模。对于调查表格，由于调查表格所处位置不同，需要描述调查表格之间的关联关系，因此参照数据库建模进行调查表间关联关系的描述。在每一个等级中，需要处理三类关系：本等级相关特征描述；等级内要素间关系描述；等级间关联关系描述。

三、通用框架与工具功能设计实现

森林资源调查数据输入建模在确立各部分模型参数以后，需要设计开发相应工具与功能以支持多专题调查系统的运行。主要工作包括两部分，首先建立参数配置工具，实现参数的快速设置，然后开发运行时支持模块，提取并解译参数达到对数据输入过程的各个阶段的控制。

（一）参数配置功能设计与实现

参数设计功能辅助实现调查任务建模过程，生成模型参数。调查任务建模主要涉及上面介绍的五个部分。调查任务建模过程依据等级顺序逐步进行，代码建模需要在页面输入控件建模前完成，而逻辑关系建模涉及调查项目建模到调查因子建模的各个等级。整个建模过程包括两个阶段，从专题调查任务建模到调查表格建模属于调查任务建模阶段，输入页面建模到调查因子建模属于表单建模阶段。所有建模过程逐步建立模型描述，结果生成调查任务模型参数集（图3-6）。

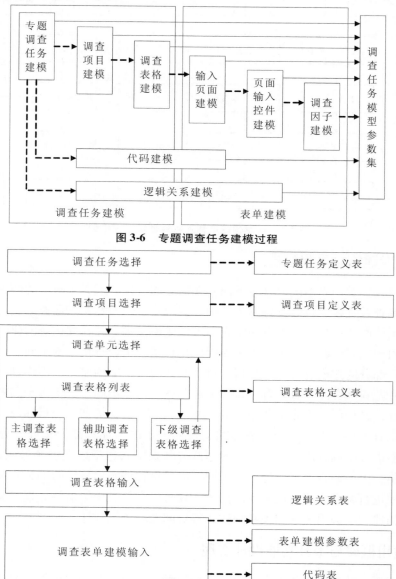

图3-6 专题调查任务建模过程

图3-7 调查任务数据输入流程与参数表关系

（二）运行时支持库设计与实现

运行时支持库涉及调查输入的所有过程、公共功能与流程统一处理。在涉及变化部分以建模参数为基础，支持用户参数定制，其运行流程与参数表关系如图3-7所示。在数据输入过程中，依次调用相关参数表控制数据输入过程，在调查单元选择中，选择主调查表与辅助调查表格进入调查表格输入，调查表格输入以表单建模的方式处理。当选择下级调查表格后，需要选择下级调查单元，然后进行下级调查单元的相关操作。

第四节　多专题信息采集系统构建及应用示范

多专题森林资源信息采集系统通过系统分析、参数配置形成按需定制的专题调查系统。本节分别选取森林资源一类、二类、三类调查系统作为应用实例，介绍如何应用任务建模实现基于嵌入式GIS的野外调查系统。

一、多专题数据采集配置技术

以森林资源多专题数据采集系统为基础，对数据采集的过程进行控制，明确每一阶段的要求以及可采取的技术步骤，从而保证数据采集的高质量、高效率，并支持数据共享与交换。采集软件的构建涉及数据采集流程的定制、采集因子的定义、数据操作与处理流程定义的整个过程。下面首先介绍多专题采集系统的特征，然后分别从数据采集流程定制、数据输入与检查验证、数据输出与格式转换3个方面进行详细论述，完成森林资源数据采集标准化流程的制定。

（一）系统特征

森林资源多专题数据采集软件在Microsoft Visual C++环境开发，可运行于桌面系统与PDA手持设备，既可独立运行，也可以多种方式与其他系统集成。独立运行的系统不仅操作简单、输入高效，还具有以下几个方面的特征。

①支持GIS图形与图像数据的显示、漫游、浏览与查询，地块、林带边界勾绘与修改。

②调查表格建模与输入过程控制。

③基于XML的调查规范表示与应用。应用XML完整表示调查输入规范，支持调查因子输入时逻辑关系检查以及调查数据完整性、一致性检查。

④调查因子与编码的用户定制：用户可以通过修改配置确定调查输入因子，并依据调查规范对因子输入选项进行编码。系统提供多种输入控件类型，包括编辑框、组合框、日期编辑框、多行输入编辑框、分类输入编辑框、组合输入编辑框以及图像浏览，由用户决定每个调查因子的输入控件类型。用户定义基于专题与逻辑关系的因子分组，并指定页面布局与外观。

⑤数据输出与转换功能：将用户输入数据按照要求输出为指定格式的数据，包括图形数据与属性数据。

由于该软件具有良好的扩展性，可满足森林资源多专题调查的数据采集要求，因此，以该软件为基础制定数据采集流程具有普遍适用性。

（二）数据采集流程定制

数据采集流程以森林资源调查目标为指导，以森林资源调查规范为依据，完成调查表格设计与流程定制。流程定制包括数据采集过程、数据逻辑检查、数据输出。因此制定合理的数据采集流程是完成优质高效数据采集的关键，落实采集过程中各项规范以及优化配置各种软硬件是其技术保证。对于一、二、三类森林资源调查，其调查的基本逻辑过程相似，主要包括以下几个过程：规范制定、组织动员与规范学习、调查启动与实施、数据检查与成果汇总。对于数据输入，合理的调查规范的制定是数据采集的前提。以多专题森林资源数据采集系统为支撑，依据森林资源数据调查过程与数据采集流程，对系统配置的流程如图 3-8 所示。

该流程中主要包括三个部分内容，第一部分是根据调查规范进行输入表格与调查因子设计，开发满足调查规范并且高效的数据输入软件；第二部分为外业调查过程的执行与数据输入；第三部分为数据逻辑检查与成果输出。由于森林资源数据采集系统将系统界面、因子输入方式、调查因子范围与代码配置、因子间逻辑关系定义等内容根据森林资源调查种类与目标进行灵活配置，从而形成系统运行配置库。数据采集系统的配置完成后，各专题森林资源数据采集过程可按照相似的方式进行调查与数据输入。该系统通过配置库实现对多专题森林资源数据采集与扩展的支持，同时系统所支持的各种高效、可靠的数据输入技术可应用于各类森林资源调查过程，保证了所有专题调查数据采集是按照相同的模式完成的，并且符合各专题数据采集标准与规范。

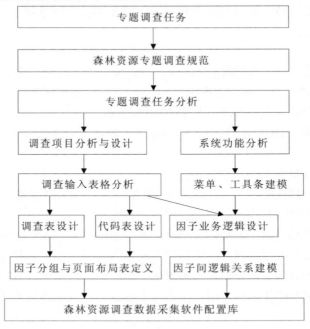

图 3-8　森林资源调查数据系统

（三）数据输入与检查验证

易于操作、高效并优质输入是数据采集软件的关键问题。数据采集系统需要减少人为主观因素影响，提高数据采集的规范性，以保证数据质量。通常采用的技术包括：输入因子选项的多级编码，保证数据的一致性；列表选择方式输入数据，排除了输入选项以外的可能，减少人为因素；输入因子的值域与逻辑关系检查，保证数据的一致性与正确性；数据的自动格式化保存，保证了数据精度的一致性与可读性。以上这些措施，有些兼有提高数据采集效率与保证数据质量的作用。

提高数据输入效率的主要技术包括：梳理表格，多个输入表中重复的因子只输一次，其它表中通过关联关系自动获取；规范编码，以列表选择的方式输入调查因子，减少键盘与手写输入；代码选择同时配备文字注解，增加代码选择的可读性；在列表选择输入中剔除不必要的选择项，减少列表项的数量；对于手工输入的文字与数字，进行即时值域检查与消息提示，确保输入一次正确；每个因子输入完成后启动逻辑检查，自动屏蔽受其影响不需输入的因子，防止误输与多输；提供格式化输入控件，用户直接输入数据，免除用户处理数据格式等问题。

多专题森林资源数据采集系统已经将以上这些技术集成到数据输入的各个过程与阶段中，并且可以根据需要作进一步的扩展，满足森林资源调查规范与需求的更新与变动。

（四）数据输出与格式转换

对于野外调查采集的数据，需要进行进一步的处理与检查，才能作为调查成果进行入库与汇总。

对各个小组调查的数据进行整体检查，然后进行汇总合并，合并汇总完成后再次进行整体的逻辑检查。对于检查无误的数据进行统计分析形成调查成果，并依据各种需要转换为满足共享与入库格式的数据。多专题森林资源数据采集系统提供基于完整逻辑条件库的数据逻辑关系自动检查，保证数据逻辑关系的正确。另外，提供数据的按需输出，将调查数据输出为制定格式与范围的数据库表格数据。如用户提供林业科学数据共享的 XML 格式的表格数据格式定义以及转换对应关系，系统就可完成数据的自动转换与输出。

二、多专题信息采集配置流程

通过分析调查因子的录入和处理方式，将调查因子和具体的表单控件对应起来，对可重用表单控件进行组合和配置，构建森林资源专题调查系统。

由造林作业设计规程和各个地方调查的具体实际，总结出造林作业设计需要的调查因子，再根据调查因子的操作方式、录入方式等不同，将调查因子分类成不同的调查因子类，每种类使用相同的可重用表单控件，用这些表单控件实现调查因子的录入、验证处理和存储。

在配置调查系统前需准备调查因子存储数据表和调查因子取值的代码表。

调查系统的配置包括两个部分，页面设置表和调查因子定义表。页面设置表配置解决调查因子录入界面布局，要配置的项包括页面名称、页面大小、页面上控件的初始显示位置、排列方式、间隔、页面对应的因子定义表等。调查因子定义表的配置解决调查因子的录入及处理，要配置的项包括调查因子的名称、数据表名、最大值与最小值、缺省值、是否必填、对应表单控件类型、控件宽度及高度、因子在页面上的序号、对应的代码表名及代码索引号。

在配置完上述两个表之后，便可根据不同的配置表，实现不同的软件复用。

系统程序在初始化时，首先读取页面设置表，初始化页面布局，找到对应的因子定义表，根据因子定义表中每一条调查因子对应的因子名称、数据表名、控件类型及代码表来生成相应的录入界面。

这样就将调查因子数据初始化、录入、验证及数据处理、存储等一系列调查流程通过这样的配置来实现了。

三、应用示范

（一）一类野外调查系统

1. 调查任务分析

国家森林资源连续清查的主要对象是森林资源及其生态状况，主要内容包括：

①土地利用与覆盖：包括土地类型（地类）、植被类型的面积和分布。

②森林资源：包括森林、林木和林地的数量、质量、结构和分布，森林按起源、权属、龄组、林种、树种的面积和蓄积，生长量和消耗量及其动态变化。

③生态状况：包括森林健康状况与生态功能，森林生态系统多样性，土地沙化、荒漠化和湿地类型的面积和分布及其动态变化。

2. 系统配置

（1）数据准备

一类调查数据准备包括两部分，背景数据准备与调查数据准备。背景数据一般包括遥感数据或扫描地形图、行政区划、居民点、交通道路、水系等。调查数据主要包括固定样地点数据、所有调查表格数据。首先依据调查数据空间分布确定所用地图投影参数，并将所有背景数据转换为相同投影。然后需要将背景图像数据用 ERmapper 工具转换为 ECW 压缩文件格式。调查数据需要以上期调查数据为基础，清空需要调查的因子，并对编码有变化因子进行转换就可以作为本期的初始数据。对于县级森林调查设计队，只需对本县所有相关数据进行处理，组织好后下载到 PDA 指定目录就可使用。

（2）菜单与工具条设计

一类调查数据采集系统功能主要包括 4 个部分，选择调查任务所用背景图以及调查数据；图形放大、缩小、漫游、查询等基本功能；样地的增加、删除、调查输入等功能；GPS 的开启、关闭、采集、导航等功能。基本界面如图 3-9 所示。

（3）调查表格定制

根据一类调查规范，一类调查表格包括 10 个调查表，通过样地号与样地点关联；其中样地调查记录薄、样地因子调查表、荒漠化程度调查表、复查期内样地变化情况调查表与样地点关系为 1 对 1 关系；跨角林调查表、森林灾害调查表、植被调查表、天然更新情况调查表与样地点为 1 对多关系，通过跨角林地类、灾害类型、植被类型、树种字段结合样地号实现唯一标识；每木检尺表、样地位置示意图与样地地点为 1 对多关系，通过样地点及检尺木编号唯一标识。在样地因子调查记录表需要设置 GPS 数据采集对应的字段名称。

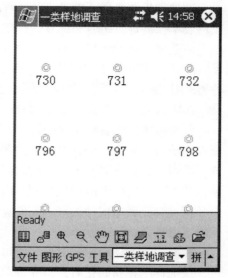

图 3-9　基本界面

对于每个调查表格，首先定义好数据输入表，包括字段名称、类型、长度、别名，对于需要编码输入的字段，按照代码表格式填写代码表。然后以数据表为模板生成配置表，指定因子输入页面布局、因子输入方式。最后依据调查规范建立因子输入逻辑关系，包括两部分，第一部分描述表间关系，包括表间因子值传递、子表关系、因子值域限制等；第二部分描述表内关系，包括因子值域、必填关系、禁填关系、取值关联等。

（二）二类野外调查系统

1. 调查任务分析

调查基本内容包括：核对森林经营单位的境界线，并在经营管理范围内进行或调整（复查）经营区划；调查各类林地的面积；调查各类森林、林木蓄积；调查与森林资源有关的自然地理环境和生态环境因素；调查森林经营条件、前期主要经营措施与经营成效。

下列调查内容以及调查的详细程度，应依据森林资源特点、经营目标和调查目的以及以往资源调查成果的可利用程度，由调查会议具体确定：森林生长量和消耗量调查；森林土壤调查；森林更新调查；森林病虫害调查；森林火灾调查；野生动植物资源调查；生物量调查；湿地资源调查；荒漠化土地资源调查；森林景观资源调查；森林生态因子调查；森林多种效益计量与评价调查；林业经济与森林经营情况调查；提出森林经营、保护和利用建议；其他专项调查。

2. 系统配置

（1）数据准备

二类调查数据准备包括两部分，背景数据准备与调查数据准备。背景数据一般包括遥感数据或扫描地形图、行政区划、居民点、交通道路、水系等。调查数据主要包括已区划的二类小班与林带图形数据、所有调查表格数据。首先依据调查数据空间分布确定所用地图投影参数，并将所有背景数据转换为相同投影。然后需要将背景图像数据用 ERmapper 工具转换为 ECW 压缩文件格式。调查数据需以上期调查数据为基础，清空需要调查的因子，并对编码有变化因子进行转换就可以作为本期的初始数据。对于县级森林调查设计队，只需对本县所有相关数据进行处理，组织好后下载到 PDA 指定目录就可使用。

（2）菜单与工具条设计

二类调查数据采集系统功能主要包括 4 个部分，选择调查任务所用背景图以及调查数据；图形放大、缩小、漫游、查询等基本功能；小班的分割、合并以及与林带的增加、删除等图形编辑以及调查输入等功能；GPS 的开启、关闭、采集、导航等功能。基本界面如图 3-10 所示。

（3）调查表格定制

根据二类调查规范，二类调查表格包括 15 个调查表，通过小班号与小班或林带编号关联；其中小班基本调查表、林分调查表、植被调查表、优势木调查表与小班或林带记录为 1 对 1 关系；未成林调查表、林下经济调查表、森林灾害调查表与小班或林带记录为 1 对多关系，通过树种、林下经济类型、灾害类型结合小班或林带号实现唯一标识；经济林调查表、角规调查表、样地调查表、散生木调查表、四旁树调查表、更新调查表、珍惜古大树木调查、森林旅游资源调查与小班或林带纪录为 1 对多关系，通过树种、角规点号、样地号、散生木编号、树种、古树编号等结合小班或林带编号实现唯一标识。其中小班基本调查表、角规观测表、样地调查表、更新调查表、珍稀古大树木调查表需要设置 GPS

数据采集对应的字段名称。

对于每个调查表格，首先定义好数据输入表，包括字段名称、类型、长度、别名，对于需要编码输入的字段，按照代码表格式填写代码表。然后以数据表为模板生成配置表，指定因子输入页面布局、因子输入方式。最后依据调查规范建立因子输入逻辑关系，包括两部分，第一部分描述表间关系，包括表间因子值传递、子表关系、因子值域限制等；第二部分描述表内关系，包括因子值域、必填关系、禁填关系、取值关联等。

（三）造林作业设计野外调查系统

1. 调查任务分析

根据总体规划文件、森林资源档案、各种空间数据资源结合造林经验进行空间分析，形成可造林地分布图，在此基础上利用 PDA 等移动终端进行造林作业设计与补充调查。通过对实地调查数据以及当地自

图 3-10　基本界面

然条件和社会经济条件的分析，制作造林作业设计图及报表，制定造林经费预算及使用计划，最终形成造林作业设计说明书。

基于 PDA 的造林作业设计主要是指造林小班的勾绘和具体调查因子的填写。需要调查的数据首先在 PC 机上整理好，导入到 PDA 中进行调查设计，再合并到 PC 机的数据中，整个调查过程均为无纸化作业，避免了过去外业在纸上记录与勾绘以及内业重新录入和地图数字化的繁琐过程。同时，PDA 可以实现数据选择录入，减少手写录入，并充分设计各调查因子之间的逻辑关系，当某几个因子确定后，自动选择或筛选其他相关因子并填写内容，在填写时增加数据验证和处理机制，提高数据采集的有效性。

2. 系统配置

（1）数据准备

造林作业设计类调查数据准备包括两部分，背景数据准备与调查数据准备。背景数据一般包括遥感数据或扫描地形图、行政区划、居民点、交通道路、水系等。调查数据主要包括造林小班图形数据、所有调查表格数据。首先依据调查数据空间分布确定所用地图投影参数，并将所有背景数据转换为相同投影。然后需要将背景图像数据用 ERmapper 工具转换为 ECW 压缩文件格式。调查数据需要以台式机准备的调查数据为基础，清空需要调查的因子，并对编码有变化因子进行转换就可以作为本期的初始数据。对于县级森林调查设计队，只需对本县所有相关数据进行处理，组织好后下载到 PDA 指定目录就可使用。

（2）菜单与工具条设计

基于 PDA 的造林作业设计系统是整个造林作业设计系统（PC 端和 PDA 端）的子部分，由于 PDA 计算处理、显示能力的不足，不可能将造林作业设计所有功能都放到 PDA 上来完成，PDA 主要完成现地调查、设计以及简单移动计算分析功能，造林作业设计的整理与汇总，制图与报表等功能需要在 PC 端处理。下面将详细介绍造林作业设计 PDA 端需要完成的功能，具体功能模块设计如图 3-11 所示。

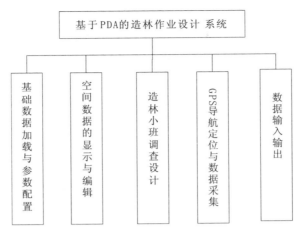

图 3-11　PDA 造林作业设计系统功能模块图

①造林基础数据加载与系统参数配置

指对造林作业设计的基础数据进行打开、关闭以及系统运行参数的初始化设置。

a) 空间数据的相关输入操作

与造林作业设计相关的空间数据(矢量数据、栅格数据)的打开、关闭。

b) 系统参数配置

造林作业设计说明表填写、初始化数据(默认地图数据位置、样式、默认 GPS 参数)、代码表管理。

②空间数据的显示与编辑

主要指对地图数据的显示控制,地图显示:选择、放大、缩小、移动、全图、设置比例尺、设置显示范围;空间及属性数据查询、造林小班勾绘编辑等功能。

a) 造林小班勾绘(新建、修改、删除)。

b) 查询:属性浏览、属性查询、逐级查询(县、乡、村索引)、长度测量、面积测量。

③造林小班调查设计

指对需要调查设计的造林小班进行造林作业详细设计,包括基本情况、位置、立地类型、造林方式等。

a) 表单录入

包括造林背景调查和补充调查、社会基本情况、造林小班详细作业设计等。

b) 移动计算

在调查设计中需要的一些简单的移动计算:包括计算胸径、树高、蓄积、长度、面积、用工量、投资额等。

c) 专家知识应用与辅助决策

通过对专家知识的分类与分析,将之直接与造林作业设计结合起来,直接用于指导造林作业设计,具体设计包括三个部分:立地类型与造林技术模式的匹配;造林技术模式与需要填写的调查因子的对应,根据选择的具体造林技术模式,自动填写对应的造林调查设计因子;根据填写的造林调查设计因子,生成造林图式,并展现给用户。

④GPS 导航定位与数据采集

指用 GPS 的定位导航功能来帮助用户定位和方向识别、导航到造林小班和基础地理数据的采集等。由于城市导航基础数据获得的支持程度比较高，数据模型相对比较复杂，而林区道路获得的支持比较少，可用于导航的数据几乎是空白，所以这里设计的功能有别于城市交通导航系统。通过设计了专用的数据模型，实现数据自主采集和自主导航。

⑤数据输入输出

指利用 PDA 与 PC 之间的交互，将 PDA 野外设计所需的基础地理数据、表格、配置文件从 PC 机下载到 PDA 的过程，也包括将 PDA 采集的地理数据，设计后的造林作业设计数据、生成的图表上传到 PC 机中以便用于数据备份和内业处理过程。

（3）调查表格定制

根据造林作业设计规范，调查表格包括 1 个调查表，包括编码定位、立地因子、植被情况、造林模式、设计说明。对于调查表格，首先定义好数据输入表，包括字段名称、类型、长度、别名，对于需要编码输入的字段，按照代码表格式填写代码表。然后以数据表为模板生成配置表，指定因子输入页面布局、因子输入方式。最后依据调查规范建立因子输入逻辑关系，包括两部分，第一部分描述表间关系，包括表间因子值传递、子表关系、因子值域限制等；第二部分描述表内关系，包括因子值域、必填关系、禁填关系、取值关联等。

第四章 森林资源信息遥感获取

在我国，林业是最早应用遥感技术并形成应用规模的行业之一。遥感为森林资源规划设计调查、森林资源清查、林业重点工程监测、森林采伐监督管理、林地管理等工作提供了大量的基础信息。随着航空、航天与信息化技术的发展，特别是在 20 世纪 90 年代以来，各种对地观测卫星相继发射，逐步形成多传感器、多空间分辨率、多时间分辨率的遥感信息获取能力，也为森林资源调查提供了越来越丰富的遥感数据源。森林资源遥感监测从应用单一遥感数据源的单尺度监测，发展为应用多分辨率、多传感器遥感数据源的多尺度监测；森林资源遥感信息提取，也从简单的目视判读、计算机自动提取，发展到人机交互、专家支持、面向对象等信息提取方法；森林资源遥感监测的内容，从定性监测和静态监测，发展到定性与定量相结合、静态与动态监测相结合的综合监测。森林资源遥感监测技术正在快速地发展，为直观反映森林的分布和变化提供越来越多的客观、快速、全面的森林资源观测信息，为提高森林资源监测的时效性和针对性，提高森林资源监管效率发挥了越来越重要的作用。

第一节 遥感信息获取技术特点

一、遥感应用技术发展概况

遥感（Remote Sensing），从广义上说是泛指从远处探测、感知物体或事物的技术。即不直接接触物体本身，从远处通过传感器探测和接收来自目标物体的信息（如电场、磁场、电磁波、地震波等信息），经过信息的传输及其处理分析，识别物体的属性及其分布等特征的技术（彭望琭，2002）。

（一）遥感技术应用系统组成

根据遥感的定义，遥感技术应用系统主要由以下四部分组成：

①观测目标：是遥感需要对其进行探测的目标物，对地观测领域指遥感探测的目标地物。

②信息获取：是指运用遥感技术装备接受、记录目标地物电磁波特性的探测过程。信息获取所采用的遥感技术装备主要包括遥感平台和传感器。其中，遥感平台是用来搭载传感器的运载工具，常用的有气球、飞机和人造卫星等；传感器是用来探测目标物电磁波特性的仪器设备，常用的有照相机、扫描仪和成像雷达等。

③信息处理：是通过对遥感信息的校正、分析和解译处理，掌握或清除遥感原始信息的误差，梳理、归纳出被探测目标物的影像特征，然后依据特征从遥感信息中识别并提取所需的有用信息。

④信息应用：将遥感信息作为地理信息系统的数据源，供人们对其进行查询、统计和分析利用。

(二)国外遥感发展概况

1903 年飞机的发明，以及 1909 年怀特(Wilbour. Wright)第一次从飞机上拍摄意大利西恩多西利(Centocelli)地区空中像片，从此揭开了航空摄影测量——遥感初步发展的序幕。第一次世界大战期间，航空摄影因军事上的需要而得到迅速的发展，并逐渐发展形成了独立的航空摄影测量学的学科体系。其应用进一步扩大到森林、土地利用调查及地质勘探等方面。随着航空摄影测量学的发展及其应用领域的扩展，特别是由于第二次世界大战军事上的需要以及科学技术的不断发展，使彩色摄影、红外摄影、雷达技术及多光谱摄影和扫描技术相继问世，遥感探测手段取得了显著的进步。从而超越了航空摄影测量只记录可见光谱段的局限，向紫外和红外扩展，并扩大到微波。同时，运载工具以及判读成图设备等也都得到相应的完善和发展。

自 1957 年 10 月 4 日，前苏联发射人类第一颗人造卫星，对地观测发展成为一种重要的航天活动(姜景山，2006)。自 1972 年美国发射第一颗陆地卫星，标志着航天遥感时代的真正开始。20 世纪中后期，航天遥感技术发展迅速，传感器从第一代的航空摄影机，第二代的多光谱摄影机、扫描仪，发展到第三代固体扫描仪(CCD)；传感器的运载工具，很快发展到卫星、宇宙飞船和航天飞机，遥感光谱从可见光发展到红外和微波，遥感信息的记录和传输从图像的直接传输发展到非图像的无线电传输；而遥感影像地面分辨率也从80m、30m、10m 发展到 2.5m、1m、0.5m。目前，遥感信息已经含盖了低、中、高多种空间分辨率，多光谱、高光谱以及雷达数据多种光谱分辨率，从定期接收到准实时和实时观测的多种时间分辨率的遥感数据，为各类对地观测提供了从粗到细的各种遥感信息源。

目前世界各国发射的各种人造地球卫星已超过 3000 颗，其中大部分为军事侦察卫星(约占 60%)，用于科学研究及地球资源探测和环境监测的有气象卫星系列、陆地卫星系列、海洋卫星系列、测地卫星系列、天文观测卫星系列和通讯卫星系列等。通过不同高度的卫星及其搭载的不同类型传感器，不间断地获得地球上的各种信息。现代遥感充分发挥航空遥感和航天遥感的各种优势，并融合为一个整体，构成了现代遥感技术系统。为进一步认识和研究地球，合理开发地球资源和环境，提供了强有力的现代化手段。

当前，就遥感的总体发展而言，美国在运载工具、传感器研制、图像处理、基础理论及应用等遥感各个领域(包括数量、质量及规模上)均处于领先地位，体现了现今遥感技术发展的水平。前苏联也曾是遥感的超级大国，尤其在运载工具的发射能力上，以及遥感资料的数量及应用上都具有一定的优势。此外，西欧、加拿大、日本等发达国家也都在积极地发展各自的空间技术，研制和发射自己的卫星系统，例如法国的 SPOT 卫星系列，日本的 JERS 和 MOS 系列卫星等。许多第三世界国家对遥感技术的发展也极为重视，纷纷将其列入国家发展规划，大力发展本国的遥感基础研究和应用，如中国、巴西、泰国、印度、埃及和墨西哥等，都已建立起专业化的研究应用中心和管理机构，形成了一定规模的专业化遥感技术队伍，取得了一批较高水平的成果，显示出第三世界国家在遥感发展方面的实力及其应用上的巨大潜力(http://www.3s8.cn/RS/rszs/200610/75.html)。

(三)国内遥感发展概况

20 世纪 50 年代，我国组织了专业飞行队伍，开展了航空摄影和应用工作。60 年代，我国航空摄影工作已初具规模，完成了我国大部分地区的航空摄影测量工作，应用范围不断扩展。70 年代，随着国际上空间技术和遥感技术的发展，我国的遥感事业迎来了一个新的发展时期。1970 年 4 月 24 日，我国成功地发射了第一颗人造地球卫星。1975 年 11 月 26 日我国发射的卫星在正常运行之后，按计划返回地面，并获得了质量良好、清晰的卫星像片。

随着美国陆地卫星图像以及数字图像处理系统等遥感资料和设备的引进，特别是随着我国经济建设的恢复和发展，20 世纪 80 年代遥感事业空前地活跃起来。经 80 年代及 90 年代初的发展，我国相继完成了从单一黑白摄影向彩色、彩红外、多波段摄影等多手段探测的航空遥感转变；特别是数项大型综合遥感试验和遥感工程的完成，使我国遥感事业得到长足的发展，大大缩短了与世界先进水平的差距。在这期间，我国遥感技术的发展也十分迅速，我们不仅可以直接接收、处理和分析卫星遥感信息，而且具备了航空航天遥感信息采集的能力，能够自行设计制造航空摄影机、全景摄影机、红外线扫描仪、多光谱扫描仪、合成孔径侧视雷达等多种用途的航空航天遥感仪器以及用于地物波谱测定的仪器。

20 世纪 90 年代以来，我国相继发射了多颗民用遥感系列卫星。气象卫星是我国最早发展的遥感卫星系统。在气象卫星系列方面，1988 年、1990 年和 1999 年，先后发射了 3 颗第一代极轨气象卫星，即风云 1 号 A、B 和 C 气象卫星。1997 年和 2000 年又先后发射了两颗静止轨道风云 2 号气象卫星，组成了中国气象卫星业务监测系统。在资源卫星系列方面，1999 年 10 月发射了我国和巴西合作研制的中巴资源卫星 01 星，2003 年 9 月又相继发射了中巴资源卫星 02 和 02B 星。在海洋卫星系列方面，我国于 2002 年 5 月发射了第一颗海洋卫星 HY-1A，目前在轨运行的有系列方面 HY-1A，HY-1B，HY-2 卫星正在规划中。环境减灾系列卫星，2008 年 9 月发射了环境与灾害监测预报小卫星星座 A、B 星（HJ-1A／1B 星），HJ-1C 正在规划设计中。我国的风云气象、资源、海洋、环境减灾等系列卫星遥感数据已普遍应用于国经济的各个领域，推动了综合对地观测技术的发展。

目前，我国遥感技术的应用已经相当广泛，应用深度也不断加强。遥感在地学、林业、农业、城市规划、土地利用、环境监测、考古、野生动物保护、环境评价、牧场管理等各个领域均有不同程度的应用，遥感技术也已成为实现数字地球战略思想的关键技术之一，其应用潜力巨大。

近十几年来，我国通过科研项目的推动，遥感信息处理技术不断不发展，开发了各种遥感图像处理软件系统并成功应用在不同的领域，如遥感数据预处理和标准产品生产系统、包含多种算法的商品化遥感图像处理软件、基于局部网格平台的并行处理试验软件、遥感地学参数反演软件等一系列高性能、网格化计算成果。这些软件系统的开发和应用，从应用算法的角度，为遥感数据快速处理技术的研究和发展奠定了基础。

（四）遥感技术主要特点

1. 探测范围广、采集数据快

航空遥感航摄飞机飞行高度为 10km 左右，中巴资源卫星的卫星轨道高度为 778km，覆盖宽度达 131km；环境减灾卫星轨道高度为 649km，覆盖宽度达 600 多 km。可见，可快速及时获取大范围的地面信息，为宏观研究自然现象和规律提供了宝贵的观测资料。这种先进的技术手段与传统的手工作业相比是不可替代的。

2．能动态反映地面事物的变化，获取信息周期短

由于卫星围绕地球运转，从而能及时获取所经地区的各种自然现象的最新资料，以便更新原有资料，或根据新旧资料变化进行动态监测分析，这是人工实地测量无法比拟的。例如，陆地卫星5，每16天可覆盖地球一遍，中巴资源卫星每26天可观测地球一遍，NOAA气象卫星每天能收到两次图像，Meteosat美国每30分钟获得同一地区的图像。

3．获取信息受条件限制少

在地球上有很多地方，自然条件极为恶劣，人类难以到达。采用不受地面条件限制的遥感技术，特别是航天遥感可方便及时地获取各种地面信息资料。

4．获取的数据具有综合性

遥感获取信息的手段多，信息量大。根据不同的任务，遥感技术可选用不同波段和遥感仪器来获取不同的地物信息，遥感技术所获取信息量极大。

总之，卫星遥感技术的迅速发展，把人类带入了立体化、多层次、多角度、全方位和全天候地对地观测的新时代。

（五）遥感技术发展趋势

遥感应用不断深化表现为，从单一信息源（或单一传感器）的信息（或数据）分析向多种信息源的信息（包括非遥感信息）复合及综合分析应用发展；从静态分析研究向多时相的动态研究以及预测预报方向发展；从定性判读、制图向定量分析发展；从对地球局部地区及其各组成部分的专题研究向地球系统的全球综合研究方向发展。

美国NOAA2005-2015国际遥感研究报告提出"在未来10年遥感工业强势发展"。从遥感技术的普及性看遥感的发展方向有：

①携带传感器的微小卫星发射与应用

为协调时间分辨率和空间分辨率这对矛盾，小卫星群计划将成为现代遥感的另一发展趋势，例如，可用6颗小卫星在2～3天内完成一次对地重复观测，可获得高于1m的高分辨率成像光谱数据。除此之外，机载和车载遥感平台，以及超低空无人机载平台等多平台的遥感技术与卫星遥感相结合，将使遥感应用呈现出一派五彩缤纷的景象。

②高分辨率传感器的使用

商业化的高分辨率卫星为未来发展的趋势，目前已有搭载亚米级传感器的卫星在运行。未来几年内，将有更多的亚米级的传感器上天，满足1:5000甚至1:2000的制图要求。如美国的OrbView-5、韩国的KOMPSAT-2等。

③高光谱/超光谱遥感影像的解译

高光谱数据能以足够的光谱分辨率区分出那些具有诊断性光谱特征的地表物质，而这是传统宽波段遥感数据所不能探测的。为此，成像光谱仪的波谱分辨率得到不断提高，从几十到上百个波段，光谱分辨率也向更小的数量级发展。

从遥感影像处理技术和应用水平上看，主要发展方向有：

①多源遥感数据源的应用

信息技术和传感器技术的飞速发展带来了遥感数据源的极大丰富，每天都有数量庞大的不同分辨率的遥感信息从各种传感器上接收下来。这些数据包括了光学、高光谱和雷达影像数据，并且不同的数据源所获取的地物信息也有所不同。为了满足人类对地观测的需要，获取地物多属性信息，多时相信息，通常会综合应用多种遥感信息源。

②遥感信息定量化应用

遥感信息定量化应用，包括空间位置定量化和空间地物识别定量化，实现全球观测海量数据的定量管理、分析与预测、模拟，这是遥感当前重要的发展方向之一。遥感技术的发展，最终目标是解决实际应用问题，但是仅靠目视解译和常规的计算机数据统计方法来分析遥感数据，精度不高，应用效率相对低，寻找新突破口也非常困难。尤其对多时相、多遥感器、多平台、多光谱波段遥感数据的复合应用研究中，问题更为突出。其主要原因之一是遥感器在数据获取时，受到诸多因素的影响，譬如，仪器老化、大气影响、双向反射、地形因素及几何配准等，使其获取的遥感信息中带有一定的非目标地物的成像信息，再加上地面同一地物在不同时间内辐射亮度随太阳高度角变化而变化，获得的数据预处理精度达不到定量分析的高度，致使遥感数据定量分析专题应用模型得不到高质量的数据作输入参数而无法推广。GIS 的实现和发展及全球变化研究更需要遥感信息的定量化，遥感信息定量化研究是当前遥感发展的前沿和重要发展方向。

③信息的智能化提取

影像识别和影像知识挖掘的智能化是遥感数据自动处理研究的重大难点和发展方向：遥感数据处理工具不仅可以自动进行各种定标处理，而且可以自动或半自动提取道路、建筑物、水体等明显地物，但对于光谱差异小的地物自动提取难度较大。目前的商业化遥感处理软件朝着自动化，半自动化提取方向发展，如 ERDAS 的面向对象的信息提取模块 Feature Analyst、ENVI 的流程化图像特征提取模块——FX 和德国的易康(eCognition)等。

④遥感应用的网络化

Internet 已不仅仅是一种单纯的技术手段，它已演变成为一种经济方式——网络经济。人们的生活也已离不开 Internet。大量的应用正由传统的 Client/Server(客户机/服务器)方式向 Brower/Server(浏览器/服务器)方式转移。Google Earth 的出现，使遥感数据的表达和共享产生了一个新的模式。

二、遥感数据源及其应用领域

(一)航天遥感数据源

随着空间科学技术的迅速发展，在现代经济、社会、科技发展的有力推动以及环境、资源问题的巨大压力下，对地观测技术在世界范围掀起一个新的发展高潮。

1. 卫星遥感数据源获取能力增强

以 20 世纪 70 年代初 Landsat-1 发射为里程碑，近 30 年形成了以美国陆地卫星、法国 SPOT 民用遥感卫星系列为主流的地球资源环境卫星遥感数据源，同时也发展了日本海洋观测卫星和地球资源卫星系列、加拿大雷达卫星系列、印度遥感卫星系列和欧空局的欧洲遥感卫星系列、中国和巴西的资源卫星系列、中国的环境减灾系列等。其中 90 年代初欧洲遥感卫星、日本地球资源卫星、雷达卫星可提供 SAR 数据，把民用对地观测卫星获取的波谱信息从可见光－红外范围推广到微波。在 21 世纪初期遥感数据获取技术有了新的发展，航天遥感数据源向多波段、多分辨率、全天候方向发展，对地观测能力大大提升。

2. 高分辨率商用遥感卫星数据快速发展

随着星载成像光谱仪等的研究，首先把高空间分辨率卫星遥感技术快速推上民用商业化的轨道，高光谱分辨率遥感卫星也已纷纷列入发展规划，高分辨率对地观测数据已大步进入对地观测的遥感应用市场。

1999 年 9 月，美国空间成像公司（Space Imaging Inc.）发射成功的小卫星上载有 IKO-NOS 传感器，能够提供分辨率 1m 的全色波段和 4m 的多光谱波段，是世界上第一颗商用 1m 分辨率的遥感卫星。21 世纪初期，高分辨率数据快速出现，美国 DigitalGlobe 公司发射 QuickBird 卫星，空间分辨率 0.61m，Worldview-1 卫星数据分辨率 0.5m，Geoeye-1 卫星数据分辨率 0.41m；法国的 SPOT5 卫星数据，分辨率 2.5m；美国 OrbView-3 卫星数据，分辨率 1m；日本的 ALOS 数据，分辨率 2.5m；中巴资源卫星 02B 的 HR 数据分辨率 2.36m；以色列的 EROS 卫星数据，分辨率 0.7m。

目前常见航天卫星遥感数据源见表 4-1。

表 4-1　常见航天遥感数据源（仇大海等，2008）

美洲、非洲	欧洲	亚洲
美国 OBVIEW	法国 PLEIADES	中巴 CBERS
美国 LANDSAT – TM	法国 SPOT	中国 BEIJING – 1
美国 LANDSAT – ETM	英国 TOPSAT	中国 HJ 卫星
美国 IKONOS	英国 DMC UK	中国 Hangtian TSINGHUA – 1
美国 MODIS	德国 TERRASAR	中国台湾 福卫 2
美国 NOAA	德国 RAPIDEYE	日本 ALOS
美、日 ASTER	欧洲航天局 ERS	日本 JERS
美国 QUICKBIRD	欧洲航天局 PROBA	印度 IRS CARTOSAT
加拿大 RADARSAT	欧洲航天局 ENVISAT	印度 RISAT
阿尔及利亚 DMCALSAT	俄罗斯 DK – 1	印度 RESOURCESAT
南非 R26M	俄罗斯 MONITOR	韩国 KOMPSAT
尼日利亚 DMC NIGERIASAT	意大利 COSMO – SKYMED	以色列 EROS
		土耳其 DMC BILSAT

（二）遥感主要应用领域

遥感技术作为 20 世纪 60 年代兴起并迅速发展起来的一门综合性探测技术，凭借其观测范围广、效率高、动态性强、信息丰富等特点，在国民经济领域得到了迅速推广应用，尤其在资源调查、气象与环境监测等领域发挥了重要作用。

1. 遥感在资源调查方面的应用

近年来，随着卫星影像分辨率（空间、时间、光谱）的显著提高，以及影像校正、增强、融合等处理技术的创新和完善，遥感技术越来越多地应用在农业、林业、国土、地质、水利等分布范围广、自然状况复杂的自然资源调查中，并且发挥了越来越大的作用。

农业上，利用了遥感覆盖面大，实时性和现势性强的特点，主要用于农业用地资源监测、农作物长势监测、农作物估产、农业病虫害，农业干旱、洪涝、霜冻等气象灾害预测和监测等方面。农情信息是指导农业生产、制定粮食政策与对外贸易政策的重要信息。

林业上，主要利用了遥感覆盖范围大、获取容易、现势性和动态强等特点，在绿色植物光谱理论基础上识别森林植被，评估其长势特征，从而有效地监测森林类型、森林动态变化及森林健康状况。目前，遥感技术广泛应用于森林资源清查、森林资源规划设计调查、林业生态工程监测、森林采伐执法检查、森林防火和病虫害等森林资源监测，以及荒漠化沙化土地、沙尘暴监测和湿地资源监测。

植被长势遥感监测是建立在绿色植物光谱理论基础上的。根据绿色植物对光谱的反射特性，在可见光部分有强吸收带，近红外部分有强反射峰，反映出作物生长信息，进而判断植被的生长状况，进行长势监测。

地质和矿产资源方面，遥感应用主要应用在基础地质工作、矿产地质工作，以及工程地质、地震地质、灾害地质的地质综合调查等方面的应用。通过遥感分析不同的地磁、重力异常、线性构造等辅助找矿，大大节省了野外考察的时间和人力、物力的投入。遥感已成为地质矿产调查研究中的一种先进工作手段和重要方法。

国土资源上，主要利用不同地物间的光谱差异和纹理差异，调查土地覆盖状况和土地利用状况。我国已经利用资源卫星数据进行了多次大范围的土地资源调查、土地利用监测等工作，尤其在第二次全国土地资源调查中，全面应用了遥感技术（仇大海等，2008）。

2. 遥感在气候和气象中的应用

从20世纪50年代世界上第一颗人造地球卫星问世以来，世界各国便开始探索卫星在气象观测上应用，气象卫星与其他气象探测方式相比具有得天独厚的优势，它不受国界和地理条件的限制，在大气层外以独特的视角实现了许多常规观测无法进行的探测。也正是由于上述原因，遥感在气象方面的应用是最成功的典范。

在天气分析和气象预报中，气象卫星遥感资料推动了世界范围的大气温度探测，使天气分析和气象预报工作更为完全和准确。在气象卫星云图上可以根据云的大小、亮度、边界形状、纹理、水平结构、垂直结构等，对大尺度和中小尺度的天气现象进行成功地定位、跟踪及预报。利用气象卫星进行气象预报和天气分析，已经形成成功的业务应用流程。

在气候研究过程中，只有通过遥感的手段，才能有效地获取全球范围内的大气参数、海洋参数、地表状况、辐射收支和臭氧分布、以及太阳活动等信息，这些因子对于对全球变暖、臭氧层空洞以及厄尔尼诺现象的研究非常重要。同时，利用气象卫星数据动态和长时间序列的特点，可用于气候的长期变化与趋势分析。这已成为气候学研究的重要手段。

在洪涝与干旱灾害预警预报中，遥感技术在灾前预报、灾中的灾情监测和灾后损失评估，以及安排救灾、灾后重建中都具有很大的应用潜力。遥感，尤其和GIS结合后更有助于解决洪涝灾害减灾的两个核心问题，即快速而准确地预报致灾事件，对灾害事件、造成灾害的地点、范围和强度进行快速评估。

3. 遥感技术在环境监测中的应用

在水污染监测中，利用水体中不同物质对光谱的反射特性，能有效地识别出水资源的污染元素及污染程度，例如通过浮游植物反射特征监测水体富营养化，利用红外波段监视石油污染、废水污染、泥沙污染、热污染等情况及其分布。

在大气环境监测中，可利用紫外线的波谱特征，监测大气臭氧层的变化情况；利用遥感影像对大气气溶胶的有效反映，可将遥感用于大气气溶胶、工业烟雾、火灾浓烟和大规模沙尘暴等的程度和分布的监测；甚至可以利用植物对有害气体反应敏锐的特征，探测到有害气体的突变状况。

在城市环境监测与管理中，可利用遥感技术掌握城市土地的利用现状及其动态变化，还可以通过城市里的高大建筑物对太阳辐射和其他热辐射的吸收和释放特性，以及与以土地和农作物为主要下垫面的郊区的差异，利用热红外遥感对城市下垫面进行分析就可以得出城市的热岛效应。

在自然灾害监测中，除了水灾、火灾等相对成熟的遥感监测评估外，在雪灾、旱灾、沙尘暴等气候灾害，水质污染、土地退化等资源环境灾害，泥石流、滑坡、地震等地质灾害，生物多样性损失、外部生物入侵、病虫害等生物灾害方面，也开展了一系列的遥感应用研究。实践证明，卫星遥感在减轻灾害损失方面是可以发挥重大作用的，特别是在紧急救灾和灾后重建方面，卫星提供的灾情信息比其他常规手段有着更快速、客观、全面等优越性（陈世荣等，2008）。

三、遥感信息提取技术特点

遥感技术是对地观测的重要手段，而其中的遥感专题信息获取是其应用遥感进行对地观测的前提和基础。如何有效地利用遥感数据丰富的信息获取地面专题信息，对于利用遥感技术进行监测具有重要的意义。常用的遥感信息提取方法可分有三大类：目视解译、计算机自动信息提取，人机交互信息提取。

（一）目视解译

目视解译是指综合利用图像的影像特征（即波谱特征，包括色调或色彩）和空间特征（形状、大小、阴影、纹理、图形、位置和布局），与多种非遥感信息资料（如地形图、各种专题图）组合，运用其相关规律，进行由此及彼、由表及里、去伪存真的综合分析和逻辑推理的思维过程。最初的目视解译是纯人工在像片上解译，后来发展为应用一系列图像处理方法进行影像的增强，提高影像的视觉效果后，在计算机屏幕上解译。因其能达到较高的专题信息提取的精度，尤其是在提取具有较强纹理结构特征的地物时精度高，与非遥感的传统方法相比，具有明显的优势。尽管目视翻译方法较费力费时，但由于计算机自动提取难度大，该方法仍将在遥感信息提取中长期存在（徐冠华，1996）。

遥感影像目视解译的原则是先"宏观"后"微观"；先"整体"后"局部"；先"已知"后"未知"；先"易"后"难"等。一般判读顺序为，在中小比例尺像片上通常首先判读水系，确定水系的位置和流向，再根据水系确定分水岭的位置，区分流域范围，然后再判读大片农田的位置、居民点的分布和交通道路。在此基础上，再进行森林类型、地质、地貌等专题要素的判读。

在遥感影像目视解译过程中，可采用总体观察、对比分析、综合分析等分析方法。

①总体观察：即观察图像特征，分析图像对判读目的、任务的可判读性和各判读目标间的内在联系。观察各种直接判读标志在图像上的反映，从而可以把图像分成大类别以及其他易于识别的地面特征。

②对比分析：包括多波段图像、多时相图像、多类型图像的对比分析以及各类地物解译标志的对比分析。通过对比分析，分析出不同物体在图像上反映的差别，以达到识别目的。

③综合分析：主要应用已有的间接判读标志、专题资料、统计资料，对图像上表现得不明显，或毫无表现的地物、现象进行判读。间接判读标志之间相互制约、相互依存。根据这一特点，可做更加深入细致的判读。如对已知判读为农作物的影像范围，按农作物与

气候、地貌、土质的依赖关系，可以进一步区别出作物的种属；河口泥沙沉积的速度、数量与河流汇水区域的土质、地貌、植被等因素有关，长江、黄河河口泥沙沉积情况不同，正是因为流域内的自然环境不同所致。地图资料和统计资料是前人劳动的可靠结果，在判读中起着重要的参考作用，但必须结合现有图像进行综合分析，才能取得满意的结果。实地调查资料，限于某些地区或某些类别的抽样，不一定完全代表整个判读范围的全部特征。遥感影像目视解译，通常要在综合分析的基础上，才能恰当应用、正确判读。

（二）计算机自动信息提取

由于信息技术的发展，数据海量化已成为当今社会的主要特征，其中，信息的时效性尤为重要。如对于灾害的监测评估来说，更需要在数小时或数天内完成。因此，通过遥感信息的智能化和自动化识别，实现由遥感信息直接提取专题信息，就显得更为重要。目前，计算机自动信息提取，总体上可分为三大类方法：基于灰度统计的遥感信息自动提取；基于知识发现的遥感信息提取；面向对象的遥感信息提取。

1. 基于灰度统计的遥感信息自动提取

在遥感信息自动提取方面，基于灰度统计的分类方法研究历史最长，其核心是对遥感图像的分割，其方法有非监督分类和监督分类。

所谓非监督分类，是仅凭遥感图像地物的光谱特征的分布规律，根据其灰度值进行分类。分类结果只是对不同类别进行了区分，但并不能确定其所属类别，其类别属性要通过事后对各类的光谱响应曲线分析以及实地调查后确定。非监督分类中，主要算法有 K-MEANS 法、动态聚类型法、模糊聚类法、混合距离法（ISOMIX）、循环集群法（ISODA-TA）、合成序列集群方法等。尽管非监督分类较少受人为因素的影响，分类之前不需要对地面有许多实际的了解，但由于"同谱异物"、"同物异谱"以及混合像元等现象的存在，许多专家认为非监督分类的结果不如监督分类令人满意，非监督分类不适用于对纹理特征有明显差异，而灰度值差别不明显的地类区分，只适用于图像中的地类已知且特别规则而区域大概分类。

与监督分类相比，非监督分类具有下列优点：

①不需要对被研究区域有事先的了解。

②对分类的结果与精度要求相同的条件下，在时间和成本上较为节省，但实际上，非监督分类不如监督分类的精度高。

监督分类又称训练区分类，它的最基本特点是在分类之前人们通过实地的抽样调查，配合人工目视判读，对遥感图像上某些抽样区地物的类别属性已有了先验的知识，计算机便按照这些已知类别的特征去"训练"判决函数，以此完成对整个图像的分类。经典的监督分类法有最大似然法、平行六面体法、马氏距离法、最小距离法、模糊分类以及人工神经网络法等。

与非监督分类相比，监督分类有一定的优势，但其所产生的分类结果往往也有较多的错分、漏分情况，导致分类精度降低。因此，在提取土地利用信息时，为了提高监督分类精度，总会在图像分类前或分类过程中采取一些措施。图像分类前采取的措施主要是针对训练区的，因为监督分类的精度与训练区的选择是密切相关的。

吴健平和杨星卫两人提出了训练样本纯化的理论和方法，并经试验研究表明，训练样本纯化后，各类型间的发散度、样本像元的概率密度函数、高斯分布的拟合度以及分类结果的精度都得到不同程度的提高。有的学者还针对传统的手工训练区提取方法的局限性，提出了训练区自动或半自动提取方法，有的则研究了组成训练集的样本之间的距离对分类精度的影响。基于分类过程中的"同物异谱"、"同谱异物"现象，许多专家提出了改善方法，在对青岛市的数据进行监督分类时，平宗良对"同物异谱"现象使用了分别采样的方法，从而得到了令人满意的结果。潘贤章、曾志远在长江三峡地区资源遥感图像分类处理时，提出了"同物异谱"问题可采用类型细分的方法来解决。

2. 基于知识发现的遥感信息提取

基于知识发现的遥感信息提取是遥感信息提取的发展趋势之所在。其基本内容包括知识的发现、应用知识建立提取模型、利用模型提取专题信息。在知识发现方面包括从遥感图像上发现有关地物的光谱特征知识、空间结构与形态知识、地物之间的空间关系知识，其中，空间结构与形态知识包括地物的空间纹理知识、形态知识，以及地物边缘形状特征知识。在利用知识建立模型方面，主要是利用所发现的某种知识、某些知识或所有知识，建立相应的遥感信息提取模型。在利用遥感数据和模型提取遥感信息时，应从简单到复杂，从单知识、单模型的应用到多知识、多模型的集成应用，从单数据的使用到多数据的综合使用。

在信息提取中，除了利用遥感数据外，一般还要利用大量的相关数据，这些数据多为来自于 GIS 的图形数据和非图形数据。图形数据是指已有的各种专题图件，非图形数据一般是指人口、社会、经济、森林、农业等统计数据。在对图形数据的利用方面，有两个步骤，第一步，需要挖掘知识；第二步，将这些知识用来将图形数据与遥感影像联系起来，以支持信息提取。这些知识是一些正相关知识和反相关知识。对这两种知识而言都还可以进一步分为确定性知识和概率性知识。此外，还需要用到与研究专题容易混淆的其他专题数据和知识。

基于知识发现的信息提取方法是一个通过寻求遥感影像与隐藏在数据库中知识关系的一种分类方法。目前的人工神经网络分类、专家系统分类、模糊数学分类、决策树分类等方法，可以说是基于知识发现分类方法的初级阶段。

人工神经网络分类是以模拟人体神经系统的结构和功能为基础而建立的一种信息分类方法，是一种人工智能的分类方法。许多研究实验表明，神经网络在数据处理速度和地物分类精度上均优于最大似然分类法，容错能力强，对不规则分布的复杂数据具有很强的处理能力，而且它能够促进目视解泽与计算机自动分类相结合。

专家系统也是人工智能的一个分支，它是采用人工智能语言如：C、LKSP、PROLOG语言，将某一领域的专家分析方法或经验，对地物的多种属性进行分析、判断，从而确定各地物的所属类别。专家系统方法总结了某一领域内专家分析方法，可容纳更多信息，按某种可信度进行不确定性推理，因而具有较强大的功能。

模糊数学分类方法是一种针对不确定性事物的，以模糊集合论作为基础分类方法。使用模糊分类方法，必须首先确定训练样本中像元各类别的隶属度，过程比较麻烦，因而研究不多，也影响了该方法的推广应用。

决策树分类方法是以分层分类思想为指导原则的，针对各类地物不同的信息特点，将其按照一定的原则进行层层分解。决策树分类根据影像的不同特征，以树型结构表示分类或决策集合，产生规则和发现规律（陈君颖，田庆久，2007）。该方法具有灵活、直观、清晰、健壮及运算效率高等特点。

3. 面向对象的遥感信息提取

基于像素级别的信息提取以单个像素为单位，过于着眼于局部而忽略了整片图斑的几何结构情况，从而严重制约了信息提取的精度，而面向对象的遥感信息提取，综合考虑了光谱统计特征、形状、大小、纹理、相邻关系等一系列因素，因而具有更高精度的分类结果。面向对象的遥感影像分类和信息提取的方法如下：

首先对图像数据进行影像分割，从二维化的图像信息阵列中，恢复出图像所反映的景观场景中的目标地物的空间形状及组合方式。影像的最小单元不再是单个的像素，而是一个个对象，后续的影像分析和处理也都基于对象进行。

然后采用决策支持、模糊分类等分类算法，判别分割的对象归属于哪一类。但并不是简单地将每个对象简单地分到某一类，而是给出每个对象隶属于某一类的概率，这样便于用户根据实际情况进行调整，同时，也可以按照最大概率产生分类结果。

近些年随着遥感应用技术和图像信息技术的发展，还发展了综合阈值法（周兴东，于胜文，赵长胜等，2007）、特征融合法（汤国安，2004）、频谱分类法等遥感影像分类方法，但其还处于研究阶段。

（三）人机交互信息提取方法

人机交互式提取信息是通过对遥感影像所载荷的信息和人所掌握的关于某专题信息的其他知识、经验进行分析总结，采用计算机分类和人工解译相结合的方式，进行推理、判断和分类的过程，也称为人工交互式解释。人机交互的信息提取方式是对计算机分类的有益补充，能有效地纠正和调整计算机自动分类的误分现象。

人机交互式提取信息的方法，既吸取了计算机分类的优点，同时又充分利用了目视解译的原理和方法。在计算机高速发展的今天，计算机技术的应用领域愈来愈广泛，在遥感信息的处理和提取方面也取得了非常大的成绩，使计算机图像处理成为一个十分活跃的领域，然而，这并不能完全否定目视解译的科学可靠性。虽然人机交互式解译在识别信息时，依靠的是目视解译的原理，但具体的操作是在 GIS 基础上进行，这样在计算机基础上的操作过程确实给人机交互式解译带来了很多与过去目视解译完全不同的地方，具体表现在：

1. 人机交互式解译可以在分类过程中随时对分类结果进行修改

人机交互式解译是在 GIS 或一些图像处理软件上进行，如 Arc/info、Arcview 以及遥感图像处理软件等，这些软件可进行图形编辑，在解译过程中和解译验证时，可随时进行解译图的修改，这样克服了过去基于纸图的目视解译成果修改困难的缺点。

2. 人机交互式解译使影像、图形、数据达到了统一

利用人机交互式解译方法，在信息识别过程中和解译结果验证时，可以按解译人员和验证人员的要求进行各种影像和图形的叠加，在解译完成时各种解译类型的统计数据随之出来，达到了影像、图形和数据的统一。

3. 人机交互式解译是建立精确遥感信息提取模型的基础

在人机交互式解译过程中，利用 GIS 软件中图层管理模式，分别不同的专题解译信息建立图层，最后通过解译人员的综合判断得出各图层的专题解译信息，这是遥感信息层次分析模型的一个很好的雏形。

目前常用的分类方法，各有优势，在对地观测信息提取过程中应根据工作的需要选取适合的分类方法。常见主要分类方法比较见表4-2。

表4-2 常见分类方法比较（杜凤兰，田庆久，夏学齐，2004）

分类方法	原理	适应条件	特点	效果	局限性
非监督分类	统计方法，最小距离法	对分类区情况不了解	用作分类辅助	快速简单	当几个地物类型对应的光谱特征类型差异很小时，分类精度就大大降低
最小距离	类中心距离最小	要识别的每一个类别都有一个代表向量	精度取决于对已知地物类型的了解和训练统计的精度	计算简便，可对象元顺序扫描，分类效果较好	对于类别重叠的情况，分类精度受到限制
费歇尔线性判别分类	组间（类间）距离最大而组内（类内）离散性最小	基于正态分布假设	能使类间差与类内差的相对值达到最大	当训练样本多时，可取得更精确的效果	无法解决类别重叠的情况
最大似然法	归属概率最大	很多情况下都适用，但对出现概率低的类别并不适用	建立一个判别函数集	分类错误小而精度高	受到参数估计的限制
模糊分类	像元的隶属度函数	混合像元问题，不准确的信息或界线不明确的对象	在单个像元中提取各类地物信息（类似于黑箱问题）	进行"准纯样本"到"模糊样本"的转化，可改善分类精度	模糊样本选取十分困难
神经网络	无参数分类器	可用于可见光、多光谱和雷达图像分类	具备一般非线性动力学系统的全部特点，具有高维性、自组织性、模糊性、冗余性	其精度优于最大似然法	若要提高训练精度，需要多次迭代，较费时
专家系统	通过运用逻辑推理规则从已知的信息中推出结论	包含三个主要部分：知识库，推理模块和界面	一个模仿人类专家技能的计算机系统	使得整幅图像的分类精度得到改善	知识获取困难；缺乏联想功能，推理能力弱；智能水平低；系统层次少；实用性差

四、遥感在森林资源监测中应用的发展特点

随着对地观测技术的进步以及人们对地球资源和环境的认识不断深化，对遥感技术的应用需求不断提高，同时随着商用遥感数据源的快速发展，以及遥感信息提取技术的迅速突破，航天遥感技术凭借其效率高、时效高、空间信息强等特点，在森林资源监测中形成了业务化应用，并发挥了重要作用。尤其是近些年航天遥感技术的快速发展，航天遥感数据种类含盖了低、中、高分辨率的多光谱、高光谱以及雷达数据，为林业监测提供了从宏观到微观的各种遥感信息源，推动了林业遥感应用技术的快速发展。

（一）国外森林资源监测中遥感应用技术的发展

国外遥感技术在森林监测中的应用概括起来主要有以下几个方面：

1. 森林资源清查

传统的森林资源清查以地面调查为主，随着航空航天遥感、卫星定位以及计算机网络等新技术的发展，从各方面促进了各国森林资源清查技术的发展，极大提高了森林清查的时效性和准确性。美国将遥感技术与地理信息技术相结合，在森林资源清查中主要体现在以下几个方面：一是利用遥感图像进行野外导航，通过遥感图像分层（有林地/非有林地）提高估计精度，提高调查成果的空间分辨率和提供连续的空间分布信息，提高小面积单位（如县级）的估计精度；二是提供地面调查难以获取的调查因子，如有关森林分割方面的信息等；三是利用包括 TM，AVHRR，MODIS，航空像片等在内的历史遥感资料分析森林资源动态和变化趋势。加拿大在全国森林资源清查中，按不同土地覆盖类型（有林、有植被/极少植被、无植被地区），利用航空像片和卫星遥感资料建立多阶样地判读机制，提高样地判读精度，遥感以使用航空像片为主，特别是大比例尺黑白和彩色照片判读，结合陆地资源卫星数据及少量的地面调查数据进行数据修正。奥地利应用 RS 和 GIS 技术每两年对全国进行一次航空摄影，利用航片和卫片信息进行成图和分层抽样，建立综合森林管理信息系统汇总全国森林资源现状，并结合多期遥感数据，进行动态分析以提供最新森林资源信息。印度尼西亚森林资源清查工作利用遥感和地理信息系统采用三阶点群系统抽样，首先利用低分辨率的遥感影像进行森林覆盖调查，确定森林覆盖类型，再用较高分辨率的遥感影像（SPOT）进行调整估计，最后进行地面固定样地和临时样地地面调查。

2. 灾害监测

随着人为活动影响和全球气候的异常变化，全球森林火灾和病虫害有加剧的趋势。特别是进入 20 世纪 90 年代以来，全球森林火灾和病虫害明显加重。1990～1995 年世界森林火灾次数约增多 10%，欧洲 1990～1995 年的 5 年内平均每年为 7 万起，美国、加拿大平均每年约 7 万起，俄罗斯森林火灾次数也在增多。防止森林火灾问题现在不仅受到社会的重视，而且政府与国际机构也给予极大关注。联合国在日内瓦的总部成立了森林火灾专家组。

随着遥感技术、气象科学、电子计算机、激光、通讯和航空航天技术的蓬勃发展，加上现代科学管理的渗透，为森林资源灾害监测提供了先进的手段和技术条件。以森林火灾监测为例，世界各国利用遥感和其他技术，在森林火险预测、红外线监测林火、雷达监测林火、激光监测林火、卫星遥感监测林火以及计算机林火管理系统等新技术方面取得了重大进展，为有效地控制森林火灾的发生，把森林火灾的损失降低到最低限度提供了保证。如加拿大开始利用陆地资源卫星、雷达及航空照片数据，建立地理信息系统、森林资源数据库和各种数学模型库，开展日常森林火灾监测和森林环境与病虫害监测工作。比如，安大略省利用卫星遥感数据测定林分叶绿素指数来判定林分健康状况及其林分的生长环境；BC 省利用不同传感器的遥感数据分析比较，监测山地松甲虫的发生和损失情况等。

3. 森林采伐监测

随着农业产业化的快速发展，和生物燃料和动物饲料需求的增加，全世界的森林采伐速率可能随之增快，尤其是全球热带雨林大面积减少。遥感技术是监测全球森林资源尤其是热带雨林减少的最好的方法之一。如 Josef Kellndorfer 等为监测热带的森林采伐而在研究最新的卫星遥感技术，包括日本一个新的雷达传感器相控阵 L 波段合成孔径雷达（PAL-SAR），把它装载在先进的陆地观测卫星上，现在已经使用 ALOS/PALSAR 数据，研制出第一代大范围的，针对亚马逊盆地的陆地观测卫星图像集成。一些国际组织利用 MODIS 等传感器获取的卫星影像发现大规模的森林砍伐，即超过 $25hm^2$ 的森林砍伐。利用更高分辨率的卫星影像发现更小片被砍伐的森林，一旦发现了森林砍伐的关注地区，就可以利用地面或航空观测数据更仔细地检查。

4. 其他方面

上述三个方面的监测都是基于森林表面特征变化的监测。世界各国还利用遥感数据在森林资源内部属性方面进行了大量的研究，取得了一定的成果。主要包括森林蓄积量估测、林分高度和郁闭度估测、森林生物量和碳储量监测等。

（二）我国森林资源监测中的遥感应用领域及发展特点

林业是我国最早应用遥感技术并形成应用规模的行业之一。早在 1954 年，我国就创建了"森林航空测量调查大队"，首次建立了森林航空摄影、森林航空调查和地面综合调查相结合的森林调查技术体系。1977 年，利用 MSS 图像首次对我国西藏地区的森林资源进行清查，填补了西藏森林资源数据的空白，也是我国第一次利用卫星遥感手段开展的森林资源清查，并在"七五"、"八五"期间完成了我国"三北"防护林地区遥感综合调查、森林火灾监测。随着对地观测技术和信息技术的迅猛发展，在 20 世纪 90 年代的中后期，林业遥感也从小范围的科学研究和试点应用，发展到了规模化业务应用，应用范围含盖了森林资源调查与监测、荒漠化沙化土地监测、湿地资源监测、森林防火监测等林业建设各领域，为林业部门适时掌握林业资源的状况及变化情况提供了可靠的基础信息。但各业务领域中遥感技术应用的自动化程度较低，还主要依赖人工目视解译的方法。

1. 森林资源清查

传统森林资源清查以抽样理论为基础，以地面调查为主要方法进行调查。1993 年 UNDP 项目"建立国家森林资源监测体系"开始对引入遥感技术的森林资源清查体系进行系统的研究，并在江西、辽宁、西藏、内蒙古、宁夏、甘肃、青海等省区进行了示范应用，1999 年开始的第六次全国森林资源连续清查和 2004 年开始的第七次清查中，遥感得到了全面的应用。2003 年，国家林业局调查规划设计院承担了"森林资源遥感监测定量化综合处理与业务运行系统"国家高新技术研究计划（863 计划）课题，对遥感在森林资源清查中的应用技术进行了研究和完善，充分发挥了遥感在森林资源连续清查中的作用。

到目前为止，应用遥感技术已开展 10 年、共两次森林资源清查。森林资源清查采用 30m 中等分辨率的 TM、CBERS-CCD 等遥感数据，每 5 年对全国覆盖一次，一方面采用系统抽样点位判读与地面样地调查相结合的方法，实现了清查体系的全覆盖，提高了森林资源调查精度、防止了森林资源清查结果偏估；另一方面采用全面判读区划的方法，制作了各省（区、市）以及全国的森林分布图，掌握了全国森林资源的消长变化空间分布，建成了全国森林资源数据库信息系统，为国家森林经营管理和生态建设提供了大量的决策参考数据。

2. 森林资源规划设计调查

20 世纪六七十年代，林业就应用航空遥感数据开展了森林资源规划设计调查，取得了很好的效果。20 世纪 80 年代，Landsat－TM 数据开始用于森林资源二类调查，但由于分辨率较低，限制了在二类调查中的应用。近十年内高分辨率遥感数据越来越多，尤其是 SPOT5 数据的出现，以其较高的空间分辨率吸引了广大的林业用户。为加强森林经营管理，适应信息化发展的需要，SPOT5 数据不仅应用于林业的科研项目，也迅速在国内较大范围内开展森林资源规划设计调查的试点应用。

通过试点分析，以高分辨率遥感数据数据为基础，综合应用 3S 技术进行森林资源规划设计调查，与传统调查方法相比，大大提高了工作效率，已成为新时期森林资源二类调查的发展方向。高分辨率航天遥感数据，以其分辨清晰的图像在二类调查中得以迅速推广应用。目前，应用于森林资源规划设计调查的遥感数据主要有 SPOT5、ALOS、Rapideye 等分辨率较高的数据。主要采用的方法是目视判读区划和地面调查相结合的方法，全面掌握森林经营单位的森林资源分布状况和各山头地块的林分因子，为开展合理的造林、抚育、采伐、更新等森林经营管理工作，发挥了重要作用

3. 林业灾害调查监测与预警

灾害调查包括林火、病虫害调查与监测、灾后损失评估和生态环境评价。为了保护森林资源的安全及时发现森林火灾，从 1993 开始林业就利用气象卫星开展林火监测工作，目前已建成了卫星林火监测中心、林火信息监测网络。通过气象卫星图像的定标、定位处理，及时提取林火热点信息，确定林火发生地的环境、地类、林况和资源等内容，编制林火监测图像、林火势态图和报表，为林火扑救指挥提供决策依据并赢得了宝贵的时效。同时，还应用 TM、SPOT 等遥感资料对森林病虫害、风灾进行了监测评估，提供数据和图件。特别是 2008 年 1 月南方雨雪冰冻灾害和 5.12 汶川特大地震灾害，对当地森林资源及其生态环境造成了严重破坏与影响。为了及时监测评估灾害对当地森林资源造成的影像，应用了多尺度卫星遥感数据源，利用现有森林资源调查成果、资源档案等数据，结合地面调查，开展森林资源灾害损失调查评估工作，为及时组织抗灾救灾，灾区恢复重建提供了决策依据。

4. 林业工程的监测与生态效益评价

随着国家对生态建设的重视，启动了多项生态建设和造林工程，其建设成效受到广泛关注。2004 年启动了"国家林业生态工程重点区遥感监测评价项目"，从 2003 年至 2011 年，以 MODIS、TM、SPOT5、QB 等低、中、高多级分辨率的卫星遥感数据为信息源，以 3S 技术为技术支撑，对 12 个生态工程建设的重点区域进行多期遥感动态监测评价，旨在对工程重点区域的工程实施情况及其森林植被与生态状况的动态变化进行跟踪监测，对实施效果进行分析评价，为制定宏观决策提供科学依据。

5. 采伐限额检查与林地管理调查

由于森林采伐后光谱特征与采伐前有较大不同，尤其是皆伐，非常容易识别，高分辨率遥感数据为采伐区和林地变化信息的提取提供了非常有效的手段。2005~2007 年间，相继在云南、湖南、辽宁、江西等省采用遥感技术进行了伐区调查的试点应用，2007 年在黑龙江进行林地调查的试点应用，2008 年和 2009 年分别在黑龙江省鹤立林业局和绥阳林业局，利用两期高分辨率遥感影像开展"三总量"检查，均取得了非常好的效果，遥感在森林采伐监测中具有广阔的推广应用前景，将对森林监督管理模式的改进起到推动作用。

6. 森林资源开发利用

随着人们对遥感认识的深入，遥感技术也逐步应用于森林资源的开发利用调查，如中俄森林资源合作开发利用规划、赤峰中德森林资源开发、广东桉树纸浆源调查等森林资源

的开发项目、林地征占用可行性研究等方面。在森林资源资产评估中，遥感数据也得到了应用，并发挥了重要作用。其应用的主要方法，仍为目视解译。

（四）我国森林资源监测遥感应用中存在的主要问题

1. 遥感方法的作用没有被充分认识

遥感作为一种新的技术手段，是一种远距离的、非接触性的目标探测技术和方法，通过对目标进行探测，获取目标信息，然后对所获取的信息进行加工处理，从而实现对目标进行定位、定性或定量的描述。目标信息的获取主要是通过接收目标反射和辐射的电磁波得到。在此过程中，由于受到大气层的影响，接收到信息已发生了变化，加之受遥感平台的分辨率大小的制约，因此，最终通过遥感影像反映出的信息与真实地物存在一定的差异。在开展森林资源调查时，必须借助必要的相关资料及一定量的地面调查加以验证和判别。在应用遥感时，应避免走极端：一是认为遥感是一种新的技术手段，调查时一味地依赖于遥感；二是全面否定遥感的作用，认为遥感误差大，没多大用途。

2. 遥感信息利用效率不高

因为遥感是从外围高空对地面实行探测，其覆盖面广，对于宏观把握森林资源状况具有较好的使用价值；同时，作为遥感平台的卫星在固定的轨道上运行，对同一地点进行重复观测的周期短，如我国和巴西联合研制的遥感卫星 CBERS 回访同一地点的周期小于 30天，可以快速高效地反映同一地点的变化情况，对实施森林资源动态监测和管理提供了有利条件。但从目前我国所开展的各项监测上看，时间间隔长，特别是森林资源连续清查，五年一次的长周期监测，没有充分发挥遥感信息的优势，使清查成果的时效性等不强，难以满足我国现代林业建设、森林资源管理等方面对森林资源调查信息的需求。

3. 不同尺度的遥感信息缺乏有效衔接

随着遥感技术的发展，对地信息获取技术已从可见光发展到红外、微波，从单波段发展到多波段、多角度、多极化，从空间维扩展到时空维，从多维光谱到超微光谱，已初步建立起了高、中、低轨道结合，大、小、微型卫星协同，粗、细、精分辨率（QUICKBIRDS 的分辨率已经达到 0.61m）互补的全天候、多层次的全球对地观测体系，形成了系列化的数据源。而我国目前的森林资源清查中，主要应用的是中分辨率的数据源，如 TM、P6、CCD 等，对高、低分辨率的遥感数据源所提供的信息没有进行更多地研究和应用，没有把多种信息源有机地衔接，有效地挖掘和发挥遥感在森林资源清查中作用。

4. 没有形成综合性的业务运行系统

虽然我国在森林资源清查中，比较早地应用了遥感技术手段，为推动森林资源清查工作的开展发挥了重要作用。但是由于过去森林资源监测目标的单一化现象较为明显。而应用遥感技术也是为了满足某个单一目标的需要进行的，对遥感数据源的利用也是停留在低效率水平上，没有形成一个综合性的业务运行系统，与其它技术和方法也没有得到很好地结合，同时对遥感使用的规范化建设也不完善，使遥感信息没有得到充分地应用，遥感应用的效率、精度及自动化程度均受到了制约，无法为森林资源经营管理提供更加有效的服务。

5. 缺少对关键技术问题的研究

由于对遥感技术应用的认识不足和应用目标的单一化，导致在应用过程中遇到的一些关键技术问题没有进行系统的研究，使遥感在森林资源调查的深层次应用上没有进展。一是基于多时相、多源遥感数据的变化检测、估计与分类技术的研究不够。目前存在变化信息提取方法单一、与人工目视水平有较大差异、自动化程度低等问题。二是应用模型开发还很不够，缺少面向评估和决策的专业应用模型。三是遥感应用与地面固定样地的有机衔接问题。四是对目标区域的基础信息掌握不足，影响了成果质量和精度。

（五）森林资源监测中遥感技术应用发展趋势

1. 调查方法由常规地面调查向"天-空-地"一体化发展

随着森林资源调查向多目标资源监测方向转移，传统的森林资源地面调查手段已不能满足现代森林资源监测体系的需要。因此，在监测技术上，必须把地面监测、航空监测和航天监测有机地结合。根据所需信息的内容、精度和周期，利用遥感技术和野外调查技术相结合的手段，开展"天-空-地"一体化监测，多渠道、多层次获得监测信息。利用遥感结合地面调查可以建立由地面调查成果和航片及卫片判读成果信息的森林环境监测体系。在森林资源调查中遥感可用于地面控制、边界测量，调查样点的导航和定位、森林灾害的评估等诸多方面。遥感技术的综合应用将提高森林资源监测的效率和数据的准确性（林辉等，2008）。

2. 实现全数字作业的"3S"一体化

利用 GPS、GIS、RS 的有机结合实现森林资源动态监测作业技术集成化、一体化、自动化。运用双向通讯的电台把样地的数据实时地传递到处理中心，可以进行实时处理、实时绘制现势图，展示森林资源监测情况，准确反映林区区域内各项监测指标的变化。

3. 遥感信息处理方法及遥感信息模型的发展

遥感信息模型和先进技术的引进，如神经网络、小波、分形、认知模型等，都将大大提高多源遥感数据的融合、分类识别以及提取的精度和可靠性。把统计分类、模糊技术、专家知识与神经网络分类有机结合构成一个复合的分类器，将大大提高分类的精度和类数。多源遥感数据经过主成分变换融合、色彩变化融合、乘积变换融合、Brovey 交换融合、小波变换融合、决策层目标识别数据融合等处理后，可增强遥感影像的信息丰富度。有学者认为遥感信息模型是集地形模型、物理模型和数学模型之大成，是利用遥感信息和地理信息影像化的方法建立起来的一种可视化模型（王旭等，2007）。

4. 卫星遥感动态监测

卫星遥感时效新，更新快，如 TM 卫星数据 16 天为一个更新周期，是进行动态监测的理想资料。这方面的主要成果有：寇文正等人在吉林省西部进行的森林资源动态监测；李芝喜等用点、面结合相互配套的方案，进行西双版纳热带植被的动态变化监测；刘培均等在河北平泉县采用不同年代的卫片判读成图，编制森林动态图，进行森林资源动态遥感应用研究等等。归纳起来主要的方法有：两（多）期判读分类图的比较；两（多）期植被指数的变化；两（多）期图像相减；同波段合成；在地理信息系统支持下的多技术方法等。

第二节　森林资源信息获取方法

随着航天技术与信息技术的发展，航天遥感及其应用技术也在飞速发展，形成了多学科交叉的"大遥感科学"，成为集光学物理基础、平台与有效载荷、数据获取与处理、星地观测一体化、各领域综合应用为一体的对地观测系统，是 21 世纪地球系统科学和环境信息技术发展的一个重要部分。航天遥感数据从最初的分辨率较低、波段较少的状态发展到目前的含盖低、中、高分辨率的多光谱、高光谱以及雷达数据，遥感影像分类方法也百花齐放，现代遥感观测已经进入了一个能够动态、快速、准确、多手段提供各种对地观测数据的新阶段，为森林资源监测提供了的各种遥感信息源和信息提取方法，为利用遥感技术深入开展森林资源监测奠定了基础。不同分辨率的遥感数据可以用于不同尺度的森林资源监测，为森林资源经营管理提供不同层面的监测信息。

一、多分辨率森林资源监测技术框架

遥感影像以像元记录地表的覆盖特征，遥感影像的空间分辨率限定了遥感对地观测的最小单元。地理环境特征监测基本空间尺度的适宜性对遥感数据的分辨率提出了需求，因此，针对不同尺度的监测需求，各国发射了搭载不同空间分辨率的多光谱、高光谱和雷达对地观测卫星，接收不同分辨率的遥感数据。

（一）不同分辨率遥感数据源的应用特点

一般根据遥感数据空间分辨率的不同，可将其分为几个量级，不同分辨率量级的遥感数据有其各自的特点和优势。在森林资源监测工作中，可根据不同工作的需要和监测要求，选取不同分辨率的遥感数据服务于不同层面的森林资源经营管理与决策。

①空间分辨率 100 ~ 1000m 量级的，为低分辨率遥感数据，例如 MODIS，NOAA AVHRR，SPOT-vegetation 等。可用于全球及区域级森林植被长势的宏观监测，目的在于实时或准实时地掌握大面积森林资源的骤变，用于应急监测和应急响应。

②空间分辨率 5 ~ 30m 量级的，为中等分辨率遥感数据，例如 Landsat-TM，CBERS-CCD，P6-liss3，ASTER 等。可用于国家和省级森林资源及其生态状况的宏观监测，林业生态建设工程监测和实施效果评价等工作，定期掌握森林资源的覆盖状况及其变化。

③空间分辨率 5m 以上量级的，为高分辨率遥感数据，例如 SPOT5、ALOS、IRS-P5、RapidEye，QuickBird、IKONOS、遥感系列卫星全色或雷达数据等。其中，2 ~ 5m 分辨率的遥感数据可用于森林资源的业务监测，包括林业经营单位或县级单位的森林资源、林地资源、林业重点工程实施成效等的详细监测，国家森林资源经营管理和林地征占用情况等的执法检查，以及森林资源和林地经营档案的更新；1m 以上分辨率的遥感数据，如 QuickBird、IKONOS 等，分辨率非常高，但其接收能力有限，且价格昂贵，一般仅用于小范围区域的典型调查，如林业重点工程建设成效和森林植被的典型调查。

（二）多级遥感监测技术框架

为了充分发挥不同分辨率遥感数据的优势，提高监测时效性和监测效率，还可以通过综合应用多种空间分辨率的遥感数据，采用多级遥感监测的方法对森林资源实施监测。多级遥感监测技术框架如下：

第一级快速宏观监测，利用 MODIS 等低分辨率遥感数据覆盖范围广、回访周期短的优势，实现森林植被生长状态的快速监测和应急监测，即时发现较大面积森林资源的骤变，提出预警信息；第二级定期宏观监测，利用 TM 等中等分辨率遥感数据反映森林植被光谱特征信息丰富、覆盖相对较容易的优势，实现省级范围等区域尺度的森林资源类型、森林覆盖状况宏观监测，定期监测森林资源分布及其变化；第三级定期详细监测，利用 SPOT5 等高分辨率遥感数据分辨率高、可以编程接收的优势，实现对森林资源、林地资源和林业生态工程地块的详细监测，直接为林业生产经营单位提供落实到山头地块的森林资源经营管理的信息；第四级典型监测，利用 Quickbird 等超高分辨率的遥感数据反映地物细节的优势，可对典型的森林植被类型或林业重点工程地块实施成效进行直观监测，可部分代替地面调查。多级遥感监测中，每一级较高分辨率的遥感监测，是对上一级较低分辨率遥感监测的重点、典型或变化区域的放大倍数监测，类似于应用了放大镜的监测，既弥补了单一遥感数据源的不足，实现了从整体到局部、从全面到细节的森林资源及变化状况的多层次监测，又可以提高监测工作效率，提高监测时效性。

近 20 年来，多种遥感信息提取方法层出不穷。在多级遥感监测中，根据不同分辨率遥感数据的特点，根据不同监测尺度的需求，基于不同分辨率遥感数据的森林植被信息提取技术方法也不同。

第一级快速宏观监测，利用 MODIS 数据等宽尺度卫星遥感数据，采用植被指数提取与模型分析方法，结合地面实测与其他森林分布资料，可对全国或更大区域范围的森林植被进行时间序列的年度宏观监测，一方面连续提取全国森林植被宏观变化趋势信息，分析森林植被生长态势，为快速掌握森林植被状况提供信息；另一方面，即时发现森林植被的突变情况及其分布，为森林火灾、病虫害、极端气候灾害、大面积地质灾害等对森林资源的损害预警监测提供基础信息。

第二级，根据全国森林植被年度宏观监测结果，利用 TM、CCD 等中分辨率卫星遥感数据，采用解译判读与地面调查相结合的方法，对区域森林植被的变化进行测定和分析，适时监测重点区域森林植被变化动态，为森林资源管理决策提供森林资源变化分析数据。

第三级，采用 SPOT5、Quickbird 等高分辨率卫星遥感数据，采用判读区划与现地核实相结合的方法，对局部森林植被变化及其原因进行典型剖析，为林业经营和监督管理提供信息服务。森林植被多级遥感监测的主要技术流程见图 4-1。

二、遥感信息提取理论基础

(一) 不同植被波谱反射特性

不同地表植被对太阳光的反射强度不相同，卫星传感器接收到的地物反射信息相应存在差异，不同波段记录的同一地物反射信息量也不相同（不同地表覆盖波谱反射特性见图 4-2 所示）。就森林植被而言，除了红光波段和近红外波段外，短波红外（1.55 ~ 1.75 μm）也对树木敏感。根据这一特性，可以利用遥感数据，通过波段组合、数据融合和图像增强，借助遥感数据处理与信息提取软件等工具，突出森林植被影像特征，进而提高对森林植被分布信息的提取效率和精度。

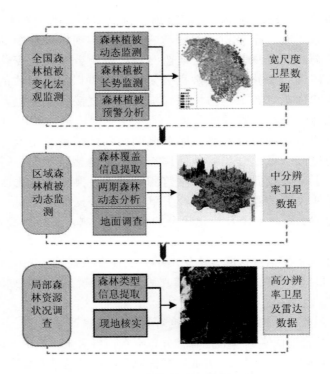

图4-1　森林植被多级遥感监测技术框架

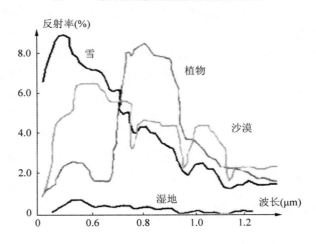

图4-2　不同地表覆盖波谱反射特性

（二）植被指数

植被指数（Vegetation Index，简称VI）是利用地表植被叶面强烈吸收可见光，而反射和散射近红外光这一光谱特性建立的，通常表示为卫星数据记录的可见光与近红外波段地表反射率的线性或（与）比值组合，是对地表植被活动的简单、有效和经验的度量。其中，归一化植被指数（NDVI）（如4-1式所示），以红光和近红外波段二者之间的差值与和值的比值表示，是遥感监测最常用的植被指数，能够直观反映植物生长状况，广泛应用于区域性农作物长势监测、草情监测和森林火灾监测等监测工作中。

$$NDVI = \frac{R_{NIR} - R_{RED}}{R_{NIR} + R_{RED}} \qquad (4-1)$$

式中，R_{NIR}为近红外波段反射率；R_{RED}为红光波段反射率。

不同植被叶子具有不同的光学和物理结构特性，对太阳光的吸收、反射和散射不同，各自 NDVI 值也不相同。同一植被叶面在一年中不同生长时期，NDVI 值也存在差异。植物叶生长初期，随着叶生长，叶子结构中叶孔增加，近红外波段记录的反射值逐渐增大，红波段记录的反射值逐渐减小，NDVI 值逐渐增大。在生长末期，叶由绿色变为黄色，红波段记录的反射值将会增加，近红外波段记录的反射值相反减小，NDVI 呈下降趋势。植被 NDVI 的这种季节性变化曲线，直观地反映了植物从开花、发芽到成熟落叶的过程。不同地表植被 NDVI 的季节性变化特征，如图 4-3 所示。

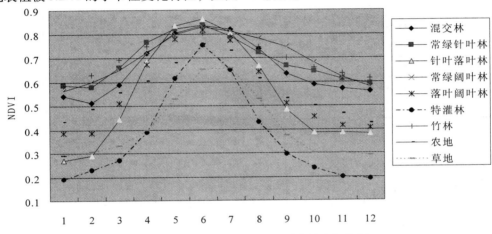

图 4-3　不同地表植被 NDVI 季节性变化特征

从图 4-3 可看出，森林植被生长季具有很高的 NDVI 值，且普遍高于同期农地和草地；不同森林植被类型生长季 NDVI 值相近；落叶林和常绿林 NDVI 值春冬两季差异明显。根据不同植被 NDVI 值在一年中不同月份的变化情况，利用时间序列的卫星遥感数据，可以达到识别不同植被类型，并分析评价其生长状况的目的。

三、多级遥感监测常用数据源

20 世纪 70 年代，特别是进入新世纪以来，民用航天技术日新月异，不同分辨率多尺度卫星数据不断涌现，并投入商业应用，为全国森林植被多级遥感动态监测提供了可用的遥感数据。

（一）宽尺度卫星数据

NOAA-AVHRR、SPOT VEGETATION 等空间分辨率 1km 左右的卫星数据在区域乃至全球土地利用和土地覆盖变化监测研究中得到了广泛应用。21 世纪初，美国宇航局（NASA）先后发射了 TERRA 和 AQUA 对地观测卫星，提供了空间分辨率为 250m、500m 和 1km 的 MODIS 数据。我国也在 2003 年 11 月发射的 CBERS-02 星和 2007 年 9 月发射的 CBERS-02B 星上搭载了分辨率为 258m 的 WFI 传感器。

与中高分辨率卫星影像相比，宽尺度卫星数据地表覆盖面广、重复接收周期短，通常

1~4 天就可实现重复观测，数据更新快。特别是，MODIS 数据每天可接收 3~4 次，1~2 天可覆盖全国。光谱分辨率高，有 7 个陆地植被波段。其中，波段 1（近红外）和波段 2（红光波段相对较窄），对地表植被变化反应灵敏（如表 4-3 所示）。利用这两个波段测算的 NDVI 值，对不同的地表覆盖反映具有明显的差异，为陆地表面、生物、大气和海洋的长期观测，实施区域性森林植被的连续、快速监测，提供了直接经济的时间序列信息源。

表 4-3　MODIS 和 NOAA AVHRR 波段设置

MODIS			NOAA		
植被波段	光谱范围（μm）	空间分辨率	波段	光谱范围（μm）	空间分辨率
1	0.620~0.670	250m	1	0.58~0.68	
2	0.841~0.876		2	0.73~1.10	
3	0.459~0.479	500m	3	3.55~3.93	1000m
4	0.545~0.565		4	10.3~11.3	
5	1.230~1.250		5	11.5~12.5	
6	1.628~1.652				
7	2.105~2.135				

有研究表明，受空间分辨率的限制，MODIS 数据普遍存在混合像元。同一个像元可能包含不同森林植被类型乃至不同地类信息。在区域土地利用与土地覆盖变化监测中，通常采用像元分解方法，以 NDVI 为基本参数，结合更高分辨率遥感监测结果，对宽尺度卫星图像像元进行分解，计算像元中各植被类型所占百分比，以优势地类代表该像元的植被类型，进而提取整个区域的植被分布信息。

（二）中分辨率卫星数据

目前，在轨运行接收的空间分辨率在 10~30m 之间的卫星数据包括：Landsat5-TM、P6-Liss3、P6-Awifs、ASTER、CBERS-CCD、BJ-1 以及 HJ-A/B CCD 等数据。其中，TM、P6-Liss3 等卫星数据含有短波红外波段，在森林区划判读和森林类型识别等方面表现出更强的信息优势（常用中分辨率卫星图像空间分辨率和光谱特征如表 4-4 所示）。自上世纪 80 年代以来，TM 等中分辨率卫星数据作为主要数据源，在资源调查、灾害监测和生产经营活动中得到广泛应用。

与宽尺度卫星数据相比，森林植被在中分辨率卫星图像上的色彩、形状和纹理等影像特征更为明显。利用中分辨率卫星数据，能分别针叶林、阔叶林、针阔混交林、经济林和竹林等森林类型，提取森林植被分布，也能把林带从农作物、道路、水域等交错分布的地物中区分出来，满足监测大面积森林动态的信息需求，进一步增加了林业遥感应用的深度和广度。

受空间分辨率的限制，中分辨率卫星数据存在混合像元、同谱异物和同物异谱等现象，不利于森林植被的动态分析。与 TERRA、AQUA 等卫星相比，LANDSAT 等搭载中分辨率传感器的卫星重访周期相对较长，不同年度获取相同月份或季节数据的难度较大。在区域森林植被动态监测中，森林变化区域的识别和提取，需要对两期数据进行归一化处理，并借助人工目视区划判读方法，结合现地调查进行。

表4-4　常用中分辨率卫星数据空间分辨率和光谱特征

卫星	传感器	波段号	光谱范围（μm）	空间分辨率（m）
Landsat5	TM	B01	0.45～0.53	30
		B02	0.52～0.60	30
		B03	0.63～0.69	30
		B04	0.76～0.90	30
		B05	1.55～1.75	30
		B06	10.40～12.50	30
		B07	2.08～2.35	30
CBERS-01/02	CCD相机	B01	0.45～0.52	20
		B02	0.52～0.59	20
		B03	0.63～0.69	20
		B04	0.77～0.89	20
		B05	0.51～0.73	20
P6	LISS3	B02	0.52～0.59	23.5
		B03	0.62～0.68	23.5
		B04	0.77～0.86	23.5
		B05	1.55～1.70	23.5
	AWIFS	B02	0.52～0.59	56
		B03	0.62～0.68	56
		B04	0.77～0.86	56
		B05	1.50～1.70	56
TERRA	ASTER	B01	0.52～0.60	15
		B02	0.63～0.69	15
		B03	0.76～0.86	15
HJ-1A/HJ-1B	CCD相机	B01	0.43～0.52	30
		B02	0.52～0.60	30
		B03	0.63～0.69	30
		B04	0.76～0.90	30
BJ-1	CCD相机	B01	0.523～0.605	32
		B02	0.630～0.690	32
		B03	0.774～0.900	32

（三）高分辨率卫星及雷达数据

1999年，IKONOS卫星成功发射，为全球提供空间分辨率达1m的高分辨率卫星图像，开拓了快捷、高效、高精度获得最新地表覆盖影像信息的途径。随后，商用高分辨率卫星技术迅速发展。我国也于2007年5月25日，成功发射携带有全色波段分辨率为2m的遥感二号。目前，在轨运行接收的空间分辨率在5m以上的卫星数据主要包括SPOT5、QuickBird、ALOS、Resurs DK1、IRS-P5、Rapid-Eye等（常用高分辨率卫星数据的空间分辨率和光谱特征如表4-5所示）。近10年来，高分辨率卫星数据在基础测绘、土地利用调查、城市规划、道路建设、环境监测、地质勘探、矿产开采、农作物管理、森林资源调查以及旅游服务等方面应用不断深入。

表4-5 常用高分辨率卫星遥感数据空间分辨率和光谱特征

遥感数据	波段	光谱范围（μm）	空间分辨率（m）
SPOT5	全色波段（pan）	0.49～0.69	2.5、5
	蓝绿波段（b3）	0.49～0.61	10
	红波段（b2）	0.61～0.68	10
	近红外波段（b1）	0.78～0.89	10
	短红外波段（b4）	1.58～1.75	20
IKONOS	全色波段（pan）	0.526～0.929	1
	蓝波段（b1）	0.445～0.516	4
	绿波段（b2）	0.506～0.595	4
	红波段（b3）	0.632～0.698	4
	近红外波段（b4）	0.757～0.853	4
QuickBird	全色波段（pan）	0.45～0.90	0.61
	蓝波段（b1）	0.45～0.52	2.44
	绿波段（b2）	0.52～0.60	2.44
	红波段（b3）	0.63～0.69	2.44
	近红外波段（b4）	0.76～0.90	2.44
ALOS	全色波段（pan）	0.52～0.77	2.5
	蓝波段（b1）	0.42～0.50	10
	绿波段（b2）	0.52～0.60	10
	红波段（b3）	0.61～0.69	10
	近红外波段（b4）	0.76～0.89	10
IRS－P5	全色波段（pan）	0.50～0.75	5.8
Resurs DK1	全色波段（pan）	0.58～0.80	1
	绿波段（b1）	0.50～0.60	2
	红波段（b2）	0.60～0.70	2
	近红外波段（b3）	0.70～0.80	2
Rapid-Eye	蓝波段（b1）	0.44～0.51	6.5
	绿波段（b2）	0.52～0.59	6.5
	红波段（b3）	0.63～0.685	6.5
	红边波段（b4）	0.69～0.73	6.5
	近红外波段（b5）	0.76～0.85	6.5
TM	蓝波段（b1）	0.45～0.52	30
	绿波段（b2）	0.52～0.60	30
	红波段（b3）	0.62～0.69	30
	近红外（b4）	0.76～0.96	30
	短波红外（b5）	1.55～1.75	30
	热红外（b6）	1.04～1.25	30
	短波红外（b7）	2.08～3.35	30
Cbers-CCD	蓝波段（b1）	0.45～0.52	20
	绿波段（b2）	0.52～0.59	20
	近红外（b3）	0.63～0.69	20
	近红外（b4）	0.77～0.89	20
	红绿波段（b5）	0.51～0.73	20
Cbers－HR	全色波段（b6）	0.5～0.8	2.36

与中低分辨率卫星数据相比，高分辨率卫星数据的空间分辨率进一步提高，各类地物的色彩和纹理结构更为清晰，像元纯度更高，为实施精准测量提供了条件。特别是，树木在高分辨率卫星图像上轮廓清晰、颗粒感强，与其他地物在色调、形状、大小、纹理、阴影等方面的影像特征差异十分明显。经图像增强、波段组合和数据融合等数据处理，森林影像的细部特征更为突出。从高分辨率卫星数据上，用肉眼就能判定小块分布的森林及其长势，将森林分布落实到山头地块，实现对较小范围内森林乃至树木个体的识别和提取。

四、低分辨率森林资源遥感信息提取技术

从森林植被动态监测和森林植被长势监测两个方面，监测分析全国或较大区域森林植被宏观变化趋势。本书以 MODIS 数据为例，介绍以相似模式聚类模型分析和森林植被长势监测模型分析为主要方法的森林资源宏观监测技术方法。

（一）应用低分辨率遥感数据监测森林资源的技术方法

全国或区域森林植被宏观监测是以 MODIS 等宽尺度卫星数据为信息源，逐日提取 NDVI 指数，逐月合成 NDVI 植被指数，应用时间序列植被指数的相似模式聚类模型、长势监测模型，宏观监测分析全国或较大区域森林植被动态及其长势变化。技术路线见图4-4

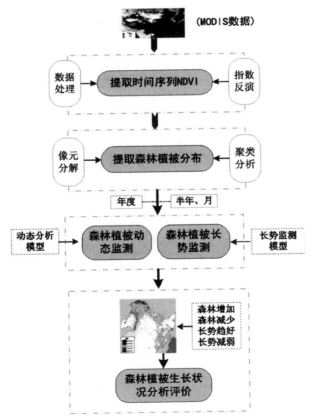

图4-4　全国或区域森林植被宏观监测技术路线

（二）MODIS 数据及相关产品获取技术

1. MODIS 数据特点

中分辨率成像光谱仪（MODIS）是搭载于 EOS 系列卫星（TERRA 和 AQUA）上的主要探测器，是当前世界上新一代"图谱合一"的光学遥感仪器，具有高时间及光谱分辨率。TERRA 和 AQUA 卫星每 1～2 天过境一次，每日均可获取覆盖全国的 MODIS 数据；MODIS 有 36 个波段，其中，波段 1～7 为陆地植被波段，波段 1、2 空间分辨率为 250m，波段 3～7 空间分辨率为 500m；近红外和可见光波段相对较窄，对地表植被变化具有很强的敏感性。借助 MODIS 数据可生产植被指数、叶面积指数、光合有效辐射、反照率等超过 40 种全球性标准产品，广泛应用于自然灾害、土地覆盖变化、植被生产力、生态环境、气候变化、海洋等领域的动态监测与研究，为开展区域森林资源监测提供了最直接且经济的信息源。

2. MODIS 数据处理技术

本书 MODIS 数据处理是指对 MODIS 陆地波段数字信号进行辐射校正、大气校正和几何校正的过程，如图 4-5 所示。

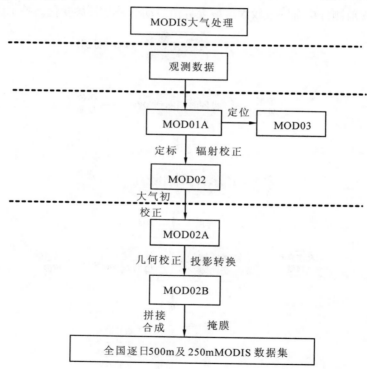

图 4-5　MODIS 1～7 波段数据处理流程

①定标、定位和辐射校正。形成包含辐射亮度值、反射率换算比例信息的 MOD02 产品，这部分工作主要在地面 MODIS 接收站完成。

②大气校正。采用 6S 辐射传输模型，将 7 个陆地植被波段大气反射值校正为地表反射值，以减少水汽、大气分子、气溶胶以及臭氧等对地表反射率的影响。

③几何校正。利用 MODIS 数据提供的经纬度数据,分别 250m 和 500m 进行加密插值;采用三次样条函数插值法,结合 MODIS 记录的太阳角、卫星视角等数据,对远星下点区,去除因卫星视角大、传感器扫描线重叠所产生的信息失真现象。同时,进行植被波段辐射亮度值几何自校正,并建立坐标系统。

④合成拼接。采用掩膜技术,对校正后 MODIS 数据进行合成拼接,生成覆盖全国的逐日 MODIS 数据集,为森林植被宏观监测提供基础数据。

3. 归一化植被指数(NDVI)反演

(1)归一化植被指数(NDVI)反演模型

归一化植被指数(NDVI)是描述地表植被活动的遥感监测指标,反映植被绿度变化,广泛用于土地覆盖、碳循环等陆地应用。NDVI 是根据树冠叶吸收蓝光和红光,而强烈反射和散射红光和近红外光这一典型光谱特征反演的,通常表示为红光和近红外波段反射率和差比(详见 4-1 式)。一般情况下,NDVI 随植被分布差异而发生变化,取值在[-1,1]之间。其中,水体 NDVI 小于零,在无植被或低植被区 NDVI 处于低值,高植被区或高郁闭区 NDVI 处于高值,高郁闭森林 MODIS NDVI 峰值在 0.9 左右。

根据 MODIS 第 1、2 波段记录的地物波谱反射率,利用 NDVI 反演模型,估算 NDVI 值,形成逐日 MODIS NDVI 数据。全国森林植被宏观监测 MODIS NDVI 产品反演及数据处理流程如图 4-6 所示。

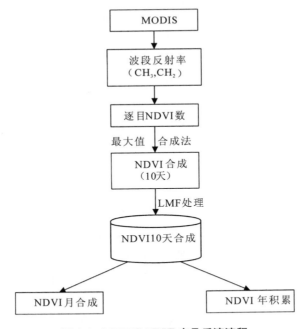

图 4-6 MODIS NDVI 产品反演流程

(2)NDVI 合成算法

受大气散射、水汽吸收、太阳角、卫星视角,以及树冠背景土壤、落叶、雪和水等反射对地表可见光衰减影响,NDVI 多低于晴空值,难以准确反映地表植被覆盖实际情况。为了去除以上影响,最大限度地获取地表森林植被 NDVI 信息,全国森林植被宏观监测以 10 天为间隔期，采用最大值合成法（MVC），逐日比较选择最"晴空"、最接近于星下点和最小太阳天顶角的 NDVI 值，代表该像元间隔期内 NDVI 值。

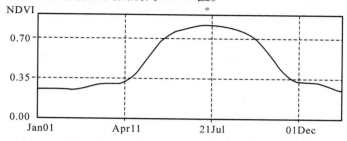

图 4-7 NDVI 季节性变化规律

（3）LMF 算法

LMF（Local Maximum Filtting，简称 LMF）由亚洲技术研究所于 2001 年开发，专门用于 NDVI 处理。该算法是根据植被指数（NDVI）年内变化呈正弦变化规律（如图 4-7 所示）通过分析比较相邻连续多期同一像元的植被指数值，确定云、雾等对像元 NDVI 影响时间，并采用内插或外延法去除异常值，如图 4-8 所示。全国森林植被宏观监测运用 LMF 算法，对 2001 年至 2005 年间 10 天合成 NDVI 值作进一步去云、雾处理，形成每月 3 次，5 年共计 180 次逐旬全国 NDVI 数据集。

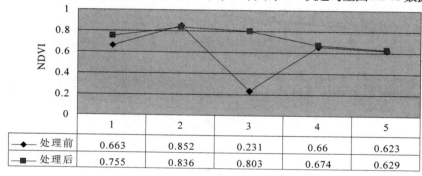

	1	2	3	4	5
处理前	0.663	0.852	0.231	0.66	0.623
处理后	0.755	0.836	0.803	0.674	0.629

图 4-8 LMF 处理

（4）NDVI 月合成、年合成及年累积

NDVI 月合成和年累积值是森林植被动态和长势监测的基础参数值。其中，NDVI 月合成是采用均值法，取每月上、中、下旬的 MODIS NDVI 均值代表像元月值，反映该像元植被生长状况，用于探明年际间森林植被变化，特别是出现明显森林长势减弱月份。年合成是采用最高值法，以全年中 10 天合成最大值表示，用于森林植被动态监测指标分析。年累积值是以一年为时间段，通过累积 10 天合成的 MODIS NDVI 数据生成全年合成。年累积值通过滑动合成防止选择虚假的最大值，在一定程度上减小 NDVI 时间序列噪声，主要用于年际间森林植被长势监测。

（三）森林植被动态监测方法及主要监测指标

森林植被动态监测以森林指数（Forest Index，简称 FI）为监测指标，采用时间序列相似模式聚类分析法提取区域性森林植被及其转移分布信息。监测模型构建及监测指标阈值分析是在中分辨率卫星遥感监测结果基础上，结合全国第六次、第七次连清固定样地调查结果进行的。技术路线如图 4-9 所示。

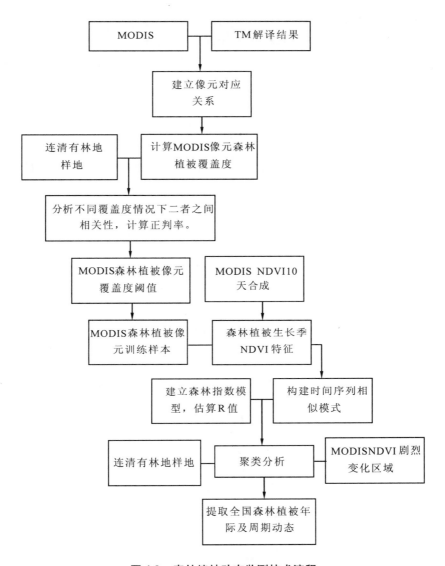

图4-9 森林植被动态监测技术流程

1. MODIS 像元森林植被覆盖度估测方法

受空间分辨率的限制，多数 MODIS 像元均为混合像元，包含不同森林植被类型乃至不同地类信息。分解 MODIS 像元，计算森林植被覆盖度，合理确定判断 MODIS 像元是否为森林植被的覆盖度阈值，是准确提取森林植被信息的前提。全国森林植被宽尺度监测充分利用每年国家森林资源清查 TM 解译结果，建立像元分解模型，分析 MODIS 像元与 30mTM 像元之间的对应关系，并以每个 MODIS 像元所包含的 TM 森林植被像元数据来计算 MODIS 像元的森林植被覆盖度（FC_{MODIS}），如式（4-2）所示。为了合理确定森林植被像元覆盖度阈值，分别以覆盖度 40% 为起点，以 5% 为阈值区间，作为 MODIS 森林植被像元覆盖度阈值，初步确定森林植被。同时，以全国连清固定样地为验证数据，分别估测不同覆盖度阈值条件下，MODIS 森林像元的正确率和相关系数，并按照正确率最高，相关性最强的原则，确定 MODIS 森林植被像元覆盖度阈值。经测算，覆盖度阈值为 60%，以此为标准，提取对应 TM 覆盖区域相应年度 MODIS 森林植被像元，并作为训练样本，用于参数化遥感监测模型。MODIS 像元森林覆盖度估测方法和不同阈值水平下森林植被像元正确率及相关性分别如图 4-10、图 4-11 所示。

$$FC_{MODIS} = \frac{\sum P_{ftm}}{P_{MODIS-TM}} \tag{4-2}$$

式中，P_{ftm} 表示 TM 森林植被像元数；$P_{MODIS-TM}$ 表示一个 MODIS 像元对应的 TM 像元数。

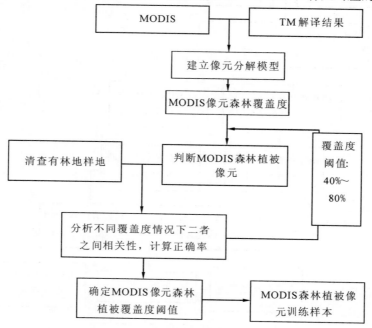

图 4-10　MODIS 像元森林植被覆盖度估测

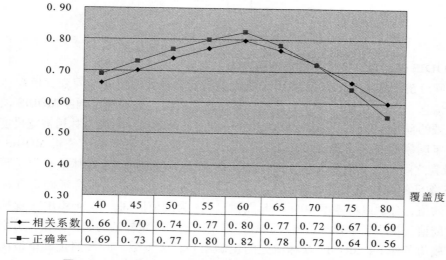

覆盖度	40	45	50	55	60	65	70	75	80
相关系数	0.66	0.70	0.74	0.77	0.80	0.77	0.72	0.67	0.60
正确率	0.69	0.73	0.77	0.80	0.82	0.78	0.72	0.64	0.56

图 4-11　不同覆盖度阈值水平下森林植被像元正确率及相关性

2. 森林指数估测模型

现有应用研究实践表明，高植被区，特别是浓密森林植被区域红色波段与叶绿素 α 浓度的反相关关系趋于"饱和"，不再具有敏感性，NDVI 也达到峰值，不随绿色生物量的变化而变化。结合森林资源清查固定样地，从训练样本中分别提取常绿针叶林、针叶落叶林、常绿阔叶林、落叶阔叶林、混交林、竹林、特灌林、草地和农地像元 NDVI 值，分析不同森林类型 NDVI 季节性变化特征。如图 4-7 所示，森林植被生长季具有很高的 NDVI 值，且普遍高于同期农地和草地，通过生长季累积值能够将森林植被与农作物和草地区分；不同森林植被类型生长季 NDVI 值相近；落叶林和常绿林 NDVI 值春冬两季差异明显，但与农地和草地相近。为了克服 NDVI 饱和问题所带来的高植被区不易识别植被类型的缺点，通过综合分析不同土地覆盖类型的 NDVI 季节性变化规律，宏观监测着重讨论森林植被动态监测，不往下细分森林植被类型；同时以 NDVI 为基本参数，构建森林指数，进一步突出森林植被与其他植被类型的遥感信号差异。

森林指数(Forest Index，简称 FI)是一定时间间隔期内处于高值(R)区的植被指数 NDVI 的积分，用于反映森林植被时空分布及其生长状况，通常描述为式(4-3)，技术流程如图 4-12 所示。

$$FI = \sum (X - R) \tag{4-3}$$

式中，R 用于界定森林植被与其他植被的边界，按 90% 的概率，以每个训练样本 NDVI 年合成最低值减去 NDVI 标准差的 2 倍计算，为 0.7。不同森林植被像元 NDVI 在 0.7 附近分布，如图 4-13 所示。

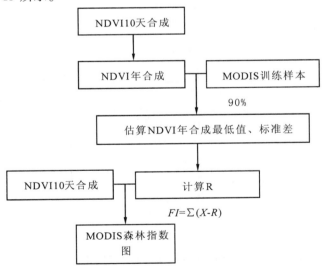

图 4-12 MODIS 森林指数估测技术流程

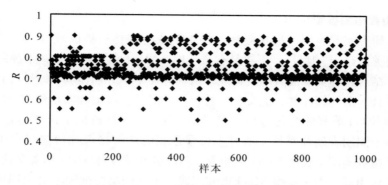

图4-13　MODIS森林植被像元与R的关系

3. 时间序列相似模式聚类分析法

时间序列相似模式聚类分析法是以历年NDVI数据集时间序列数据，以森林指数为监测指标，全国森林植被按MODIS NDVI大于R值的天数构建相似模式，用森林指数阈值作为相似模式特征值构成模式集合，进行模式识别，提取全国森林植被分布信息。主要技术流程如图4-14所示。

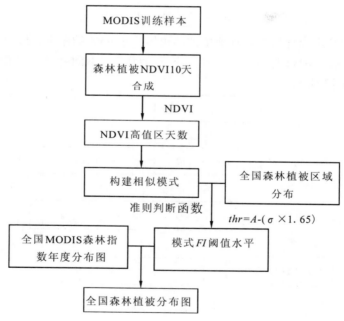

图4-14　聚类分析主要技术流程

（1）构建时间序列相似模式

充分考虑我国森林区域性分布规律，以及不同森林植被类型NDVI季节性变化相似度，将MODIS NDVI大于R值的天数划分为8个月以上、8~6个月、6~4个月、4~3个月和3个月以下五个区间，构建5个模式。每个模式内部具有较高的相似度，模式之间相似度较低。其中，3个月以下相似模式主要针对我国内蒙古、新疆、甘肃、青海、宁夏等西北地区，森林植被NDVI值处于高值区的时间较其他区域相对较短的实际设置；8个月以上相似模式主要针对我国东南低山丘陵林区、热带林区和西南高山林区森林植被以常绿林为主，NDVI值常年处于高值区的实际设置；8~6个月、6~4个月和4~3个月三种模式普遍适用于全国。

（2）森林指数阈值分析

森林指数（FI）阈值（thr）是按90%可信度，采用最小均方差法建立，如式（4-4）所示。

$$thr = A - (\sigma \times 1.65) \tag{4-4}$$

式中，A为各个相似模式中所有MODIS森林植被样本的FI均值；σ为各个相似模式中所有MODIS森林植被样本的FI标准差。

我国地域辽阔，气候多样，不同区域内各个模式所对应的森林指数阈值水平也存在差异。全国森林植被宏观监测在主要林区区划基础上，结合我国气候带分布，将全国划分为8个区域，并分别估算各个相似模式的森林指数阈值水平。

4. 全国森林植被周期及年际动态

森林植被动态信息提取包括增加或减少森林植被发生情况的识别。其中，增加森林植被判别是以森林指数（FI）为监测指标，对NDVI年累积明显增加，且全年NDVI大于R值的月数落入相关模式的区域，采用时间序列相似模式聚类分析法，分8个区域提取增加森林分布信息。减少森林植被的判别则是针对NDVI年累积剧烈下降的有林地，采用判别函数计算各自与相应模式特征值（FI阈值）的距离，判断是否仍属于5个相似模式，以此为依据提取有林地转出信息。NDVI年累积下降幅度通过综合分析连续清查前后期复查有林地转出样地与对应清查间隔期内MODIS像元NDVI值变化确定。

（四）森林植被长势监测模型及主要监测指标

森林植被长势监测是对区域森林植被生长及其变化的宏观监测，是以绿色植物光谱理论为理论基础，以当年与往年间同一时段卫星遥感数据记录的时序NDVI图像差异程度作为衡量指标，描述森林郁闭度和林木株数密度等反映森林质量指标剧烈变化的程度，判断林木生长健康状况，为森林资源灾害监测和预警分析提供信息支持。从内容上看，长势监测包括森林植被生长趋好监测和减弱监测。从时间尺度上看，有周期监测、年际监测和月度监测三种。其中，周期监测用于定位周期内森林植被生长发生明显变化的空间位置；年际监测用于标明周期内森林植被生长发生重大变化的区域；月度监测用于确定区域内森林植被生长出现剧烈变化，特别是NDVI迅速下降开始时间，实现准适时监测评估重特大灾害对森林资源的影响。

监测模型为评估模型，监测指标为NDVI变化率（ΔNDVI）。ΔNDVI阈值分析依托MODIS全国森林植被分布图，结合全国两次森林资源清查固定样地调查结果进行。技术路线如图4-15所示。

1. 长势监测模型

森林植被长势监测引入NDVI累积指数，采用逐年比较模型，以基准年森林植被生长状况为本底，以两年间同期NDVI的差异程度，比较森林植被同期长势，如式（4-5）所示。

$$\Delta NDVI = \frac{NDVI_2 - NDVI_1}{NDVI_1} \tag{4-5}$$

式中，$NDVI_2$为当年累积值，$NDVI_1$为往年同期累积值。根据ΔNDVI与零的关系来判

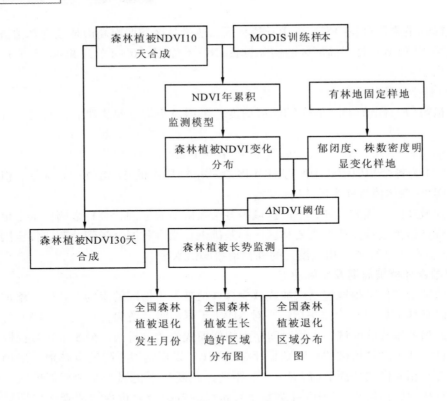

图 4-15　森林植被长势监测技术流程

断当年林木长势是否处于变好或减弱阶段。差值绝对值越大，生长状况差异越显著，森林质量变化越剧烈。

2. Δ*NDVI* 阈值估算

根据长势监测时间尺度，Δ*NDVI* 阈值包括周期、年际及月度 *NDVI* 变化阈值。其中，*NDVI* 周期性变化阈值是依托全国森林资源清查复查成果，从全国每年复查的有林地样地中提取林木株数密度和郁闭度发生明显变化的固定样地，建立与 *MODIS* 森林植被像元的对应关系；并充分考虑我国森林植被生长的南北差异，分别全国主要林区和流域，估算 Δ*NDVI* 变化阈值，以此作为判断周期内森林植被生长变化依据。*NDVI* 年际变化阈值取值与周期变化相同。对比分析结果表明，东北内蒙古林区、西南高山林区和西北高山林区 Δ*NDVI* 阈值水平接近。其中，森林植被减弱阈值约为 0.20；森林植被长势趋好阈值约为 0.15。东南低山丘陵林区和热带林区植被生长迅速、更新快，Δ*NDVI* 阈值水平相对较低。

Δ*NDVI* 月度阈值估算是在年际监测结果基础上，充分考虑了重大疫情灾害对森林生长的影响程度及其持续性问题，从而最大限度避免了因年际间物侯变化所引起的 *NDVI* 差异所产生的误判。监测结果表明，通常情况下，Δ*NDVI* 月度阈值高于周期及年际变化。

五、中高分辨率森林资源遥感信息提取技术

利用中高分辨率遥感影像获取森林资源信息通常采用人工目视解译、计算机自动分类和人机交互信息提取，三种方法均可，但基于知识发现的计算机自动分类方法是遥感信息提取发展的趋势，有文献指出基于神经网络分类方法的分类结果与知识向量机分类方法分

类结果相近（惠文华，2006）。因此，本书将重点介绍应用神经网络分类技术进行森林类型信息提取的方法，并不是单独对影像上的森林进行分类，而是对影像上所有的地物进行分类，如水体、建筑用地、农用地等。通过分析遥感影像上森林与其他地物特征的差别，把森林与其他地物区分开来，并将森林划分为针叶林、阔叶林和针阔混交林。

（一）目视解译法提取森林资源信息

目视解译是凭借图像特征运用生物地学等相关规律，采用对照分析的方法，由此及彼、由表及里、去伪存真地综合分析和逻辑推理，直接确定森林资源的属性。图像特征包括形状、大小、颜色和色调、阴影、位置、纹理关系等。

①形状：图像的形状指物体的一般形式或轮廓在图像上的反映。例如人工林一般为带状等规则形状；天然林一般为不规则状。

②大小：是指地物在影像中的规模，其含义随图像比例尺的变化而不同。例如，中分辨率遥感影像上不能辨别树冠的颗粒大小，但是高分辨率影像上可以分辨树冠的大小。

③颜色和色调：颜色一般指彩色图像而言。颜色的差别进一步反映了地物间的细小差别。对于专业人员来说，人工目视解译，通过采用假彩色合成技术，使不同的森林类型反映不同的颜色和色调。

④阴影：阴影形式与物体辐射能量的方向有关。即地表的坡向和坡度以及物体之间的相互遮挡，都会影响传感器方向反射能量的大小，使图像上产生阴影。通过阴影，可以判定坡向，进而判定耐阴树种和喜光树种。

⑤位置：自然界的物体之间往往存在一定的联系，有时甚至是相互依存的。例如，不同森林类型的从北到南水平分布规律与从低到高的垂直分布规律相似。

⑥纹理：也叫内部结构。指遥感影像中目标地物内部色调有规则变化形成的影像结构。在中分辨率遥感影像上，森林的纹理结构难以区分，但在高分辨率影像上，纹理是区分森林与其它非森林植被的重要因素之一。例如，树冠的纹理比农作物、草地的纹理粗糙。

目视解译时，通常是在计算机上利用 GIS 软件，并借助于地形图、专题图等信息，进行区划判读。这种方式，自动化程度较低，主观性强，需要有丰富的影像解译实践经验，并对所提取的专题信息有较好的理解和认识。但是由于能充分利用遥感影像中的各种信息，仍然是遥感影像信息提取的重要方法。但是，对于大区域的影像解译，工作量大、效率较低。

（二）人工神经网络分类原理

人工神经网络（Artificial Neural Networks，ANN），是近几年兴起的一种新的分类方法，是从微观结构与功能上模拟人脑神经系统而建立的一类模型，是模拟人的智能的一个方法，具有分布并行处理、非线性映射、自适应学习和容错等特性，适用于机制尚不清楚的高维非线性系统，与其它方法相比，具有以下特点：①不需要预先假设、只需要学习样本训练；②能很好地适应有噪声的数据。这种网络依靠系统的复杂程度，通过调整内部大量节点之间相互连接的关系，从而达到处理信息的目的。由大量处理单元互联组成的非线性、自适应信息处理系统。它是在现代神经科学研究成果的基础上提出的，试图通过模拟大脑神经网络处理、记忆信息的方式进行信息处理。人工神经网络具有自学习和自适应的能力，可以通过预先提供的一批相互对应的输入－输出数据，分析掌握两者之间潜在的规律，最终根据这些规律，用新的输入数据来推算输出结果。

人工神经网络是一种非程序化、适应性、大脑风格的信息处理，其本质是通过网络的变换和动力学行为得到一种并行分布式的信息处理功能，并在不同程度和层次上模仿人脑神经系统的信息处理功能。它是涉及神经科学、思维科学、人工智能、计算机科学等多个领域的交叉学科，在各个行业有着广泛的应用。

人工神经网络具有四个基本特征：

①非线性：非线性关系是自然界的普遍特性。大脑的智慧就是一种非线性现象。人工神经元处于激活或抑制二种不同的状态，这种行为在数学上表现为一种非线性关系。具有阈值的神经元构成的网络具有更好的性能，可以提高容错性和存储容量。

②非局限性：一个神经网络通常由多个神经元广泛连接而成。一个系统的整体行为不仅取决于单个神经元的特征，而且可能主要由单元之间的相互作用、相互连接所决定。通过单元之间的大量连接模拟大脑的非局限性。联想记忆是非局限性的典型例子。

③非常定性：人工神经网络具有自适应、自组织、自学习能力。神经网络不但处理的信息可以有各种变化，而且在处理信息的同时，非线性动力系统本身也在不断变化。经常采用迭代过程描写动力系统的演化过程。

④非凸性：一个系统的演化方向，在一定条件下将取决于某个特定的状态函数。例如能量函数，它的极值相应于系统比较稳定的状态。非凸性是指这种函数有多个极值，故系统具有多个较稳定的平衡态，这将导致系统演化的多样性。

人工神经网络是对生物神经系统的模拟。它的信息处理功能是由网络单位（神经元）的输入输出特性（激活特性）、网络的拓扑结构（神经元的连接方式）、连接权的大小（突触联系强度）和神经元的阈值（可视为特殊的连接权）等所决定的。神经网络在拓扑结构固定时，其学习归结为连接权的变化。在对这些生物神经系统进行模拟之前，我们需要对真实生物神经有一个大致的了解。

典型的生物神经元（即神经细胞）结构如图 4-16 所示。

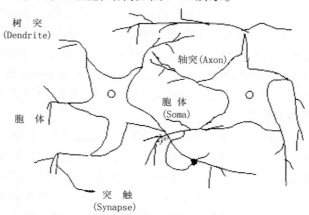

图 4-16 典型的生物神经元构成示意图

神经元的基本工作机制是这样的：一个神经元有两种状态——兴奋和抑制。平时处于抑制状态的神经元，其树突和胞体接收其他神经元经由突触传来的兴奋电位，多个输入在神经元中以代数和的方式叠加；如果输入兴奋总量超过某个阈值，神经元就会被激发进入兴奋状态，发出输出脉冲，并由轴突的突触传递给其他神经元。神经元被触发之后有一个不应期，在此期间内不能被触发，然后阈值逐渐下降，恢复兴奋性。生物神经网络的基本模型如图 4-17 所示。

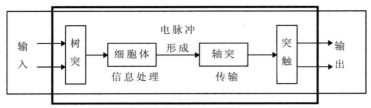

图 4-17 神经网络的基本模型

生物神经网络具有六个基本特征：

①神经元及其联接；

②神经元之间的联接强度决定信号传递的强弱；

③神经元之间的联接强度是可以随着训练而改变的；

④信号可以是起刺激作用的，也可以是起抑制作用的；

⑤一个神经元接受的信号的累积效果决定该神经元的状态；

⑥每个神经元可以有一个"阈值"。

用来模拟生物神经网络的人工神经网络应该具有生物神经网络的六个基本特征。工程上常用的简单人工神经元模型如图 4-18 所示。

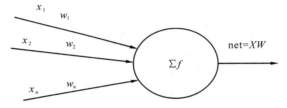

图 4-18 人工神经元模型

图中的 n 个输入 $x_i \in R$，相当于其他神经元的输入值，n 个权值 $w_i \in R$，相当于突触的连接强度，f 是一个非线性函数。神经元的动作如式(4-6)和式(4-7)所示。

$$net = \sum_{i=1}^{n} w_i x_i \tag{4-6}$$

$$y = f(net) \tag{4-7}$$

一些重要的学习算法要求输出函数 f 可微，此时通常选用 Sigmoid 函数如式(4-8)。

$$f(x) = th(x) = a + \frac{b}{1 + e^{-dx}} \tag{4-8}$$

a、b、d 为常数。它的饱和值为 a 和 $a + b$。Sigmoid 函数示意图如图 4-19 所示，选择 Sigmoid 函数作为输出函数是由于它具有以下有益的特性：①非线性，单调性。②无限次可微。③当权值很大时可近似阈值函数。④当权值很小时可近似线性函数。

BP 网络是人工神经网络中应用最广研究最多的网络之一。BP 神经网络算法是多层前馈网络的算法，BP 是 back propagation 的缩写，是反向传播的意思。前馈是从网络结构上来说的，是前一层神经元单向馈入后一层神经元，而后面的神经元没有反馈到之前的神经元；而 BP 网络是从网络的训练方法上来说的，是指该网络的训练算法是反向传播算法，即神经元的连接权重的训练是从最后一层(输出层)开始，然后反向依次更新前一层的连接权重。BP 算法通过对网络中各层的权系数进行修正，是一种有教师指导的模型，建立在梯度下降法的基础上。BP 神经网络的拓扑结构如图 4-20 所示。

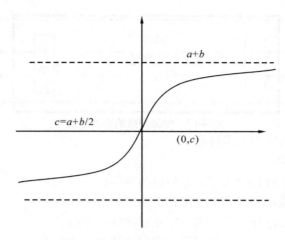

图 4-19　Sigmoid 函数

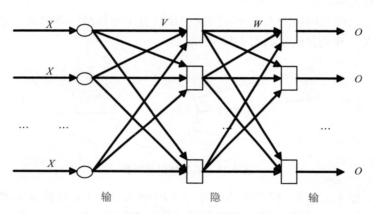

图 4-20　BP 神经网络的拓扑结构

　　BP 神经网络算法包含输入层、隐含层和输出层，隐含层可以为一层或多层。各神经元接受前一级的输入并输出到下一级，没有反馈，很自然可以用一个有方向无环路的图来表示。输入、输出节点可与外界相联，直接受外界环境的影响，所以称为可见层；中间层与外界无直接联系，所以称为隐含层。对于输入信息，要先前向传播到隐含层的节点上，经过各单元的特性为 Sigmoid 型的激励函数运算后，把隐含节点的输出信息传播到输出节点上，最后得到输出结果。

　　网络的学习过程由正向传播和反向训练组成。在正向传播过程中，输入信息从输入层经过隐含层，再传到输出层，每一层的神经元状态值只影响下一层的神经元的状态值；如果在输出层不能得到期望的输出值，则转入反向训练，将误差信号沿逆向通路返回，通过修正各层神经元的连接权值，使得网络的总误差值收敛到极小。实际上，当误差达到人们所希望的要求时，网络的学习过程就结束了。

　　BP 神经网络算法的基本思想概括为：首先向网络提供训练样本，包括输入单元的活性模型和期望的输出单元活性模型；然后确定网络的实际输出和期望输出之间允许的误差；通过改变网络中所有的连接权值，使网络产生的输出更接近于期望的输出，直到满足确定的允许误差。

BP 神经网络算法步骤如下：

（1）选定权系数初始值。

（2）重复下述过程直至收敛（对各样本依次计算）：

① 从前向后各层计算各单元 O_j

$$net_j = \sum_i w_{ij} O_i \qquad (4-9)$$

$$O_j = 1/(1 + e^{-net_j}) \qquad (4-10)$$

② 对输出层计算局部梯度 δ_j

$$\delta_j = (y - O_j) O_j (1 - O_j) \qquad (4-11)$$

③ 从后向前计算各隐含层局部梯度 δ_j

$$\delta_j = O_j(1 - O_j) \sum_k w_{jk} \delta_k \qquad (4-12)$$

④ 计算并保存各权值修正量

$$\Delta w_{ij}(t) = \alpha \Delta w_{ij}(t-1) + \eta \delta_j O_i \qquad (4-13)$$

⑤ 修正权值

$$w_{ij}(t+1) = w_{ij}(t) + \Delta w_{ij}(t) \qquad (4-14)$$

（3）采用训练好的网络对图像进行分类。

BP 神经网络分类程序逻辑如图 4-21 所示。

（三）BP 神经网络数据预处理

1. 收集和整理分组

采用 BP 神经网络方法建模的首要和前提条件是有足够多典型和精度高的样本。而且，为了监控训练（学习）过程使之不发生"过拟合"，以及评价网络模型的性能和泛化能力，必须将收集到的数据分成训练样本、检验样本。此外，数据分组时还应尽可能考虑样本模式间的平衡。

2. 输入/输出变量的确定及其数据的预处理

在通常情况下，BP 神经网络的输入变量即为待分析系统的内生变量（影响因子或自变量），一般根据专业知识确定。若输入变量较多，一般可通过主成分分析方法压减输入变量，也可根据剔除某一变量引起的系统误差与原系统误差的比值的大小来压减输入变量。输出变量即为系统待分析的外生变量（系统性能指标或因变量），可以是一个，也可以是多个。一般将一个具有多个输出的网络模型转化为多个具有一个输出的网络模型效果会更好，训练也更方便。

由于 BP 神经网络的隐含层一般采用 Sigmoid 转换函数，为提高训练速度和灵敏性以及有效避开 Sigmoid 函数的饱和区，一般要求输入数据的值在 0～1 之间。因此，要对输入数据进行预处理，即归一化处理。一般要求对不同变量分别进行预处理，也可以对类似性质的变量进行统一的预处理。如果输出层节点也采用 Sigmoid 转换函数，输出变量也必须作相应的预处理，否则，输出变量也可以不做预处理。

预处理的方法有多种多样，各文献采用的公式也不尽相同。但不管采用哪种预处理公式，预处理的数据训练完成后，网络输出的结果要进行反变换才能得到实际值。再者，为保证建立的模型具有一定的外推能力，最好使数据预处理后的值在 0.2～0.8 之间。

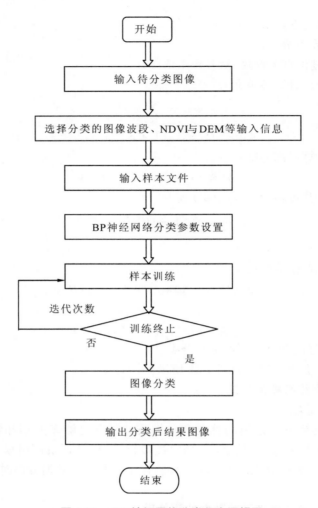

图 4-21　BP 神经网络分类程序逻辑图

（四）神经网络拓扑结构的确定

1. 确定输入输出层

BP 神经网络输入输出层的确定，往往是根据研究目的、研究内容的实际情况和所能获取数据的多少确定。一般来说，如设 X 表示研究内容的输入向量，以 Y 表示研究内容的输出向量。X 与 Y 的关系，可用一般函数表达为：

$$Y = f(X) \tag{4-15}$$

神经网络模型的输入节点由式（4-16）中的 X 的分量确定，该分量受 n 个因素影响，即将 X 表达为：

$$X = [x_1, x_2, \cdots, xn] \tag{4-16}$$

由此确定要建的网络模型由 n 个输入节点构成。

神经网络模型的输出节点由式（4-17）中的 Y 的分量确定，Y 受 m 个因素影响，即将 Y 表达为：

$$Y = [y_1, y_2, \cdots, y_m] \tag{4-17}$$

在具体研究中，根据研究的目的，很容易明确所设计的输入向量和输出向量的因子，因此，不难确定模型的输入和输出节点。

2. 确定隐含层的层数和节点数

在 BP 网络中，隐含层节点数的选择非常重要，它不仅对建立的神经网络模型的性能影响很大，而且是训练时出现"过拟合"的直接原因，但是目前理论上还没有一种科学的和普遍的确定方法。一般认为，在能正确反应输入输出关系的基础上，应选用较少的节点数，以使网络结构尽量简单。

研究表明，隐含层节点数不仅与输入/输出层的节点数有关，更与需解决的问题的复杂程度和转换函数的形式以及样本数据的特性等因素有关。

在确定隐含层节点数时必须满足下列条件：

①隐含层节点数必须小于 $N-1$（其中 N 为训练样本数），否则，网络模型的系统误差与训练样本的特性无关而趋于零，即建立的网络模型没有泛化能力，也没有任何实用价值。同理可推得：输入层的节点数（变量数）必须小于 $N-1$。

②训练样本数必须多于网络模型的连接权数，一般为 2～10 倍，否则，样本必须分成几部分并采用"轮流训练"的方法才可能得到可靠的神经网络模型。

③隐含层神经元一般计算公式。

根据相关文献，隐含层神经元个数的计算公式如下：

$$N = a \frac{k(m-1)}{i+k+1} \tag{4-18}$$

式中：k 为输出层神经元个数；i 为输入层神经元个数，m 为训练数据个数；a 一般取 1.5～2.0。一般来说，若隐含层节点数太少，网络可能根本不能训练或网络性能很差；若隐层节点数太多，虽然可使网络的系统误差减小，但一方面使网络训练时间延长，另一方面，训练容易陷入局部极小点而得不到最优点，这也是训练时出现"过拟合"的内在原因。因此，合理隐含层节点数应在综合考虑网络结构复杂程度和误差大小的情况下用节点删除法和扩张法确定。

（五）神经网络模型的构建

由于传统的误差反传 BP 算法较为成熟，且应用广泛，因此努力提高该方法的学习速度具有较高的实用价值。BP 算法中有几个常用的参数，包括学习率 η，动量因子 α，形状因子 λ 及收敛误差界值 E 等。这些参数对训练速度的影响最为关键。

1. 学习率 η 和动量因子 α

BP 算法本质上是优化计算中的梯度下降法，利用误差对于权、阈值的一阶导数信息来指导下一步的权值调整方向，以求最终得到误差最小。为了保证算法的收敛性，学习率 η 必须小于某一上限，一般取 $0<\eta<1$，而且越接近极小值，由于梯度变化值逐渐趋于零，算法的收敛就越来越慢。在网络参数中，学习率 η 和动量因子 α 是很重要的，它们的取值直接影响到网络的性能，主要是收敛速度。为提高学习速度，应采用大的 η。但 η 太大却可能导致在稳定点附近振荡，导至不收敛。针对具体的网络结构模型和学习样本，都存在一个最佳的学习率 η 和动量因子 α，它们的取值范围一般在 0～1 之间，视实际情况而定。

2. 初始权值的选择

在前馈多层神经网络的 BP 算法中，初始权、阈值一般是在一个固定范围内按均匀分布随机产生的。一般文献认为初始权值范围在 −1~1 之间，初始权值的选择对于局部极小点的防止和网络收敛速度的提高均有一定程度的影响，如果初始权值范围选择不当，学习过程一开始就可能进入"假饱和"现象，甚至进入局部极小点，网络根本不收敛。初始权、阈值的选择因具体的网络结构模式和训练样本不同而有所差别，一般应视实际情况而定。

3. 收敛误差界值 Emin

在网络训练过程中应根据实际情况预先确定误差界值。误差界值的选择完全根据网络模型的收敛速度大小和具体样本的学习精度来确定。当 Emin 值选择较小时，学习效果好，但收敛速度慢，训练次数增加。如果 Emin 值较大时则相反。

(六)神经网络模型的训练

BP 网络的训练就是通过应用误差反传原理不断调整网络权值，使网络模型输出值与已知的训练样本输出值之间的误差平方和达到最小或小于某一期望值。虽然理论上早已经证明：具有 1 个隐含层(采用 Sigmoid 转换函数)的 BP 网络可实现对任意函数的任意逼近。但遗憾的是，迄今为止还没有构造性结论，即在给定有限个训练样本的情况下，如何设计一个合理的 BP 网络模型，并通过向所给的有限个样本的学习(训练)，来满意地逼近样本所蕴含的规律(函数关系，不仅仅是使训练样本的误差达到很小)的，目前在很大程度上还需要依靠经验知识和设计者的经验。因此，通过训练样本的学习(训练)建立合理的 BP 神经网络模型的过程，是一个复杂而又十分繁琐和困难的过程。

BP 网络采用误差反传算法，其实质是一个无约束的非线性最优化计算过程，在网络结构较大时不仅计算时间长，而且很容易限于局部极小点而得不到最优结果。目前虽已有改进 BP 法、遗传算法(GA)等多种优化方法用于 BP 网络的训练，但在应用中，这些参数的调整往往因问题不同而异，较难求得全局极小点。这些方法中，应用最广的是增加了冲量(动量)项的改进 BP 算法。

(七)网络模型的性能和泛化能力

训练神经网络的首要和根本任务，是确保训练好的网络模型对非训练样本具有好的泛化能力(推广性)，即有效逼近样本蕴含的内在规律，而不是看网络模型对训练样本的拟合能力。从存在性结论可知，即使每个训练样本的误差都很小(可以为零)，并不意味着建立的模型已逼近训练样本所蕴含的规律。因此，仅给出训练样本误差(通常是指均方根误差 RSME 或均方误差、AAE 或 MAPE 等)的大小，而不给出非训练样本误差，是没有任何意义的。

要分析建立的网络模型对样本所蕴含的规律的逼近情况，即泛化能力，应该也必须用检验样本误差的大小来表示和评价。判断建立的模型是否已有效逼近样本所蕴含的规律，最直接和客观的指标是从总样本中随机抽取的非训练样本(检验样本)误差是否和训练样本的误差一样小或稍大。非训练样本误差很接近训练样本误差，或比其小，一般可认为建立的网络模型已有效逼近训练样本所蕴含的规律，否则，若相差很多就说明建立的网络模型并没有有效逼近训练样本所蕴含的规律，而只是在这些训练样本点上逼近而已，而建立的网络模型是对训练样本所蕴含规律的错误反映。因为训练样本的误差可以达到很小，因此，用从总样本中随机抽取的一部分依为训练样本，另一部分作为检验样本，这时用检验样本的误差表示网络模型计算和预测的精度(网络性能)，是合理和可靠的。

第三节　森林资源遥感信息提取功能实现

森林资源遥感信息提取功能是在"国家级森林资源遥感监测业务运行系统"的基础上，以多级遥感监测框架为指导，通过利用低、中、高分辨率遥感数据提取森林资源信息的关键技术集成，结合我国森林资源多级遥感监测的实际，建立起从全国到地方、从宏观监测到微观监测的森林资源多级遥感监测体系，完善"国家级森林资源遥感监测业务运行系统"，满足国家森林资源监测的需要。

一、系统设计原则

按照软件工程基本理论和方法，以及林业遥感监测的业务需求，国家级森林资源遥感监测业务运行系统信息在设计时主要遵循以下几条原则：

①反映实际的业务流程与数据的组织管理；
②实现数据的共享和兼容；
③用户使用的方便性；
④系统的稳定性；
⑤系统的可扩展性；
⑥系统的兼容性。

二、系统结构设计

（一）平台选择

开发软件：采用 Microsoft Visual Studio 6.0/. NET 和 SuperMap Objects 2005；
数据库：采用 SQL Server 2000；
操作系统：服务器采用 Windows 2000 Advanced Server；客户端可采用 Windows XP、Windows 2000、Windows NT4.0 或 Windows Me、Windows 98。

（二）框架设计

系统的结构要充分考虑到将来的可扩充性，将来系统改进时，最大限度地保护已有的数据资源，最大限度地保证总体框架的稳定，在现行系统上增加功能模块不会使系统做大的改动而影响整个系统的结构。国家级森林资源遥感监测业务运行系统充分考虑上述原则，并进行了框架设计（图4-22）。

三、系统功能

系统功能包括：遥感图像预处理、遥感图像配准和几何精校正、图像融合、图像增强、图像运算、图像镶嵌与裁剪、投影转换、遥感信息提取和遥感信息统计等（图4-23）。本节仅就低分辨率遥感森林资源信息提取和中高分辨率遥感森林资源信息提取功能做一介绍，"国家级森林资源遥感监测业务运行系统"详见《遥感技术在森林资源清查中的应用研究》一书。

四、多级遥感监测功能

在"国家级森林资源遥感监测业务运行系统"的基础上，新增加的多级遥感监测功能

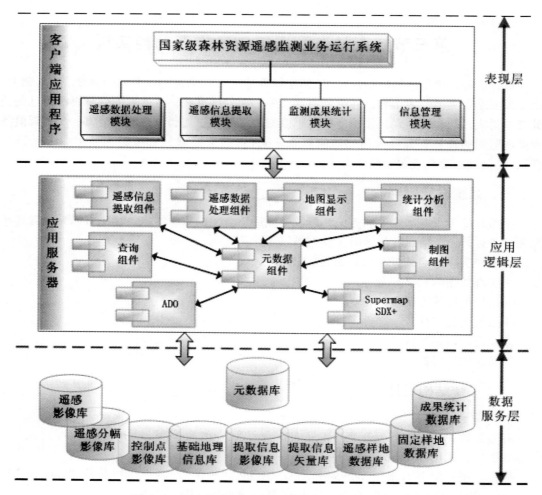

图 4-22　国家级森林资源遥感监测业务运行系统框架

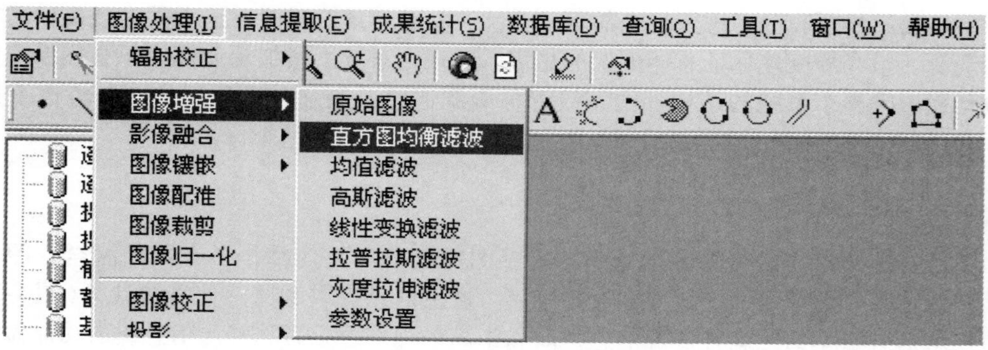

图 4-23　国家级森林资源遥感监测业务运行系统功能界面

主要包括：基于 MODIS 等低分辨率遥感数据的森林资源信息提取功能、基于 TM、CBERS 等数据的中分辨率遥感森林资源信息提取功能和基于 SPOT5、ALOS 等数据的高分辨率遥感数据森林资源信息提取功能。

(一) 低分辨率遥感森林资源信息提取

由于 MODIS 遥感数据具有覆盖范围广、回访周期短的特点，可以实现全国或区域尺度森林植被生长状态的快速监测和应急监测，该功能从森林植被动态监测和森林植被长势监测两个方面，监测分析全国或较大区域森林植被宏观变化趋势，为林业宏观决策提供参考。

MODIS 数据处理与森林植被动态分析功能界面见图 4-24。包括 MODIS 图像预处理、植被指数据合成和森林植被信息提取三个主要功能。

①MODIS 图像预处理功能：包括图像的 QKM、HKM、1KM 三种几何校正方法。包括 HDF 到 TIF 数据格式，TIF 到 HDF 数据格式转换，还包括 MODIS 数据的去云处理功能。

②植被指数合成功能：包括二个方面。一是参数设置，包括基本参数、森林指数阈值和森林像元百分比设置；二是 NDVI 指数合成。包括指数反演、NDVI 指数一天合成、ND-VI 指数按月合成 NDVI 指数全年合成功能，以及森林指数计算等。

③森林植被提取功能：森林植被信息提取功能包括森林分布信息提取和森林动态变化信息提取。

具体操作步骤：在"国家级森林资源遥感监测业务运行系统"主菜单栏"信息提取"->"MODIS 数据处理与森林植被动态分析"，出现如图 4-24 界面。

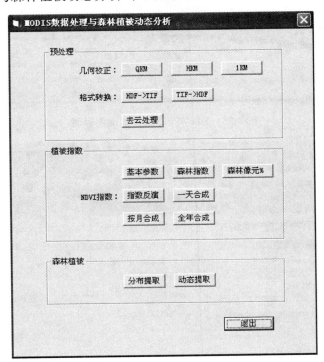

图 4-24　MODIS 数据处理和森林植被动态分析界面

要进行相关的 MODIS 数据处理与森林植被动态分析，直接点击相关按钮，在弹出打开对话框选择本地的文件打开运行即可。

(二) 中高分辨率遥感森林信息提取功能

利用 TM、SPOT5 等中高分辨率卫星遥感数据，采用神经网络分类功能，区分针叶林、阔叶林、混交林、竹林和经济林等森林类型，结合两期遥感数据，对区域森林植被的变化进行测定和分析，适时监测重点区域森林植被变化动态，为森林资源管理决策服务。

BP 神经网络分类功能界面见图 4-25。在这个界面中，首先需要三个方面的设置。一是输入分类的图像文件及分类的特征波段，二是输入样本文件和输出图像文件，三是 BP 神经网络隐层含单元数、最大迭代数、学习速率等参数的设置，见图 4-26。设置完后，就可以利用样本对 BP 神经网络进行分类。

高分辨率遥感信息提取功能，考虑到高分辨率影像地类变更影像差异明显，影像较为破碎等特点，在 BP 神经网络分类参数据设置上进行相应调整，以达到高分辨率遥感信息提取的最佳效果。BP 神经网络分类训练稳定后，就可以对整景影像进行分类。分类界面见图 4-27。

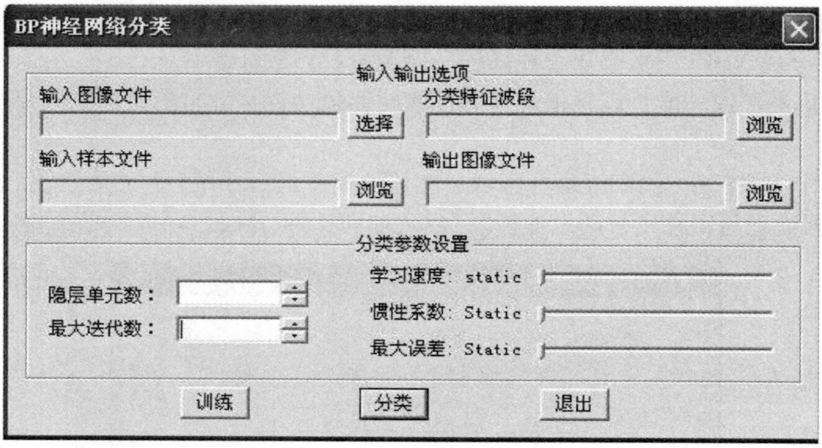

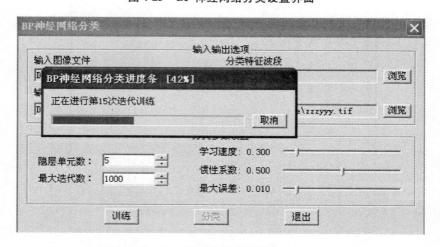

图 4-25　BP 神经网络分类设置界面

图 4-26　样本文件迭代训练过程

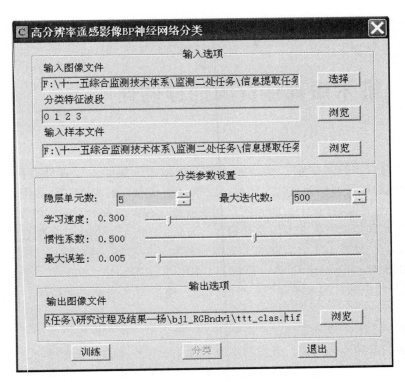

图 4-27　BP 神经网络分类界面

第五章　非木质森林资源抽样调查

在人类掌握伐木技术之前，就已经开始了狩猎和采集非木质森林资源的活动（Jim，1998）。非木质森林资源作为食物、药材、建筑材料和收入的来源，是贫困地区人民生活的重要部分。据估计，在拉丁美洲、西非和东南亚，有大约六千万的人依靠森林生活，还有四亿到五亿人直接依靠着非木质森林资源（Sarah，2007）。2000 年在联合国总部纽约举行的千年峰会上，世界 189 个国家的 147 位元首和政府首脑一致通过了一份《千年宣言》（The Millennium Development Goals，简称："MDGs"）（曾瑞祥，2005），这份宣言提出了在 2015 年之前使全球贫困水平降低一半的计划，使得更多的国家和组织开始重视非木质森林资源。

采集和利用非木质森林资源，充分利用了土地资源，可以产生可观的经济效益，特别是对不发达的国家和地区来说，开发非木质资源是脱贫致富的重要途径。合理地开发利用非木质森林资源，可提高现有森林的经济价值和多种附加效益，缓解木材过伐的压力，对保护生态环境和促进林业可持续发展有着重要作用（邹积丰等，2000）。

第一节　非木质森林资源特点

一、非木质森林资源的定义

对于木材以外的森林资源，国内研究中多称之为非木质森林资源，国外研究使用非木材林产品（non-timber forest products）的名称较多，以及非木质林产品（non-wood forest products）、林副产品（minor forest products）、多种利用林产品（sulti-use forest products）、特殊林产品（special forest products）等名称（蔡颖萍等，2008）。

联合国粮农组织（FAO）在泰国曼谷召开的"非木材林产品专家磋商会"上，将非木材林产品定义为：以森林中或任何类似用途的土地上生产的所有可更新的产品（木材、薪材、木炭、石料、水及旅游资源不包括在内），主要包括纤维产品，可食用产品，药用植物及化妆品，植物中的提取物，非食用性动物及其产品等（冯彩云，2002）。FAO 把非木材林产品划分为两大类，即适合于家庭自用的产品种类和适于进入市场的产品种类。前者是指森林食品、医疗保健产品、香水化妆品、野生动物蛋白质和木本食用油；后者是指竹藤编织制品、食用菌产品、昆虫产品蚕丝、蜂蜜、紫胶等、森林天然香料——树汁、树脂、树胶、糖汁和其他提取物。

二、非木质森林资源的分类

(一)按类型学分

①植株和部分植株。②动物和动物产品。③原料和制成品。④基于森林的服务(Chandrasekharan,1995)。

(二)按生命形式和收获部位分

McCormack. A(1998)按生命形式把非木质资源分为多年生物种和产品、多年生物种的周期性产品和一年生物种。多年生资源包括乔木资源(如木材、树皮等)和非乔木资源(攀援植物和非攀缘植物如棕榈、竹子等),多年生物种的周期性产品包括水果、坚果、种子、叶子等,一年生物种包括草本植物、食用菌类等。

Jenny Wong(2001):整株植物(如莎草)、根、茎、叶、果实、种子、树皮(如椴树)、分泌物、树枝(如黑荆树)、树根的皮(如马钱子)。

(三)按用途分

Hammett(1998):可食用类,特殊木材类,芳香植物类,药用和粮食补充类。

Rebacca(2005):动物产品;树皮;植物学标本;树枝;圣诞树;球果;建筑用材;工艺材料;可使用植物;薪材;芳香植物;药用植物;多用途植物;苔藓;蘑菇;针叶;沙石;树脂树液;种子;移栽植物等。

Wyatt(1991):编织工艺类,粮食类,药用植物类,乳胶树脂类,装饰类。

根据目前我国对非木质资源利用的情况,可以把非木质森林资源分为以下几类(谢志忠,2006):①木本植物食品,如果品类、木本油料等。②木本脂、生漆和蜡、虫胶,如油桐、漆树、松脂等。③林产香料,如山苍子油、桉油。④森林饮料、浆果,如中华猕猴桃、沙棘。⑤食用菌和森林蔬菜,如松茸、香菇、蕨菜、可食用的根和块茎等。⑥森林药材,如天麻、杜仲、鹿茸、小连翘、臭菘、缬草、荨麻等。⑦森林饲料,如松针粉饲料等。⑧野生动物及动物产品,如蜂蜜等。⑨竹藤产品。⑩染料植物。⑪森林花卉。

三、非木质森林资源的特点

非木质森林资源相对于木材资源来说更为复杂,不同的资源种类性质也各不相同,不仅具有不同的分布模式,而且计量方式也有所不同(Manji,2008)。总结起来非木质森林资源有以下特点:

(一)稀有性

由于一些非木质森林资源比较稀有,像菌类和一些珍贵的药材,它们在调查区域内不是随机分布的,而是呈一定的规律和特征,这就不能用传统的木材资源调查的方法,应该选择有针对性的方法来调查。

(二)隐蔽性

对于喜阴物种,生长的环境往往比较隐蔽,不容易直接发现。在草本植物和苔藓类的调查中,这类资源大多个体很小或是容易被遮盖住,加大了调查的复杂性。

(三)季节性

非木质森林资源利用植株的部位有根、径、叶、花、果实、种子、树皮等,而这些部位的发育成熟的时间也不相同,这就要求调查要根据对象选择合适的时机。像花的调查适宜在春、夏季，种子的调查则一般在秋季。

（四）移动性

动物昆虫等资源是移动的，常因为人为的介入引起趋避，需要通过引诱捕捉来调查。

（五）收获程度

在乔木和灌木资源的收获中，对于花、果实、种子、树皮、树枝等的采集都是依据人为的经验来控制采集量，没有一定的标准来参考，很难确定整个植株的收获水平。

第二节　非木质森林资源与立地环境关系分析

由于非木质森林资源依附于森林生态系统，或本身就是森林植被的一部分，所以和立地环境的关系非常密切。主要体现在以下几个方面：

一、非木质森林资源与气候

气候对生态系统的影响是巨大的，气候的变化也影响着非木质森林资源的分布。不同的非木质资源赖以生存的森林类型是有差别的，而森林的分布主要受气候的影响，加上气温、湿度、雨水和光照等因素，造成非木质资源的分布也具有气候特征。

二、非木质森林资源与土壤

土壤类型的不同影响着植被的类型，土壤中的矿物质和有机质的含量决定着土壤肥力的高低，影响着土壤的物理、化学性质，是作物养分的重要来源。再加上土壤中的微生物和水分的作用，共同影响着土地上生长的植物。

三、非木质森林资源与地形

从宏观上看，如山地、平原和高原等地形都具有不同的气候和土壤类型，会造成植被类型和非木质资源的差异。从微观上看，同一地区的不同地形如向阳和背阴、低洼和高地等也会因为光照和水源的因素影响资源的分布。

四、非木质森林资源与森林

森林生态系统有其特有的更新模式和能量循环，物质循环旺盛，生物生产力高，在涵养水源和保持水土方面有着重要的意义，能显著地改善小气候，具有较强的生态效应。另外森林的生长期长，经过长期的积累，形成了十分有利于非木质资源生长的环境，如郁闭的下层空间、营养的枯枝落叶层和湿润的土壤等，适宜灌木等林下植被和菌类的生长。森林的林种结构和林龄也影响着非木质资源的分布，有些非木质森林资源只能生长在特定的林分中，如一些虫胶、树脂和昆虫等。混交林和纯林，异龄林和同龄林相比较，都在物种多样性上占优势，生态系统也更完善，利于非木质资源的生长。

森林的更新方式也会影响非木质资源的生长，原始林和人工林中非木质资源的繁育和生长能力是不一样的，人工林的林分结构较简单，原始林的物种种类要优于人工林，生态系统也更加完善，所以原始林中非木质资源的生长力和繁殖力都比人工林的要强。非木质资源依靠森林的生态系统繁育和更新，森林的健康状况也影响着非木质资源的生长状况，对森林实施的经营措施也会影响非木质森林资源的状况，因此在制订林业生产计划、确定森林经营政策时，确定森林经营政策不仅要考虑木材生产的要求也要考虑非木质森林资源的需求。

五、非木质森林资源与人为干扰

人为干扰对非木质森林资源的影响是巨大的，非木质资源的利用与木质资源不同，大多非木质资源更新快，利用周期短，在对资源进行适度的采集收获后的一段时期内，植株能依靠自身的调控能力恢复到采集前的状态，可再次采集利用，实现资源可持续利用，这是健康的收获循环。如森林中的叶、花、果实、草等在采集利用后一般只需要 1 年时间的生长繁育就能达到再次利用的状态。这种短周期的利用方式提高了森林资源的利用率，而且为采集者提供了稳定的经济收入。另外，由于森林非木质资源的限制性采集利用并没有对森林资源的主要构成基础——林木直接造成伤害，对森林资源及生态环境带来的负面效应很小，可以通过有效的措施把在利用非木质资源中对森林生态环境造成的负面影响控制在可接受的范围以内，依靠森林生态系统自身恢复其生态功能，因此可以实现森林资源的可持续发展。

有些地方存在非木质资源收获频率过高或者毁灭性采集的现象，破坏了资源本身的繁育能力，使资源不能更新或是死亡，逐步造成资源的灭绝（Pandit，2003）。因此在资源的采集收获上，一定要遵循可持续利用的原则，在保护生物多样性同时使资源能被可持续利用。

第三节 非木质森林资源调查

非木质森林资源调查是对一个地区的一个或者多个物种进行量化的过程，实际调查中有以下几个目的：调查该地区非木质资源利用情况、采集的品种和数量，查清有待开发的非木质资源；调查商业性收集的收集质量、初加工和销售情况；对没有进行木材收获和非木质资源采集的地区进行抽样，估计非木质森林资源的生产能力；调查非木质资源收获的程度和收获对生态系统的影响；初步建立森林经营管理与非木质资源生产能力的关系模型等。

一、非木质森林资源调查的特点

由于非木质森林资源的特性，非木质森林资源调查有以下特点：

（一）本底信息缺乏，调查监测难度大

森林资源调查通常是调查森林的类型、立地、树高和径阶分布等问题，非木质资源调查方法则会因为产品和调查目的的不同而有差异。从非木质资源的分类可以看出，非木质资源具有高度的异质性，每种资源都有不同的分布模式，这些因素迫使调查要采用不同的量化途径，抽样方法也取决于调查对象的特点。

在木材资源的调查监测中，关于调查需要的相关数据，如林龄、林分结构、树种分布和树木生长率等信息都可以从造林记录或是以前的调查结果中得到，这样可以省去不少调查工作，简化了调查步骤，提高了调查效率。在非木质资源调查监测中，资源种类的分

布、资源的生长和更新速度都是因地而异的，而且随时间的变动也很大，一年生的物种资源不像树木的生长位置是固定不变的，在收获之后更新的位置就有可能发生变化。在这种情况下，以往的调查结果的参考性就变得较低，对固定样地的监测效果也不理想。

非木质资源的分布情况与木材资源也有很大的不同，大多数的非木质森林资源如灌木、草本植物和菌类等都是类似团状分布，在一个地区的分布与气候、植被类型和地形都有很大的关系，用调查木材资源的方法调查的话效率很低，要在短期内完成调查就要了解当地非木质资源的分布，这需要当地有经验的林业工作人员的带领，找到资源最有可能的发生点。鉴于这些原因，非木质资源调查起来需要大量的人力物力，监测工作也比较困难。

（二）分布地域性强、类型多样，调查技术针对性强

非木质森林资源的类型非常多，McCormack（1998）按生命形式把非木质资源分为多年生物种和产品、多年生物种的周期性产品和一年生物种。多年生资源包括乔木资源（如木材、树皮等）和非乔木资源（攀援植物和非攀缘植物如棕榈、竹子等），多年生物种的周期性产品包括水果、坚果、种子、叶子等，一年生物种包括草本植物、食用菌类、蜂蜜等。Rebacca（2005）等按用途把非木质森林资源分为：动物产品；树皮；植物学标本；树枝；圣诞树；球果；建筑用材；工艺材料；可使用植物；薪材；芳香植物；药用植物；多用途植物；苔藓；蘑菇；针叶；沙石；树脂树液；种子；移栽植物等。

这么多的资源种类在分布上是很广泛的，因为植株的利用部位不同，资源的采集方式、计量方式都不同（Manji，2008），并且由于地域的差异，资源个体发育的时间和植物学特征也会有所不同，不同地域和环境条件下的资源更新速度也不一样，因此采集频率也不一样。在调查某一特定的资源的时候，就必须根据调查对象的生物学特性和当地的气候环境特征，选择适当的调查技术。

（三）收获时效性强，难于大范围调查

由于非木质森林资源种类和类型的多样性，每种资源在一年中出现的时间也不同，许多资源只会出现在一年特定的时节，调查需要考虑季节因素。如果要一次调查多种资源的时候就可能产生困难，每种资源都要在不同的时间调查。例如采集树皮的时间，一般选在夏秋时节，这时候天气湿润雨水较多，树皮易于剥取，而冬春季节，较干旱，树胶过干，树皮难于剥取。

对于多年生资源周期性的产品，如花、果实和种子，这些资源的存在时间很短，在达到可收获水平后数天就会衰败或者脱落，这样的情况下即使加大调查的工作量也很难大范围的调查。而一年生的资源，其本身生命周期较短，而且更新快，如森林蔬菜和食用菌类，这就加大了大范围调查的难度。

非木质资源绝大多数都不能直接进行测量，没有经过收获是没办法统计的，如树脂类、树皮、果实、种子和树叶等，必须经过采集之后才能进行称重，在精确调查的时候需要一边采集一边测量记录，这样调查进行的就很慢。

（四）资源具非排它性，数据获取困难

非木质森林资源属于一种公共的自然产品，它和其他任何类型的公共产品一样，面向对象是周边所有的人，它可以被任何人消费，所以不能排斥任何人采集这种产品，因此非木质资源的采集者群体是巨大的和不确定的。在对非木质森林资源进行调查时，就要考虑

资源收获量和残余量,不仅要调查非木质资源当前的存在状况,还要调查已经被采集了的资源的数量和种类。因此在非木质森林资源采集频繁的情况下,单纯的用生物统计的方法就不能获得完整的数据,就需要对资源采集者进行调查,在群体很大的时候可以用抽样调查的方法,设计好调查问卷,然后收集数据。

这种情况下对调查工作的要求就比较高,而且数据获取也比较困难。

(五)受环境条件影响大,调查不确定性大

一年生的非木质资源种类受环境条件的影响很大,如苔藓类和菌类资源,对天气的变化比较敏感,连续的干燥天气会使这些资源变得稀少,阴雨天气则会导致苔藓和菌类大量繁殖,因此调查的结果会因调查期间天气变化而不同,使调查结果不能客观的反映这一资源的存在情况。

(六)林下资源受上层遮蔽,遥感技术难于应用

非木质森林资源中除了一些乔木资源外,大多数灌木、藤本植物和草本植物都属于林下资源,在上层木的遮蔽下,而且个体也较小,分布也较为分散,运用遥感技术调查效果不佳。

二、非木质森林资源调查方法

(一)调查的内容与任务

1. 调查类型和设计步骤

非木质资源的调查一般有下面 3 种类型:

①单一资源调查:对某一非木质森林资源种类进行数量或是分布调查。

②单一目的、多种资源调查:因为同一个目的(如管理策略调查)对数种资源的调查。

③多目的资源调查:非木质资源调查有其他的目的,如木材经营管理或集水区保护等。

数量调查的设计一般分为 4 步(Clay,2005):

①种群的确定:即将调查研究的范围。

②抽样设计方案:确定设置样地的方法。

③样地的配置情况:样地的尺寸,这是由资源种类的特性决定的。

④统计方法:确定调查对象的计量方式。

2. 常用的两种调查方法

(1)生物多样性调查

生物多样性调查的一种形式是植物学调查,就是以研究景观尺度下的物种多样性为主要目的。在这类调查里,利用在调查范围内设置的不同尺度的样地,通过调查样地分布的各个物种来取得数据。这种方法通过对样地进行大量的测量,得到的数据呈现出来的是一系列的物种列表和精确的定位。因为非木质资源包括了多种植物和动物,生物多样性调查能为非木质资源的分布和生态学研究提供有用的信息,但是标准的生物多样性调查只能无差别的调查丰富的种群的丰富度和稀有资源的数量。以样地为基础的调查工作可以获得更多的信息,当调查大量的样地之后,得到的结果就有统计分析的意义。生物多样性调查为非木质森林资源的研究提供了重要的数据来源,新的调查方法的研究与应用能提高资源调查的效率和精度。

（2）社会科学方法

社会科学方法是让资源采集者参与到资源调查中，利用当地知识来解决信息收集问题。许多非木质资源调查的案例中都成功借助了当地知识，当地知识的利用可以提高资源调查的效率并加强当地人对参与资源调查的理解。当地知识对调查有着重要的作用，当地知识的收集常常可以最快和最经济的获得某种资源的基本信息，这些信息常常用来判断是否有必要进行资源调查，以及选择适当的抽样设计和资源统计方法。

在非木质资源调查的理论研究上，Lund（1997）提出了四种有利于非木质资源可持续利用的研究方向：①生物多样性调查（资源种类列表）；②非木质资源文化研究；③非木质资源的使用者、市场和产品调查；④资源调查。这种研究选取了一种以市场为中心的方法来研究非木质资源的潜力，而没有考虑资源的生产能力，在经过资源调查后判断资源的可持续能力。

Wild（1996）用以资源为中心的方法来论证已经查明的持续利用的物种是否具有市场价值。这种方法通常从资源种类的选择开始，经过市场分析和资源调查，决定在可持续利用的条件下，资源收获的强度、经营计划和监测等。

3. 调查的必要性

（1）地方级调查：确定可持续收获的限额；监测资源的状况；证明资源利用的永续性并引导生产收获。

（2）国家级调查：政策计划的支持，包括是否出口产品和出口限额、是否推动以非木质资源为基础的工业等。

（3）国际性的调查：提供濒临灭绝的资源物种信息并进行保护，通常以国家级调查获得的数据为基础。

（4）其他调查（通常为国际性调查）：探讨可持续林业的标准和指标、生物多样性公约等。

非木质森林资源调查的对象一般有：①非木质资源的种类和分布；②非木质资源的采集情况及用途；③有经济价值但尚未被利用的资源种类。

调查任务有：①调查该地区非木质资源利用情况，采集的品种和数量，查清有待开发的非木质资源；②查明某种资源的生长范围和数量；③在没有进行木材收获和非木质森林资源收获的地区进行抽样，估计非木质森林资源的生长和生产能力；④通过调查来决定非木质资源的可持续收获水平；⑤检查经营管理的效果。

（二）总体范围确定

调查前要先确定调查对象的总体范围，如藤本植物调查的对象是所有的藤本植物还是有经济价值的藤本植物，药用植物调查时是否对草本植物、灌木和乔木全部调查，对森林食品调查时是否包括昆虫和蜂蜜等。调查前界定总体范围，调查结果会更具科学依据和信服力。

（三）调查时间与间隔期

调查时间的选择应该同时考虑季节性和便利性，这样不仅能够减少其他物种对所调查物种的影响和干扰，适当的提高调查的精度，同时也能简化调查工作的劳动量。

不同的调查对象的最佳调查时间也不相同，对花、果实、种子、叶子的调查一般选在其收获季，草本植物一般选在生长旺盛的夏季进行调查，而一些寄生植物相对隐蔽，则适宜在秋冬季调查，此时树叶基本脱落有利于观察。调查和监测的间隔期由调查任务和目的决定，另外还要考虑资源的更新速度。

（四）抽样方法

1. 样本组织形式

当调查对象在大面积的范围内分布较为普遍的时候，例如调查对象是竹类、藤本或整个植株的一部分(如树皮、果实、树脂)时，随机设置的样地中的资源分布情况可以代表整体的资源分布，这时候就可以采用简单随机抽样或系统抽样的方法设置样地，用样地调查的数据来估计整体的数量。

对于非均匀分布的非木质资源，如调查树木被寄生植物侵染时，一般用主观选择样本单元的方法来减少工作量，根据经验选择易被寄生植物侵染的树木进行统计调查。对于稀少的资源种类，调查资源分布时，多采用群团抽样的方法，调查资源种类时采用踏查。如调查菌类种类时，一般采用线路踏查的方法调查，即在调查区域内设置数条贯穿不同立地类型和森林类型的线路，沿路记录发现的菌类的种类。

用参与式农村评估的方法调查时，因为调查的对象是人，多采用分层抽样的方法，按比例把样本分配到各个人口聚集区，然后再用系统抽样选择样本单元调查。

2. 样地大小与形状

样地的规格是由调查对象的生物学特点来确定的，乔木调查的样地一般为 25 m×20 m，次生乔木和灌木的调查样地一般为 5 m×5 m，草本植物的调查样地一般为 1 m×1 m。样地的形状一般都为矩形或正方形，在调查丛生植物的群落规模时，一般分别以每个群落作为样地。

3. 样本单元数确定

样地的数量是决定抽样误差的重要因素，样地的数量越多，抽样误差就越小，取得的结果也就越精确。一般样地的数量控制到使误差在可接受的范围内就可以了，这个误差范围是根据调查目的和实际需要来决定的，一般控制在 10% ~20% 之内。

样地数量取决于三方面：①调查的精度要求。②资源的变动程度，要达到相同的精度，变动范围大的物种就比变动范围小的物种需要更多的样地，资源的变动系数要通过预调查得到。③每个样地调查的成本。

计算需要样地数量的方法很多，下面就给出一个随机抽样计算样地的简单公式：

$$n = \frac{4(CV)^2}{(AE)^2} \tag{5-1}$$

式中：n ——预计需要的样地数量；

    4 ——在95%置信度时 t 值平方的近似值；

    CV——抽样单元之间的变动系数(%)，即标准差/平均值；

    AE——可允许的误差(%)。

上面公式利用预抽样得到的变动系数 CV 和允许误差就可以算出需要设置的样地数量。Rabindranath 等(1997)在对小区域生物量监测研究中，针对不同类型的物种，给出了一个样地规格和数量的参考数据：①乔木，样地规格为 25 m×20 m，在植被种类变动高时的样地数量为 15 ~20 个/hm²，植被种类较为一致时的数量为 10 ~15 个/hm²；②次生乔木，样地规格为 5 m×5 m，样地数量为 20 ~30 个/hm²；③灌木，样地规格为 5 m×5 m，样地数量为 20 ~ 30 个/hm²；④草本植物，样地规格为 1 m × 1 m，样地数量为 40 ~ 50 个/hm²，或者样地规格为 4 m × 4 m，样地数量为 4 ~ 5 个/hm²。当在大范围内进行调查时，根据调查成本调整样地数量和分布。

（五）样本抽取与定位

非木质资源调查中的样本单元一般为调查对象的个体，调查时逐一对每个个体进行测量，根据调查目的和对象的特点记录每个样地中资源的数量、重量或面积等。调查时需记录调查时间、样地中心的地理位置、海拔高度和方位等数据，必要时需要记录每个样本相对于样地中心的位置。

（六）数据获取方法

调查前要准备两种数据，一种是地区和环境的总体信息，包括森林的生长率、林分的相关信息如计划内的收获情况等。另一种数据是地形图、地质信息、土壤和植被、航空或雷达卫星照片和以前的调查报告等。

样地调查属于生物统计学方法，根据调查对象的不同设置规格不同的样地，通过不同立地上的样地的调查数据来估计整个地区的物种数量和产量等。

获取数据的社会科学方法有快速农村评估（Rapid Rural Appraisal，RRA）、参与式农村评估（Participatory Rural Appraisal，PRA）和参与式学习与行动（Participatory Learning and Action，PLA）等。

快速农村评估（RRA）是 20 世纪 70 年代提出的用来快速收集本土知识的一种方法，它的特点是让一些受过训练的调查员使用一套不同的方法来调查受访者。

参与式农村评估（PRA）相对于 RRA 在信息收集上做了更多的扩展，它让采集者认识到其在资源调查中的重要性和发挥集体知识中的作用，在这个过程中，调查者更像是一个督促员或是分析员，而不是信息采集员，这是与 RRA 最大的不同。

参与式学习与行动（PLA）较少关注信息的收集，它提出了采集者应该互相学习的观点，以此来发展新的研究方法来填补信息空缺，并完善地方知识，这也包括经营措施的方向和信息采集和管理的资金。

（七）抽样误差估计

样地调查法取得的结果误差是可以计算的，调查统计的结果的精度可以用以下公式计算出来（即抽样误差）：

$\bar{y}$ = 抽样均值　　　　$S_{\bar{y}}$ = 标准差　　　　t_{i-1} = 概率为 0.05 时的 t 值

均值的标准误差为 $S_{\bar{y}} = \dfrac{S_y}{\sqrt{n}}$ （5-2）；抽样误差为 $SE\% = 100 \times \dfrac{S_{\bar{y}}}{\bar{y}} t_{i-1}$ （5-3）

上面公式计算的结果就是在 95% 的置信水平下的抽样误差，利用抽样误差 SE% 即可以得到调查结果的置信区间。

三、存在问题和发展趋势

（一）调查存在的问题

1. 样地的选择

植物学研究多依赖于 1hm² 左右的样地（这个大小最初是由物种-区域曲线计算出的，但是现在已被当做一种标准），并认为它完全可以代表这个地区的植物情况。当用某种方法来调查一种植物时，它就存在操作上的局限性，特别是许多分散的稀有资源，自身分布的不均匀性导致样地不具代表性，得不到可靠的调查结果。样地和次级样地之间的差异经常引起误解，样地应当与其他样地独立以避免它们之间存在的关联，次级样地也一样。两块样地相邻，常被认为不是独立的样地，一些研究中将次级样地以及邻近样地看做独立样地是不合理的，这种情况称为伪重复。为了减小样地之间的相互影响，就很有必要控制样地的间距。

2. 统计的方法

由于非木质森林资源的种类和形态的多样性，给资源的统计带来了很多困难。在对资源产量的调查中，大多数的资源，都不能在植株上直接测量，必须采集下来才能进行测量或者根据收获量来估计。丛生的灌木、菌类和草本在株数的统计上也存在问题，因为没有比较合适的办法，在不能进行重量统计的时候，只能忽略大小按丛数来统计，这就在一定程度上影响了调查结果的准确性。

（二）发展趋势

要取得更加准确和有效的调查监测结果，就很有必要制订出一个非木质森林资源的收获和利用程度的指标，这样就可以对非木质森林资源的储量和收获量进行数量的统计，从而提高调查结果的精度。非木质森林资源的调查监测主要建立在生物统计的方法上，它的发展改进也借助于统计技术的改进。因此，非木质森林资源调查监测技术的研究，粗略来说依赖以下几个方面：

1. 新的抽样设计方法的发展。

虽然在几乎所有的非木质资源调查中，利用传统的调查方法以及借鉴其他领域的技术，也能得到在允许误差内可接受的调查结果，但是这种调查的成本高且效率较低。在非木质资源的调查中，有两种抽样方法可能会更为有利并且可以减少成本：①适应性抽样（又叫最适取样），可以有效和无偏的应用到对攀援和稀有资源的调查中。②有序抽样，可以利用当地对资源分布的了解提高小样本调查的效率。

2. 可持续收获水平的测定。

这是一个关键问题，植株的收获水平没有一个固定的衡量标准，因此收获方案也是千变万化，为了追求最大的效益，就必须要寻找出一种最佳的收获制度。当前植株的收获水平一般采用马尔可夫（Markovian）的人口统计学矩阵模型来评定，这些都依赖于对繁殖力、死亡率和生长率等的假设估计，而这些参数又都来源于非常有限的数据。同时植物的收获量又受到诸多因素的影响，例如立地、气候、年龄、密度以及其他物种的竞争，所以确定不同的条件下的植株的可持续收获水平是一个复杂的问题。

3. 当地知识与系统科学知识的结合。

应用当地知识，可以快速地了解当地资源的种类、分布情况，有经济价值的物种，植被类型，资源收获技术和频率，非木质资源利用的历史，人类活动对环境的影响等。在很多案例中，森林调查和监测都是由当地人完成的，当地的生态知识在可持续收获应用中体现了很大的作用，因此要重视和利用这种信息。要把当地知识和系统的科学知识结合起来，就要做到把物种的地方名称和学名匹配起来，充分发挥当地的生态知识在调查监测中的作用。

第四节　调查案例——以红松母树林下刺五加资源抽样调查方法为例

针对红松母树林下刺五加资源，采用 3 种不同抽样方法——随机抽样、系统抽样和典型抽样，从数量估计、分布规律、地径结构和树高结构以及地形因子对地径结构和树高结构的影响等几个方面对调查结果进行分析。结果表明：不同抽样方法对刺五加数量有显著的影响，随机抽样精度最高；3 种方法从样地尺度和单株尺度上证实刺五加是聚集分布的；地径结构和树高结构规律相同，3 种抽样方法均遵从韦布分布，虽然坡位对地径和树高的影响，3 种抽样方法并不一致，但地径和树高大小总体趋势仍为上部＞中部＞下部。

近 20 年来，国外非木质森林资源调查的通常做法是：首先确定规模和对象，即调查范围是全国(大区域)性还是经营作业单位级，调查对象是单一非木质资源还是多种非木质资源，然后选择调查地区，确定抽样设计、样地设置、方法评价。在确定抽样设计过程中，由于非木质森林资源的多样性和复杂性，抽样调查方法也多种多样，为了评价现实调查是否满足严格的生物统计学方法，Wong(2001 年)提出了调查设计报告、抽样设计的客观性、重复水平和伪重复的剔除等 4 项指标。总体来讲，一个适宜的具有生物统计学意义的研究，应该有适宜评价的报告、客观的抽样设计、5 个以上的样地和至少在地域上不连续的样地。Wong 研究了 126 个公开发表的非木质森林资源抽样调查案例，满足以上 4 个要求的只有 56 个，占 38%，表明即使国际上严格的生物统计学方法在非木质森林资源抽样调查中应用的比例也不高，这也客观地反映了非木质森林资源抽样的复杂性。

由于资源分布的地域性，刺五加的抽样调查方法在国外也鲜见报道。本研究选择东北小兴安岭受人为影响较小的红松母树林为调查总体，采用随机抽样、系统抽样和典型抽样 3 种调查抽样方法，从刺五加的数量估计、分布规律、地径结构和树高结构以及地形因子对数量估计、地径和树高结构的影响等几个方面对调查结果进行分析比较，这一研究对林下非木质资源的抽样调查有一定的参考和借鉴作用。

一、抽样方法

调查总体为联营母树林经营林场编号 56～60 的 5 个林班，地处母树林的中心，是红松种质基因库，总面积为 145.3hm²；主要林分类型是红松阔叶混交林，林分年龄为 100a以上，为近成过熟林，平均郁闭度为 0.7，林下的植被除了刺五加外，主要有胡枝子、忍冬等，平均盖度为 0.5。海拔高度为 380～534m；平均坡度为 15°。调查总体周边 10km 范围内没有村庄和居民点，距离林场场部 12.3km，距离林业局局址 60.5km，除采种外，没有任何生产经营活动，几乎没有人为活动的影响，接近自然状态。

抽样方法主要采用随机抽样、系统抽样和典型抽样 3 种方法。样地大小为 25m²，形状为正方形，数量各为 120 个。

随机抽样利用计算机产生 120 个随机数，落实在 1∶10000 的地形图中，并从西北到东南重新编号；系统抽样是根据总体 10 个林班坡向的差异，在每个林班设置同一个坡向、不同海拔高度的 12 个样地，根据林班相对高差，确定样地间隔的垂直高度，起始点的设置采用随机的方法：如 56 林班的最低点海拔为 410m(沟底)，最高点为 562m，相对高差为 152m，样地间隔的垂直高度为 12.7m，随机设置的起始点的海拔高度为 415m(410～

422.7 m 的随机点），则系统抽样的 12 个样地的海拔高程为 415、427.7、440.4、……、554.7m。典型抽样也是在总体的 10 个林班中每个分上、中、下共布设 12 个样地，根据小班的林分特征，主要是林分郁闭度、林下植被的盖度等抽取样地。

二、结果与分析

1. 刺五加资源数量

表 5-1　几种抽样方法株数密度比较

抽样方法	密度估计值	估计上限	估计下限	抽样精度	变异系数
随机抽样	1173	1434	913	0.777 9	1.241 2
系统抽样	1113	1373	854	0.767 1	1.301 8
典型抽样	910	1115	705	0.775 1	1.257 5

从表 5-1 中可以看出：3 种抽样方法的抽样精度、变异系数均差别不大，最大最小值之差分别为 0.0108、0.0606，对抽样精度而言，随机抽样＞典型抽样＞系统抽样；对变异系数而言，随机抽样＜典型抽样＜系统抽样。但从密度估计值来看，随机抽样和系统抽样比较接近，而典型抽样的估计值和其他两种方法相差较大。使用多总体平均向量和协方差假设检验进一步分析发现：随机抽样和系统抽样的估计值没有显著差异，而典型抽样和随机抽样、系统抽样之间的估计值均有显著差异。

2. 分布规律

（1）样地尺度（大小）的分布

表 5-2　不同抽样方法的分布检验

概率分布	随机抽样		系统抽样		典型抽样	
	$>X^2$ 的概率	参考结论	$>X^2$ 的概率	参考结论	$>X^2$ 的概率	参考结论
正态分布	0.000 000	否	0.000 000	否	0.000 000	否
韦布分布	0.187 371	是	0.000 076	否	0.000 843	否
伽玛分布	0.318 236	是	0.001 218	否	0.006 761	否
贝塔分布	0.000 000	否	0.017 965	否	0.091 475	是
Logistic 分布	0.000 000	否	0.000 000	否	0.000 000	否
泊松分布	0.000 000	否	0.000 000	否	0.000 000	否
奈曼 A 型分布	0.000 122	否	0.001 209	否	0.747 697	是
负二项分布	0.607 154	是	0.015 581	否	0.078 823	是
几何分布	0.455 193	是	0.001 339	否	0.049 640	否

注：数值大于 0.05 不能推翻假设；$>X^2$ 的概率是卡方方法。

表 5-2 是 9 种分布的卡方假设检验结果。从表 5-2 可以发现，系统抽样不符合 9 种分布（前 5 种是连续分布，后 4 种是离散分布）中的任何一种，而典型抽样不能推翻的分布为：奈曼 A 型分布、贝塔分布和负二项分布；随机抽样不能推翻的分布为：负二项分布、几何分布、伽玛分布和韦布分布。3 种抽样方法都可以推翻的分布为：正态分布、Logistic 分布和泊松分布，而只有负二项分布是随机抽样和典型抽样同时不能推翻的分布，所以基本可以判定刺五加数量在样地尺度上分布遵从负二项分布，而不遵从正态分布和泊松分布。由于负二项分布是聚集分布，而泊松分布是随机分布，所以确定刺五加数量在样地尺度上是聚集的，而不是随机的。

（2）单株尺度的分布

从每种抽样方法中选取刺五加株数最多的 3 块样地，利用 Ripley's K(d) 函数分析法进行刺五加单株尺度空间分布格局分析。考虑到刺五加的实际高度，在这里选择 L(d) 的尺度 $d = 2m$，结果见表 5-3。

表 5-3 单株尺度空间格局分析

序号	随机抽样				系统抽样				典型抽样		
	样地号	株数（株）	聚集株数（株）	百分比（%）	样地号	株数（株）	聚集株数（株）	百分比（%）	样地号	株数（株）	聚集株数（株）
1	19	19	19	100	1	30	24	80.0	29	22	21
2	63	15	10	66.7	66	20	11	55.0	86	21	15
3	115	15	6	40.0	104	14	9	64.3	94	16	9
合计		49	35	71.4		64	44	68.8		59	45

从表 5-3 中可看出，3 种抽样方法聚集的刺五加株数均占总株数的 70% 左右，说明在单株尺度上刺五加的分布是聚集的。

3. 地径

（1）地径结构

3 种抽样方法获得的刺五加样本材料、2 种方法（卡方方法和柯尔莫哥洛夫检验法）、5 种分布的地径结构假设检验结果见表 5-4。

表 5-4 地径结构假设检验结果

概率分布	随机抽样		系统抽样		典型抽样	
	$>X^2$ 的概率	$>lmt$ 的概率	$>X^2$ 的概率	$>lmt$ 的概率	$>X^2$ 的概率	$>lmt$ 的概率
正态分布	0.000 000	0.000 064	0.000 000	0.000 065	0.036 148	0.057 728
韦布分布	0.083 889	0.069 491	0.141 949	0.056 729	0.154 793	0.216 448
伽玛分布	0.061 913	0.050 096	0.103 420	0.016 677	0.082 184	0.138 967
贝塔分布	0.000 295	0.020 747	0.000 000	0.000 010	0.237 444	0.398 990
Logistic 分布	0.000 000	0.000 005	0.000 000	0.000 038	0.006 992	0.031 405

注：数值大于 0.05 不能推翻假设；$>X^2$ 的概率是卡方方法；$>lmt$ 的概率是柯尔莫哥洛夫检验法。

从表 5-4 中可看出，在 5 种连续型的分布中，3 种抽样方法、2 种检验方法、刺五加的地径结构都遵从韦布分布，可以判断刺五加的地径结构是韦布分布。表 5-5 是地径结构随机抽样卡方检验法韦布分布观测与理论频数比较。

表 5-5 地径结构随机抽样卡方检验法韦布分布观测与理论频数

组中值（cm）	实际频数	理论频数
0.5	67	62.036 104
1	35	46.299 900
1.5	31	23.341 104
2	8	10.666 308
2.5	5	4.581 650
>3	4	3.074 935

（2）地径大小与地形因子的关系

地径（指平均地径）对抽样方法、坡位和坡向的多因素方差分析结果见表 5-6。表 5-6 结果显示：抽样方法和坡向对地径的大小没有影响，而坡位和地径大小有关。不同抽样方法地径对坡位的单因素方差分析表明：随机抽样和系统抽样的地径大小和坡位有显著关系，而典型抽样的地径大小和坡位没有显著关系；随机抽样山坡上、下、中部与下部地径大小差异显著，而上部和中部之间差异不显著；系统抽样上部和下部地径大小差异显著，而上部和中部、中部和下部差异不显著。但总体来说，3 种抽样方法刺五加平均地径的大小均为上部 > 中部 > 下部（表 5-7）。

表 5-6　地径方差分析

因子组	平方和	自由度	均方	F 值	$Pr > F$
坡向	2. 381 535	2	1. 190 767	2. 500 764	0. 083 400
坡位	7. 443 049	2	3. 721 525	7. 815 679	0. 000 473
抽样方法	1. 240 165	2	0. 620 083	1. 302 253	0. 273 155
残差	177. 132 051	372	0. 476 161		
模型	8. 139 875	6	1. 356 646	2. 849 130	0. 010 035
校正计	185. 271 926	378			
截距	391. 908 074	1			
合计	577. 180 000	379			

F 值等于因子的均方/残差的均方，它服从第一自由度 f_1 = 因子自由度，第二自由度 f_2 = 残差自由度的 F 分布 $F(f_1, f_2)$；$Pr > F$ 值，等于概率 $Pr(\xi > F)$，（其中随机变量 ξ 服从 $F(f_1, f_2)$ 分布）。这个值是该因子（或交互作用）效益不显著的概率。这个值越小，该因子效益越显著。

表 5-7　不同抽样方法分坡位平均地径比较

坡位	随机抽样		系统抽样		典型抽样	
	平均地径（cm）	标准误	平均地径（cm）	标准误	平均地径（cm）	标准误
上部	1. 261 8	0. 138 6	1. 178 3	0. 123 5	1. 035 7	0. 111 1
中部	1. 072 4	0. 082 7	0. 913 3	0. 081 9	1. 002 0	0. 077 3
下部	0. 846 6	0. 055 7	0. 760 0	0. 139 9	0. 936 4	0. 095 9

4. 高度

（1）高度结构

刺五加高度结构的假设检验结果见表 5-8。

表 5-8　高度结构假设检验结果

概率分布	随机抽样		系统抽样		典型抽样	
	$> X^2$ 的概率	$> lmt$ 的概率	$> X^2$ 的概率	$> lmt$ 的概率	$> X^2$ 的概率	$> lmt$ 的概率
正态分布	0. 018 723	0. 307 964	0. 000 000	0. 040 081	0. 026 348	0. 314 468
韦布分布	0. 174 190	0. 232 093	0. 409 329	0. 321 773	0. 032 795	0. 239 183
伽玛分布	0. 000 000	0. 073 347	0. 427 688	0. 683 154	0. 009 906	0. 107 656
贝塔分布	0. 000 000	0. 406 209	0. 000 000	0. 100 015	×	0. 257 236
Logistic 分布	0. 077 728	0. 263 129	0. 000 001	0. 011 237	0. 149 412	0. 216 622

注：数值大于 0.05 不能推翻假设；×表示无法判断；$> X^2$ 的概率是卡方方法；$> lmt$ 的概率是柯尔莫哥洛夫检验法。

除了典型抽样的卡方检验，刺五加高度结构不遵从韦布分布外，其余抽样方式和检验方法，刺五加的高度结构均遵从韦布分布；次五加的高度结构均不遵从其他 4 种连续分布。

（2）高度与地形因子的关系

高度（指平均高度）对抽样方法、坡位和坡向的多因素方差分析结果见表 5-9，抽样方法对高度的大小没有影响，而坡位和坡向对高度都有影响。进一步分析发现：典型抽样，坡位和坡向对高度都没有影响；系统抽样，坡位和坡向对高度都有影响；随机抽样，坡位对高度有影响而坡向则没有。多重比较发现：随机抽样上部高度与中、上部和下部差异显著，而中部和下部差异不明显；系统抽样上部与下部、中部和下部高度差异显著，而上部和中部差异不显著，阳坡和半阳坡、半阳坡和半阴坡上高度差异显著，而阳坡和半阴坡差异不显著。总体来说，除了典型抽样中部高度略低于下部外，基本上都是上部 > 中部 > 下部，和地径的规律基本一致（表 5-10）。

表 5-9　高度方差分析

因子组	平方和	自由度	均方	F 值	$Pr > F$
坡向	3.658 749	2	1.829 375	5.492 141	0.004 460
坡位	6.550 068	2	3.275 034	9.832 294	0.000 069
抽样方法	1.205 668	2	0.602 834	1.809 826	0.165 121
残差	123.909 307	372	0.333 090		
模型	8.837 395	6	1.472 899	4.421 932	0.000 246
校正计	132.746 702	378			
截距	499.963 298	1			
合计	632.710 000	379			

F 值等于因子的均方/残差的均方，它服从第一自由度 f_1 = 因子自由度，第二自由度 f_2 = 残差自由度的 F 分布 $F(f_1, f_2)$；$Pr > F$ 值，等于概率 $Pr(\xi > F)$，（其中随机变量 ξ 服从 $F(f_1, f_2)$ 分布）。这个值是该因子（或交互作用）效益不显著的概率。这个值越小，该因子效益越显著。

表 5-10　不同抽样方法分坡位平均高度比较

坡位	随机抽样		系统抽样		典型抽样	
	平均高度（m）	标准误	平均高度（m）	标准误	平均高度（m）	标准误
上部	1.375 0	0.214 1	1.313 8	0.219 8	1.200 0	0.156 2
中部	1.156 0	0.140 1	1.216 7	0.216 2	1.100 0	0.115 3
下部	0.995 7	0.098 0	0.773 3	0.137 5	1.127 3	0.185 4

三、结论与讨论

抽样方法对刺五加数量有显著的影响，但抽样精度和变异系数 3 种抽样方法相差不大，即使如此，也是随机抽样的精度最高，变异系数最小。

从样地尺度上基本可以判定刺五加的分布是聚集的，而且在单株尺度上也都是聚集的，这与已有的研究报道相符。祝宁、张大宏的相关研究中的样地大小是 2m×2m，数量是刺五加小株的数目（和本研究的一致），臧润国等研究样地大小是 10 m×10m，但数量是刺五加母株的数目。本研究则从更大的尺度和更小的尺度上，扩展了已有的研究成果。

不同的抽样方法得出的刺五加地径结构均为韦布分布，而不同的抽样方法得出的地形因子对地径的影响并不一致，随机抽样和系统抽样的地径大小和坡位有显著关系，而典型抽样的没有，但总体来说，3 种抽样方法获得的样本，刺五加平均地径的大小均为山坡上

部 > 山坡中部 > 山坡下部。

　　不同的抽样方法得出的刺五加高度、地径结构均为韦布分布，而不同的抽样方法得出的地形因子对高度的影响并不一致。在随机抽样中，刺五加高度大小和坡位有显著关系而和坡向没有关系；对系统抽样，刺五加高度和坡位、坡向均有显著关系；而典型抽样的坡位和坡向对高度都没有影响。除了典型抽样，中部高度略低于下部，3 种抽样方法获得的样本，刺五加平均高度大小均为山坡上部 > 山坡中部 > 山坡下部，和地径的规律基本一致。

　　典型抽样时，虽尽力避免，仍难免存在人为的因素，所以其抽样结果中刺五加地径和高度在坡位和坡向上没有差别，但其地径、高度结构、分布状态仍和随机抽样相同；系统抽样采用的是从山下部到山顶按距离等分的样线，故数量估计值和随机抽样差别不大，但数量分布没有规律，综合考虑数量估计的精度和变异系数，故认为 3 种抽样方法中，随机抽样最优，而系统抽样和典型抽样中哪个较好，则不易判定。

　　刺五加聚集分布的特点，主要是由其生物学特性，特别是繁殖特性决定的。在自然条件下，刺五加通过有性生殖和营养繁殖相结合，能够保持种群数量的稳定性，但生境对其数量有显著的影响，对刺五加这种聚集而非稀疏的非木质资源，如何确定更适宜的抽样方法，提高抽样精度和抽样效率仍是一个有待研究的问题。

第六章 林分生长模型模拟

林分生长和收获模型是进行森林资源监测和森林经营管理的关键技术和重要工具，也是现代林业数字化和信息化的核心。应用林分生长模型模拟技术，我们可以了解林分的生长规律，预测林分动态的发展阶段，并有效开展森林资源监测和制定合理的森林经营活动。研究林分生长模型，可以准确预报和及时监测森林资源、蓄积、生物量和结构动态变化以及林分因子的变化。

按照生长分析方法林分生长与收获预估模型可以分为经验模型和机理（或过程）模型（Seber and Wild 1989）。经验模型可根据其使用目的、模型结构、反映对象等分为三类：全林分模型、径阶分布模型、单木生长模型。这三类模型各有优缺点：通过林分生长模型预测林分因子可以直接提供林分收获量，但却无法反映单木水平的详细信息；单木生长模型能够提供详细的信息，进而判定各单株木的生长状况和生长潜力，直径分布模型能够提供林分中直径的分布结构以及径阶收获量等。但是，通过单木生长模型和径阶分布模型预测林分因子均存在着复杂性、误差积累等缺点（Garcia，2001；Qin et al.，2006）。

纵观这三类模型，各有优缺点，在森林经营中，应视其经营技术水平、经营目的及经营对象的实际状况，选用林分生长和收获模型或调整其模型。本章内容主要是我们最近几年在森林生长模型研究中的一些结果。

第一节 单木年生长模型

森林资源监测是森林资源管理的重要基础。森林资源连续定期的清查（一类和二类调查）是森林资源监测体系的重要组成部分，森林资源监测的发展趋势目前正向监测周期的年度化发展，而连续定期清查的数据很难准确的提供森林每年的生长量和枯损量以及森林资源消长动态。如何利用现有的一、二类森林定期调查数据预估林木年生长量和存活率，以满足对森林资源年度化监测的目标要求。常用的年生长预测方法有：解析木法、固定生长率法和可变生长率法。本节将以北京山区油松一类清查数据为例，比较研究固定生长率法和可变生长率法预测单木年存活率和直径年生长。

一、研究材料与数据整理

采用的数据来源于北京市林业调查设计院，利用其中油松固定样地 55 个，每个样地面积为 $0.067hm^2$。样地主要调查因子有：林木胸径、方位角、林分年龄、林分优势平均高、郁闭度、地位级、水平距、坡向、坡位、坡度、海拔高度、土层厚度等因子。样地每隔 5 年复测 1 次，本研究利用 1991、1996、2001 复测的数据。油松林分建模样地和检验样地变量因子统计为表 6-1。

表 6-1　建模和检验样地的变量因子统计

变量	建模数据				检验数据			
	最小值	最大值	均值	标准差	最小值	最大值	均值	标准差
年龄	12.0	52.0	31.4	8.7	13.0	50.0	32.0	8.0
断面积(m^2/hm^2)	1.6	33.3	11.8	6.7	2.1	24.8	9.2	5.1
株数(株/hm^2)	403.0	2328.0	1333.5	535.1	418.0	2239.0	971.0	444.2
优势高(m)	3.2	18.1	7.7	2.9	3.7	13.7	6.9	1.9
直径(cm)	5.0	30.9	10.9	4.2	5.0	30.9	10.8	4.2

二、研究方法

应用于单木年存活率和直径生长模型的自变量很多，包括林分特征因子(林分平均年龄，地位指数，林分密度等)和林木特征因子(胸径，树高等)。本研究采用林分年龄(A)、林分优势高(H)、断面积(S)、单木直径(D)等变量建立油松的年存活率和直径年生长量模型：

$$D_{i,t+1} = D_{i,t} + \mathrm{Exp}(b_1 + b_2/A_t + b_3 S_t + b_4 H_t + b_5 \mathrm{Ln}(D_{i,t})) \tag{6-1}$$

$$P_{i,t+1} = [1 + \mathrm{Exp}(c_1 + c_2 A_t + c_3 H_t + c_4 S_t + c_5 D_{i,t})]^{-1} \tag{6-2}$$

式中：$D_{i,t}$ 和 $D_{i,t+1}$ 分别为 t，$t+1$ 年时第 i 株林木的直径(cm)；

$P_{i,t+1}$ 为 t 年时存活的第 i 株林木在 $(t+1)$ 年时的存活率；

A_t 为 t 年时林分的平均年龄(a)；

S_t 为 t 年时林分的断面积(m^2/hm^2)；

H_t 为 t 年时林分的优势木平均高(m)；

$\mathrm{Exp}(\ )$ 为指数函数；

b_1，$b_2 \cdots b_5$ 和 c_1，$c_2 \cdots c_5$ 为待估参数。

1. 固定生长率法

在生长期内($t \sim t+q$)，单木的年存活率和直径年生长量都是固定不变的，因此方程(6-1)和(6-2)可以分别写为：

$$(D_{i,t+1} - D_{i,t})/q = \mathrm{Exp}(b_1 + b_2/A_t + b_3 S_t + b_4 H_t + b_5 \mathrm{Ln}(D_{i,t})) \tag{6-3}$$

$$P_{i,t+1} = [1 + \mathrm{Exp}(c_1 + c_2 A_t + c_3 H_t + c_4 S_t + c_5 D_{i,t})]^{-q} \tag{6-4}$$

式中：q 为调查间隔期，即生长期(在本研究中 $q=5$，10 年)。

2. 可变生长率法

林分调查并不是每年都在进行，而是有一定的间隔期，为了提高预测精度，本研究引入了可变生长率法。该方法考虑了林分因子(断面积，优势高)、单木因子在生长期间的变化引起的单木年存活率、直径年生长量的变化(Cao，2002)。

单木直径年生长量及年存活率方程利用递归方式推导如下：

$(t+1)$ 年时：

$$D_{i,t+1} = D_{i,t} + \mathrm{Exp}(b_1 + b_2/A_t + b_3 S_t + b_4 H_t + b_5 \mathrm{Ln}(D_{i,t})) \tag{6-5a}$$

$$P_{i,t+1} = [1 + \mathrm{Exp}(c_1 + c_2 A_t + c_3 H_t + c_4 S_t + c_5 D_{i,t})]^{-1} \tag{6-6a}$$

$(t+2)$ 年时：

$$D_{i,t+2} = D_{i,t+1} + \text{Exp}(b_1 + b_2/A_{t+1} + b_3 S_{t+1} + b_4 H_{t+1} + b_5 \text{Ln}(D_{i,t+1})) \tag{6-5b}$$

$$P_{i,t+2} = [1 + \text{Exp}(c_1 + c_2 A_{t+1} + c_3 H_{t+1} + c_4 S_{t+1} + c_5 D_{i,t+1})]^{-1} \tag{6-6b}$$

$$\vdots$$

$(t+q)$ 年时:

$$D_{i,t+q} = D_{i,t+q-1} + \text{Exp}(b_1 + b_2/A_{t+q-1} + b_3 S_{t+q-1} + b_4 H_{t+q-1} + b_5 \text{Ln}(D_{i,t+q-1})) \tag{6-5c}$$

$$P_{i,t+q} = [1 + \text{Exp}(c_1 + c_2 A_{t+q-1} + c_3 H_{t+q-1} + c_4 S_{t+q-1} + c_5 D_{i,t+q-1})]^{-1} \tag{6-6c}$$

利用可变生长率法建立单木生长模型及估计模型参数,考虑了林分变量因子(林分断面积,优势高)每年的变化,通过建立林分模型预估林分变量,并利用预估出来的林分变量因子建立直径生长量模型及单木年存活率模型。林分的优势高和胸高断面积模型形式如下(杜纪山等,1997):

$$H_2 = \text{Exp}(A_1/A_2 \text{Ln}(H_1) + (1 - A_1/A_2)(k_1 + k_2/A_1 + k_3 H_1)) \tag{6-7}$$

$$S_2 = S_1^{A_1/A_2} \text{Exp}(m_1 + m_2(H_2 - H_1)(1 - A_1/A_2)) \tag{6-8}$$

式中: k_1, k_2, k_3, m_1, m_2 为待估参数。

三、评价标准

可以通过以下统计量进行拟合评价:平均偏差(MD)、平均绝对偏差(MAD)、均方根误差($RMSE$)、决定系数(R^2)和对数似然值($\text{Log}L$)。它们的数学表达式分别为:

$$MD = \sum (y_i - \hat{y}_i)/n \tag{6-9}$$

$$MAD = \sum |y_i - \hat{y}_i|/n \tag{6-10}$$

$$RMSE = \sqrt{\frac{\sum (y_i - \hat{y}_i)^2}{n - p}} \tag{6-11}$$

$$R^2 = 1 - \sum (y_i - \hat{y}_i)^2 / \sum (y_i - \bar{y}_i)^2 \tag{6-12}$$

$$\text{Log}L = -2 \left[\sum p_i \text{Ln}(p_i) + \sum (1 - p_i) \text{Ln}(1 - p_i) \right] \tag{6-13}$$

式中: y_i 为实际值(林分优势高、单木直径和林分断面积等);

  $\hat{y}_i$、$\bar{y}_i$ 分别为它们的预测值和平均值;

  n 为样地个数;

  p 为参数个数;

  p_i 为存活率。

评价一个模型或者一种预测方法的优劣,可以利用上述这几个统计量来完成。平均偏差、平均绝对偏差和均方根误差小,并且决定系数大,则该模型或该预测方法优。

四、结果与讨论

油松林分优势高模型、林分断面积模型的参数估计及决定系数见表6-2。由该表的参数标准误差可知,这两个模型的参数估计值都有效,并且决定系数也比较高,分别为0.9696、0.9227,因此选择模型(6-7)和(6-8)比较适合。

表6-2　林分断面积模型和优势高模型的参数估计值、标准误差及决定系数

属性	参数	估计值	标准误	决定系数(R^2)
优势高	k_1	3.2173	0.1638	
	k_2	−15.1215	2.3312	0.9696
	k_3	0.0280	0.0112	
断面积	m_1	3.2932	0.1809	0.9227
	m_2	0.2595	0.0961	

表6-3　油松单木年直径生长量模型和年存活率模型的参数估计值及标准误差

属性	参数	可变生长率法		固定生长率法	
		估计值	标准误差	估计值	标准误差
直径生长	b_1	−3.0957	0.0730	−2.6797	0.0722
	b_2	24.7502	0.7970	8.5178	0.6444
	b_3	−0.0302	0.0018	−0.0102	0.0022
	b_4	0.0166	0.0038	0.0212	0.0047
	b_5	1.1950	0.0221	0.2623	0.0251
林木存活率	c_1	−4.9378	0.2153	−5.6422	0.1739
	c_2	0.0951	0.0074	0.0883	0.0065
	c_3	0.1066	0.0211	0.1815	0.0207
	c_4	−0.0469	0.0120	−0.1293	0.0131
	c_5	−0.1671	0.0140	−0.1795	0.0141

利用固定生长率法和可变生长率法这两种不同方法估计出的油松单木直径生长量模型和存活率模型的参数估计值及标准误差见表6-3。由该表的参数标准误差可知，这两个模型的参数估计值都有效，因此，这些变量因子都比较稳定和有意义。

图6-1、图6-2和图6-3分别为利用第1年的数据预测第5年数据、第5年数据预测第10年数据和第1年数据预测第10年数据所做的直径观测值与预测值的线性相关图。由这三个图可知，无论是第1年的数据预测第5年数据、第5年数据预测第10年数据还是第1年数据预测第10年数据，直径观测值和预测值都有很好的无偏性（唐守正等，2002）。

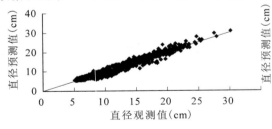

图6-1　直径观测值与预测值（1-5年）

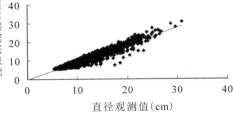

图6-2　直径观测值与预测值（5-10年）

表6-4列出了利用固定生长率法和可变生长率法所建立的油松单木直径生长量和存活率模型的评价统计量。很明显，可变生长率法比固定生长率法好，因为可变生长率法的平均偏差、平均绝对误差和均方根误差分别比固定生长率法的平均偏差、平均绝对误差和均方根误差小，而且可变生长率法的决定系数和对数似然值分

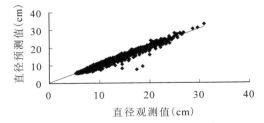

图6-3　直径观测值与预测值（1-10年）

别比固定生长率法的决定系数和对数似然值大。

表6-4　两种不同方法的油松单木年直径生长量和年存活率模型的模型评价统计量

属性	评价统计量	可变生长率法	固定生长率法
直径生长量	平均偏差(MD)	-0.005 9	0.097 5
	平均绝对偏差(MAD)	0.779 1	0.920 0
	均方根误差(RMSE)	1.038 4	1.198 3
	决定系数(MD)	0.9493	0.9178
林木存活率	平均偏差(MD)	0.000 0	-0.002 7
	平均绝对偏差(MAD)	0.0884	0.0911
	均方根误差(RMSE)	0.211 7	0.212 1
	对数似然值(LogL)	-4 137.240 0	-4 230.320 0

表6-5 列出了利用检验数据所得的可变生率法和固定生长率法的直径生长量模型和林木存活率模型的评价统计量。由表6-5 可知，无论是5 年调查间隔期还是10 年调查间隔期，可变生长率法的平均偏差、平均绝对误差和均方根误差分别比固定生长率法的平均偏差、平决绝对误差和均方根误差小，而且可变生长率法的决定系数和对数似然值分别比固定生长率法的决定系数和对数似然值大。又根据5 年间隔期和10 年间隔期的评价统计量可知，预测长周期的精度低于预测短周期的精度。因此，利用检验数据所得的结果与建模数据所得的结果也是一致的：利用可变生长率法建立单木直径年生长量模型和单木年存活率模型，比固定生长率法的效果好。

表6-5　两种不同方法在不同调查间隔期的模型评价统计量(检验数据)

属性	评价统计量	间隔期5 年		间隔期10 年	
		可变生长率法	固定生长率法	可变生长率法	固定生长率法
直径生长量	平均偏差(MD)	-0.042 0	0.533 2	1.413 9	1.592 4
	平均绝对偏差(MAD)	0.669 1	0.832 5	1.503 0	1.671 6
	均方根误差(RMSE)	0.927 9	1.186 9	1.916 7	1.9490
	决定系数(R^2)	0.938 9	0.900 1	0.747 3	0.744 0
林木存活率	平均偏差(MD)	0.016 3	0.017 1	0.001 6	0.025 4
	平均绝对偏差(MAD)	0.094 2	0.094 6	0.151 5	0.171 2
	均方根误差(RMSE)	0.203 2	0.206 2	0.280 8	0.289 2
	对数似然值(LogL)	-1 212.980 0	-1 245.284 0	-1 023.694 0	-1 086.344 0

从模型的构造来看，可变生长率法估计单木生长模型参数时，考虑了林木因子的变化及通过建立林分模型预估林分变量因子(林分断面积，优势高)的变化，从而导致单木直径年生长量和单木年存活率的变化，这符合林木生长的规律。而用固定生长率法估计单木生长模型参数没有考虑林分因子的变化。所以用可变生长率法估计单木的年直径生长量及单木年存活率的精度比固定生长率法高。实例研究也表明，利用一定的间隔期复测所得的数据，并通过可变生长率法所预测的单木直径年生长量及单木年存活率比固定生长率法所预测的效果好。

第二节　全林分年生长模型

全林分生长模型的研究是森林资源监测得以进行的基础。Cluttte（1963）首先提出林分的生长量与收获量应该是一致的。Sullivan 等（1972）和 Pienaar 等（1993）利用系统模型解决林分生长与收获模型的兼容性问题。在他们所建的模型中，利用限制性条件保证了林分生长预测从 A_1 到 A_3 与从 A_1 到 A_2，然后再从 A_2 到 A_3 预测的结果一样，即阶段无偏性（step-invariance）。然而正是由于这些限制性条件，降低了系统模型的预测精度。

林分的年生长预测能够克服这些限制性条件，虽然直观上来看不是对林分生长与收获模型兼容性的研究，但是保证了林分生长预测的阶段无偏性（Ochi et al.，2003）。全林分年生长预测模型将在本小节中做进一步研究。

一、研究材料与数据整理

本书采用的数据来源于北京市林业调查设计院，利用其中的油松固定样地 63 个，每个样地面积为 0.067hm²。样地主要调查因子有：林木胸径、方位角、林分年龄、林分优势平均高、郁闭度、水平距、坡向、坡位、坡度、海拔高度、土层厚度等因子。样地每隔五年复测一次，本研究利用的数据是 1986、1991、1996、2001 年复测的一类清查数据，利用这些复测数据可以组成间隔调查期 5 年的样地有 156 块，间隔 10 年的样地有 93 块，间隔 15 年的样地有 39 块的数据集。因此，建模样地有 110 块（间隔 5 年），检验样地共有 178 块（间隔 5 年的样地有 46 块，间隔 10 年的样地有 93 块，间隔 15 年的样地有 39 块）。根据 Ochi 等（2003）和 Yue 等（2008）在研究中的检验方法，本书对三个间隔期进行分开检验。油松林分样地变量因子统计见表 6-6。

表 6-6　建模样地和检验样地的油松林分因子统计表

变量	建模				检验			
	最小值	最大值	均值	标准差	最小值	最大值	均值	标准差
年龄	11	60	30	9.020 4	12	50	25	7.905 8
优势高(m)	0.4	17.4	6.555 2	2.526 0	1.4	17.4	5.955 6	3.018 4
株数(株/hm²)	238.806 0	2 283.582	976.942 9	480.644 5	283.582 1	2 149.254	895.833 3	427.849 0
林分平均直径(cm)	5.700 8	17.863 6	10.641 7	2.639 3	5.756 9	15.237 6	9.472 7	2.413 7
林分断面积 (m²/hm²)	0.609 5	33.098 8	9.107 7	5.952 6	0.800 0	22.261 7	6.717 9	4.587 7
林分蓄积(m³/hm²)	1.417 9	142.761 2	34.124 5	25.117 9	1.880 6	92.582 1	23.969 7	18.720 6

二、研究方法

全林分生长方程主要包括林分优势高、林分株树密度、林分平均直径、林分断面积、林分蓄积等。其中，本文利用林分平方平均直径代替林分算术平均直径，因为在林分统计中常用林分平方平均直径，而不是算术平均直径（Curtis and Marshall，2000）。年生长模型在单木生长模型中很常见，研究者们通过利用定期调查数据，来估计年生长模型的参数（Mcdill and Amateis，1993；Cao，2000；Cao et al.，2002）。

Cao（2002）在对单木生长模型进行年生长预测时，提出了可变生长率法，该方法考虑了单木每年生长的变化，而不是按每年固定生长率进行的。张雄清等（2009）利用可变生长率法对北京地区油松一类清查数据作了研究。对于林分的年生长量也是有变化的。因此，本书利用可变生长率法，对林分优势高方程、林分株树密度方程、林分平均直径方

程、林分断面积方程、林分蓄积方程(Cao and Strub, 2008)的推导如下:

(t+1)年时:

$$H_{t+1} = Exp[(A_t/A_{t+1})Ln(H_t) + (1 - A_t/A_{t+1})(\alpha_1 + \alpha_2 H_t)] \qquad (6\text{-}14a)$$

$$N_{t+1} = Exp\{[A_t/A_{t+1})Ln(N_t) + (1 - A_t/A_{t+1})(\beta_1 + \beta_2 A_t + \beta_3/Ln(N_t))]\} \qquad (6\text{-}14b)$$

$$D_{t+1} = Exp\{(A_t/A_{t+1})Ln(D_t) + (1 - A_t/A_{t+1})[\chi_1 + \chi_2 A_t/Ln(N_t) + \chi_3 D_t]\} \qquad (6\text{-}14c)$$

$$B_{t+1} = B_t + Exp\{(A_t/A_{t+1})Ln(B_t) + (1 - A_t/A_{t+1})[\delta_1 + \delta_2 H_t + \delta_3 A_t/Ln(N_t) + \delta_4 Ln(B_t)]\} \qquad (6\text{-}14d)$$

$$M_{t+1} = M_t + Exp\{(A_t/A_{t+1})Ln(M_t) + (1 - A_t/A_{t+1})[\gamma_1 + \gamma_2 H_t + \gamma_3/Ln(N_t) + \gamma_4 Ln(B_t)]\} \qquad (6\text{-}14e)$$

(t+q)年时:

$$H_{t+q} = Exp[(A_{t+q-1}/A_{t+q})Ln(H_{t+q-1}) + (1 - A_{t+q-1}/A_{t+q})(\alpha_1 + \alpha_2 H_{t+q-1})] \qquad (6\text{-}15a)$$

$$N_{t+q} = Exp\{(A_{t+q-1}/A_{t+q})Ln(N_{t+q-1}) + (1 - A_{t+q-1}/A_{t+q})[\beta_1 + \beta_2 A_{t+q-1} + \beta_3/Ln(N_{t+q-1})]\} \qquad (6\text{-}15b)$$

$$D_{t+q} = Exp\{(A_{t+q-1}/A_{t+q})Ln(D_{t+q-1}) + (1 - A_{t+q-1}/A_{t+q})[\chi_1 + \chi_2 A_{t+q-1}/Ln(N_{t+q-1}) + \chi_3 D_{t+q-1}]\} \qquad (6\text{-}15c)$$

$$B_{t+q} = B_{t+q-1} + Exp\{(A_{t+q-1}/A_{t+q})Ln(B_{t+q-1}) + (1 - A_{t+q-1}/A_{t+q})[\delta_1 + \delta_2 H_{t+q-1} + \delta_3 A_{t+q-1}/Ln(N_{t+q-1}) + \delta_4 Ln(B_{t+q-1})]\} \qquad (6\text{-}15d)$$

$$M_{t+q} = M_{t+q-1} + Exp\{(A_{t+q-1}/A_{t+q})Ln(M_{t+q-1}) + (1 - A_{t+q-1}/A_{t+q})[\gamma_1 + \gamma_2 H_{t+q-1} + \gamma_3/Ln(N_{t+q-1}) + \gamma_4 Ln(B_{t+q-1})]\} \qquad (6\text{-}15e)$$

式中:q 为生长期(调查间隔期,5 年);

A_t 为 t 年时林分的平均年龄(a);

H_t 为 t 年时林分的优势木平均高(m);

N_t 为 t 年时林分的公顷株树(株/hm^2);

D_t 为 t 年时林分平方平均直径(cm);

B_t 为 t 年时林分断面积(m^2/hm^2);

M_t 为 t 年时林分蓄积量(m^3/hm^2);

$\alpha_1 - \alpha_2$,$\beta_1 - \beta_3$,$\chi_1 - \chi_3$,$\delta_1 - \delta_5$,$\gamma_1 - \gamma_4$ 为待估参数。

三、参数估计

全林整体模型是一个模型体系,该系统中的各模型从不同的侧面对生长过程进行了描述,这些模型之间是相互关联的。如:林分蓄积与林分平均高生长、林分平均直径和林分密度相关,它们不是相互独立的($cov(\varepsilon i, \varepsilon j) \neq 0$),因此,利用最小二乘法对这些模型进行独立估计时,会产生系统偏差(Furnival and Wilson, 1971;李永慈等,2006)。似乎不相关联立方程组作为估计联立方程组的一个特例可以用来估计上述模型体系。从系统方程上看,这些方程之间不同的因变量依赖的自变量不同或者部分相同(唐守正等,2009),而采用似乎不相关联立估计则会解决系统偏差,保证参数估计的有效性。因此,本研究利用似乎不相关联立估计全林分模型参数,减少系统误差所带来的估计偏差,这样就能够提高参数估计的有效性和一致性(Rose and Lynch, 2001)。

四、结果与分析

表 6-7 列出了林分优势高、林分株树密度模型、林分平均直径生长模型、林分断面积生长模型、林分蓄积生长模型进行独立估计时生长模型残差的相关系数矩阵。根据表中数据可知，其中 4 个生长模型的残差在置信水平为 0.01 下相关性显著，这也表明了林分平均直径、林分断面积、林分蓄积与林分株树密度这 4 个林分变量因子存在着一定的相关性，即：$cov(\varepsilon_i, \varepsilon_j) \neq 0$。因此，根据 Borders(1979)的方法对这 4 个方程的参数进行似乎不相关联立估计，这样就能够提高参数估计的有效性和一致性。

表 6-7　全林分生长模型的残差相关系数矩阵

	H	B	N	D	M
H	1				
B	0.060 2	1			
N	0.139 8	0.558 7*	1		
D	0.098 7	0.272 3*	−0.437 9*	1	
M	0.013 5	0.965 3*	0.444 7*	0.362 7*	1

注：* 表示在 $\alpha = 0.01$ 水平下相关性显著。H，B，N，D 和 M 分别是林分优势平均高，林分断面积，公顷株数，林分平均直径和林分蓄积量。

表 6-8　各林分生长模型参数的估计值及标准误

属性	参数	估计值	标准误
林分优势高	α_1	2.198 2	0.159 9
	α_2	0.052 7	0.019 8
林分株树密度（株/hm²）	β_1	13.975 7	1.090 3
	β_2	0.035 43	0.001 0
	β_3	−41.206 4	7.309 8
林分平均直径（cm）	χ_1	2.324 8	0.102 6
	χ_2	0.066 2	0.024 0
	χ_3	0.043 0	0.011 4
林分断面积（m²/hm²）	δ_1	50.585 23	4.864 5
	δ_2	−2.044 03	0.629 6
	δ_3	−26.623 9	1.572 3
	δ_4	−8.248 4	2.694 2
林分蓄积（m³/hm²）	γ_1	53.136 56	4.237 2
	γ_2	−2.075 9	0.521 9
	γ_3	−25.443 6	1.311 0
	γ_4	−8.037 3	2.312 4

各林分生长模型的参数估计及标准误见表 6-8。由表 6-8 可知，各参数估计值比较稳定，参数估计有效。表 6-9 列出了建模样地及检验样地的模型统计量。经过 Kolmogorov-Smirnov 检验，林分优势高模型的残差、林分株树密度模型的残差、林分平均直径生长模型的残差、林分断面积生长模型的残差和林分蓄积生长模型的残差都服从正态分布，且分别对林分优势高预测值、林分株树密度预测值、林分平均直径预测值、林分断面积预测值和林分蓄积预测值都没有明显的估计偏差（图 6-4）。

表6-9   各林分生长模型的评价统计量(建模数据)

评价统计量	林分优势高 (m)	林分株树密度 (株/hm²)	林分平均直径 (cm)	林分断面积 (m²/hm²)	林分蓄积 (m³/hm²)
平均偏差(MD)	0.097 7	11.106 6	0.081 2	0.283 6	1.236 5
平均绝对偏差(MAD)	0.609 9	113.327 0	0.492 0	1.154 8	4.549 2
均方根误差(RMSE)	0.898 3	185.035 0	0.657 7	1.629 6	6.533 0
决定系数(R^2)	0.869 0	0.857 8	0.935 5	0.932 1	0.939 7

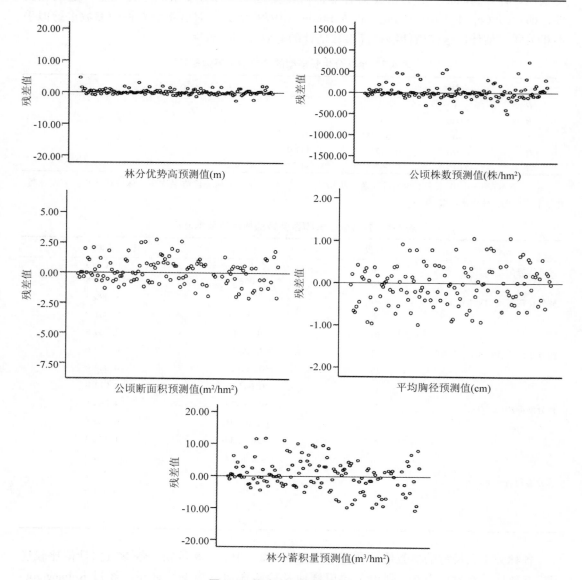

图6-4   林分生长模型的残差图

表6-10列出了利用三类检验数据所得的各林分生长模型的评价统计量。$q = 5$ 时,林分株树密度模型的 MD 为 36.0396,MAD 为 39.2258,RMSE 为 60.3986,R^2 为 0.9810;$q = 10$ 时,林分株树密度模型的 MD 为 52.1159,MAD 为 197.1320,RMSE 为 284.7610,

R^2 为 0.6492；$q=15$ 时，林分株树密度模型的 MD 为 96.0569，MAD 为 238.4860，RMSE 为 330.0300，R^2 为 0.4891。比较这三个间隔期林分株树密度模型 MD、MAD、RMSE 和 R^2 值的大小，可知，MD（36.0396，$q=5$）<MD（52.1159，$q=10$）<MD（96.0569，$q=15$），MAD（39.2258，$q=5$）<MAD（197.1320，$q=10$）<MAD（238.4820，$q=15$），RMSE（60.3986，$q=5$）<RMSE（284.7610，$q=10$）<RMSE（330.0300，$q=15$），R^2（0.9810，$q=5$）>R^2（0.6492，$q=10$）>R^2（0.4891，$q=15$）。很明显，随着预测时间变长，预测偏差越大。而且，在本研究中，主要是针对林分的年生长预测，建立林分年生长预测模型，因此，预测间隔的时间越长，预测的偏差会更大。同样，林分平均直径生长模型、林分断面积生长模型和林分蓄积量生长模型也一样。

表 6-10 各林分生长模型的评价统计量（检验数据）

属性		平均偏差 （MD）	平均绝对偏差 （MAD）	均方根误差 （RMSE）	决定系数 （R^2）
林分优势高 （m）	$q=5$	−0.410 8	1.507 5	3.072 0	0.517 2
	$q=10$	0.075 4	1.119 0	1.755 7	0.514 2
	$q=15$	0.285 8	1.636 6	2.249 9	0.1176
林分株树密度 （株/hm²）	$q=5$	36.039 6	39.225 8	60.398 6	0.981 0
	$q=10$	52.115 9	197.132 0	284.761 0	0.649 2
	$q=15$	96.056 9	238.486 0	330.030 0	0.489 1
林分平均直径 （cm）	$q=5$	0.998 8	0.998 8	1.411 5	0.807 7
	$q=10$	1.885 1	2.681 5	3.219 1	0.265 2
	$q=15$	2.885 1	3.271 8	4.526 8	−0.3865
林分断面积 （m²/hm²）	$q=5$	2.028 5	2.028 5	3.181 1	0.856 5
	$q=10$	4.500 7	4.589 8	5.512 3	0.280 2
	$q=15$	6.715 7	6.719 5	8.285 5	−0.384 0
林分蓄积 （m³/hm²）	$q=5$	−4.151 7	7.063 4	13.260 8	0.858 5
	$q=10$	10.193 8	12.415 1	16.204 4	0.660 5
	$q=15$	22.418 0	22.959 0	28.815 7	0.094 6

林分年生长预测利用可变生长率法建立林分年生长预测模型，符合林分生长的规律，也能够保证阶段无偏性（step-invariance）——林分生长预测从 A_1 到 A_3 与从 A_1 到 A_2，然后再从 A_2 到 A_3 预测的结果一样，为林分阶段无偏性研究提供一种思路；而且对林分年生长预测进行研究，建立林分年生长预测模型，能够提供林分的年生长变化情况，为资源监测周期年度化的发展提供重要的理论依据。而且本研究中利用似乎不相关联立估计全林分生长模型参数，这样能够提高参数估计的有效性和一致性，减少系统估计误差。

第三节　直径分布模型

林分直径分布模型是林分模型中非常重要的一类模型。目前，广泛使用的林分直径分布模型主要有：Beta，lognormal，Johnson 的 Sb 和 Weibull 分布模型。由于 Weibull 分布模型具有：①能描述多种像倒 J 分布、指数分布和正态分布等单峰分布型的能力；②参数估计方法相对简单；③它有闭合累积密度函数形式（Bailey et al.，1973；Schreuder et al.，1974；Schreuder et al. 1979；Little 1983；Rennolls et al. 1985；Mabvurira et al. 2002）；④过去几十年在林分直径分布模型的成功应用（例如，Bailey et al.，1973；Little 1983；Kilkki et al. 1989；Liu et al. 2004；Newton et al. 2004，2005），所以，Weibull 分布模型是林分直径分布模型中应用最多和频率最高的一种函数。估计 Weibull 分布模型参数的方法很多，如：最大似然估计法、矩法估计法、最小二乘法等。本小节将利用这 3 种方法对两参数的 Weibull 分布模型的参数估计方法进行比较研究。

一、研究材料与数据整理

本研究采用的数据来源于北京市林业调查设计院。油松共有复测样地 86 块，每块样地面积为 0.067hm²。在样地选择时为了 weibull 分布模型参数的估计，保证每块样地最少有 10 棵树。样地每隔五年复测一次，本研究利用的数据是 1986、1991、1996、2001 复测的一类清查数据。样地信息详见表 6-11.

表 6-11　林分变量和林木变量统计表

变量	林分变量（86 块样地）					林木变量（15 676 株）	
	胸径（cm）	年龄（年）	密度（株/hm²）	树高（m）	断面积（m²/hm²）	胸径（cm）	断面积（m²/株）
平均值	10.53	28.5	918	6.22	8.71	10.25	0.009 53
标准差	2.94	8.74	540	2.47	6.13	4.06	0.008 21
最小值	5.81	11.00	150	2.50	0.45	0.50	0.001 96
最大值	21.92	53.00	2 354	19.50	33.50	36.80	0.10631

二、研究方法

三参数的 Weibull 密度函数和分布函数公式如下：

$$f(D；a，b，c) = \frac{c}{b}\left(\frac{D-a}{b}\right)^{c-1} \exp\left|-\left(\frac{D-a}{b}\right)^{c}\right| \qquad (a \leqslant D \leqslant \infty) \qquad (6-16)$$

$$F(D；a，b，c) = 1 - \exp\left|-\left(\frac{D-a}{b}\right)^{c}\right| \qquad (6-17)$$

式中：D 为单木直径；a 为位置参数；b 为尺度参数；c 为形状参数。

利用最大似然估计法估计方程(6-16)的参数时，有些样地的位置参数 a 可能为负数。Bailey 等（1973）认为，在有些情况下位置参数 a 可以看作是林分内最小的直径，其值应该介于 0 和最小直径实测值之间。一般处理的方法是调查林分或样地的最小直径（Dmin），Kilkki 等（1989）确定 Weibull 分布的位置参数 a 为林分直径最小值的一半，即 $a = 0.5$（Dmin），然后再估计参数 b 和 c，那么就可以得到三参数的 Weibull 分布模型。

在本节中，考虑到位置参数的确定，我们利用最大似然估计法、矩法估计法、最小二乘法这 3 种方法来估计两参数的 Weibull 分布模型，然后进行比较，确定适合的参数估计方法。Weibull 两参数分布函数为：

$$F(D，a，b，c) = 1 - \exp\left[-\left(\frac{D}{b}\right)^{c}\right] \qquad (6-18)$$

（一）最大似然估计法（MLE）

最大似然估计法是 Weibull 分布模型参数估计中一种常用的方法。相对于其它一些方法，该方法估计精度比较高，但是其对计算的要求却比较高（Cao et al.，2005）。根据方程(6-16)，似然函数（L）为：

$$L(D_1, \ldots, _n; \ b, \ c,) = \prod_{i=1}^{n} \frac{c}{b} \left(\frac{D}{b}\right)^{c-1} \exp\left(-\left(\frac{D}{b}\right)^c\right) \tag{6-19}$$

对方程(6-19)进行对数转换,并对参数 b 和 c 求偏导,得到 b、c 的公式:

$$b = \left[n^{-1} \sum_{i=1}^{n} D_i^c\right]^{1/c} \tag{6-20}$$

$$c = \left[\left(\sum_{i=1}^{n} D_i^c \ln_i\right)\left(\sum_{i=1}^{n} D_i^c\right)^{-1} - n^{-1} \sum_{i=1}^{n} \ln D_i\right]^{-1} \tag{6-21}$$

(二)矩法估计(MOM)

矩法估计作为 Weibull 分布模型参数估计的另一种常用的方法,具有很大的适用性。Weibull 分布的 k 阶矩为:

$$m_k = \left(\frac{1}{b}\right)^{k/c} \Gamma\left(1 + \frac{k}{c}\right) \tag{6-22}$$

式中: Γ 为伽玛函数, $\Gamma(s) = \int_0^\infty x^{s-1} e^{-x} dx, \ (s > 0)$。

那么,根据方程(6-22),我们可以得到一阶矩、二阶矩为:

$$m_1 = \mu = \left(\frac{1}{b}\right)^{1/c} \Gamma\left(1 + \frac{1}{c}\right) \tag{6-23}$$

$$m_2 = \mu^2 + \sigma^2 = \left(\frac{1}{b}\right)^{2/c} \left\{\Gamma\left(1 + \frac{2}{c}\right) - \left[\Gamma\left(1 + \frac{1}{c}\right)\right]^2\right\} \tag{6-24}$$

式中: σ^2 为样地中的直径方差; m_1、m_2 分别为样地中的林分算术平均直径和平方平均直径。

则, m_2 除以 m_1 的平方得到 c 的公式:

$$\frac{\sigma^2}{\mu_2} = \frac{\Gamma\left(1 + \frac{2}{c}\right) - \Gamma^2\left(1 + \frac{1}{c}\right)}{\Gamma^2\left(1 + \frac{1}{c}\right)} \tag{6-25}$$

对公式(6-25)开平方得到直径的变动系数(CV):

$$CV = \sqrt{\frac{\Gamma\left(1 + \frac{2}{c}\right) - \Gamma^2\left(1 + \frac{1}{c}\right)}{\Gamma\left(1 + \frac{1}{c}\right)}} \tag{6-26}$$

因此,为了得到参数 b、c 的估计值,我们必须先计算出样地中直径的变动系数,然后通过公式(6-26)求出 c 的估计值,最后通过以下公式估计出尺度参数 b:

$$\hat{b} = \left\{\Gamma\left[(1/\hat{c}) + 1\right] / \bar{x}\right\} \tag{6-27}$$

其中, $\bar{x}$ 为直径的平均值,即算术平均直径。

(三)最小二乘法(LSM)

最小二乘法广泛应用于工程数学等领域中的 Weibull 分布模型参数估计。对公式(6-18)进行对数转换后,可以得到参数 b、c 的线性关系:

$$\ln\ln\left[\frac{1}{1 - F(D)}\right] = c \ln D - c \ln b \tag{6-28}$$

其中, $Y = \ln\{-\ln[1 - F(D)]\}$,

$X_i = \ln D$,

$$\lambda = -c \ln b。$$

假设 D_1、$D_2 \cdots D_n$ 是样地中直径的随机数，考虑到平均秩 $F(D) = i/(n+1)$ 方法可能出现小的 i 有更大的值，而大的 i 有更小的值，所以我们用中位秩法得到 $Weibull$ 的分布函数 $F(D)$：

$$F(D) = (i-0.3)/(n+0.4)(D_i, i = 1, 2, \cdots, n \text{ 和 } D_1 < D_2 < \cdots < D_n)$$

$$(6-29)$$

因此，公式(6-28)是个线性方程，可以表示为：

$$Y = cX + \lambda \tag{6-30}$$

那么通过方程(6-30)简单的线性回归，根据以下公式就可以计算出 b、c 和 λ。

$$c = \left[\sum_i^n XY - 1/n \left(\sum_i^n X \sum_i^n Y \right) \right] / \left[\sum_i^n X^2 - 1/n \left(\sum_i^n X \right)^2 \right] \tag{6-31}$$

$$\lambda = 1/n \sum_i^n Y - c/n \sum_i^n X \tag{6-32}$$

$$b = \exp(-\lambda/c) \tag{6-33}$$

三、统计评价

3 种估计方法的精度，可以通过均方误差(MSE)来评价比较。

$$MSE = \sum_i^n \{ \hat{F}(D_i) - F(D_i) \}^2 \tag{6-34}$$

其中：$\hat{F}(D_i) = 1 - \exp(-D_i/\hat{b})^{\hat{c}}$ 为 Weibull 分布的累积分布函数预测值；

$F(D_i)$ 为实际值；

n 为样地中林木株树。

四、结果与分析

本研究利用最大似然法(MLE)、矩法估计(MOM)和最小二乘法(LSM)估计油松的两参数的 Weibull 分布函数。根据均方误差值来评价比较这 3 种方法的估计精度。表 6-12 列出了 3 种估计方法的均方误差值。由表 6-12 可知，在重复测量的 256 样地中，矩法估(MOM)计精度最好的有 152 块，大约占了 59.3%，其次是最小二乘法(LSM)69 块(27.0%)，最后是最大似然法(MLE)35 块(13.7%)。MOM、LSM、MLE 的均方误差的平均值分别为 0.0027、0.00384、0.0053。

MOM 法估计的 Weibull 分布参数 b、c 值范围分别为 $63.54 \leqslant b \leqslant 241.27$，$1.60 \leqslant c \leqslant 7.2$；LSM 法估计的 b、c 分别为 $66.20 \leqslant b \leqslant 186.51$，$2.45 \leqslant c \leqslant 10.69$；MLE 估计的 b、c 分别为 $62.21 \leqslant b \leqslant 224.52$，$2.85 \leqslant c \leqslant 7.47$。相对于其它两种方法，矩法估计过程包含有更多的计算，因而要求的计算时间也比较长，因此该方法的估计精度比较高(Al-Fawzan，2000)。尽管最大似然法和最小二乘法估计精度比矩法估计低，但是这两种方法直接估计林分中所有的直径分布而不是样地水平(平均水平)的直径分布。因此，利用这两种方法估计 Weibull 分布参数似乎更合理。事实上，Cao 等(2005)通过卡方检验利用累积分布函数回归法(CDF)估计南美地区的火炬松(loblolly pine)的直径分布，其精度比矩法估计精度高，这是由于 CDF 回归法旨在林木的直径累积分布。同样，最小二乘法在估计林分的直径分布时利用了更多的信息，也能改进估计 Weibull 分布参数。

表 6-12 三种估计方法的均方误差（MSE）统计值

方法	估计精度最高的次数	平均值	标准差
MOM	152	0.0027	0.0024
MLE	35	0.0053	0.0046
LSM	69	0.00384	0.0048

在本研究中，利用最大似然估计、矩法估计和最小二乘法 3 种方法估计油松的两参数 Weibull 分布模型，矩法估计精度最高。然而，相对于矩法估计，最大似然估计法和最小二乘法这两种方法比较简单，计算也比较容易，尤其是最小二乘法在估计林木直径分布时，估计精度也比较高。

第四节 基于组合预测法 3 类模型耦合的研究

前三节所述三类模型虽然特点不同，各有其优、缺点，但各类模型之间并不是完全孤立的，而是存在着一定的关系。不论是全林分模型、分布模型，还是单木生长模型都可以得出林分的生长量和收获量，而且从理论上来讲不同水平模型得出的量应该是一致的，这就是不同模型的组合或耦合问题。模型耦合的研究，对于系统地掌握单木、林分、分布模型的各自结构，了解不同种类的生长和收获模型之间的区别与联系，将各类模型耦合成一个整体层次，解决不同水平模型之间的相容性和一致性具有重要意义。

目前用于模型耦合的方法主要有 3 种方法：解聚法、组合预测法、相对直径法。解聚法（Disaggregation method）使得单木水平模型所得的林分变量尽可能地与林分水平模型所得的林分变量相匹配，进而提高单木生长模型和林分生长模型预测林分变量的兼容性（Zhang et al.，1993；Ritchie et al.，1997；Qin et al.，2006）；Yue 等（2008）提出利用组合预测法（Forecast combination）来解决单木水平模型和林分水平模型的相容性问题，使得林分断面积预测保持一致性，并且该方法充分利用单项预测模型所提供的有效信息，减少单个模型中随机因素的影响，把不同的模型误差分散化，从而提高预测精度。在组合预测法中，权重的选取对提高组合预测结果的精度至关重要。常见的权重选取方法有：标准差法、误差平方和法、方差协方差法、最优加权法等。本节将以林分断面积预测为例，利用组合预测法对单木模型、林分模型和直径分布模型进行耦合研究，并选取最优组合预测法。相对直径法将在下节介绍。

一、研究材料与数据整理

本研究采用的数据来源于北京市林业调查设计院调查的油松（*Pinus tabulaeformis*）林分。利用其中油松的固定样地 63 个，每隔五年复测一次，1986 年调查的样地有 39 块，1991 年调查的样地有 54 块，1996 年调查的样地有 63 块，2001 年调查的样地有 63 块，利用这些复测数据可以组成间隔调查期 5 年的样地有 156 块，其中 106 块样地用于建模，50 块样地用于模型检验。油松林分样地变量因子统计量分别为表 6-13。

表 6-13　油松林分及林木因子统计表

变量	建模				检验			
	最小值	最大值	均值	标准差	最小值	最大值	均值	标准差
年龄（a）	11	55	31	8	13	60	30	8
优势高（m）	0.4	17.4	6.8	2.5	2.7	17.4	7.3	3.0
林分密度（株/hm²）	254	2 284	1 172	509	239	2 090	1 238	502
林分断面积（m²/hm²）	0.80	33.10	10.97	6.08	0.61	28.06	11.41	6.54
单木胸高直径（cm）	5	36.8	10.48	3.90	5	29.4	10.39	4.00

二、研究方法

Bates 等（1969）提出组合预测方法（forecast combination），其基本思想是对不同模型的预测结果进行权重组合，以提取更多的信息来提高预测精度，即利用不同模型给出的预测结果来构造新的预测量，因而权重的确定是组合预测方法的核心。该方法能够把不同模型的预测误差分散化，从而提高预测精度，同时也提高了不同模型估计的兼容性。

（一）组合预测权重确定的方法

利用以下 3 种组合预测法对单木水平和林分水平的林分断面积进行组合预测，并选出最优组合预测法，然后根据最优组合预测法，对 3 类不同水平的模型进行兼容性研究。

1. 误差平方和法

误差平方和法（简称 SSE 法）。Newbold 等（1974）提出在单项预测模型之间不存在相关性的前提下利用误差平方和法确定组合预测模型的权重，预测精度较高。Winkler 等（1983）研究表明误差平方和法在对实际问题的预测研究上具有很好的预测精度。其原理为：对误差平方和小的模型赋予较高的权重，误差平方和大的赋予较小的权重。权重公式为：

$$\omega_1 = X_1^{-1}/(X_1^{-1} + X_2^{-1}) \tag{6-35}$$

$$\omega_2 = X_2^{-1}/(X_1^{-1} + X_2^{-1}) \tag{6-36}$$

则林分断面积的组合预测模型为：

$$B^C = \omega_1 B^I + \omega_2 B^S$$

式中：ω_1、ω_2 分别为单木水平模型和林分水平模型权重因子；

X_1、X_2 分别为单木水平模型和林分水平模型的林分断面积残差平方和；

B^C 为组合预测模型的林分断面积预估值；

B^I 为单木水平模型的林分断面积预估值；

B^S 为林分水平模型的林分断面积预估值。

2. 方差协方差法

Bates 等（1969）在提出组合预测方法的同时，利用方差协方差法来确定组合预测的权重。方差协方差法是比较重要的组合预测方法，这种方法利用加权平均的方法，对较精确的预测值赋予较大的权重。这种方法从理论上得到最佳的权系数组合，如果这个权值可以保持稳定，则此方法就有较大的稳定性。但是在实际情况下权值常不稳定，因此有局限性（张艳等，2006），则单木水平模型和林分水平模型的权重分别为（Granger et al.，1977；Yue et al.，2008）：

$$\omega_1 = \frac{\sigma_S^2 - \sigma_{IS}}{\sigma_I^2 + \sigma_S^2 - 2\sigma_{IS}} \tag{6-37}$$

$$\omega_2 = \frac{\sigma_I^2 - \sigma_{IS}}{\sigma_I^2 + \sigma_S^2 - 2\sigma_{IS}} \tag{6-38}$$

式中：σ_I^2 为单木水平模型林分断面积的残差的方差；

σ_S^2 为林分水平模型林分断面积的残差的方差；

σ_{IS} 为这两种水平模型林分断面积的残差的协方差。

3. 最优加权法

最优加权法实质为依据某种最优准则（如最小二乘准则、极小极大化准则等）构造目标函数，在约束条件下使目标函数极小化，求得组合模型的权重系数（唐小明，1992）。最优加权法能够去除单项预测在组合预测模型中有偏的影响，从而使得组合预测达到无偏（Jeong et al.，2009）。在本研究中，根据最小二乘法原则构造目标函数。

目标函数 $\min \sum_{t=1}^{n} \left[B_k - (\omega_1 B_k^I + \omega_2 B_k^S + \cdots) \right]^2$

约束条件 $\omega_1 + \omega_2 + \cdots \omega_n = 1$

式中：B_k 为第 k 个样地林分的每公顷胸高断面积。

针对该二次规划模型，我们运用矩阵的计算可以简化这种模型的计算：

$W = (\omega_1, \ \omega_2, \ \cdots \omega_n)^T$，$R = (1, \ 1, \ \cdots 1)^T$，$e_i = (e_{i1}, \ e_{i2}, \ \cdots e_{in})$。

式中，W 表示组合预测加权系数列向量；R 表示元素全为 1 的 n 维列向量；e_i 表示第 i 种预测模型的预测误差向量；n 为样地数；$i = 1, \ 2\ldots, \ n$。

令 $J = (e_1, \ e_2, \ \cdots e_n)$，则

$$J^T J = \begin{pmatrix} e_1^T \\ e_2^T \\ \vdots \\ e_n^T \end{pmatrix} (e_1 \ e_2 \cdots e_n) = \begin{pmatrix} e_1^T e_1 \ e_1^T e_2 \cdots e_1^T e_n \\ e_2^T e_1 \ e_2^T e_2 \cdots e_2^T e_n \\ \vdots \\ e_n^T e_1 \ e_n^T e_2 \cdots e_n^T e_n \end{pmatrix} = E$$

用 Z 表示林分断面积预测的误差平方和，则 $Z = W^T E W$，那么由约束条件 $\omega_1 + \omega_2 = 1$，可以得到：

$$R^T W = 1 \tag{6-39}$$

那么求解林分断面积最优组合预测模型的任务就是在（6-39）式的约束下，求权重向量 W，使组合预测的误差平方和 Z 达到极小。引入拉格朗日乘数 λ 后，Z 可以表示为（王建平，1993；陈友华，2008）：

$$Z = W^T E W + \lambda (R^T W - 1)$$

要使 Z 取极小值，则 Z 的一阶偏导：

$$\partial Z / \partial W = 2EW + \lambda R = 0 \tag{6-40}$$

那么由公式（6-39）和（6-40）可解得权重向量：

$$W = \frac{E^{-1} R}{R^T E^{-1} R} \tag{6-41}$$

式中，E^{-1} 为逆矩阵，R^T 为转置向量。

在组合预测 3 种权重方法中，误差平方和法的精度最低（MAD = 1.807 1，$R^2 = 0.870$

9），方差协方差法次之（ $MAD = 1.626\ 7$ ， $R^2 = 0.892\ 7$ ），最优加权法精度最高（ $MAD = 1.273\ 3$ ， $R^2 = 0.928\ 7$ ）。因此，选择最优加权法对单木模型、林分模型和分布模型进行组合预测。

（二）林分生长模型及单木生长模型的建立

Cao（2002）在对单木生长模型进行年生长预测时，提出了可变生长率法（Variable rate method），该方法考虑了单木每年生长的变化，而不是按每年固定生长率进行的。那么，林分每年的生长量也是有变化的，不应该固定不变。因此，本文利用可变生长率法，对林分优势高方程、林分株树密度方程、林分平均直径方程、林分断面积方程、林木直径标准差、林分最小直径方程、单木直径生长方程、存活率方程（Cao et al. ，2008；Ochi et al. ，2003；Qin et al. ，2007）的推导如下：

$(t+1)$ 年时：

$$H_{t+1} = \exp\left[(A_t/A_{t+1})\mathrm{Ln}(H_t) + (1 - A_t/A_{t+1})(\alpha_1 + \alpha_2/A_t + \alpha_3 H_t)\right] \quad (6\text{-}42a)$$

$$N_{t+1} = \exp\left\{(A_{t1}/A_{t+1})\mathrm{Ln}(N_t) + (1 - A_t/A_{t+1})\left[\beta_1 + \beta_2/A_t + \beta_3\mathrm{Ln}(N_t)\right]\right\} \quad (6\text{-}42b)$$

$$Dm_{t+1} = \exp\left\{(A_t/A_{t+1})\mathrm{Ln}(Dm_t) + (1 - A_t/A_{t+1})\left[\delta_1 + \delta_2/A_t + \delta_3/\mathrm{Ln}(N_t) + \delta_4\mathrm{Ln}(Hd_t)\right]\right\} \quad (6\text{-}42c)$$

$$B_{t+1} = \exp\left\{(A_t/A_{t+1})\mathrm{Ln}(B_t) + (1 - A_t/A_{t+1})\left[\varphi_1 + \varphi_2 H_t + \varphi_3/\mathrm{Ln}(N_t)\right]\right\} \quad (6\text{-}42d)$$

$$Dsd_{t+1} = \exp\left\{(A_t/A_{t+1})\mathrm{Ln}(Dsd_t) + (1 - A_t/A_{t+1})\left[\gamma_1 + \gamma_2\mathrm{Ln}(Hd_t) + \gamma_3\mathrm{Ln}(N_t)\right]\right\} \quad (6\text{-}42e)$$

$$D\,min_{t+1} = \exp\left\{(A_t/A_{t+1})\mathrm{Ln}(Dmin_t) + (1 - A_t/A_{t+1})\left[\kappa_1 + \kappa_2/A_t + \kappa_3/\mathrm{Ln}(N_t)\right]\right\} \quad (6\text{-}42f)$$

$$D_{i,t+1} = D_{i,t} + \exp\left[\lambda_1 + \lambda_2 A_t/A_{t+1} + \lambda_3 Ba_t + \lambda_4/Rs_t + \lambda_5/\mathrm{Ln}(D_{i,t})\right] \quad (6\text{-}42g)$$

$$P_{i,t+1} = \left\{1 + \exp\left[\mu_1 + \mu_2 A_t + \mu_3 D_t/\mathrm{Ln}(Dm_t) + \mu_4\mathrm{Ln}(N_t)\right]\right\}^{-1} \quad (6\text{-}42h)$$

$(t+q)$ 年时：

$$H_{t+q} = \exp\left\{(A_{t+q-1}/A_{t+q})\mathrm{Ln}(H_{t+q-1}) + (1 - A_{t+q-1}/A_{t+q})(\alpha_1 + \alpha_2/A_{t+q-1} + \alpha_3 H_{t+q-1})\right\} \quad (6\text{-}43a)$$

$$N_{t+q} = \exp\left\{(A_{t+q-1}/A_{t+q})\mathrm{Ln}(N_{t+q-1}) + (1 - A_{t+q-1}/A_{t+q})\left[\beta_1 + \beta_2/A_{t+q-1} + \beta_3\mathrm{Ln}(N_{t+q-1})\right]\right\} \quad (6\text{-}43b)$$

$$Dm_{t+q} = \exp\left\{(A_{t+q-1}/A_{t+q})\mathrm{Ln}(Dm_{t+q-1}) + (1 - A_{t+q-1}/A_{t+q})\left[\delta_1 + \delta_2/A_{t+q-1} + \delta_3/\mathrm{Ln}(N_{t+q-1}) + \delta_4\mathrm{Ln}(H_{t+q-1})\right]\right\} \quad (6\text{-}43c)$$

$$B_{t+q} = \exp\left\{(A_{t+q-1}/A_{t+q})\mathrm{Ln}(B_{t+q-1}) + (1 - A_{t+q-1}/A_{t+q})\left[\varphi_1 + \varphi_2 H_{t+q-1} + \varphi_3/\mathrm{Ln}(N_{t+q-1})\right]\right\} \quad (6\text{-}43d)$$

$$Dsd_{t+q} = \exp\left\{(A_{t+q-1}/A_{t+q})\mathrm{Ln}(Dsd_{t+q-1}) + (1 - A_{t+q-1}/A_{t+q})\left[\gamma_1 + \gamma_2\mathrm{Ln}(H_{t+q-1}) + \gamma_3\mathrm{Ln}(N_{t+q-1})\right]\right\} \quad (6\text{-}43e)$$

$$D\,min_{t+q} = \exp\left\{(A_{t+q-1}/A_{t+q})\mathrm{Ln}(D\,min_{t+q-1}) + (1 - A_{t+q-1}/A_{t+q})\left[\kappa_1 + \kappa_2/A_{t+q-1} + \kappa_3/\mathrm{Ln}(N_{t+q-1})\right]\right\} \quad (6\text{-}43f)$$

$$D_{i,t+q} = D_{i,t+q-1} + \exp\left[\lambda_1 + \lambda_2 A_{t+q-1}/A_{t+q} + \lambda_3 Ba_{t+q-1} + \lambda_4/Rs_{t+q-1} + \lambda_5/\mathrm{Ln}(D_{i,t+q-1})\right]$$

$$\text{(6-43g)}$$

$$P_{i,t+q} = \left\{1 + \exp\left[\mu_1 + \mu_2 A_{t+q-1} + \mu_3 D_{t+q-1}/\mathrm{Ln}(Dm_{t+q-1}) + \mu_4 \mathrm{Ln}(N_{t+q-1})\right]\right\}^{-1}$$

$$\text{(6-43h)}$$

式中：RS_t 为相对植距指标，$RS_t = (\sqrt{10\,000/N_t})/H_t$；

　　　　q 为生长期（调查间隔期，5 年）；

　　　　A_t 为 t 年时林分的平均年龄；

　　　　H_t 为 t 年时林分的优势木平均高（m）；

　　　　N_t 为 t 年时林分的公顷株树（株·hm^{-2}）；

　　　　Dm_t 为 t 年时林分平方平均直径（cm）；

　　　　B_t 为 t 年时林分断面积（$m^2 \cdot hm^{-2}$）；

　　　　Dsd_t 为 t 年时林木直径标准差（cm）；

　　　　$Dmin_t$ 为 t 年时林分最小直径（cm）；

　　　　$D_{i,t}$ 为 t 年时单木直径（cm）；

　　　　$P_{i,t+1}$ 为 t 年时存活的第 i 株林木在 $(t+1)$ 年时的存活率；

　　　　α_1，α_2，$\ldots \mu_4$ 为待估参数。

　　根据上述的单木直径生长模型（6-43g）和单木存活率模型（6-43h），就可以计算出 $(t+q)$ 年时林分断面积的预测值，这也就是得到了通过单木水平模型所得的林分胸高断面积预估值。

　　由于上述各类模型之间存在着一定的相关性，本研究对上述（6-43a ~ 6-43g）7 个方程进行似乎不相关联立估计方法（SUR）估计各模型参数，存活率模型进行单独估计。

（三）直径分布模型

　　在林分分布模型的研究中有很多的分布函数被用来描述林分的直径分布，其中包括了 Weibull 分布、Beta 分布、Lognormal 分布、SB 分布等。由于 Weibull 分布具有较大的灵活性，对直径分布适应性较强，可以拟合不同偏度、峰度的单峰山状曲线，又可以拟合倒 J 型曲线，得到了广泛的应用（Bailey et al.，1973；Mabvurira et al.，2002；Lei，2008）。因此，本研究利用 Weibull 分布来模拟油松林分的直径分布。Weibull 密度分布函数公式如下：

$$f(x;a,b,c) = \frac{c}{b}\left(\frac{x-a}{b}\right)^{c-1}\exp\left[-\left(\frac{x-a}{b}\right)^c\right] \quad (a \leq x \leq \infty) \qquad \text{(6-44)}$$

　　式中：x 为单木直径；a 为位置参数；b 为尺度参数；c 为形状参数。

　　在上节中提及矩法估计作为 Weibull 参数估计的一种估计方法，具有很大的适用性（Lei，2008；Liu et al.，2004）。Weibull 分布的位置参数 a 为林分直径最小预测值一半时，误差最小（Frazier，1981），即：$a = 0.5\hat{D}_{min}$。在建立 Dm 和 Dg 生长模型时，所得的林分平方平均直径预测值（$\hat{Dg}$）可能接近算术平均直径预测值（$\hat{Dm}$），或可能小于 $\hat{Dm}$。用矩法估计参数时，Weibull 分布的参数对算术平均直径和平方平均直径两个值比较敏感，所以会导致参数估计值波动比较大和不稳定，甚至不能估计参数值。因此，一些研究人员利用直径方差（$\hat{Dvar}$）来代替 $\hat{Dg}$，估计结果具有更好的稳定性（如：Diéguez-Aranda et al.，2006；

Qin et al. , 2007)。矩法估计式为:

$$b = (\hat{D}m_2 - a)/\Gamma_1 \qquad (6\text{-}45)$$

$$\hat{D}var - b^2(\Gamma_2 - \Gamma_1^2) = 0 \qquad (6\text{-}46)$$

式中: $\Gamma_1 = \Gamma(1 + 1/c)$; $\Gamma_2 = \Gamma(1 + 2/c)$ 。

根据矩法估计所得的参数值,然后利用下面公式(6-47)和(6-48)就可以得出通过直径分布模型所得的林分断面积预估值。

$$\hat{D}g^2 = b^2\Gamma_2 + 2ab\Gamma_1 + a^2 \qquad (6\text{-}47)$$

$$\hat{B} = (3.14/40\,000)\hat{N} \cdot \hat{D}g^2 \qquad (6\text{-}48)$$

三、三类模型组合结果与分析

各类生长模型的参数估计值、标准误及模型评价统计量见表6-14。由该表的参数标准误差可知,所有模型的参数估计值都有效,参数比较稳定($p < 0.000\,1$)。

表6-14 模型参数估计值及模型评价统计量

属性	参数	估计值	标准误	决定系数(似然对数)	均方根误差(RMSE)
林分优势高模型(m)	α_1	4.094 4	0.088 9		
	α_2	−19.659 6	1.4176	0.759 1	1.244 3
	α_3	−0.095 5	0.006 1		
林分断面积模型(m^2/hm^2)	φ_1	7.342 9	0.184 4		
	φ_2	0.030 3	0.003 3	0.928 2	1.661 0
	φ_3	−25.085 2	1.308 5		
林分算术平均直径模型(cm)	δ_1	3.194 8	0.056 7		
	δ_2	−12.294 8	0.353 1	0.914 4	0.673 1
	δ_3	1.675 6	0.379 6		
	δ_4	0.034 0	0.008 1		
直径标准差模型(cm)	γ_1	1.483 2	0.098 9		
	γ_2	0.502 6	0.018 6	0.883 3	0.443 2
	γ_3	−0.085 8	0.014 0		
林分最小直径模型(cm)	κ_1	1.671 6	0.111 0		
	κ_2	−10.688 7	0.679 2	0.622 1	0.634 7
	κ_3	5.495 3	0.798 2		
林分株树密度模型(株/hm^2)	β_1	2.022 4	0.174 0		
	β_2	21.096 2	0.686 9	0.871 9	172.339 4
	β_3	0.638 8	0.023 0		
单木直径生长模型(cm)	λ_1	15.501 5	0.885 3		
	λ_2	−16.628 9	0.9134		
	λ_3	−0.035 1	0.003 0	0.913 0	1.142 9
	λ_4	0.152 2	0.016 5		
	λ_5	−1.482 0	0.143 7		
单木存活率模型	μ_1	−10.297 3	1.250 9		
	μ_2	0.058 2	0.008 9	−957.584 0	0.183 0
	μ_3	−0.378 3	0.055 8		
	μ_4	0.945 0	0.160 4		

根据最优加权法得到：$\omega_1 = 0.436\ 9$，$\omega_2 = 0.178\ 4$，$\omega_3 = 0.384\ 7$，然后就可以得到林分断面积的组合预测值。各种不同水平模型所预测的林分断面积评价统计量比较见表6-15。在建模数据中，通过单木模型所得的林分断面积的 MD 为 0.266 1，$RMSE$ 为 1.692 7，R^2 为 0.925 5；通过林分模型所得的林分断面积的 MD 为 $-0.159\ 5$，$RMSE$ 为 1.661 0，R^2 为 0.928 2；通过分布模型所得的林分断面积的 MD 为 $-0.221\ 1$，$RMSE$ 为 1.705 1，R^2 为 0.924 4；通过组合预测模型所得的林分断面积的 MD 为 0.002 8，$RMSE$ 为 1.643 1，R^2 为 0.929 8。很明显，通过组合模型预测林分断面积的精度最高。而且，利用检验数据所得的结果也是一样。因此，通过组合预测法预测林分断面积，比通过单项预测（单木水平模型、林分水平模型、分布模型）的效果都要好，同时使得不同水平模型预测所得的林分断面积趋于一致，保证了林分断面积预测的一致性，提高了林分断面积模型的相容性。各不同模型的林分断面积预测值与实际值的线性相关见图6-5。由图6-5可知，通过组合预测法预测林分断面积的相关系数 R^2 比其他单项预测的 R^2 都高，精度最高。

表 6-15　4 种不同预测模型的比较

属性	单木水平模型		林分水平模型		分布模型		组合预测模型	
	建模数据	检验数据	建模数据	检验数据	建模数据	检验数据	建模数据	检验数据
平均偏差（MD）	0.266 1	1.966 5	$-0.159\ 5$	1.570 2	$-0.221\ 1$	1.707 6	0.002 7	$-0.047\ 8$
均方根误差（RMSE）	1.692 7	1.411 6	1.661 0	1.415 2	1.705 1	1.454 1	1.178 7	1.396 5
决定系数（R^2）	0.9255	0.9486	0.928 2	0.949 4	0.924 4	0.846 6	0.929 8	0.950 7

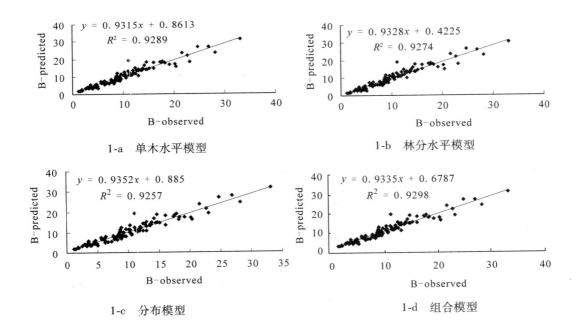

1-a　单木水平模型　　　　　　　1-b　林分水平模型

1-c　分布模型　　　　　　　　　1-d　组合模型

图 6-5 林分断面积预测值与实际值相关图

组合预测方法是一个提高预测精度的很好的方法(Newbold et al., 1987)。该方法充分利用单项预测模型所提供的有效信息，减少单个模型中随机因素的影响，把不同的模型误差分散化，从而提高预测精度。利用组合预测估计方法预测林分断面积，使通过三个不同水平模型(单木模型、林分模型、分布模型)所得的林分断面积组合成一个预测值，保证了林分断面积预测的一致性，这同时也就解决了不同预测模型间的相容性问题，为林分断面积生长模型一体化的研究提供了可行性。组合预测法不仅适用于林分断面积的研究，同时也适用于其它林分因子。而且，在本研究所利用的误差平方和法、方差协方差法和最优加权法这三种权重确定方法中，最优加权法预测的精度最高，其次是方差协方差法，误差平方和法预测精度最低。

第五节　基于相对直径法模型的耦合研究

模型之间的耦合研究，主要包含两方面的含义，一方面是指研究林木的各个因子如树高、胸径、断面积、蓄积等之间的相互关系，然后建立模型，使得林木各因子模型之间能够互相推导，另一方面是研究各类模型之间的相互关系，通过一定的方法使三类模型之间相互联系起来，从而得到即相互一致又准确的全林分、径阶及单木的生长信息。相对直径法是模型之间耦合的又一种方法。

一、研究材料与框架

本节采用中南林业科技大学森林经理教研室调查和收集的某地区的 92 块马尾松人工林标准地资料，主要调查因子有样木年龄、地位指数、样木直径、样木相对直径、样木树高、样木材积、林分年龄、林分平均高、林分平均直径、林分算术平均直径、林分平均断面积、林分各径阶株数和最小径阶等。这些标准地数据中林分的年龄和地位指数都是形成了一个序列的，其中年龄从 12 年到 31 年不等。地位指数有 8、10、12、14、16 共 5 个等级。各样地按年龄的分布见表 6-16，按地位指数的分布见表 6-17。

表 6-16　各年龄的样地数目

年龄(t)	12	15	16	17	18	19	20	21	22
样地数(m)	1	4	5	2	1	2	12	16	17
年龄(t)	23	24	25	26	27	28	29	30	31
样地数(m)	3	5	4	1	5	1	1	2	14

表 6-17　各地位指数的样地数目

地位指数(SI)	8	10	12	14	16
样地数(m)	13	38	27	11	3

为便于研究，将标准地调查数据划分为两组，一组为模拟数据，另一组为检测数据。为了使模型模拟效果更好，在划分数据组时尽量使同一年龄同一地位指数的标准地数据一部分在模拟数据组中，另一部分在检测数据组中，如某一年龄某一地位指数的标准地只有 1 块时，则优先将其划分到模拟数据组中。根据这一原则，其中有 67 块标准地的调查数据被划分为模型模拟样本数据，25 块标准地的调查数据被划分为模型检验样本数据。研究框架见图 6-6。

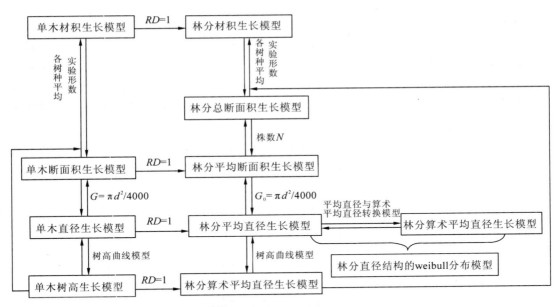

图 6-6 相对直径法模型耦合研究框架

二、单木各因子生长耦合研究

(一) 单木直径生长模型的建立

影响单木直径生长的因素很多，根据以往众多学者的研究，单木直径生长主要受到单木年龄(A)、地位指数(SI)、林分密度和单木竞争指标的影响，为便于耦合研究，对于林分的密度主要考虑每公顷株数 N、单木的竞争指标主要考虑单木的相对直径 RD($RD = d_i/D_g$，其中 d_i 为单木的实际直径，D_g 为林分的平均直径)，从而可用以下函数表示单木的直径生长模型：

$$d_i = f(A, SI, N, RD) \tag{6-49}$$

一个理想的树木生长方程应满足通用性强、准确度高等条件，且最好能对方程的参数给出生物学解释。目前国内外运用比较广泛的单木直径生长理论方程主要有：

Richards $\qquad D = K \cdot [1 - \exp(-at)]^b \tag{6-50}$

Logistic $\qquad D = K/(1 + a \cdot e^{-bt}) \tag{6-51}$

Mitscherlich $\qquad D = K \cdot [1 - \exp(-at)] \tag{6-52}$

Gompertz $\qquad D = K \cdot \exp(-a \cdot e^{-bt}) \tag{6-53}$

Modified-Weibull $\qquad D = K \cdot [1 - \exp(-a \cdot t^b)] \tag{6-54}$

式中：D 表示单木直径，t 表示单木年龄，K、a、b 均为参数，其中参数 K 代表了一定条件下林木的最大生产潜力，与地位指数(SI)、林分密度、单木竞争指标等密切相关。据研究，参数 K 与地位指数(SI)、林分密度、单木竞争指标的关系可用下式表示：

$$K = a_1 \cdot SI^{a_2} \cdot N^{a_3} \cdot RD^{a_4} \tag{6-55}$$

将式(6-55)代入上述直径生长各理论方程，即：

Richards $\qquad D = a_1 \cdot SI^{a_2} \cdot N^{a_3} \cdot RD^{a_4} \cdot [1 - \exp(-a_5 t)]^b \tag{6-56}$

Logistic $\qquad D = a_1 \cdot SI^{a_2} \cdot N^{a_3} \cdot RD^{a_4}/(1 + a_5 \cdot e^{-bt}) \tag{6-57}$

Mitscherlich $\qquad D = a_1 \cdot SI^{a_2} \cdot N^{a_3} \cdot RD^{a_4} \cdot [1 - \exp(-a_5 t)]$ （6-58）

Gompertz $\qquad D = a_1 \cdot SI^{a_2} \cdot N^{a_3} \cdot RD^{a_4} \cdot \exp(-a_5 \cdot e^{-bt})$ （6-59）

Modified-Weibull $D = a_1 \cdot SI^{a_2} \cdot N^{a_3} \cdot RD^{a_4} \cdot [1 - \exp(-a_5 \cdot t^b)]$ （6-60）

用模拟样本中各单木的调查数据对以上各生长模型进行拟合，求得各个参数的值，并对以上模型进行诊断与选优，选择决定系数最大而均方根误差最小的模型既为最好的单木直径生长模型。

通过非线性回归方法，用模拟样本数据对以上各生长模型进行拟合运算，求得方程（6-56）至（6-60）式各参数、决定系数（R^2）及均方根误差（$RMSE$）如表6-18所示。

表6-18 单木直径生长模型拟合结果

方程	a_1	a_2	a_3	a_4	a_5	b	R^2	RMSE
（6-56）	227.038	0.361	−0.515	0.990	4.500	−0.729	0.871	2.522
（6-57）	227.038	0.361	−0.515	0.990	−4.489	1 991.566	0.871	2.522
（6-58）	101.502	0.424	−0.399	0.976	0.083		0.896	2.031
（6-59）	227.038	0.361	−0.515	0.990	−4.507	1 970.909	0.871	2.522
（6-60）	851.000	0.426	−0.396	0.977	0.034	0.352	0.900	1.948

从表6-18的决定系数和均方根误差来看，单木的直径生长采用方程（6-58）式和（6-60）式进行拟合较为理想，尤以（6-60）式为最佳，故确定用（6-60）式作为本研究中单木的直径生长模型，即：

$$D = 815 \times SI^{0.426} \times N^{-0.396} \times RD^{0.977} \times [1 - \exp(-0.034 \times t^{0.352})] \quad （6-61）$$

（二）模型检验

为了评价所选模型的好坏，有必要对模型进行适用性检验和预估精度计算。对于模型的适用性检验，关键是看模型是否存在趋势性系统误差，为此我们可对实测值与模型预测得到的理论值进行成对数据的 T 检验。其统计量 t 可由以下几式计算得到：

$$x_i = d_0 - d_i \quad （6-62）$$

$$x_0 = (x_1 + x_2 + \cdots x_n)/n \quad （6-63）$$

$$s^2 = [(x_1 - x_0)^2 + (x_2 - x_0)^2 + \cdots + (x_n - x_0)^2]/n \quad （6-64）$$

$$t = x_0(n-1)^{0.5}/s \quad （6-65）$$

以上各式中：d_0 表示单木直径的实测值，d_i 表示用单木直径生长模型（6-61）式预估得到的单木直径理论值，n 为样本个数；查表求 t 的临界值 $t_{0.05}(n-1)$，在95%的可靠性下，当 $|t| > t_{0.05}(n-1)$ 则说明模型预测值与实测值之间存在着显著性差异，该模型存在系统偏差。当 $|t| \leqslant t_{0.05}(n-1)$，则说明模型预测值与实测值之间不存在显著性差异，模型不存在系统偏差。

进行95%置信区间的 T 检验，通过对检验样本数据进行计算，可得 $t = 1.812 < t_{0.05}$（554）= 1.96，从而说明模型预测值与实测值之间不存在显著性差异，该模型不存在系统误差。

对于模型的预估精度，可由以下几式计算得到：

$$y_0 = (y_1 + y_2 + y_3 + \cdots + y_n)/n \quad （6-66）$$

$$x_0 = (x_1 - y_1)^2 + (x_2 - y_2)^2 + \cdots + (x_n - y_n)^2 \quad （6-67）$$

$$s = \left[x_0 / (n-1) \right]^{0.5} \tag{6-68}$$

$$e = t_{0.05}(n-1)s / (y_0 n^{0.5}) \tag{6-69}$$

$$p = 1 - e \tag{6-70}$$

式中：$x_i (i=1, 2, \cdots, n)$为直径的实测值；$y_i (i=1, 2, \cdots, n)$为用单木直径生长模型(6-61)式得到的直径预测值，n为样本个数；s为标准差；e为相对误差；$t_{0.05}(n-1)$为95%置信区间时的t分布值；p为预估精度。

将检测样本数据代入以上单木直径生长模型(6-61)式从而得到直径的预测值，并通过精度计算方程(6-66)式至(6-70)式计算其预估精度，可得其预估精度$P = 98.26\%$，可见，该单木直径生长理论方程具有很高的精度和很好的适用性。

(三)树高曲线模型的推导

林业研究者通常将树高和胸径的相关曲线称为树高曲线。而树高曲线模型在林业生产与实践中应用广泛，在生长与收获模型研究中受到重视。国内外常用的树高曲线模型有以下几类，分别属于双曲线式(6-71)、(6-72)，抛物线式(6-73)，Richards 式(6-74)，Logistic 式(6-75)，单分子式(6-76)，柱体屈曲式(6-77)，Weibull 式(6-78)，Schumacher 式(6-79)：

$$H = aD / (D + b) \tag{6-71}$$

$$H = a / (1 + bD^{-c}) \tag{6-72}$$

$$H = a + bD + cD^2 \tag{6-73}$$

$$H = a(1 - e^{-bD})^c \tag{6-74}$$

$$H = a / (1 + be^{-cD}) \tag{6-75}$$

$$H = a(1 - e^{-bD}) \tag{6-76}$$

$$H = aD^{2/3} \tag{6-77}$$

$$H = a(1 - e^{-0.05D})^c \tag{6-78}$$

$$H = 1.3 + ae^{-b/D} \tag{6-79}$$

式中：H表示单木的树高，a、b、c均为模型参数。王明亮等(2000)得出的结论是模型(6-71)式以及 Richards 函数(6-74)式及其特例(6-78)式均适合作为树高曲线的基本模型。但它们共同的缺点就是图形均不过坐标原点，即当$0 \leqslant H < 1.3$时，D取值不含零(或D不能为零)。(6-77)式在柱体屈曲理论的基础上建立了满足单调递增，通过原点，图形为上凸形式且较易拟合的曲线模型，通过郑小贤(1997)、吕勇(1997)的分析和应用，证明基于柱体屈曲理论的树高曲线式(6-77)，即$H = aD^{2/3}$是有一定意义的，该方程既能满足树高曲线式的一般条件，又具有单调递增、通过原点、图形表现为上凸、形式简洁、参数少，易于拟合等优点，因此本次研究选用该模型做为树高曲线模型。

利用调查得到的67块标准地的树高与直径实测数据，对模型(6-77)式进行拟合，求解参数a，可得$a = 1.83$，从而有：

$$H = 1.818 \times D^{2/3} \qquad R^2 = 0.86 \tag{6-80}$$

由决定系数可知该模型能够较好的拟合林木树高与直径之间的关系，因此确定采用该式作为单木的树高曲线模型。

经计算可得其统计量$t = -0.278$，其绝对值$< t_{0.05}(554) = 1.96$，预估精度$P = 98.97\%$。可见，该树高曲线方程具有很高的精度和很好的适用性。

通过以上各方法已经得到了单木的直径生长方程(6-61)式和树高曲线模型(6-80)式，只要将单木直径生长方程(6-61)式代入到树高曲线模型(6-80)式中，即可得到单木的树高生长模型：

$$H = 1.818 \times \{815 \times SI^{0.426} \times N^{-0.396} \times RD^{0.977} \times [1 - \exp(-0.034 \times t^{0.352})]\}^{2/3}$$
$$= 158.623 \times SI^{0.284} \times N^{-0.264} \times RD^{0.651} \times [1 - \exp(-0.034 \times t^{0.352})]^{2/3}$$

(6-81)

经计算可得其统计量 $t = 1.783 < t_{0.05}(554) = 1.96$，预估精度 $P = 98.12\%$，可见，该树高曲线方程具有很高的精度和很好的适用性。

（四）单木断面积生长模型的推导

树木的直径和断面积之间存在着以下关系：

$$G = \pi \cdot D^{2\pi}/40000$$

(6-82)

式中：G——林木断面积(m^2)；

$\qquad \pi$——常数，一般取3.14。

将前面得到的最优单木直径生长模型(6-61)代入其中，便可得到单木的断面积生长模型：

$$G = \pi \times \{815 \times SI^{0.426} \times N^{-0.396} \times RD^{0.977} \times [1 - \exp(-0.034 \times t^{0.352})]\}^2/40\,000$$
$$= 52.142 \times SI^{0.852} \times N^{-0.792} \times RD^{1.954} \times [1 - \exp(-0.034 \times t^{0.352})]^2 \quad (6-83)$$

经计算可得其统计量 $t = 0.913 < t_{0.05}(554) = 1.96$，预估精度 $P = 97.52\%$，可见，该断面积生长模型具有很高的精度和很好的适用性。

（五）单木材积生长模型的推导

对于单木的材积计算，平均实验形数法是一种常用的方法。平均实验形数法求算单立木材积的公式如下：

$$V = G \cdot (H + 3) \cdot f_\sigma$$

(6-84)

式中：V——单立木的材积(m^3)；

$\qquad f_\sigma$——各树种的平均实验形数。

将前面研究得到的单木断面积生长模型(6-83)式和树高生长模型(6-81)式及马尾松的平均实验形数0.39代入式(6-84)中，可得到单木的材积生长模型如下：

$$V = 52.142 \times SI^{0.852} \times N^{-0.792} \times RD^{1.954} \times [1 - \exp(-0.034 \times t^{0.352})]^2 \times \{158.623 \times SI^{0.284} \times$$
$$N^{-0.264} \times RD^{0.651} \times [1 - \exp(-0.034 \times t^{0.352})]^{2/3} + 3\} \times 0.39$$
$$= 3225.655 \times SI^{1.136} \times N^{-1.056} \times RD^{2.605} \times [1 - \exp(-0.034 \times t^{0.352})]^{8/3} +$$
$$61.066 \times SI^{0.852} \times N^{-0.792} \times$$
$$RD^{1.954} \times [1 - \exp(-0.034 \times t^{0.352})]$$

(6-85)

经计算可得其统计量 $t = 0.304 < t_{0.05}(554) = 1.96$，预估精度 $P = 96.94\%$，可见，该单木材积生长方程具有很高的预估精度和很好的适用性。

三、单木生长模型与林分生长模型之间的耦合研究

（一）单木直径生长模型与林分平均直径生长模型之间的耦合

在前面的研究中，对单木的直径生长模型 $d_i = f(A, SI, N, RD)$，其中的单木竞争指标主要考虑了单木的相对直径 RD，由相对直径的定义可知，当 d_i 等于 Dg 的时候，表示

单木的直径与林分的平均直径相等，所以只要令相对直径 $RD = 1.0$，单木的直径生长模型就代表了该林分平均直径的生长模型，因此可以得到林分的平均直径生长模型为：

$$Dg = f(A, SI, N, RD = 1.0) \tag{6-86}$$

令单木的直径生长模型(6-61)式中的 RD 等于 1.0，于是可以得到具体的林分平均直径生长模型如下：

$$Dg = 815.00 \times SI^{0.426} \times N^{-0.396} \times [1 - \exp(-0.034 \times t^{0.352})] \tag{6-87}$$

经计算可得其统计量 $t = -0.647$，其绝对值 $< t_{0.05}(24) = 2.064$，预估精度 $P = 96.94\%$。可见，该林分平均直径生长模型具有很高的预估精度和很好的适用性。

(二)单木树高生长模型与林分平均高生长模型之间的耦合

对于单木的直径生长模型，通过令其单木竞争指标 RD 等于 1.0，从而推导出了林分的平均直径生长模型，而单木的树高生长模型中也包含了单木的竞争指标 RD，那么同样可以令单木树高生长模型中的单木竞争指标 RD 等于 1.0，从而推导出林分的平均高生长模型。令单木树高生长模型(6-81)式中的 RD 等于 1.0，得到的林分平均高生长模型为：

$$\overline{H} = 158.623 \times SI^{0.284} \times N^{-0.264} \times [1 - \exp(-0.034 \times t^{0.352})]^{2/3} \tag{6-88}$$

式中：$\overline{H}$——林分平均高(m)；

经计算可得其统计量 $t = 0.013 < t_{0.05}(24) = 2.064$，预估精度 $P = 96.31\%$。因而可以认为采用该方法从单木树高生长模型推导出林分平均树高生长模型是可行的，并且能取得很好的效果。

(三)单木断面积生长模型与林分平均断面积生长模型之间的耦合

采用同以上相同的方法，令单木断面积生长模型(6-83)式中的单木竞争指标 RD 等于 1.0，可得到林分平均断面积生长模型为：

$$G_0 = 52.142 \times SI^{0.852} \times N^{-0.792} \times [1 - \exp(-0.034 \times t^{0.352})]^2 \tag{6-89}$$

式中：G_0——林分的平均断面积(m^2)；

经计算可得其统计量 $t = -0.519$，其绝对值 $< t_{0.05}(24) = 2.064$，预估精度 $P = 94.09\%$。因而可以认为采用该方法从单木断面积生长模型推导出林分平均断面积生长模型是可行的。

(四)单木材积生长模型与林分蓄积生长模型之间的耦合

令单木材积生长模型(6-85)式中的单木竞争指标 RD 等于 1.0，可得到林分平均单株木的材积生长模型：

$$V_0 = 3225.655 \times SI^{1.136} \times N^{-1.056} \times [1 - \exp(-0.034 \times t^{0.352})]^{8/3} + 61.066$$
$$\times SI^{0.852} \times N^{-0.792} \times [1 - \exp(-0.034 \times t^{0.352})]^2 \tag{6-90}$$

式中：V_0——林分平均单株木的材积(m^3)。

林分的平均单株材积乘以林分总株数便可得到林分的总蓄积，因此，上式乘上林分的株数 N 就可得到林分的蓄积生长模型：

$$M = 3225.655 \times SI^{1.136} \times N^{-0.056} \times [1 - \exp(-0.034 \times t^{0.352})]^{8/3} + 61.066$$
$$\times SI^{0.852} \times N^{0.208} \times [1 - \exp(-0.034 \times t^{0.352})]^2 \tag{6-91}$$

式中：M——林分蓄积(m^3/hm^2)。

经计算可得其统计量 $t = 0.384 < t_{0.05}(24) = 2.054$，预估精度 $P = 91.54\%$。可见，该林分蓄积生长模型具有很高的精度和很好的适用性。

四、林分各因子生长模型之间的耦合

（一）林分平均直径生长模型与林分平均高生长模型的耦合

对前面的树高曲线模型（6-80）式，也即 $H = 1.818 \times D^{2/3}$，当 D 为单木直径时，H 则为单木的树高，如果将单木直径 D 换成林分的平均直径 D_g，那么 H 则表示林分的平均高 $\overline{H}$ $= 1.818 \times D_g^{2/3}$，通过前面的研究，已经得到了林分的平均直径生长模型，即（6-87）式，将其代入树高曲线模型 $H = 1.818 \times D^{2/3}$，可得到林分的平均树高生长模型为：

$$\overline{H} = 1.818 \times \{815 \times SI^{0.426} \times N^{-0.396} \times RD^{0.977} \times [1 - \exp(-0.034 \times t^{0.352})]\}^{2/3}$$
$$= 158.623 \times SI^{0.284} \times N^{-0.264} \times [1 - \exp(-0.034 \times t^{0.352})]^{2/3} \qquad (6-92)$$

可以看出，由林分平均直径生长模型推导所得到的林分平均高生长模型和从单木树高生长模型推导出的林分平均高生长模型是完全一致的。

经计算得其 $t = 0.013 < t_{0.05}(24) = 2.064$，证明了该模型没有系统误差，说明该模型具有很好的适用性，且得其预估精度 $P = 96.31\%$，说明该模型具有很高的预估精度。

（二）林分平均直径生长模型与林分平均断面积生长模型的耦合

有了林分的平均直径生长模型，便可将其代入下式从而得到林分的平均断面积生长模型：

$$G_0 = \pi \cdot Dg^2 / 40000 \qquad (6-93)$$

式中，G_0 表示林分的平均断面积，Dg 表示林分的平均直径。将林分的平均直径生长模型（6-87）式代入（6-93）式中，即可得到具体的林分平均断面积生长模型为：

$$G_0 = \pi \times \{815 \times SI^{0.426} \times N^{-0.396} \times [1 - \exp(-0.034 \times t^{0.352})]\}^2 / 40000$$
$$= 52.142 \times SI^{0.852} \times N^{-0.792} \times [1 - \exp(-0.034 \times t^{0.352})]^2 \qquad (6-94)$$

同样，这种方法所得到的林分平均断面积生长模型和从单木断面积生长模型推导出的林分平均断面积生长模型是完全一致的。

经计算得其 $t = -0.519$，其绝对值小于 $t_{0.05}(24) = 2.064$，证明了该模型没有系统误差，说明该模型具有很好的适用性，且得其预估精度 $P = 94.09\%$，说明该模型具有很高的预估精度。

（三）林分总断面积生长模型的推导

对于一片林分来说，其总断面积可看作平均断面积与其株数的乘积，因此可用下式来表示林分的总断面积：

$$G_{总} = G_0 \times N \qquad (6-95)$$

式中：$G_{总}$——林分的总断面积（m^2/hm^2）；

G_0——林分的平均断面积（即平均木的断面积）（$m^2/$株）；

将林分的平均断面积生长模型（6-94）式代入式（6-95）中即可得到林分的总断面积生长模型：

$$G_{总} = 52.142 \times SI^{0.852} \times N^{-0.792} \times [1 - \exp(-0.034 \times t^{0.352})]^2 \times N$$
$$= 52.142 \times SI^{0.852} \times N^{0.208} \times [1 - \exp(-0.034 \times t^{0.352})]^2 \qquad (6-96)$$

经计算可得其统计量 $t = 0.184 < t_{0.05}(24) = 2.064$，预估精度 $P = 93.76\%$。因而可以认为采用该方法从林分平均断面积生长模型推导出林分总断面积生长模型是可行的，并且

能取得很好的效果。

(四)林分蓄积生长模型的推导

林分蓄积量可以看成是由林分中(或单位面积上)所有树木胸高总断面积、林分条件平均高和林分形数这三个要素所构成,即:

$$M = G_总 \cdot (\overline{H} + 3) \cdot f_\sigma \tag{6-97}$$

式中,M——林分单位面积上的总蓄积量(m^3/hm^2)。

对于不同的树种,其平均实验形数不同,如阔叶树$f_\sigma = 0.40$,马尾松$f_\sigma = 0.39$,杉木$f_\sigma = 0.42$,本研究所用的数据为马尾松标准地数据,因此f_σ取0.39。式中林分平均高$\overline{H}$是通过树高曲线推导出来的,所以其本身即为林分的条件平均高。

将林分的总断面积生长模型(6-96)式和林分平均高生长模型(6-92)式代入式(6-97)中,可得到林分的蓄积量生长模型为:

$$M = 52.142 \times SI^{0.852} \times N^{0.208} \times [1 - \exp(-0.034 \times t^{0.352})]^2 \times \{158.623 \times SI^{0.284} \times N^{-0.264} \times$$
$$[1 - \exp(-0.034 \times t^{0.352})]^{2/3} + 3\} \times 0.39 = 3\,225.655 \times SI^{1.136} \times N^{-0.056} \times [1 - \exp(-0.034 \times t^{0.352})]^{8/3} + 61.066 \times SI^{0.852} \times N^{0.208} \times [1 - \exp(-0.034 \times t^{0.352})]^2 \tag{6-98}$$

可以看出,这种方法所得到的林分蓄积生长模型和从单木材积生长模型推导出的林分蓄积生长模型也是完全一致的。并且其统计量$t = 0.384 < t_{0.05}(24) = 2.064$,预测精度$P = 91.54\%$,因而采用该方法推导出林分蓄积生长模型是可行的,并且能取得较好的效果。

五、林分生长模型与径阶分布模型之间的耦合

(一)林分径阶分布模型的选择

林分直径结构模型可提供林分中各径级木的株数信息,是林分经营模型中的核心组成部分。模拟林分直径结构模型常采用正态分布、对数正态分布、γ分布、β分布和Weibull分布等,其中含3个参数的Weibull分布函数在拟合林分直径分布规律时,具有很强的灵活性和实用性,因而在国内外均被广泛采用。3参数Weibull分布函数的概率密度函数前一节已经描述了,其各径阶理论概率为:

$$Pf_i = w \times \frac{c}{b}\left(\frac{x-a}{b}\right)^{c-1} \exp\left[-\left(\frac{x-a}{b}\right)^c\right] \tag{6-99}$$

式中:w——径阶距,本研究中取为2;

　　　x——径阶中值。

(二)林分径阶分布模型参数的求解

据参考文献,参数b、c近似估计法的计算公式,即:

$$b = (Dm - a)/r_1 \tag{6-100}$$

$$c = 0.1342 + 0.8879/cvx + 0.10049/cvx^2 - 0.011996/cvx^3 + 0.0005361/cvx^4 \tag{6-101}$$

其中:

$$cvx = cvd[Dm/(Dm - a)] \tag{6-102}$$

$$cvd = [(Dg/Dm)^2 - 1]^{1/2} \tag{6-103}$$

$$r_1 = 1.002 - 0.4832cvx + 0.49688cvx^2 - 0.057665cvx^7 + 0.03946cvx^8 \tag{6-104}$$

式中；Dm——林分的算术平均直径（cm）；

Dg——林分的平方平均直径（cm）；

cvx——径阶（x）的变动系数；

cvd——林分直径的变动系数。

在一般性的森林调查中，只调查林分平方平均直径而没有测定算术平均直径，为了能用以上各式求解威布尔函数的参数 b 和 c，尚需建立林分算术平均直径模型，根据研究，林分的算术平均直径 Dm 与平方平均直径 Dg 之间存在着一种线性相关关系，本研究通过用模拟样地数据对其进行拟合，可得其模型为：

$$Dm = 0.987Dg - 0.093 \qquad\qquad R^2 = 0.998 \qquad\qquad (6\text{-}105)$$

其决定系数 $R^2 = 0.998$，证明该模型能很好的拟合林分的算术平均直径 Dm 与平方平均直径 Dg 之间的线性相关关系。将林分的平均直径生长模型式（6-87）代入式（6-105）式中，可得林分的算术平均直径生长模型为：

$$Dm = 804.405 \times SI^{0.426} \times N^{-0.396} \times [1 - \exp(-0.034 \times t^{0.352})] - 0.093$$

$$(6\text{-}106)$$

计算得其统计量 $t = 1.33 < t_{0.05}(24) = 2.064$，预测精度 $P = 97.22\%$，因而可以认为采用该方法推导出林分蓄积生长模型是可行的，并且能取得较好的效果。

估计出 Weibull 分布密度函数的 3 个参数 a，b，c 后，林分各径阶的株数 n_i 可按下式求得：

$$n_i = N \times Pf_i \qquad\qquad (6\text{-}107)$$

基于相对直径法，单木直径生长模型、树高生长模型、断面积生长模型以及材积生长模型等被很好地的耦合起来；通过再次参数化的方法将影响林木生长最为直接的地位指数（SI）、林分株数密度（N）和单木竞争指标（RD）等因子引入了单木直径生长方程中，从而使得单木直径生长理论方程具有更广泛的适用性、更好的生物学意义和更好的可解释性，并通过令单木竞争指标等于 1.0，实现了单木直径生长模型与林分平均直径生长模型之间的耦合。通过 $G_0 = \pi \cdot Dg^2 / 40000$ 实现了林分平均直径生长模型与林分平均断面积生长模型之间的互相推导。因为林分总断面积等于林分平均断面积乘以林分总株数，所以通过林分株数又可实现在林分平均断面积生长模型和林分总断面积生长模型之间的耦合。林分总断面积生长模型与林分蓄积生长模型之间的耦合是通过林分平均高和各树种的平均实验形数来实现的，即通过公式 $M_{\text{总}} = G_{\text{总}} \cdot (Dm + 3) \cdot f_\sigma$ 实现林分总断面积生长模型与林分蓄积生长模型之间的耦合。选择了 Weibull 分布函数作为林分直径分布规律的拟合函数，由于 Weibull 分布函数的一阶原点矩为林分算术平均胸径 Dm，二阶原点矩为林分平方平均胸径 Dg 的平方，所以可利用林分的平均直径和算术平均直径来求解 Weibull 分布函数的 3 个参数，从而使得全林分生长模型和径阶分布模型能有机结合。

第七章　森林资源数据管理

森林资源是我国重要的自然资源。新中国成立以来我国已经积累了大量的森林资源数据，但由于对各项森林资源数据管理独立、分散，难以发挥森林资源数据的综合效益。随着现代林业建设的不断推进，林业生态、产业和文化三大体系建设的全面展开，用现代高科技信息手段和工具，建设一个由国家级森林资源数据库和省级森林资源数据库组成的全国森林资源数据库尤为重要，以省级森林资源数据库建设为依托，建设全国森林资源分布式数据库，对我国森林资源数据进行管理尤为迫切。

第一节　森林资源数据构成及层次

森林资源数据包括森林资源规划设计调查数据、森林作业设计调查数据、年度核（调）查和专业调查数据、森林资源管理数据（林地林权、资源利用等）、资源利用数据、其他标准、文档、技术规程等综合数据。

按照数据的形式划分，森林资源数据可以分为空间图形数据、业务属性数据、统计数据以及相关的文档、多媒体数据等。森林资源具有地域分布广、动态变化、复杂多样的特点，使得数据具有数据量大、类型多样、多维性、多时序、多尺度性等特点。森林数据这些特征，对海量空间数据的存储、使用管理和更新以及历史数据利用提出了比较高的要求，需要将不同类型、格式、内容、尺度、时间以及多维的空间数据综合在统一的空间数据库中管理，以满足各种森林资源管理业务应用的需求。表7-1列出了森林资源管理数据库主要数据类别。

森林资源数据库管理旨在综合集成森林资源数据，为森林资源监测和管理服务，为各级林业管理部门提供信息查询、分析评价、辅助决策等综合服务。森林资源数据库将为公益林、商品林区划界定提供重要基础数据，是编制森林采伐限额提供直接依据，也是森林经营宏观管理政务决策的重要依据，对于提高森林资源管理部门相关政务决策的科学水平及能力将发挥重要作用。同时，森林资源数据库也为林业其他相关业务部门提供森林资源基础数据的应用和服务，有利于推动林业信息共享和利用。

表7-1　森林资源管理数据库主要数据类别

序号	大类	子类	数据类型
1	公共基础数据		
		基础地理数据库	空间矢量数据
		遥感数据库	空间栅格数据
		水文数据	矢量、属性数据
		气象数据	矢量、属性数据

序号	大类	子类	数据类型
2	森林资源数据库		
		国家森林资源连续清查数据	矢量、属性、统计数据
		森林资源规划设计调查数据	矢量、属性、统计数据
		森林资源年度变化数据	矢量数据
		伐区调查设计数据	矢量数据
		森林采伐管理数据	属性数据
		征占用林地数据	矢量数据
		木材运输证数据	属性数据
		木材加工许可证数据	属性数据
		林权管理数据	属性数据
		生态公益林管理数据	矢量数据
		森林陆地野生动物数据	矢量、属性、统计数据
		野生植物数据	矢量、属性、统计数据
		自然保护区数据	矢量、属性、统计数据
		其他标准、文档、技术规程等综合数据	文档数据、多媒体数据等
3	支撑数据库		
		元数据及数据字典	属性、统计数据
		统计报表模型数据	属性、统计数据
		数据交换模型	属性、统计数据
		代码库	属性、统计数据
		服务支撑数据	属性、统计数据
		资源表结构映射数据	属性、统计数据

第二节　森林资源数据库框架建设

以省级森林资源数据库建设为依托是建立全国分布式森林资源数据库的必要前提。在全国范围内，推动、规范和完善全国省级（区、市、森工集团）的森林资源基础数据库建设，形成各省"一库二用"的森林资源数据库建设模式，即作为省级森林资源管理运行数据库之用，同时又为国家级森林资源分布式数据库之用。建设以整合各省森林资源数据库为目的的国家级森林资源数据库框架，确保国家级、省级森林资源数据库对接和互动。

一、全国森林资源数据库框架设计

数据库由省级森林资源数据节点和国家级森林资源数据库构成。通过省级森林资源监测管理支撑数据库与资源监测管理服务数据库的建设，形成符合国家森林资源监管数据标准的数据。数据库管理、更新维护由省级实现，国家平台利用国家林业专网通过部署在省级系统的各类服务获得省级森林资源数据和服务。对省级来说是全省数据库统一集中管理，对国家级来说，省级数据库是物理分散、逻辑集中的全国森林资源数据库的组成部分。

国家级森林资源数据库构成：国家级森林资源数据库是在国家规范化的基础上对业务司局业务数据、现有与资源监测相关的基础数据，包括地理空间数据和统计报表等，进行标准化改造，包括数据逻辑关系、数据库结构、支撑数据等。通过对省级森林资源数据的整合形成国家级森林资源数据库。国家级森林资源数据库建设的任务重点在于对现有与森林资源监测相关的基础数据整合和国家级数据服务体系支撑数据库的建设。

省级森林资源数据库架构构成：省级森林资源数据库架构是省级数据库与国家规范化的森林资源数据库之间的关系映射，包括数据库结构、逻辑关系、交换方式、分析计算、空间时间尺度、空间转换、空间分析等一系列关系的映射和链接。一旦省级森林数据库建立，就可以形成国家直接调用的数据，成为国家逻辑映射数据库。省级森林资源数据库是由森林资源二类调查数据、省级森林资源年度变化数据、森林采伐管理数据、森林生物多样性等专题资源数据、省级基础地理信息数据和省级服务支撑数据库构成。国家为省级提供森林资源数据库建设必要的支撑工具、数据共享服务和服务支撑数据库，各省级负责其森林资源数据的采集、汇集、集成和维护更新工作等数据库建设工作，通过数据服务实时提供省级资源基础数据，保证国家林业局能获取省级最新的林业资源基础数据。省级服务支撑数据库是实现省与国家对接的保障，由国家统一建设。

全国整体集成森林资源数据库：包括由省级森林资源逻辑集成的数据库、由国家级专题森林资源逻辑集成的数据库、国家公共基础数据库和国家级整体服务支撑数据库四部分构成。

国家级数据库部署在国家级数据中心，省级数据库部署在省级数据分中心，国家级数据库与各省数据库通过信息交换系统实现数据交换与共享。全国森林资源数据库总体框架如图7-1所示：

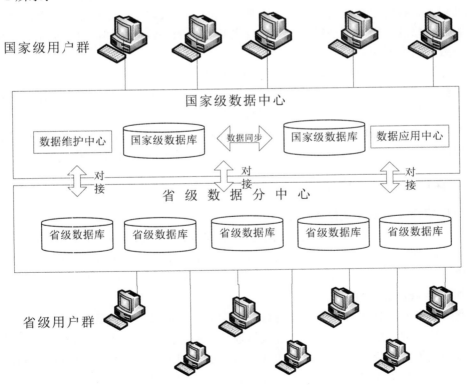

图 7-1　全国森林资源数据库框架设计图

数据库数据存储：根据业务需要和业务管理特点，国家和省建立各自的林业数据中心或分中心，数据存储在本级数据中心。

数据库运行和维护管理：数据库将按数据来源实现国家和省分级管理。各省数据分中心是国家设在地方的数据分中心，国家级数据中心和各省数据分中心通过应用支撑平台实现国家与地方数据共享和交换，实现业务应用上下联动。

国家级数据中心：负责国家级数据的采集、编辑、审核、入库、权限分配、数据更新和管理，省级数据分中心是国家部署在省里的数据汇集交换中心，负责汇集、管理国家需要的相关数据的采集、编辑、审核、入库、更新和管理。在数据库维护方面，依托各级数据中心对本级数据进行运行维护管理，确保数据库现势性和数据服务的需要，为林业数据共享、政务协同、辅助决策、公共服务奠定基础。

数据库管理部署：根据各级应用需求和管理特点，整个森林数据库分为国家级数据库和地方数据库。数据库管理模式为集中与分布相结合。国家级数据库部署在国家级数据中心，与各省数据库可进行数据交换与共享。各省级数据库的管理，根据地方实际情况，可采用省级托管集中式管理模式或省、市、县分级管理的集中与分布相结合的模式。按照采用分布式管理的原则，避免负载沉重和单点故障问题，应做双机热备或双机负载均衡。

数据库管理：数据库按国家与省级进行分级管理。国家负责逻辑集成的森林资源基础数据库管理以及交换共享的数据库管理，省级负责本省区森林资源实体数据库的管理。根据各省区不同的网络环境，采用共享交换体系策略将需要修改的数据汇集上一级，最终到达数据处理站，经过审核进行数据修改入库，同时将修改之后的数据返回给各级系统，错误由下级进行修改，重复上述操作，以确保各级数据的一致性，如此自下而上，就能保持数据的一致性与实时更新。

数据库数据调用：根据管理特点，利用目录体系和信息交换体系，国家与省级分配和建立各级数据应用权限，各类数据库管理员都享有对本地范围数据的最高权限，可以对本地数据进行任何操作，确保数据应用不越权操作。

数据库中数据存储应有适当冗余，大量数据的本地调用有助于提高数据的调用速度、优化数据库的性能、增强业务系统的可靠性，同时将对数据库起到异地备份的效果。

二、森林资源数据库建设

（一）国家级森林资源数据库建设

根据国家林业局现有公共基础数据整合情况与森林资源监管相关的公共基础数据，如行政区划、1：25 万的基础地理数据等，形成国家级森林资源监测管理基础数据库，在此基础上建设国家级森林资源数据库框架与森林资源监管服务支撑数据库。

1. 国家级森林资源数据库框架

国家级数据库框架由省级资源监管数据与服务、国家级资源监管数据与服务、国家与省级服务支撑数据组成。省级森林资源数据通过服务化的封装将省级的资源监管数据按照国家相关的数据标准规范进行改造，实现省级数据向国家级标准数据的映射，由森林资源监管业务数据、数据服务、省与国家标准体系组成。国家级森林资源数据通过国家级数据服务与国家标准体系实现标准化发布，与省级数据服务共同构成国家级森林资源数据库框架，形成为各类监管业务系统提供标准化数据的国家级逻辑数据库。

2. 国家级森林资源监管服务支撑数据库

元数据及数据字典，林业行业空间数据编码与设计、数据字典等基础数据，将建立关于上述所有数据的元数据库和数据字典，执行统一的林业图件和表格资料的整理规范和标准。

统计报表模型数据库，包括森林、荒漠化、湿地及生物多样性统计报表模型库

数据交换模型库，包括森林调查、森林更新规划、湿地及生物多样性统等数据的数据结构转换，代码及数据字典转换模型等。

代码库，涉及公共代码，专题代码，资源代码，衍生代码，地方代码库等内容。

服务支撑数据库，空间坐标转换参数、各类基础数据制图模板、服务权限、服务发布等。

(二) 省级森林资源数据库建设

1. 数据分类标准化规范处理

在现有数据资源的基础上，针对国家已制定的标准，对省级现有数据分类规范化、标准化整理，形成符合国家又能满足省级要求的数据分类体系；对森林资源规划设计调查数据、森林作业设计调查数据、年度核(调)查和专业调查数据、森林资源管理数据(林地林权、资源利用等)、资源利用数据，进行省级地方标准和国家标准的规范化处理；建立省——国家森林资源数据库结构对应和映射关系。

2. 数据补充与扩展

对现有数据进行补充和扩展，弥补本项目数据交换必须具备的森林资源数据，并进行标准化规范化处理，包括地方二类调查、森林作业设计调查数据、年度核(调)查数据、森林资源管理数据、资源利用调查数据等方面的补充、采集和更新，形成反映省级森林资源现状的数据库。

3. 森林资源宏观分布数据生成

生成不同空间尺度(1：25 万、1：5 万、1：1 万等)的森林分布图、森林资源规划设计图、森林作业设计规划图，以及建立森林资源管理数据(林地林权、资源利用等)库、资源利用数据数据库，通过数据融合、采集录入的方式进行建立。

(三) 省级森林资源监管服务支撑数据库

1. 基础支撑数据库

元数据及数据字典，林业行业空间数据编码与设计、数据字典等基础数据，将建立关国家级与省级数据库所有数据的元数据库和数据字典，执行统一的林业图件和表格资料的整理规范和标准。

代码库，涉及公共代码，专题代码，资源代码，衍生代码，地方代码库等内容。

数据交换模型库，包括森林资源规划设计数据、森林作业设计调查数据、年度核(调)查和专业调查数据、森林资源管理数据、资源利用数据等数据结构转换，代码及数据字典转换模型等。

2. 管理服务支撑数据库

包括空间坐标转换参数、各类基础数据制图模板、服务权限参数据据库及服务发布管理数据库等。

统计报表模型数据库，包括森林资源规划设计数据、森林作业设计调查数据、年度核

（调）查和专业调查数据、森林资源管理数据、资源利用数据等统计报表模型库。

森林资源结构映射数据：建立省级森林资源数据库与国家级森林资源逻辑集成规范数据库之间形成映射关系，实现国家对省级数据库的并行监控、调用、共享、计算、统计、分析等过程；建立省级服务支撑数据库，为国家提供数据支撑服务，如：

省级、国家级森林资源数据库结构映射关系数据；

省级、国家级森林资源统计分析映射关系数据；

省级、国家级森林资源空间尺度映射关系数据；

省级、国家级森林资源时间尺度映射关系数据；

省级、国家级森林资源空间投影转换构映射关系数据；

省级、国家级森林资源空间分析映射关系数据；

省级、国家级森林资源逻辑检查映射关系数据；

其他映射关系数据。

第三节　数据管理标准规范建设

一、概述

标准规范库建立是森林资源监测数据管理建设中的基础性工作。标准规范建设不能仅仅满足森林资源监测体系建设内部需要，还要通盘考虑整个森林资源监测数据库管理建设的大局，高起点、高标准，与国际、国内相关标准相衔接，形成较为科学的标准化体系。

森林资源监测标准规范的建设是紧紧围绕林业信息化建设和工作需要开展，标准的修订和编制，将按照"面向应用、采标优先、突出重点、轻重缓急"的原则，认真研究国际标准和国内外已有的先进标准，对适合我国森林资源监测数据信息化建设的标准积极采用；根据森林资源监测体系建设需要重点修订完善已有标准；优先制定急需的、共性的、基础性和关键性的标准。

在我国林业信息化标准建设过程中，一些地方林业管理部门已建了自己的标准，在国家标准与地方标准之间，要遵循以下原则：地方必须遵守国家标准，但可以在此基础上进行扩充；地方标准通过一套转换机制转换到国家标准，在一定时期内地方标准仍有效；地方标准分阶段，逐步统一到国家标准；地方已有的林业信息，通过标准转化机制，统一成国家规定的标准数据；新调查的数据，完全按照国家标准处理；经过几个阶段的发展，逐步转到国家标准上来。

标准体系结构参照《国家电子政务标准化指南》的技术参考模型，森林资源监测数据的标准规范体系由总体标准、信息资源标准、应用标准、基础设施标准和管理类标准等五大类标准组成。标准规范体系结构如图7-2所示。

从图中可看出，总体标准是标准规范体系中的基础标准，是其他标准制定的基础。它规范了其他标准中总体性、框架性和基础性的内容，是其他标准间形成互相关联、互相协调、互相适应的重要基础。

基础设施标准主要对森林资源数据库建设的基础工作进行规范，为标准化应用系统、数据库建设等工作提供规范的安全和运行环境，为林业信息资源共享、交换等提供基础服务。

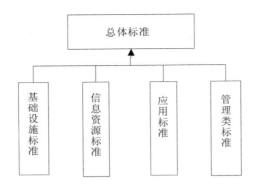

图 7-2　国林业信息化标准规范体系结构

信息资源标准是在基础设施标准的基础上，对森林资源监测进行标准化、规范化的处理和整合改造，最终为应用系统和数据的使用者服务。标准化、规范化的森林资源监测信息资源，才能实现对用户的信息资源交换等。

应用标准主要对森林资源监测信息化应用系统的建设以及信息共享等工作进行规范，通过网络为面向领导、林业政府部门、企事业单位和公众等提供信息共享、业务协同、辅助决策等服务。应用标准在林业信息化建设中面向的是用户。

管理标准贯穿整个森林资源监测信息化建设工作，从基础设施、数据库、应用系统建设等各个方面的技术和运营进行规范管理。

森林资源监测信息化标准规范体系中各标准是相互协调、紧密联系、相互支持，以林业信息化建设需求为主导，构成一个有机的整体。

二、主要内容

森林资源监测数据管理信息化的标准主要内容如下：

（一）总体标准

总体标准涉及森林资源监测数据管理信息化管理的总体性、框架性、基础性的标准规范，其组成结构如图 7-3 所示。

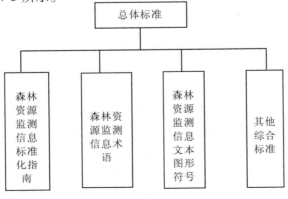

图 7-3　总体标准结构

森林资源监测信息标准化指南：概括描述森林资源监测信息化标准体系及标准化的机制，介绍森林资源监测信息化体系建设必须遵循或参考的标准和管理规定，提出网络建设、信息共享、支撑技术和信息安全等4个方面建设必须遵循或参考的技术要求、标准和管理规定，为林业信息工作人员提供标准编制和应用指导。

森林资源监测信息术语：术语统一是森林资源监测信息标准化和其他标准制定的基础。森林资源监测信息术语覆盖林业信息化建设涉及的各类术语，主要涉及的森林资源、野生动植物资源、营造林、森林防火、林业有害生物、野生动物疫源疫病等方面的信息术语标准。

森林资源监测信息文本图形符号：该类标准用来规范森林资源监测信息文本图形符号，促进森林资源监测信息资源的共享和交流，是森林资源监测信息产品共享的基础。森林资源监测信息文本图形符号覆盖林业信息化建设涉及的文本图形符号，

其他综合标准：主要包括除上述几类标准外，其他基础性、总体性和综合性等标准。

（二）应用标准

包括各种森林资源监测信息管理资源应用方面的标准，如图7-4所示。

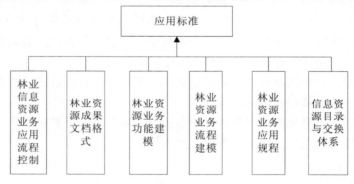

图7-4　应用标准结构

森林资源监测管理业务应用流程控制规范：对业务应用系统的业务流程进行规范。

森林资源监管成果文档格式：对专题制图产品、各种文件、报表等的名称、代号、格式、内容、记录方法、书写要求等做出统一的规定。

森林资源监管业务功能建模：针对业务流程中各个职能，以及应用系统建设的功能，规范各个业务功能模块。

森林资源监管业务流程建模：一个业务流程包含若干个节点，每个节点对应一项操作，各个节点以及节点之间的相互关联构成业务流程。通过提供流程建模和设计工具，对业务流程规则和过程进行规范。

森林资源监管业务应用规程（规范）：针对林业各业务范围，制定各类业务的业务应用技术规程，规范业务应用系统的建设。

信息资源目录和交换体系：目录体系为信息提供者提供公共资源和交换服务的特征信息，为信息使用者提供信息资源目录查询。交换体系依托网络和信息安全基础设施，采用技术标准，实现为跨部门、跨地域等应用系统之间的信息资源交换与共享。

（三）森林资源监测管理信息资源标准

根据林业信息化数据库建设的数据内容：林业产品信息、林业综合信息、林业专题信

息以及林业基础信息，规范这些信息的标准化入库，主要包括林业信息资源的表示和处理、信息资源定位、数据访问、目录服务方面等，如图7-5所示。

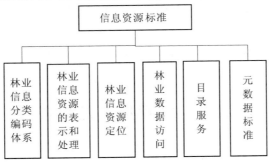

图7-5 信息资源标准结构

林业信息分类编码体系：要实现林业信息的共享，用户需要通过目录体系和交换体系对林业信息进行检索，通过网络实现信息交换，所以首先要对林业信息进行统一的分类编码，以满足各应用系统开发、数据库建设，保证信息的唯一性及共享和交换。

林业信息资源的表示和处理：主要从信息资源的处理、有关信息技术方面的文件描述和处理语言，以及数据交换接口等方面进行规范。

林业信息资源定位：主要规范信息资源的定位符、资源的名称、标识符，以及对信息资源的生产者、使用者、管理者等进行定位。

林业数据访问：主要规范对数据库中数据进行访问涉及到的数据库语言方面的标准。如：通用级接口、持久存贮模块、SQL多媒体等方面的数据库标准。

目录服务：林业信息资源为务林人和社会公众的业务需求提供服务，就需要对开放系统互联方面涉及到的内容进行规范，如对访问的协议、选择属性类型、访问模型等进行规范。

林业信息资源元数据标准：主要从有关林业信息的内容、载体形态、信息资源集合及其组织体系、管理与服务机制以及过程与系统等方面去描述信息资源的特征和属性。根据这些信息，人们可以采集、组织、识别、定位、发现、评估和选择信息资源，实现简单高效地检索、交换、管理海量数字化信息资源。

（四）基础设施标准

包括为森林资源监测管理数据库和应用系统等建设提供基础支撑作用中涉及到的标准规范，如图7-6所示。

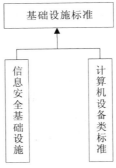

图7-6 基础设施标准结构

信息安全基础设施标准：主要规范身份认证、网络信任、应急与灾备等方面的基础设施。

计算机设备类标准：主要从网络基础设施、机房及配套等建设方面进行规范。

（五）管理类标准

包括森林资源监测管理中的数据库、应用系统、基础设施建设和运行等方面的管理办法。

第四节　数据库存储与管理

一、数据库优化

通过对数据库进行优化，提高查询效率，使森林资源数据库更好地为林业及其他部门服务。

好的数据组织策略是提高查询速度重要的途径之一。森林资源监测数据库应用系统属于在线分析处理（OLAP）系统类型，数据是面向分析的，并且是较为稳定的，经常更新的数据很少。OLAP处理对数据的实时性要求较低，但用户查询分析多，数据处理量很大，这一特点为通过数据组织优化提高系统性能提供了可能。

数据组织的优化措施包括物理组织优化和逻辑组织优化，物理组织优化是合理安排数据文件和日志文件的物理位置和参数等，以提高系统性能；逻辑组织优化是以不同的形式在逻辑上有效组织数据，以达到查询效率的最大化。通过优化数据组织，针对专题数据的使用特点设计其存储和结构关系，能极大地提高系统的查询效率。

①逻辑组织优化：数据库的逻辑组织优化主要使用规范化与反规范化、分区、创建索引等方法。

②物理组织优化：Oracle的文件有五种类型：数据文件、重做日志文件、控制文件、参数文件、归档文件。文件组织不合理会引起磁盘I/O竞争，影响查询速度。可以将数据文件、重做日志文件、参数文件等放在不同磁盘上，减少I/O竞争，从而提高查询效率。

③ArcSDE优化：SDE服务器内存放有空间对象模型，用户的应用程序（User Application）通过SDE应用编程接口（SDE API）向SDE服务器提出空间数据请求，SDE服务器依据空间对象的特点在本地完成空间数据的搜索，并将搜索结果通过网络向用户的应用程序返回。SDE的开放式数据访问模型，支持最新的标准（Open GIS，SQL3，SQL Multimedia），提供快速的、多用户的数据存取，提供开放的应用开发环境，是目前非常成功的空间数据库引擎系统。在DBMS中融入空间数据后，SDE可以提供对空间、非空间数据进行高效率操作的数据库服务。

④数据应用优化：在实现各类资源数据应用之前对数据进行优化，使不同类的数据转换为同类或统一表达形式的数据，将国家级数据库中数据汇总、统计分析、数据转换等工作分散至各省的数据库服务器，使得国家级数据库只需处理与其业务、数据相关的部分功能，从而形成一个全国分布式处理的森林资源数据系统。

二、数据库存储

基于 SAN 的物理存储架构环境以及建立公共数据库和基础数据库等基础性的数据库，为应用系统提供逻辑上统一的资源数据库访问。其总体结构分为存储层、存储交换层、主机层、存储管理层和存储专业服务层等五层，如图 7-7 所示。

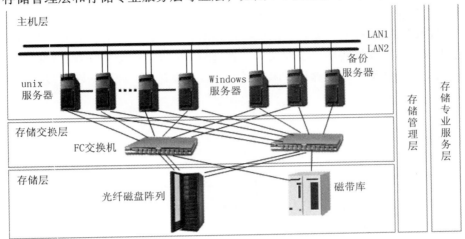

图 7-7　数据存储系统体系结构

存储层层主要提供高可靠、高性能、可扩展的智能存储设备存储数据信息，由于在 SAN 中资源是完全的共享，同时要保证数据访问的安全性，必须保证使每个应用系统既能共享资源又能互不干扰。

存储交换层是 SAN 的核心连接设备，实现主机、存储设备的连接和提供高性能的数据通路。存储交换层必须提供充足的端口和解决存储管理层中任何单点故障。在光纤存储交换机中通过区域功能的划分（Zoning），采用共享或独享方式实现为业务应用系统合理的分配存储系统性能资源，保证关键应用系统对高性能的要求，其他应用系统可以共享的方式使用存储系统的性能。

主机层包括主机连接设备和逻辑卷管理两个子层。主机连接设备主要负责各主机与 SAN 的连接，通过在主机上安装 2 块 HBA，分别连接到存储交换层的两台光纤交换机上，形成一个全冗余的交叉连接结构，同时通过在主机上安装与存储兼容的管理软件，实现通路的错误冗余和负载均衡，在提高主机访问带宽的同时保证了可用性。提供主机到 SAN 的光纤接口。HBA 卡提供了将 FC 协议解包成 SCSI 协议的功能，使得主机系统能够将 SAN 中的存储设备作为一个传统的 SCSI 设备来对待，简化了主机设备的复杂性，提高了 SAN 与主机系统的兼容性，使 SAN 系统能提供最广泛的主机平台支持。核心应用服务器采用基于共享 SAN 存储的双机双网卡高可用 HA。数据库服务器采用基于共享 SAN 存储的双机双网卡负载均衡 Cluster。

存储管理层是 SAN 存储整合的另一个需要重点考虑的部分，即存储管理整合。直观管理 SAN 中的存储资源。进行统一资源保护、分配和管理，存储系统配置和状态监控、性能分析、故障预警和报考等功能；同时存储安全管理、数据异地容灾功能管理和数据快速复制功能管理都能够集中进行。减少系统管理员的工作量，简化 IT 的管理流程。

三、多级交换

多级数据交换是基于数据交换平台系统，为了实现国家级森林资源数据库和省级森林资源数据库之间互联互通，信息共享和数据交换的技术方案，其实现机制如下：

在多级数据交换中首先需要一个域的软件系统概念，域是指有多级数据交换需求的交换平台系统，国家、省、地市或县在部署了一套交换平台之后都可以看做一个域。域之间要进行多级数据交换首先必须要在全局监控管理中心中进行域注册。其次，在两个域之间部署通道为域间数据交换提供了必要条件，通道两端的通道连接器分别部署在两个域的跨域通信代理中。图 7-8 为 A 省森林资源数据库到国家级森林资源数据库的多级数据交换的流程实例：

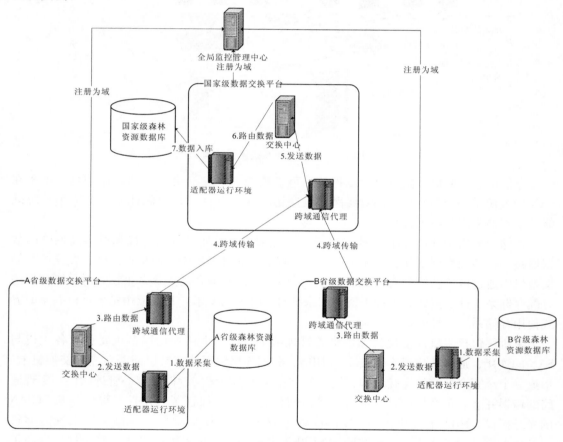

图 7-8 国家级和省级数据交换流程图

在图示中 1、7 数据传输过程是基于 JDBC 的数据库访问过程，2、3、5、6 数据传输过程是基于 SOAP 协议的 WebService 远程调用过程，4 数据传输过程是基于 JMS 协议的消息传递过程。

在图 7-8 中，当 A 省级森林资源数据库的数据发生更新的时候，适配器运行环境从 A 省级森林资源数据库中采集到更新的数据，并把数据发送到 A 交换中心，A 交换中心根据路由信息将发往国家级域的数据发送到 A 跨域通信代理，A 跨域通信代理通过域间通道将数据发送到国家级域，国家级跨域通信代理将数据发送到国家级交换中心，该交换中心根据路由信息将数据发送到目标适配器运行环境，适配器运行环境将 A 省级域采集到的数据同步到国家级森林资源监管数据库中。

第八章　森林资源数据更新

数据更新(data revision)是以新数据项或记录替换数据文件或数据库中与之相对应的旧数据项或记录的过程。数据更新是维护一个动态信息系统所必需的手段。森林是陆地上分布最广的生态系统，随着森林资源自然消长、林业生产经营活动的实施、自然灾害的影响、林政案件和工程占地的发生，森林资源信息数据在不断地改变。森林资源数据是森林资源监测工作成果的重要组成部分，实时、准确的森林资源数据是各级林业主管部门统计森林资源、编制森林经营方案、确定经营措施、制定生产计划、开展科学研究及解决林权纠纷等问题的重要依据。

因此，对森林资源数据进行定期更新是现代森林资源管理工作的基础，特别是在我国当前大力推广以"明晰产权，减轻税费，放活经营，规范流转"为主要内容的集体林权制度改革的大背景下，更要保证森林资源数据的实时性和准确性，以便为推进改革和森林经营提供决策支持。

第一节　数据更新特点

一、森林资源数据更新概念

森林资源数据更新(Forest resource data revision)是森林经营单位在更新周期末，将施业区本周期时间段内发生变化的资源数据进行变更，以准确反映施业区森林资源的实时数据和动态变化情况。

森林资源数据更新的内容包括森林资源的种类、分布、数量和质量；与森林资源有关的自然地理和生态环境；森林经营条件、更新周期前期的主要经营措施和成效。

二、森林资源数据类型

森林资源数据类型包括森林资源及有关的数据库、统计报表、文档和图件。森林资源数据以纸质和电子两种形式保存。

森林资源数据具体包括基础类、监测类、经营管理类、标准类等类型，如表8-1所示。

表 8-1　森林资源数据类型

数据类别	数据类型	数据内容
基础类	地理空间基础数据	地形图、控制点、等高线、DEM 等
	基础地理信息	水系、道路、风景名胜、名木古树等
	遥感影像	各种分辨率遥感影像数据

数据类别	数据类型	数据内容
监测类	森林资源一、二、三类调查	小班图、表、数据库、统计报表，一类调查样地调查和统计数据
	森林资源档案	以规划设计调查（二类调查）为基础，反映森林资源状态及其动态变化的各种数据
经营管理类	经营活动	采伐作业调查、设计、验收数据
		营造林作业调查、设计、验收数据
		建设项目征占林地调查、批复、验收数据
	行政审批	采伐证、林权证、运输证等
	文件	森林资源监督和管理有关文件
		林业重点生态工程有关文件
标准类	技术规定	国家森林资源连续清查技术规定
		森林资源规划设计调查技术规程
		森林采伐作业设计技术规程
		营造林作业设计技术规程
		其他规程
其他	林业自然社会环境	林业自然、社会、经济等数据
	林政案件	乱砍滥伐、毁林开垦等数据
	林业自然灾害	林业自然灾害数据
	其他数据	其它数据

三、森林资源数据更新现状

森林资源数据更新的关键是对林业调查数据的更新。我国当前森林资源监测体系中一类调查、二类调查、三类调查之间的异同点如表 8-2 所示。

表 8-2 森林一、二、三类调查异同点

调查类型	调查对象	调查方式	调查周期	是否复查	调查目的	能否分解到具体位置	能否形成统计报表
一类调查	省	抽样调查	5 年	是	掌握宏观森林资源现状与动态	不能	能
二类调查	县	全面调查结合抽样调查	10 年	是	制定森林经营计划、规划设计、林业区划和检查评价森林经营效果、动态	能	能
三类调查	具体地段	全面调查	不定期	否	满足基层单位安排林木采伐、更新造林等具体林业建设作业	能	不能

由于二类调查具有定期复查、数据能够分解落实到具体位置且能形成统计报表的特性，因此，目前国内的森林资源数据更新主要是以二类调查数据为基础，一类调查数据与二类调查数据相互验证，而三类调查、自然灾害损失调查、林政案件检查、森林生长模型推算结果等数据则是二类调查数据更新的数据来源。

四、森林资源数据更新发展及趋势

我国森林资源数据更新技术的发展与森林资源监测体系以及计算机、数据库、遥感、地理信息系统等技术的发展有着密切联系。

20世纪50年代以前，国家森林资源监测尚未形成体系，林业调查是以局部的、随机的方式进行，调查数据都是以纸质文档方式存放，数据更新是以手工填写的方式进行。

60年代，国家森林资源连续清查监测体系逐渐形成，全国森林资源数据开始以5年一个周期进行汇总更新。这个时期，计算机技术开始得到应用，电子文档和文件系统出现了。

70年代，IBM公司的研究员E. F. Codd提出了关系数据库系统（RDBMS），数据管理模式得到了巨大变革，森林资源数据开始以"文件＋数据库"的方式保存。此时，遥感和地理信息系统技术也已经在我国开始被调研学习和技术模仿。

80年代，随着遥感和地理信息系统技术应用逐渐推广，部分地区开始应用遥感影像为底图进行二类调查，完成了本区域森林资源数据的本底调查，并建立了相应的小班关系数据库，为日后森林资源数据年度更新打下了基础。

进入90年代后，包括一、二、三类调查的森林资源监测体系日益完善；计算机软硬件迅猛发展，个人电脑（PC）进入了普通家庭，互联网技术逐渐普及；数据库技术发展到了第三代——面向对象的数据库系统（OODBMS）；遥感数据源向高空间分辨率和高光谱分辨率的方向发展，遥感图像处理技术也不断提高；地理信息系统软件功能不断增强，从2维向3维发展；人们将遥感（RS）技术与地理信息系统（GIS）和全球定位系统（GPS）技术进行融合，形成"3S"技术，以方便采集、获取、存储、管理、显示、应用和更新森林资源数据。

新世纪，森林资源数据更新进入了崭新的发展时期：

（1）森林资源监测体系成熟，森林资源数据更新内涵逐渐扩展

一类调查中新增了生物量、碳汇、森林健康等因子，并在原有固定样地的基础上，增加了遥感样地的布设，使调查结果更加全面、客观、准确。

各省（自治区、直辖市）逐渐实现了森林资源二类调查的全覆盖，部分地区已经完成了多次二类调查，并已开始进行资源数据年度更新。

各级林业主管部门对森林采伐、营造林等经营措施的计划审核、规划设计、过程检查和年度核查等程序的监管力度日益严格，制度逐渐规范，促使三类调查数据内容更加翔实准确。

工程建设占用征用林地审批手续逐渐规范，林政案件打击力度逐渐加大，自然灾害森林资源损失调查评估手段逐渐完善，使得这些原因导致的森林资源变化数据能够及时获取。

（2）森林资源更新技术逐渐向智能化、自动化方向发展

出现了基于移动智能终端（如掌上电脑）平台的GIS ＋ GPS＋无线互联网一体化的"移动GIS"（Mobile GIS）；携带方便的掌上电脑（PDA）及相应的数据采集系统使数据采集实现了实时化；蓝牙（blue tooth）和通用无线分组业务（General Packet Radio Service，GPRS）技术的发展使PDA与GPS之间的无线数据传输成为可能；时空数据模型作为空间数据管理的一个有利的扩充将被逐渐地应用到森林资源管理中，以此为基础，可以实现基于时态

GIS 的森林资源基础空间数据更新管理技术。

随着移动 GIS 技术和无线网络技术的不断发展，采用移动 GIS + 无线网络的更新模式必然会成为森林资源数据更新的一个主要方向。

第二节　数据更新方法

数据更新就是用新的数据取代旧的数据，其实质就是一个数据编辑的过程。森林资源基础数据库更新的核心问题有两个：一是如何用新的数据取代数据库中已有的数据；二是如何保存历史数据，并根据需要进行历史数据的回溯。

一、森林资源数据更新方法

从时态的角度看，获取森林资源基础数据的变化数据主要有两种基本方法：一是对同一数据的不同版本进行采集；二是仅对变化的数据进行采集。因此，对于森林资源基础数据库更新来说，也有两种基本的方法：一是基于版本的数据更新；二是基于基态修正的数据更新。

（一）基于版本数据的数据更新

森林资源数据中，林相图、地形图、行政界、遥感影像、数字高程模型、道路等基础地理空间数据也都有一个周期和版本的概念。对这些数据的更新都是以新的版本取代旧的版本。同时，还要将这些不同版本的数据同时存放在数据库中，以便进行对比分析，开展数据挖掘和知识发现。

采用基于版本的数据更新方法，需要将不同版本的森林资源基础数据完全进行备份和更新，适合于更新的内容比较多、版本数据密不可分或数据量相对较小的数据。缺点是没有更新的部分的数据也需要在各个不同的版本中重复存储，从而造成大量的数据冗余，给数据的存储和备份造成一定的麻烦，并且不能识别在不同的版本上到底变化了哪些内容。

（二）基于基态修正数据的数据更新

在数据原始状态的基础上，对变化的实体信息更新，这种更新的方法称为基于基态修正数据的数据更新。这种更新方法先用现状数据取代历史数据，再建立现状数据与历史数据的联系，以便能在反映现状数据的同时，随时实现历史与现实的响应。

基态修正模型按事先设定的时间间隔采样，只储存某个时间的数据状态（称为基态，如二类调查）和相对于基态的变化量。基态修正的每个对象只需储存一次，每变化一次，只有很小的数据量需记录。同时只在有事件发生或对象发生变化时才存入系统中，时态分辨率刻度值与事件发生的时刻完全对应，提高了时态分辨率，减少了数据冗余量。基态修正模型非常适用于全局变化较少，而局部变化较多的情形。

（三）基于版本修正的数据更新

在海量数据（如全省地形图）管理时，往往发生个别或部分图幅需要更新的现象，此时单纯采用上述两种方法中的某一种都不大合适，需要采用基于版本修正的数据更新方法。这种方法是将整体数据以分幅或格网的方式分格，将分格数据导入数据库后，将一定限差内的地物要素进行合并，并赋给唯一标识，从而实现地物在建库范围内的物理无缝组织，更新时先进行空间运算，将要更新的地形图对应的格网与数据库中的各要素作求交运算，将该格网范围内的地物删除，再将需更新的地形图导入数据库中，根据空间相邻关系进行合并地物，形成物理无缝的数据库。

基于版本修正的数据库更新方法的优点是既考虑了数据的方便使用，即采用分层的方法来组织数据，克服了采用单幅图的方式存储管理数据的缺点，又顾及了我国目前基础地形图数据按照图幅方式进行数据生产、更新的实际，从而使得数据库的更新维护非常方便。

二、森林资源数据组织管理

森林资源数据库更新的技术实现不但与森林资源数据的种类、来源和特征有关，而且与数据在数据库中的组织和存储方式有关。不同的数据采用不同的更新方法，同一种数据，由于数据来源和数据组织方法不同，可能需要不同的更新方法。为此，从数据更新的角度，以下分别就数据库存储模型、数据组织模型、数据索引结构等三个方面说明森林资源数据库数据组织管理解决方案。

（一）森林资源数据库存储模型

森林资源数据库采用面向对象的空间数据库模型 GeoDataBase 进行空间数据和属性数据存储的。从数据库技术视角来看，森林资源数据库由许多数据表（Table）组成，根据各数据表所存储的内容不同，数据表又可分为要素类（FeatureClass）、对象类（ObjectClass）和系统表（System Table）。

①要素类（空间数据）：就是一般意义上的数据库数据表的基础上增加了表达和存储空间信息字段的数据表，用于存储空间数据，如小班图、林相图、森林分布图、行政区划图等。

②对象类（属性数据）：就是一般意义上的数据库数据表，用于存储非空间信息，如统计报表、采伐证发放信息等。

③系统表（元数据）：用于森林资源数据库元数据的各种数据表。主要包括森林资源数据库运行、更新和维护的各种信息。如描述要素类和要素类之间关系、要素类和对象类之间关系、对象类和对象类之间关系、数据字典、代码、数据有效性规则、统计报表规则、技术规程、记录各种数据的时态及其更新日志等信息。

（二）地理空间基础数据组织模型

地理空间基础数据的数据组织按照实体分层、逻辑分幅的原则来组织。以地形图为例，传统上，这种数据都是分幅生产、分幅更新的，因此森林资源基础数据集成建库，最直接的方法就是采用分幅的数据组织方法，将每一幅图作为一个文件或数据库中的一个数据表的方式进行存储。采用这种数据组织方法，数据的更新最为方便、快捷。但是这种数据组织方法的缺点也是很明显的，无论是采用文件方式还是数据库方式管理这些数据，都要产生大量的数据文件或数据表，数据的调用和漫游要频繁地联接各个图幅文件，当范围较大、图幅数很多时，将导致数据库的联接速度非常慢。

对于范围大、数据量大的基础数据，采用分要素（即分层）组织进行建库的方法更科学、实用，可以避免分幅存储的弊端，提高系统运行效率。但是，地形图数据还是分幅生产和更新的，这就使我们自然想到，如何利用分幅生产的数据更新分层存储的数据库数据。将地形图在水平方向上按照要素分层的方法进行组织，如基本比例尺地形图可以分为一般房屋、交通、水系、植被、高程、注记等图层，在整个数据库中，同一层的数据为一个数据文件。由于数据是分幅导入的，因此，在各层的数据中仍旧隐含着分幅的成分，也就是说，各层要素与分幅线叠合后，可方便地将分层的数据分幅。这种模式的特点是同时顾及数据的生产、更新和数据使用的方便。我们称这种模式为"分层存储、分幅更新"的数据更新模式。

（三）地理空间基础数据索引结构

在数据分层后，按分幅建立数据格网索引，即按分幅规则建立覆盖整个建库范围的索引格网。每个格网的编号与对应的标准图幅编号一致，几何坐标也完全一致。对每一格网建立格网属性表（也可称元数据表），记录每幅图的图号、图幅号、坐标范围、数据更新时间、数据导入时间等信息。在数据首次导入数据库时，系统将每幅地形图的这些属性填入格网属性数据中，以便于以后数据的更新。

三、数据更新维护策略

森林资源数据库数据更新就是用新的数据取代旧的数据，也是一个数据编辑的过程。为此将以数据表为基本更新单元，以不同数据的更新周期为依据在各更新周期内，建立数据库建库时各数据表（简称为"基表"）的复制数据表、相应的元数据和动态增量数据表，复制数据表用于存储更新周期内的当前数据；元数据用于存储描述数据表变化的各种信息，这些信息可以用于比较数据表之间的差异；动态增量数据表用于存储更新周期内该数据表的变化数据，如删除、增加、修改了哪些记录。

从如何取代旧的数据，是否保留历史数据的视角来看，可以将森林资源数据库中的数据表的更新模式分为三种模式：

①简单编辑式：直接取代旧的数据不需要保留历史数据，也不需要进行历史回溯，不需要建立复制数据表和动态增量数据表，如作业设计数据。

②版本式：直接取代旧的数据需要保留历史数据，需要反应数据的变化进行历史回溯，需要建立复制数据表和动态增量数据表，如森林资源档案数据。

③记帐式：就是实时记录每一次作业信息，如采伐证、运输证等。针对不同更新模式实现变化数据的编辑，即数据入库；通过数据分发实现不同层次之间森林资源基础数据更新前的共享交换；通过数据同步实现不同层次之间森林资源基础数据更新后的数据同步；通过预先定制的冲突解决规则自动或人工干预的方式解决数据冲突。

四、森林资源数据更新总体流程

森林资源数据库数据更新以数据表（Table）为基本单元，通过数据入库、数据分发、数据同步等三个程序实现各级森林资源基础数据库的数据更新。数据入库实现变化数据的采集并存储到相应的数据表中；数据分发实现不同层次之间的更新前数据共享交换；数据同步实现不同层次之间更新后的数据同步。总体流程见图8-1。

（一）数据分发

数据分发就是数据生产者将获得的森林资源各种数据发布给数据使用者。分发时用户可以从森林资源数据库中选择部分数据，也可以是整个森林资源数据库，将需要分发的各数据表，建立相应的复制数据表、元数据和动态增量数据表，并打包成 SQL Server 或 AC-

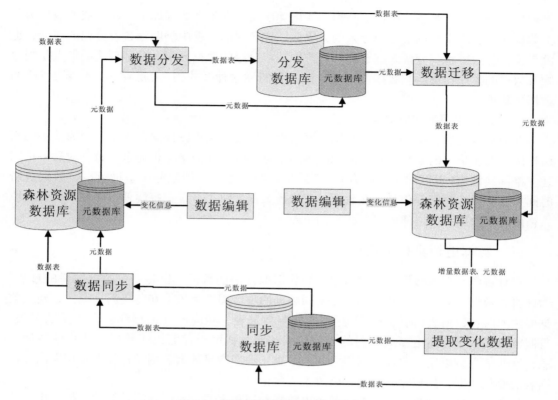

图8-1　森林资源数据更新总体流程图

CESS 格式的分发数据库；数据使用者将 SQL Server 或 ACCESS 格式的分发数据库迁移到森林资源数据库中。

(二)数据同步

数据同步是数据分发的逆过程，当数据分发所获得的森林资源数据发生变化后，数据使用者生成数据同步数据库，该数据库收集了所有得到分发数据库后所发生的各种变化，这些变化信息记录在元数据库和各动态增量数据表。通过对森林资源基础数据库和数据同步数据库进行比较分析，采用用户确认和更新规则的约束下实现数据生产者和数据使用者森林资源数据的一致和同步。

五、数据更新关键技术和难点

(一)森林资源时空数据库建立技术

随着森林资源数据应用的不断深入，对数据的处理提出了更高的要求，在森林资源数据更新过程中需要保持森林资源数据空间信息的现势性和准确性，同时也需要将被更新的数据存入历史数据库供查询检索、时间序列分析、历史状态恢复，为决策管理和研究服务。森林资源数据更新时不是简单删除替换，而是在更新的同时要记录历史。因此森林资源数据更新必须基于时态地理信息系统，必须研究解决森林资源时空数据库的建设技术。

时态地理信息系统是一种采集、管理、分析与显示地学对象随时间变化信息的计算机系统。它不但包含地理信息系统的空间特性，而且涵盖时间特性；它不仅反映事物和现象的存在状态，而且表达其发展变化过程和规律。时态地理信息系统的核心技术之一是时空数据库的建立。时空数据库是包括时间和空间要素在内的数据库系统，是在空间数据库的基础上增加时间要素而构成的三维（无高度维）或四维数据库。

本课题研究的森林资源时空数据库建立采用基态修正模型的版本管理技术。基态修正模型按事先设定的时间间隔采样，只储存某个时间的数据状态（称为基态，如二类调查）和相对于基态的变化量（二类更新）。基态修正的每个对象只需储存一次，每变化一次，只有很小的数据量需记录。同时只在有事件发生或对象发生变化时才存入系统中，时态分辨率刻度值与事件发生的时刻完全对应，提高了时态分辨率，减少了数据冗余量。

基态修正模型非常适用于全局变化较少，而局部变化较多的情形。对于局部的单个或少数几个对象的变化，基态修正模型仅存储发生变化的对象。基于基态修正模型的这种特性，在进行时空数据库设计时能够较好地采用关系数据库存储这种对象变更的亲缘继承关系。如当一个对象 A 分割成为几个小的对象（A_1, A_2, …, A_n）时，关系数据库中只需简单地记录对象 A 相对于基态的变化量，建立对象 A 与（A_1, A_2, …, A_n）间的亲缘继承对应关系（（A, A_1），（A, A_2），…，（A, A_n））。可见，基于时间、以事件驱动的面向对象的基态修正模型，与面向对象的关系型数据库能较好地结合，时间表与对象表易于关联，对于给定时间表中的元素，可即时查询出符合条件的基态变化量

版本管理技术就是记录并管理数据库在变更、演化过程中各个时间段的状态信息，一个版本就是数据库在一个时间的逻辑快照，它并不复制数据库，但却反映数据库在那一阶段的全貌。空间数据库版本是指向某一特定数据库状态的数据库记录，创建空间数据库的一个版本实际是生成并选择了空间数据库的某一状态，从而产生了整个空间数据库的逻辑快照。通过追踪不同版本的数据库状态实现历史数据回溯等多项功能。

森林资源时空数据库每年更新时建立一个版本，但数据库中只保存一套 BaseTable。每一个 BaseTable 包含两个 Delta 表：A 表和 D 表。每年更新或者删除版本中的一个记录时，则可能对一个或者两个 Delta 表进行修改。一个版本包含所有的 BaseTable 表以及所有的 Delta 表的变化，当显示和查询一个版本时，是从 BaseTable 表和 Delta 表中查找相应的信息。

对于 BaseTable 的所有编辑，不管是位于哪个版本中，都是保存在相同的 Delta 表中。因此 BaseTable 中的所有行，以及 A 和 D 表的所有记录表示了 BaseTable 的所有版本的信息，任何一个版本都是这三个表的子类。

Delta 表中的记录属于哪个版本的办法是：A 表和 D 表的每一行都用 State ID 进行标识。当编辑一个版本时，产生一个新的 State ID，同时产生新的一行添加到 A 表或者 D 表。一个系列的 States 记录了版本从 BaseTable 到当前状态，该系列称为 Lineage。当显示或者查询一个版本时，从版本的 Lineage 中得到 State ID，然后从 A 表和 D 表中找到相应的信息。

例如图 8-2 中的前一年的 45 号图斑变化到当年 47 号图斑的过程，首先是将 45 号图斑从 BaseTable 中被删除，并记录在动态增量数据表 Deletes Table 中，在 BaseTable 中增加 47 号图斑，并记录在动态增量数据表 Adds Table 中。

（二）森林资源数据快速更新技术

森林资源数据更新的外业和内业工作量非常巨大，一个森林资源较丰富的省的二类小

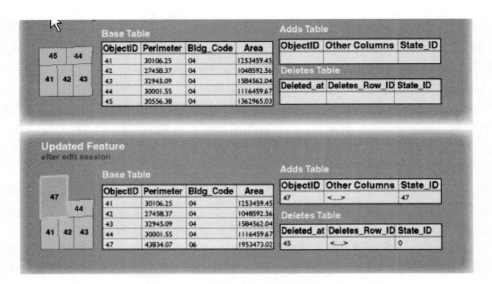

图 8-2　版本管理技术中的数据存储图

班数据大约 500 万个，每年要对其中变化的小班数据进行更新量大约 80 万个，每个小班的属性字段大约需要更新 15 个，每年大约更新 1 200 万处信息。因此必需研究森林资源数据快速更新技术，提高数据更新效率。

根据森林资源数据的特点和各字段的关系，本书研究的基于规则知识库的数据更新技术将大大提高属性数据的更新效率。变化原因和小班因子存在一些特定的规则，这些规则主要是在某种变化原因的情况下，小班的哪些字段清空、哪些字段修改为某一值、哪些字段保持不变。将这些规则整理成知识存放在系统数据库中，在小班属性信息更新时只要确定了变化原因后，小班的部分因子根据规则知识库进行自动更新，不必更新人员手动一个一个因子进行修改，因此大大减少了数据更新的工作量，提高了数据更新的效率和准确性。

例如在数据更新时，选择变化原因为"皆伐"后，小班的"地类"字段修改为"采伐迹地"，林种、面积、林木所有权、林木使用权、事权等级、保护等级、天然更新等级、经济林集约经营等级、地被分布、地被高度、地被盖度、地被（草本）种类、下木分布、下木盖度、下木高度、下木（灌木）种类、散生杂竹、散生毛竹、林分杂竹、林分毛竹、枯倒蓄积、散生蓄积、树种代码、每公顷断面积、小班株数、每公顷株数、每公顷蓄积、小班蓄积、径级、平均胸径、平均树高、龄级、龄组、平均年龄、树种组成、优势树种、覆盖度、郁闭度、自然度、起源等字段都要自动清空，其他字段保持不变。因此整个小班皆伐后的数据更新只需要指定变化原因为皆伐后，小班的属性就自动更新完毕。

（三）基于模型的森林资源数据更新技术

引起森林资源小班发生变化的原因，主要包括人为活动、自然灾害变化、前期差错、自然生长变化四类型。

人为活动分两类，一类是合法的森林经营与利用活动，另一类是非法的破坏活动。合法的森林经营与利用活动包括森林采伐和造林更新等；人为的破坏活动包括乱砍滥伐、破坏林地等，这些都会引起森林资源小班变化。自然灾害包括森林火灾、病虫害及风折、雪压、滑坡、泥石流等自然灾害。前期差错主要包括有调查前后管理界线变动、调查时的人为误差造成资源小班面积和小班图形（小班线）变动等。自然生长变化类型指的是：由于时间推移、正常生长引起小班林分平均胸径、树高、蓄积量等的变化。自然生长引起的数据更新通常只发生属性因子变化，只做属性数据更新。

人为活动、自然灾害变化和前期差错这三种原因引起的森林资源数据变化，一般通过调查获取变化后的小班信息后再对数据进行更新，而自然生长引起的变化通过调查获取全面变化信息的工作量太大，根据森林生长模型就能快速准确地进行数据更新。

目前，在林业生产和研究中主要是利用比较成熟的森林生长率表和森林生长率模型两种方法进行森林资源自然生长更新。

森林生长率表是一种常用的森林生长模型。森林生长率是采用表格的方式来获取生长率的。通过小班的区域信息、优势树种和龄组因子来决定材积、树高、胸径生长率，通过生长率更新小班蓄积、树高、胸径等因子。

森林生长率模型是采用生长方程的方式来获取生长率的。通过小班的区域信息和优势树种因子决定使用哪一种生长方程，通过生长方程来计算公顷蓄积、树高、胸径生长率。

生长方程为：

$$Y = aX^b \tag{8-1}$$

式中：X 为自变量，取值为小班的平均年龄；Y 为因变量，表示该小班生长率的预测值；a, b 均为生长系数。在确定生长率后，对小班蓄积、树高、胸径等因子进行更新。

第三节　数据更新技术实现

森林资源时空数据年度更新系统是以二类调查成果为森林资源本底建立森林资源数据库，根据造林、采伐、林地征占用、森林灾害和自然生长等原因引起的森林资源数据变化更新森林资源数据，并对森林资源数据库进行有效的管理，保证森林资源数据的准确性和完整性，提供各种森林资源数据的查询、分析、报表等能力，为森林资源管理乃至林业管理提供决策支持信息。

一、系统功能结构

森林资源时空数据年度更新系统主要包括代码管理、规则库管理、变化数据采集、资源更新和更新成果等 5 个功能模块，如图 8-3 所示。

代码管理主要实现对森林资源数据涉及的行政区划代码、乡村代码、小班代码等的添加、修改、删除、查询、导入、导出等功能。

规则库管理主要实现缺漏项规则、逻辑关系规则、龄组划分规则和自动取值规则等的管理。这些规则主要用于森林资源数据的完整性、唯一性和逻辑性检查。

变化数据采集主要包括林木采伐、营造林、林地征占用、森林灾害和前期查错等原因引起森林资源变化的数据采集。

资源更新主要实现基于变化数据采集和森林生长模型对森林资源数据的空间和属性信息进行变化更新。

更新成果主要实现对年度资源现状表、变化表、动态表的统计分析和林相图成果

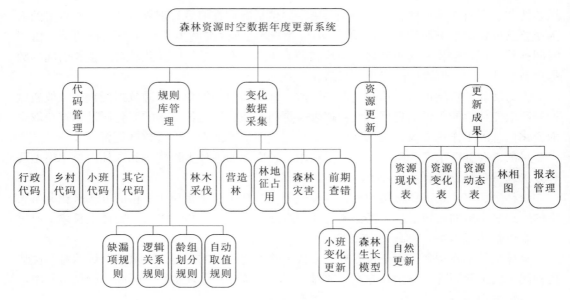

图8-3　系统结构图

展示。

二、系统环境

森林资源数据更新工作量大，参与人员众多，一般采取以县、乡或林场为单位进行更新然后进行汇总更新，考虑到每个人更新的数据量、基层单位的计算机硬件水平、系统的稳定性、实用性，系统环境要求如下：

操作系统：Windows 2003 Sever 或 Windows XP

数据库平台：SQLServer 2005 sp2

空间数据库引擎：ArcSDE Expesss for SQLServer

GIS 组件：ArcGis Engine9. 2

开发环境：Visual Studio 2005，采用 C#语言开发

三、系统主要功能模块介绍

(一)小班代码管理

小班结构中大部分字段属于分类编码字段，在图形中这些字段为字符型字段，字段具有代码域属性。统计报表显示或数据录入时也要引用到这些分类编码字段。对小班结构中引用到的所有分类编码进行统一管理并与图形代码域保持数据同步，如图8-4 所示。

小班代码管理主要功能包括新建代码表、删除代码表、从剪帖板读入、生成输入列表、生成图形域、代码表转换、编码分类、代码类别管理等功能。

①新建代码表：创建新的代码表，输入代码表名称，名称一般为汉字拼音且为大写；输入代码表描述，描述一般同小班结构中字段名称描述相同，如图8-5 所示。

②删除代码表：删除指定的代码表，并同时删除输入列表。

③从剪贴板读入：从 EXCEL 或 WORD 表格中复制代码信息导入到系统中。首先打开

EXCEL 文件或 WORD 文件，将要操作的表格单元格选中，进行复制（图 8-6）。

图 8-4　调查因子代码

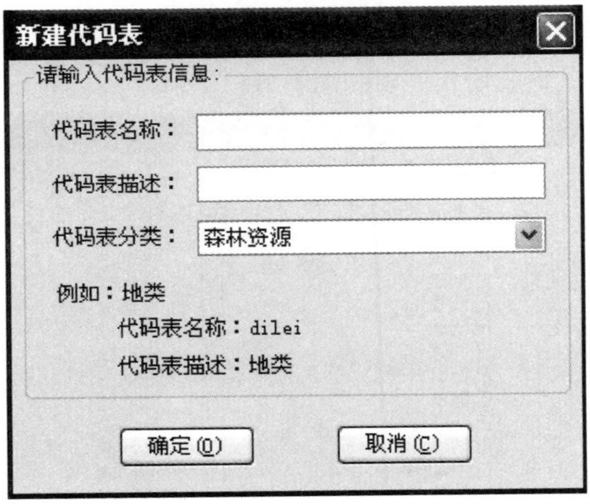

图 8-5　新建代码表

图 8-6　EXCEL 中的代码信息

在代码表树列表中选中要操作的代码表，然后点击"从剪贴板读入"菜单项，弹出"剪贴板数据"对话框，指定列映射关系，点击"确定"将代码数据导入系统中（图 8-7）。

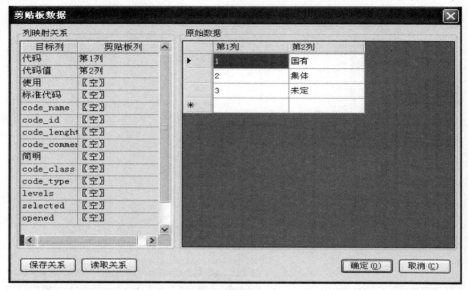

图 8-7　剪贴板数据

④生成输入列表：根据选中的代码表生成子数据窗口。

⑤生成图形域：将选中的代码表同步到图形数据库代码域。

⑥代码表转换：批量生成输入列表和图形域（图 8-8）。

图 8-8　代码转换窗口

⑦编码分类：对选中的代码表进行分类，使其具有层次关系，有利于数据录入和报表统计的选择识别（图 8-9）。

图 8-9 编码分类

⑧代码类别管理：对代码表类别进行增加、删除、修改操作。注意系统定义类别只能改名不能删除（图 8-10）。

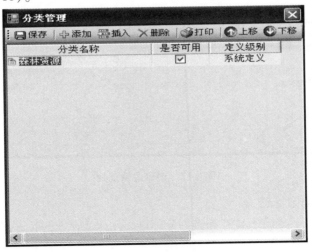

图 8-10 代码类别管理

（二）逻辑关系规则管理

小班逻辑关系定义主要是对小班在图面上的表达与真实地理世界的吻合性及小班因子间的相互关系是否符合逻辑规则进行定义。具体定义内容包括：关系条件及关系结果定义，如图 8-11 和图 8-12 所示。

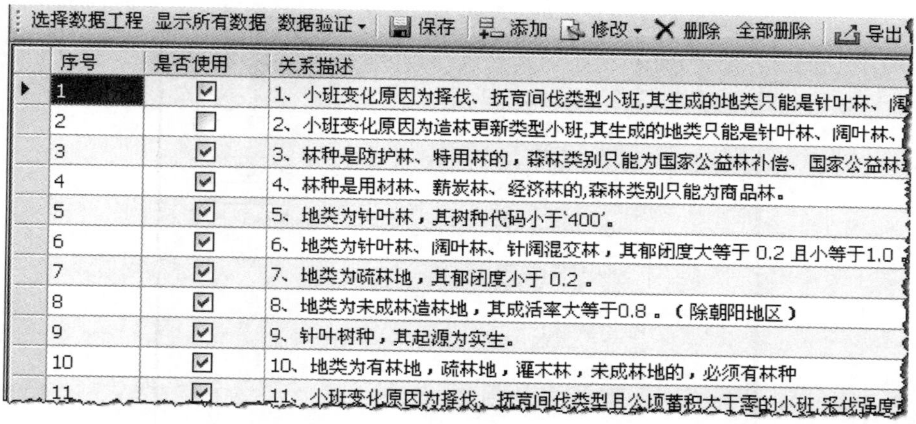

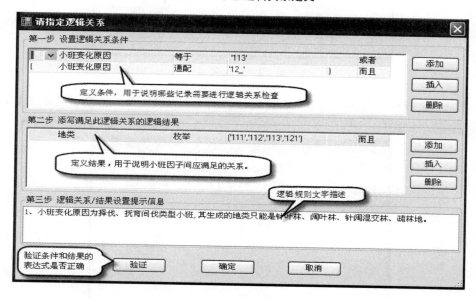

图 8-11　小班逻辑关系定义

图 8-12　创建逻辑规则

（三）自动取值规则管理

小班资源数据中某些因子具有等级划分标准，用来表示小班因子如何取值。具体因子包括：经营措施类型、立地类型、土层厚度、腐殖质厚度、坡度级。这类因子一般是以条件－>结果的方式来取值（图 8-13）。

（四）小班变化更新

小班变化更新主要是对林木采伐、营造林、林地征占用、森林灾害和前期查错等原因引起森林资源变化的小班数据进行图形和属性信息的更新。小班图形更新主要包括小班分割、合并、挖岛、新建、删除等，小班属性信息更新主要包括小班号、地类、权属、优势树种组、龄组、郁闭度、平均年龄、平均树高、平均胸径和蓄积量等林分因子的修改。

小班图形更新时，首先在森林资源时空数据库中建立年度更新版，并切换到该年度版本后，选择要更新的小班然后运用图形工具对小班进行操作。图 8-14 是 87 号小班的一部

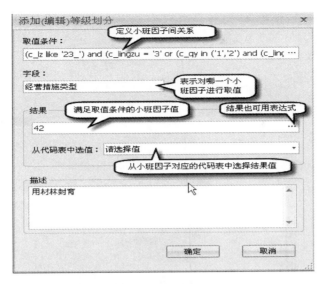

图 8-13 自动取值划分标准界面

分区域进行了择伐作业引起了该小班图形和属性变化，小班图形更新时按照择伐验收图的边界信息将该小班分割成两个小班。在分割小班的过程中，系统自动将分割后的小班按照面积百分比重新计算小班面积、蓄积等因子。

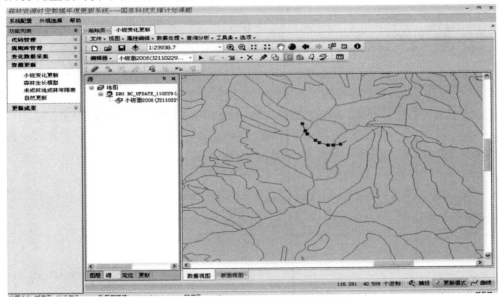

图 8-14 小班图形更新

对新产生的小班需要对其小班号进行赋值（图 8-15），原来的 87 号小班变成了两个小班，其中一个保持原来的小班号，另外一个小班号为 87.1，表示该小班是由原来的 87 号小班派生而来的，这样可以方便逐级追述该小班的历史情况。

小班更新的其他属性信息根据变化调查的数据进行更新，也可以根据变化原因制定的更新规则库进行部分因子的自动更新（图 8-16）。

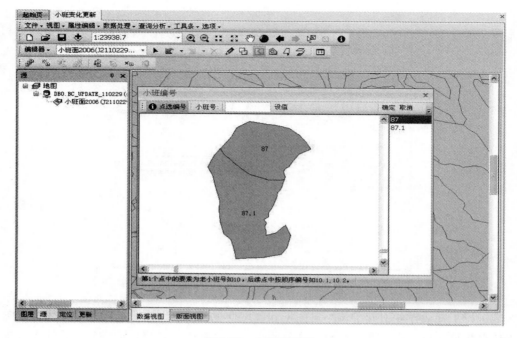

图 8-15　小班号更新

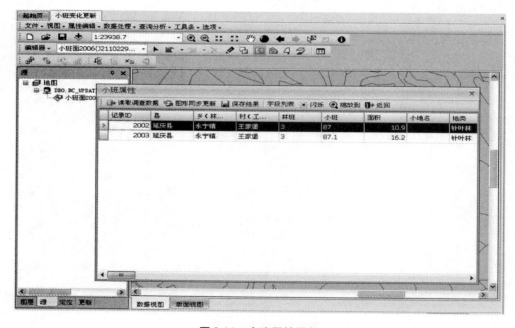

图 8-16　小班属性更新

（五）自然更新

　　小班资源数据在作完经营活动更新（包括图形和属性的变化更新）后，还要基于森林生长模型进行自然增长更新。这部分更新结果将对地类、小班蓄积、公顷蓄积、树高、胸径等小班因子有影响，并且也会反映到变化报表中（图 8-17）。

　　自然更新主要功能：

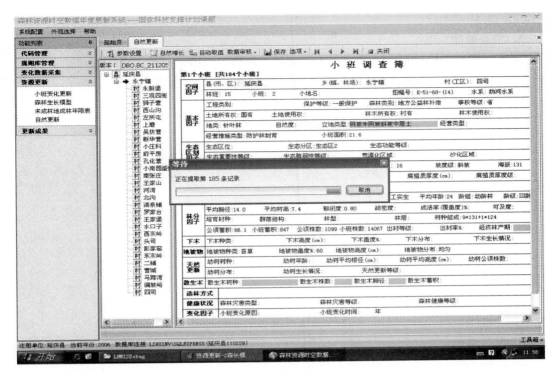

图 8-17 小班自然更新

①参数设置：在进行自然增长之前设置参数包括：对哪个版本数据进行自然增长、选择哪一种自然增长方式、是否可以进行多年限自然增长。

②自然增长：对当前提取的数据进行自然增长处理(图 8-18)。

自然增长

①开始取值 ②查看更新记录 ③导到Excel ④记录定位 关闭

共更新记录134条，完成105条。

自然更新记录表

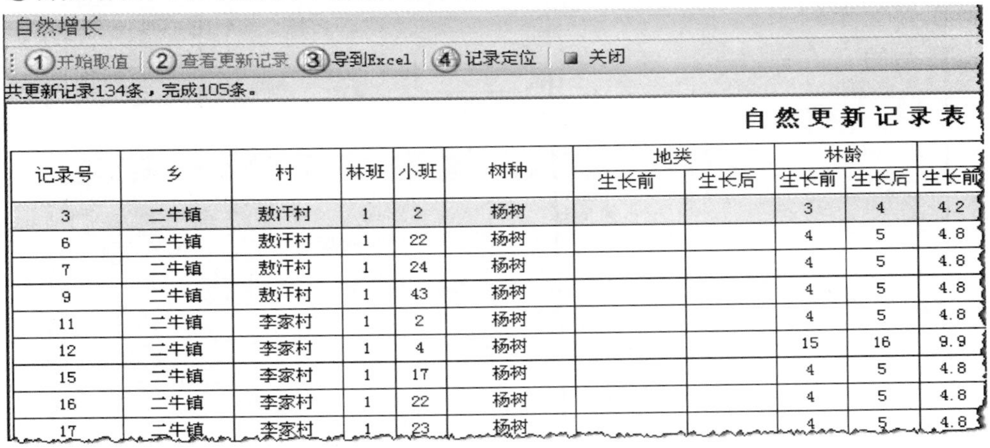

记录号	乡	村	林班	小班	树种	地类		林龄		
						生长前	生长后	生长前	生长后	生长前
3	二牛镇	敖汗村	1	2	杨树			3	4	4.2
6	二牛镇	敖汗村	1	22	杨树			4	5	4.8
7	二牛镇	敖汗村	1	24	杨树			4	5	4.8
9	二牛镇	敖汗村	1	43	杨树			4	5	4.8
11	二牛镇	李家村	1	2	杨树			4	5	4.8
12	二牛镇	李家村	1	4	杨树			15	16	9.9
15	二牛镇	李家村	1	17	杨树			4	5	4.8
16	二牛镇	李家村	1	22	杨树			4	5	4.8
17	二牛镇	李家村	1	23	杨树			4	5	4.8

图 8-18 自然增长界面

③自动取值：由于自然增长对小班某些因子值进行修改，因此必须重新取值。

④数据审核：对自然增长后的数据进行数据完整性、逻辑一致性检查。

(六)报表管理

报表管理主要包括报表新建、报表格式定义、报表列设置、存储过程定义、存储过程创建和报表统计生成。

1. 报表新建

新建一张新的统计报表，指定报表的名称、分类、数据来源等信息（图8-19）。

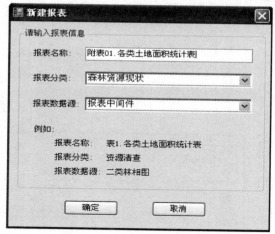

图 8-19 新建报表窗口

2. 报表格式定义

对报表的显示格式，例如标题显示内容、对齐方式、字体大小等进行设置（图 8-20、图 8-21）。

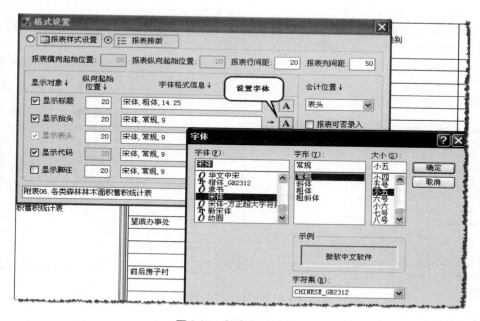

图 8-20 报表格式设置 1

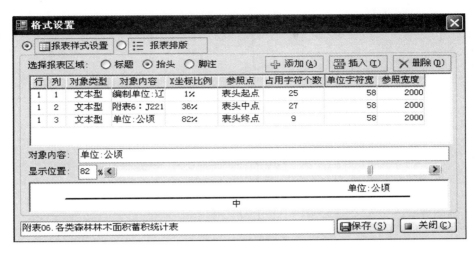

图 8-21　报表格式设置 2

3. 报表列设置

对报表各显示列进行维护，以及各列的统计数据来源进行设置。

对显示列进行添加、修改、删除，对显示列的显示顺序进行调整，对显示列的统计条件进行设置，对显示列的输出格式进行设置（图 8-22）。

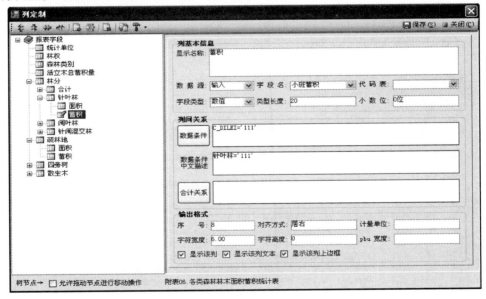

图 8-22　设置报表列属性

4. 存储过程定义

设置统计报表生成方式，设置报表的分类行、存储过程模板等信息（图 8-23）。

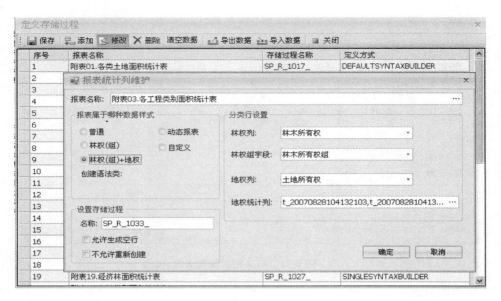

图 8-23　定义存储过程

5. 存储过程创建

设置报表的统计级别，根据存储过程模板生成各报表的统计程序（图 8-24）。

图 8-24　创建存储过程

6. 报表统计生成

选择需要统计的报表，根据生成的统计程序基于小班数据批量生成各种统计报表（图 8-25）。

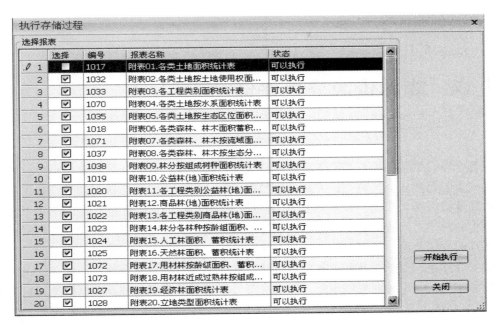

图 8-25　执行存储过程

第九章　森林资源分析评价

随着全球自然资源的日益匮乏和生态环境的持续恶化，森林问题已成为当今世界环境与发展的核心与焦点。当可持续发展的思想引入林业后，人们逐渐认识到了森林生态系统在维护和维持人类生命支持系统中的作用和地位，以及当代人类所面临的环境和发展问题，并将森林生态系统的物质产品生产和环境服务放在统一的高度来认识。森林资源作为一种特殊的自然资源，兼顾社会、经济、生态效益，在解决环境问题中起着重要的作用。为积极发展林业，保护森林和森林的可持续发展，为政府确定整个林业产业在国民经济中的地位和作用，制定林业发展规划与宏观决策等提供科学依据和准确数据信息，对一个区域（林区、地区、省区等）乃至一个国家的森林资源整体现状及其消长变化趋势，做出全面、客观、准确、恰当地剖析与评估，就显得十分必要。科学、合理地进行森林资源监测与评价是林业生产经营活动的基础，是后续工作顺利开展的前提和必要保证。对森林资源及其附属产品，乃至其对生态、社会的效益进行科学的数量化评估分析，归根结底是一个评价的过程：通过评价者（评估人）对评价对象（森林）的各个方面，根据评价标注进行量化和非量化的测量过程，最终得出一个可靠的并且逻辑的结论。评价活动常常是抉择的前提，是管理、控制和决策的基础。而对于森林资源的评价来讲，实际上是一个综合评价的过程，涉及到两方面的内容，即评价指标体系的确立和评价方法的实践。

第一节　森林资源评价技术特点

一、森林资源评价的概念

森林资源评价是一门以林价算法及林业较利学（井上由扶，1984）为基础，具有一定历史，经历了多次森林经营观念转变过程的学科。

罗明灿（1996）认为森林资源评价是由生产力的发展而引起的需求能由森林所提供，人类对此已有所认识而确定为森林的资源，并采用科学合理的方法对森林资源进行定性和定量的研究与论述，以提高人类对森林资源效益的认识，推动人类对森林资源的合理开发利用，这一过程即称为森林资源评价。

郑小贤（2003）认为森林资源评价，过去主要是对生产木材的林地和产品（林木）以货币价值的形式进行评价。最近，发展到对森林环境与文化价值的评价。要科学的证明森林的所有价值，实际上是很困难的，这里不但有技术问题，还有评价者的价值观和对评价对象的理解和熟悉程度等问题。

森林资源评价是适应社会发展的需要而产生和发展的，是建立在人类对自然资源不同认识基础之上的。也就是森林资源评价是以森林经营思想为导向进行的，它的发展也印证着森林的经营思想三次大演变：单一木材经济—森林多效益—森林可持续经营。随着人类对林业认识的不断深入，人类对森林的态度，经历了从盲目破坏与浪费逐步转向自觉地保护与扩大森林资源的过程。从总体上看，对森林评价的各种尝试，使人们认识到了以前未曾意识到的森林价值以及森林和社会的相互关系，对森林在环境和社会可持续发展方面的重要性的认识有了进一步的提高，森林评价的内涵和外延也在不断扩大，评价内容也由最初的经济评价扩展到现在的经济、生态和社会3大效益的评价，评价因子也由单因子评价转变为多因子综合评价。

独特的历史发展和不断更新的评价技术使得森林资源评价这项研究具有与众不同的特点：

①从森林资源评价发展的过程来看，森林资源评价的内容是随着人们对森林认识的深入而不断丰富，因此评价研究的空间比较大。

②因森林自身的特点，以及技术水平的限制，森林资源评价的数据收集和测度难度比较大，其评价结果滞后性比较强。

③森林资源评价的结果并不能反映其真正的价值，而是评价者所认为的森林价值。即森林资源评价反映的是评价者的价值观及其对评价对象的理解程度。

二、森林资源评价的研究尺度

就目前的研究现状来看，森林资源评价体系的研究是在3个层次上进行的：国际组织立足于全球或大的地区所开展的指标协调行动；各个国家本着从自己国家的实际出发，又与国际研究接轨的原则，分别研究各自国家标准与指标体系；在国家内部，根据地域分异规律进行区域级森林评价标准的研究。

（一）国际组织倡导下的全球及区域森林资源监测评价系统

为了应对气候变化、森林资源短缺这一全球问题，联合国各机构、各政府间机构、非政府组织等纷纷建立了自己的监测评价系统。

例如联合国环境署（UNEP）的"千年生态系统评价"和"全球环境展望（GEO）"，联合国发展规划署（UNDP）、世界银行的"世界资源"，联合国粮农组织（FAO）的"世界森林现状"、"全球森论资源评价"，欧洲委员会（EC）的"欧洲森林状况"，国际森林研究组织联盟（IUFRO）的"世界森林、社会、与环境报告系列"，湿地国际（WI）的"全球森林观察"等等。

这些监测评价体系都是由若干子系统组成的庞大网络，通过遥感图像、地面观测数据以及国家地区发布的社会经济数据加以综合，这些系统工程已经不单单属于林学或者生态学的研究范畴，它融入了人类学、社会学、经济学、管理学等一系列学科理论和方法，将监测与评价的细节深入到政府行为和个人行为的方方面面，具有极强的参考价值。

纵观这些全球与区域性森林资源评价系统，每个评价系统都有自己的侧重点和特色。从类型上看大致可以分成四种：描述性评价系统、解释性评价系统、咨询性评价系统、综合评价系统，针对不同的需求产生出不同的评价结论。

评价与分析的内容一般包括：生态系统状态的分析、对生态系统影响因子的分析、生态系统变化趋势的分析、对策分析等。在评价的构成上一般可以包括综合分析评价、分系统（行业）或单一生态系统评价、分区与评价，分专题或热点问题评价。根据评价类型可

以选取不同的评价方法。在最近完成的几个全球环境评价工作中，很多采用 DPSIR 模型
（UNEP、GEO，2000；OECD，2001；EEA，2001），即"驱动力—压力—状态—影响—响
应"模型。

在多层次评价系统中，一般采用自下而上的方法进行，即首先完成国家级评估报告，
再完成区域级评估报告，最后完成全球综合报告。对于评价的结论，这些体系都采用比较
简洁一致的结构，用简单直观的符号、图、表对结果进行表达，并做出扼要的说明，且结
论的等级划分较少，一般不超过 4 个。

（二）国家级森林资源监测评价体系

目前，由国家政府主导的国家级森林资源监测评价活动仍处于不断完善和改进的阶
段，且工作主要集中在监测方面。各个国家建立起了适合自身资源特点的森林资源清查与
评价体系。

国家定期发布的森林资源数据，更多的是对资源状态的一个描述，或者运用这些数据
做一些定性的变化趋势描述，基于科学算法的综合的分析评价很少涉及，这也反映出评价
工作的复杂性和不确定性，所以森林资源综合评价基本处于科学研究的过程中，没有国家
级的标准出台。

但是也有部分国家尝试着开展相关工作。例如加拿大根据蒙特利尔进程关于森林可持
续发展的指标和体系，对比国家森林资源清查的实际，通过检验，筛选出实用的评价指标
等等。

（三）地域级森林资源评价体系

在国际上，不仅评价的标准不很统一，而且多以定性评价为主，缺乏直观、系统的定
量评价方法。

法国、德国、奥地利等欧洲林业发达国家一般主要是从森林蓄积量、木材产量、森林
可持续经营措施实施状况、公众对森林提供多种服务功能的满意程度以及林道和防火等设
施建设情况等方面对森林资源进行评价（John W B，1992；蒋国洪，2006）；2001 年世界
粮农组织出版的 2000 年全球森林资源评价成果则从森林覆盖率、森林生物量、森林采伐、
木材供应、森林经营与管理、自然保护区设置与管理、森林防火与保护等方面对全球的森
林资源质量进行评价（FAO，2004）。

在国内，近年来周洁敏（2001）率先建立了基于森林资源连续清查成果的森林资源评
价指标体系和方法；杨丽等（2006）建立了基于森林结构、森林生长状况和森林三大效益
的综合评价指标体系和方法，把森林资源及其服务效能的评价进行了有机的统一，但反映
森林资源质量的指标尚不全面，特别是将森林资源服务效能纳入评价指标体系本身就是一
种测算指标的重复，因为几乎所有的森林服务效能都是以物质形式的森林资源为载体，也
是以物质形式的森林资源数量进行计算的；窦万星等（2004）、崔世莹等（2004）、李朝洪
等（2002）对森林资源可持续性的评价指标体系和方法进行了研究；李会芳等（2005）针对
森林资源质量评价的研究进展情况进行了介绍和分析；石春娜等（2007）对森林资源质量
评价的研究进展进行的回顾和展望；以及陈雪峰等（2005）对资源评估方法进行的总结及
对我国森林资源评估体系建设的建议，都系统地反映了目前国内外森林资源评价的研究
情况。

从现有文献资料来看，日本、韩国及美国等一些国家都认为森林具有经济和公益两方

面的效能，森林的公益效能又分为环境效能和文化效能。而有关森林公益效能的计量化研究，主要集中在不包括森林文化价值的环境效能上。而我国则认为森林具有经济、生态和社会 3 大效益。虽然各国在对森林所具有的功能效益上的分类及称谓有所不同，但研究的范畴及内容大体上是相同的（米锋，2003）。评价方法的探索争论大多集中在对森林公益效能的评价上，其计量评价的复杂性是由多方面原因造成的（罗明灿，1996）。

三、森林资源评价技术方法

森林资源评价一般是采用综合评价的方法，指在建立对森林资源不同方面特征描述的多个单项统计指标（体系）的基础上，对指标进行无量纲化处理，并对处理后的无量纲化数值进行综合，从而对被评价事物做出全面的总评价。将各个反映被评价事物不同侧面的指标值转换成能对事物做出整体评价值的方法称为综合评价方法。图 9-1 表示了整个综合评价的流程。

目前国内外关于多指标综合评价的方法有很多。下面分别就指标的无量钢化、权重的确定和评价模型三方面进行逐一说明。

（一）指标的无量纲化

评价最终是要得出一个综合评价值，而指标体系中的各指标由于其量纲、数量级及指标的正负取向均存有差异，所以需对初始数据做无量纲化处理以利于综合汇总。

对于定量指标，可以直接取其原始数据。对于定性指标则需先将其按某种评分标准或使用层次分析法、模糊评价法等使评价结果定量化，然后再通过各种数学变换来消除原始变量量纲的影响。

消除量纲的方法目前较常用的有：相对化处理法、标准化处理法、函数化处理法等。

1. 相对化处理法

相对化处理法就是将各描述指标的实际值与基准值进行对比，求得一个相对数（即单项评价指数或个体指数），以此相对数作为该指标的评价值的方法。基准值可以有多种选择，可以是描述指标的基期的某个数值，也可以是该描述指标实际值中最大值或最小值，还可以是该描述指标各实际值的和或平均数，或者也可以参照国外同类指标来确定。

对于正向指标，无量纲化方法为：

单项评价指数 =（指标实际值 / 基准值）× 100%

对于逆向指标，无量纲化方法为：

单项评价指数 =（基准值 / 指标实际值）×100%

2. 标准化处理法

标准化处理法就是对原始数据进行标准化，使标准化后各因子的值落在区间［0，1］内或［-1，1］内。标准化方法有很多，如可利用公式：

$$x_{ij}' = (x_{ij} - \bar{x}_j)/\sigma_j \quad (i = 1, 2, \cdots, n; j = 1, 2, \cdots, m)$$

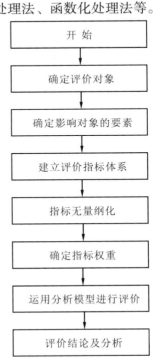

开 始

确定评价对象

确定影响对象的要素

建立评价指标体系

指标无量纲化

确定指标权重

运用分析模型进行评价

评价结论及分析

（9-1） **图 9-1 森林资源综合评价步骤**

式中：x_{ij} 为第 i 个样品第 j 个因子的值；

　　　$\bar{x}_j$ 为第 j 个因子样品集序列的平均值；

　　　σ_j 为第 j 个因子序列的均方差；

　　　x_{ij} 为经标准化处理后的新因子值。其平均值为 0，方差为 1.

也可以用极限归一化公式：

$$x_{ij}' = (x_{ij} - x_{jmin})/(x_{jmax} - x_{jmin}) \tag{9-2}$$

式中，x_{jmin} 为第 j 个因子样品集序列的最小值；

　　　x_{jmax} 为第 j 个因子样品集序列的最大值。

显然，归一化后 $x_{ij}' \in [0, 1]$。

3. 函数化处理法

函数化处理法就是把实际值与评价值之间的关系用某种数学方程式加以表达，通过方程式用给定的实际值求出相应评价值的方法。转换方程式的形式可以是直线型、折线型和曲线型三种。直线型假定评价指标的实际值与指标评价值之间呈线性关系；而折线型表示评价指标的实际值在不同区间内的变化对被评价现象的综合水平影响是不一样的，它需要建立相应的区段函数，在不同的区段，指标的实际值对评价值乃至综合水平的影响是不一样的；曲线型则意味着指标实际值对评价值的影响不是等比例的。

(二) 确定权重的方法

在综合评价过程中，各层次指标子系统或者各个单项指标，在反映可持续发展状况中的重要程度是不可能完全相同的，客观上有一个权数（权重）。权重即表示各个层次指标子系统或各个单项指标对上层系统或评价对象的不同重要性及所产生的不同协同效应，这一概念是对各要素间由于非线性产生的交互作用的一种近似反映。

从总体上看，可分为主观赋值法和客观赋值法。

1. 主成分分析

主成分分析是一种客观赋值法，它是将多个变量通过线性变换以选出较少个数重要变量的一种多元统计分析方法。其基本思路是设法将原来众多具有一定相关性（比如 P 个指标），重新组合成一组新的互相无关的综合指标来代替原来的指标。通常数学上的处理就是将原来 P 个指标作线性组合，作为新的综合指标。最经典的做法就是用 F_1（选取的第一个线性组合，即第一个综合指标）的方差来表达，即 $\mathrm{Var}(F_1)$ 越大，表示 F_1 包含的信息越多。因此在所有的线性组合中选取的 F_1 应该是方差最大的，故称 F_1 为第一主成分。如果第一主成分不足以代表原来 P 个指标的信息，再考虑选取 F_2 即选第二个线性组合，为了有效地反映原来信息，F_1 已有的信息就不需要再出现再 F_2 中，用数学语言表达就是要求 $\mathrm{Cov}(F_1, F_2) = 0$，则称 F_2 为第二主成分，依此类推可以构造出第三、第四……个主成分。

由于主成分分析在对原指标变量进行变换后形成了彼此相互独立的主成分，所以用主成分分析法确定权重可以消除评价指标之间的相关影响。实践证明，指标间相关程度越高，主成分分析效果越好，同时也可减少指标选择的工作量以及计算的工作量。同时，主成分在变差信息量中的比例越大，它在综合评价中的作用就越大。

其步骤如下：

①对原始指标数据标准化；

②求指标数据的相关矩阵；

③求相关矩阵的特征根和特征向量，确定主成分；

④求方差贡献率，确定主成分个数；

⑤对确定个数的主成分进行综合评价。

2. 标准差法（均方差法）

单项具体指标权数的确定采用均方差法（王明涛，1999）求解，随机变量的均方差是反映随机变量离散程度最重要指标，是一种客观赋值方法。如果某个指标的标准差越大，就表明其指标值的变异程度越大，提供的信息量越大，在综合评价中所起的作用越大，则其权重也应越大（陈衍泰，2004）。该方法首先求出这些随机变量的均方差，然后将这些均方差归一化处理，其结果即为各指标的权重系数。具体计算步骤如下：

① 求随机变量的均值 $\qquad E(I_j)\ E(I_j) = \dfrac{1}{n}\sum_{i=1}^{n} y_{ij}$ （9-3）

②求 I_j 的均方差；

③将计算得到的均方差 $\sigma(I_j)$ 做归一化处理得到指标 I_j 的权数 w_j。

王雄（2006）等以内蒙古自治区赤峰市的森林资源为研究对象构建了一套森林资源经济可持续性的测度指标体系，利用均方差法确定了各个指标的权重，通过综合分析模型对赤峰市 2000～2004 年森林资源的经济可持续性进行了测定和评价。

3. CRITIC 法

CRITIC（criteria importance through intercriteria correlation）法是由 Diakoulaki 提出的一种客观权重赋权方法。它的基本思路是确定指标的客观权重以两个基本概念为基础。一是对比强度，它表示了同一个指标各个评价方案之间取值差距的大小，以标准差的形式表现，标准差越大各方案之间取值差距越大。二是评价指标之间的冲突性，指标之间的冲突性是以指标之间的相关性为基础，如两个指标之间具有较强的正相关，说明两个指标冲突性较低。指标的客观权重确定就是以对比强度和冲突性来综合衡量的（Diakoulaki D，1995）。

$$C_j = \sigma(I_j) / \sum_{i=1}^{n} (1 - r_{ij}) \qquad (9\text{-}4)$$

$$w_j = (C_i / \sum_{j=1}^{n} C_j \qquad (9\text{-}5)$$

式中：r_{ij} 为指标 j 和指标 t 的相关系数，C_j 表示第 j 和评价指标所包含的信息量。

4. 信息熵

熵原本是一个热力学概念，最先由 Shannon 引入信息论。如果某个指标的信息熵越小，就表明其指标值的变异程度越大，提供的信息量越大，在综合评价中所起的作用越大，则其权重也应越大。指标的信息熵可用下式求得

$$E_j = -(\ln m)^{-1} \sum_{i=1}^{m} P_{ij} \ln P_{ij} \qquad (9\text{-}6)$$

$$P_{ij} = \frac{d_{ij}}{\sum_{i=1}^{m} d_{ij}} \qquad (9\text{-}7)$$

$$w_j = \frac{1 - E_j}{n - \sum\limits_{j=1}^{n} E_j} \qquad (9\text{-}8)$$

式中：$j = 1, 2, \cdots, n$；$i = 1, 2, \cdots, m$；E_j 为第 j 项指标的信息熵；m 为被评价对象的数目；n 为评价指标数目；d_{ij} 为第 i 个对象第 j 项指标的标准值；w_j 为第 j 项指标的权重。

王原（2008）以若干森林景观指数为指标体系，分别采用标准离差法、熵权法和 CRITIC 法 3 种客观赋权的方法，对 3 个区域的城市森林景观展开综合评价，为城市森林景观生态综合评价提供参考。通过对 3 种客观权重法的计算结果进行比较分析发现，熵权法和标准离差法的计算结果较为接近。由于 CRITIC 法不仅考虑了指标变异大小对权重的影响，还考虑了各指标之间的冲突性，在标准差一定时，指标间冲突性越小，权重也越小。

5. Delphi 法

Delphi 法是一种主观赋值方法，又称专家意见征询法，是由美国兰德公司于 1946 年首先用于技术预测。这是确定权重最常用的一种方法。它是依据若干专家的知识、智慧、经验、信息和价值观，对已拟出的评价指标进行分析、判断、权衡并赋予相应权值的一种调查法。一般需经过多轮匿名调查，各类专家可以不受任何限制从不同侧面对所提问题发表意见。在专家意见比较一致的基础上，经组织者对专家意见进行数据处理，检验专家意见的集中程度、离散程度和协调程度，达到要求之后，得到各评价指标的初始权重向量，再对其作归一化处理，最终获得各评价指标的权重向量。用德尔菲法确定权重随着指标数量的增多，其权重分配的难度和工作量也随之增大，甚至难以获得满意的结果。

6. 层次分析法（AHP）

层次分析法（The Analytical Hierarchy Process，AHP）是近年来被大家熟悉重视，介于主观赋权法与客观赋权法之间的一种方法，在许多方面都得到应用。该方法从整体性出发，是一种定性与定量分析相结合的、自上而下的综合集成的决策方法。其基本原理是将一个复杂的被评价系统，按其内在的逻辑关系，以评价指标（因素）为代表构成一个有序的层次结构，运用专家的知识、经验、信息和价值观，根据各类指标及各类指标诸因子在系统中的相对重要性（包括负向作用和正向作用），对同一层或同一域的指标进行两两比较对比，并按规定的标度值构造比较判断矩阵。经过层次单排序、层次总排序及一次性检验等步骤后，得出最终权重。基本过程为：

①建立指标的层次系统；

②构造两两比较判断矩阵。常常采用据层次分析法的 1 ~ 9 标度；

③层次单排序和一致性检验；

④层次总排序和一致性检验。

运用 AHP 方法进行权重确定在森林资源评价研究中应用地越来越广泛。如马国青（2004）探索性地提出了"主体林种"和"防护成熟面积比"这两个在国内外文献中罕有的概念，采用层次分析法，对三北防护林工程区森林状况综合评价；张敏（2004）应用层次分析方法对森林的自然性评价进行了探讨；黄国胜（2005）构建出一套指标体系对河北山区森林生态环境质量进行了评价；类似的研究还有很多，不再赘述。

（三）分析评价模型

1. 定性评价法

此种评价方法在森林资源综合评价中最为常见。所谓定性描述并不是指完全不用数理指标进行描述，而是指利用一些指标量的数值大小进行说明，或者按时间进行纵向的消长情况分析。此种评价方法最显著的特征是指标值没有具体的评判依据，更多的是根据评估人的主观感受。

例如，以林分平均胸径为指标评价某区域森林质量时，常常会比较多个年份的平均胸径值的消长变化情况，继而评价出林木的生长状况和趋势，或者将胸径值划分为若干等级，比较不同地域或不同时间点的平均胸径等级。而这个等级的划分标准又常常是主观规定。

2. 经济分析方法

经济分析法是以经济指标作为尺度来进行评价，以经济效益、社会效益作为评价的依据，通过成本效益分析对技术进行研究和评价。经济分析法常用的分析方法有投入产出法、费用效益分析法等。

对于森林资源而言，特别是对森林中的林木、林地、副产品、功能效益等内容进行评价时，多采用经济学的方法进行货币价值的估计。对于林木、林产品等具有实际货币度量价值的事物，可以直接采用某些指标（如材积）通过市价、贴现率等经济学算法进行价值预估；而对于森林的生态效益的经济分析评价，则更多的是采用以技术手段获得与森林公益效能作用结果相同的产品生产费用为依据。例如，森林涵养水源的效益可用建造一座能储存均等水量的水利工程的修建成本来估算。

在这方面，我国很多专家如亢新刚（2001）、孙玉军（2007）、张颖（2004）对森林资源林木、林地、森林服务功能的货币价值评估建立起了一整套评价体系，并且方法还在不断的推陈出新。高云峰（2005）基于效用价值理论，运用直接市场法、替代市场法和意愿调查法（CVM）对北京市山区森林资源的整体价值进行了评价，并运用贴现法对相关价值进行处理，得到北京市山区森林资源整体价值。

3. 数据包络分析法（DEA）

数据包络分析（Data Envelopment Analysis，DEA）属于运筹学的范畴，是 1978 年由著名的运筹学家 A. Charnes，W. W. Cooper 和 E. Rhodes 在"相对效益评价"概念基础上发展起来的一种新的系统用分析方法。它主要采用数学规划的方法，利用观察到的有效样本数据，对决策单元进行生产有效性评价，或处理其他多目标决策问题。

目前 DEA 方法应用于森林资源评价的案例比较少，陆琳（2008）运用数据包络分析模型对我国森林旅游的运营效率进行了研究，为森林旅游的效率评估提供了定量的研究方法，并通过对其结果进行定性分析，为我国森林旅游业更好更快地发展提供了相关政策建议。同时，从技术上讲对森林可持续发展能力的评估亦有很好的应用价值。

4. 聚类分析法

聚类分析法是将性质接近的事物进行归类的一种方法，是多元统计分析的一个重要分支，也是非监督分类的一个重要分支。它把一个没有类别标记的样本集按某种准则划分成若干个子类，使相似的样品尽可能地归为一类，而不相似的样品尽可能地划分到不同的类中。常见的聚类分析的方法有系统聚类法（包括最长距离法、最短距离法、重心法等），模糊聚类法、有序样品聚类法、动态聚类法等等。

在森林资源评价中，把评价单元（地域）看做聚类分析中的样本，把反应每个评价单元基本特征的森林因子指标看做样本的变量，那么就可以依据 m 个指标的接近程度，把 n 个评价单元划分为 k 类（等级）的聚类分析问题。

5. 灰色系统分析法

灰色模式是一个内涵丰富的系统，包括灰色关联分析、灰色预测模型、灰色预测模型、灰色规划模型、灰色优化模型等等。其中灰色关联分析常用于监测评价过程中。

灰色关联分析运用关联的的概念对因素间时间序列的相对变化进行计算和比较，确定其中的组到因素，因素间的密切程度，计算出关联度数值，作为综合评价的依据。

森林资源评价的具体步骤为：

（1）将区域内森林资源利用系统的 n 个评价年份的 m 个评价指标按照不同属性指标的隶属函数进行数据的初值化处理，建立属性指标值矩阵 X. 其中，X_{ij} 为第 i 项评价指标在第 j 个评价年份上的指标值。

$$X = (X_{ij})_{mn} \quad (j = 1,2,\cdots,n; i = 1,2,\cdots,m) \tag{9-9}$$

（2）按评价指标的相对优化原则，构造森林资源利用可持续性评价指标的最优参考向量 $\vec{G}$ 和最劣参考向量 $\vec{B}$。

$$\vec{G} = (g_1,g_2,\cdots,g_n); \vec{B} = (b_1,b_2,\cdots,b_m) \tag{9-10}$$

（3）确定各指标权重，引进权重向量 λ：

$$\lambda = (\lambda_1,\lambda_2,\cdots,\lambda_m) \tag{9-11}$$

计算第 j 个评价年份向量 X_j 与其最优森林资源利用水平参考向量 $\vec{G}$ 和其最劣利用水平参考向量 $\vec{B}$ 的灰色关联度。

$$\gamma(\vec{X_j},\vec{G}) = \sum_{i=1}^{m} \lambda_1\zeta_1(\vec{X_j},\vec{G}) \tag{9-12}$$

$$\gamma(\vec{X_j},\vec{B}) = \sum_{i=1}^{m} \lambda_1\zeta_1(\vec{X_j},\vec{B}) \tag{9-13}$$

（5）提出区域森林资源可持续利用理想函数，将经典的最小二乘准则作合理拓展，求出最优解向量，建立区域森林资源利用的可持续性评价模型：

$$\mu_j = \cfrac{1}{1 + \left[\cfrac{\sum_{i=1}^{m} \lambda_1\zeta_1(\vec{X_j},\vec{B})}{\sum_{i=1}^{m} \lambda_1\zeta_1(\vec{X_j},\vec{G})}\right]^2} \tag{9-14}$$

利用该模型得到了第 j 个评价对象向量 X_j 从属于最优向量的程度，即反映该评价对象的优劣程度，从而根据 u_j 的大小对各个评价对象进行优次排序，达到了评判的目的。

邢美华（2008）构建了适用于湖北省森林资源可持续利用的评价指标体系及以灰色关联分析方法为基础的森林资源可持续利用层次灰色综合评判模型。认为层次灰色综合评判模型应用于区域森林资源可持续利用评价是可行的。

邱微（2007）运用灰色关联度对森林覆盖率的影响因素进行分析，结果表明林木蓄积量和森林面积是主要因素。应用灰色系统理论，建立灰色预测 GM（1，1）模型，预测出了森林覆盖率的发展趋势，结果经检验，精度较高。

蒋文伟（2002），张德成（2007）也通过灰色关联度分析分别对湖州主要森林类型土壤肥力和森林涵养水源生态效益的各个指标进行了研究，分析出了研究对象的指标间的关系和重要程度，并进行了排序，效果较好。

6. 综合指数法

对各项指标评价值的加权综合方法一般包括加法合成、乘法合成和加乘混合法三种基本加权平均法（大多数研究者采用加法合成式），也有少数研究者通过构建发展度评价模型来综合（席玉英，2000）。我们可以根据指标评价值之间数据差异的大小和评价指标重要程度的差别大小选取不同的合成方法（邱东，1991）。

a_i 为个各指标的权重，x_i 为单个指标标准化后的值，则

加法合成：

$$x = \sum_{i=1}^{n} a_i x_i \tag{9-15}$$

乘法合成：

$$x = \prod_{i=1}^{n} x_i \tag{9-16}$$

加乘混合法：

$$x = \sum_{j=1}^{m} \prod_{i=1}^{n} x_i \tag{9-17}$$

一般将 n 个评价指标分成 m 类，先对各类内部指标做乘法处理，然后在各类的积做加法处理。

在评价时，要根据不同的指标体系结构决定采用什么样的综合合成方法。如对平行式的指标体系结构，可以采取指标层乘法合成，准则层加法合成的方法。而对于垂直式的指标体系结构则可以采用指标层加法合成，准则层乘法合成的方法。

在多层次的森林资源评价中，用得比较多的是加乘法混合法，即采用加权求和与加权求积相结合的综合合成方法。

欧阳勋志（2007）在进行森林景观资源承载力研究时，运用了综合指数的方法把一整套指标体系整合成一个定量数值，取得了很好的评价效果。党普兴（2008）运用专家会议法和 Delphi 法建立和确定了由区域森林资源质量和构成森林资源质量物质基础的 5 个主要方面、决定和反映森林资源质量 5 个主要方面的 15 个指标、19 个分指标、10 个分指标的亚指标构成的 5 层递阶结构的区域森林资源质量综合评价指标体系及其权重，在此基础上提出了一种新的直观的区域森林资源质量综合评价方法。

7. 模糊综合评价

模糊综合评价属于模糊数学的范畴，他是描述不确定性事物的一种新型数学方式，模糊集合中的元素属于集合的程度用"隶属度"来表征，实现把人类的直觉确定为具体系数，并将约束条件量化表示，进行数学解答。

在实例中，多为多层次的评价模型，具体方法如下（以 m 个指标，n 个级别为例）：

设所有评判指标组成的集合为 U，所有评语等级组成的集合为 V，则有：

$$U = \{u_1, u_2, \cdots, u_m\}; V = \{v_1, v_2, \cdots, v_n\} \tag{9-18}$$

则评判决策矩阵为 R，是 U 到 V 上的一个模糊关系：

$$\tilde{R} = \begin{bmatrix} R_1 \\ R_2 \\ \vdots \\ R_m \end{bmatrix} = \begin{bmatrix} r_{11} & r_{12} & \cdots & r_{1n} \\ r_{21} & r_{22} & \cdots & r_{2n} \\ \vdots & \vdots & & \vdots \\ r_{m1} & r_{m1} & \cdots & r_{mn} \end{bmatrix} \qquad (9\text{-}19)$$

$\tilde{R}$ 通常由隶属度函数确定。常见的隶属度函数有正态分布型、均匀分布型、梯形分布函数等等。

如果评判因素的权重分配为 $\tilde{A} = [a_1, a_2, \cdots, a_m]$，则模糊综合评价模型为：

$$\tilde{B} = \tilde{A} \times \tilde{R} = [b_1, b_2, \cdots, b_n] \qquad (9\text{-}20)$$

根据评判结果 B 的最大隶属度，确定评价对象的评语。

若评价指标是多层次的，则先建立最低层次的指标的模糊关系矩阵，赋予各自权重后依次向上一级集中，然后得出最终结论。

模糊综合评价很好地解决了多个指标的综合分析，用隶属度的概念去解决评判结论的确定，具有可以克服传统数学方法中"唯一解"的弊端。根据不同可能性得出多个层次的问题题解，具备可扩展性，符合现代管理中"柔性管理"的思想。

模糊综合评价在管理学科中应用的较为广泛，近些年在环境检测与评价中也得以适用。但是在森林资源评价中研究尚不丰富。

肖化顺（2004）从森林生态系统生产力、生态环境质量、社会经济发展和经营管理水平 4 个方面提出了森林可持续经营能力的指标体系，运用模糊数学的综合评价方法，对武冈林场的可持续经营能力进行了定量评价。

赵艳萍（2007）采用了模糊综合评价模型对森林资源的可持续性进行评估，并利用计算机技术结合福建省邱家山林场进行了可持续性研究的实例。

于洪贤（2007）运用模糊数学的理论和方法，对哈尔滨北方森林动物因旅游资源进行了评价和分析：采用构造矩阵法确定森林动物园各评价指标的权重系数；采用游客调查和专家组判断相结合的方法，确定旅游资源评价指标的隶属度，从而建立了哈尔滨北方森林动物园定量评价的指标体系和模糊评价的数学模型。

（四）森林景观结构评价

森林景观生态研究是我国开展景观生态学研究较早的领域之一，研究工作也卓有成效。

目前的研究主要集中在三个方向：①静态研究。着重对特定景观的结构和在一定结构控制下的功能进行研究，描述景观的特定状态。②动态研究。重点对特定景观的动态变化历史过程、趋势及其控制机制进行研究，揭示景观演化和基本过程及规律，建立动态模型，预测景观动态变化趋势。③应用研究。主要是在前两种研究的基础上，为人类合理开发、利用、管理、保护和建设景观而制订规划、设计的实践活动。

彭小麟于 1991 年就提出森林景观中的边缘效应影响问题；而徐化成（1994）则是林业工作者中较早将景观生态学原理、方法应用到森林景观生态研究中的学者。之后，以郭晋平等人为代表的课题组开展的家自然科学基金课题《森林景观动态及其群落生态效应的研究》（1997～1999）首次对森林景观生态进行了比较全面、系统和深入的研究，其研究成果《森林景观生态研究》（2001）也是我国森林景观生态研究领域的第一部专著，受到专家的一致好评；臧润国等（1999）则主要探讨了森林斑块动态与物种共存机制及森林生物多样性问题。此外，马克明等（1999～2000）对北京东灵山地区的森林景观格局、森林生物多样性、景观多样性，以及刘灿然等（1999～2000）对北京地区的植被景观斑块特征等也都作了一些颇有意义的探索。

1. 景观要素划分

景观要素分类是进行景观格局分析和景观生态研究，揭示景观格局和生态功能的关系，认识景观动态变化过程，实现景观建设、管理、保护和恢复进行规划设计的基础，通过分类确定对景观组成和景观要素属性的认识水平。

景观要素分类要根据研究工作的需要，结合所收集的航片资料的分辨率，即分类的实际可能性确定分类的详细程度。分类过粗会影响将来的研究深度，分类过细则会大大增加工作量和计算机数据存储量，进而影响分析效率。景观要素类型的划分既要满足研究的需要，又要结合卫星影像和航空相片等景观空间数据的分辨率，制定分类系统和各级分类标准。

目前，对森林景观的研究主要集中在对景观要素的格局特征及动态变化，对景观要素划分方法的研究却鲜有成果，尤其是考虑环境因子的定量方法的研究。

多数学者基于土地利用与覆盖角度的土地类型进行景观要素的划分，在研究某类型特定景观时再根据专业的分类方法进行下一步划分。例如在研究森林景观之时，绝大多数研究着均按照土地类型进行一级划分，再根据二类调查数据或森林分布图，按优势树种等森林指标进行二级划分。

郭晋平（2001）在研究关帝山森林景观过程中，按照地类、森林植被类型、森林类型三级标准将林区的森林景观要素划分为了若干个级别。陆元昌（2005）以吉林省汪清林业局金沟岭林场为例，提出了一种基于森林资源二类调查数据的新的景观要素分类方法，并对景观要素的斑块特征和格局进行了分析。

2. 研究手段

景观生态学很多方法都源于地统计学、地理学、生态学等，从而使景观生态学的方法多样化，也不可能区分出标准的景观生态学方法。常见的手段主要有以下几种：

（1）野外调查与观测

主要是以航片为指导的野外调查，从航片解译开始，在后期野外工作中来指导采样分区，最后绘制景观图。

（2）遥感手段

利用卫星遥感图像为景观生态学提供必需的基础数据资料，如空间位置、植被类型、土地利用状况、土壤类型等特征因子。目前最常用的是美国陆地资源卫星 TM 影像。主要程序为：数据收集和与处理、遥感影像分类、分类结果的后处理、分类精度评价等。

（3）地理信息系统手段

GIS 具有强大的空间数据管理、分析和显示功能。常见的 GIS 软件有来自美国公司 ESRI、MapInfo 开发的产品，如 ARC/INFO、ArcView GIS、MapInfo 等，同时，国内的中国地质大学、北京大学、武汉大学也有研发出了一些 GIS 产品，如 MapGIS、GeoStar 等。

（4）地统计学（Geostatistics）方法和尺度分析。如网格分析法等。

3. 景观格局的定量化研究进展

景观指数是描述景观格局及变化，用来建立格局与景观过程之间的联系的定量化研究指标。随着景观生态学的发展，新的理论不断涌现和与其他学科的不断交叉渗透，导致景观指数日益增多且不断推陈出新。在国内外的研究中，众多学者用一些景观指数对景观结构及动态变化进行了分析，但是事实上很多景观指数之间不满足相互独立的统计性质，所以在指数的取舍和对景观格局描述的说服力上稍显屡弱。同时，部分的指数的生态学意义并不明显，尤其针对林学层面的实践意义更是模糊不清。面对繁多的景观指数，按照其描述的意义对其进行功能的划分也没有形成一致的结论。

在景观指数分类的研究中，肖笃宁（2003）按照景观生态学的基本原理将景观指数分为了2大类6小类两级，郭晋平在研究森林景观的过程中把景观指数按其表述的意义分为了3类：斑块特征、景观异质性和相互关系（2001）。也有很多学者按照指标描述的对象和尺度把其分为斑块水平、景观要素水平、整体景观水平三类。

在指数统计性质研究方面，Riitters（1995）等用85张土地利用图为基本数据对55个景观指数用因子分析的方法进行了两次维数压缩，将55个景观指标压缩成具有代表性的5维。Samuel A. Cushman（2008）用主成分分析、聚类分析方法对49个景观要素水平指数和54个整体景观水平的指数进行了筛选，定义出24个景观要素水平指数和17个整体景观水平指数，提出了筛选指数的要点：优势性、普遍性和相容性。在国内，王新明（2006）也用类似的方法对大尺度下13个陆地景观结构指数进行了统计学分析。其余更多的研究集中在指数间的相关性上（布仁仓等，2005；龚建周等，2007）。

对于景观指数敏感性的问题，部分学者使用真实或模拟的景观格局进行了定性分析。比如李秀珍（2004）等人通过对比8个景观指数对由中性随机模型产生的不同格局系列（类型数量、图区范围、分辨率、类型相对面积、聚集程度）在景观总体水平和不同类型水平上的反应，定性的描述了部分景观指数对不同格局的变化和灵敏程度，提出了慎用景观指数的建议。此外，杨丽（2007）、Saura Santiago（2001）、Evelyn Uuemaa（2005）、游丽平（2008）、Huang C（2006）等人也分别就景观粒度、空间尺度、景观类型数量等某一方面对景观指数的影响分别展开了探讨。

纵观这些研究，大多数学者使用了上面某一种方法对景观指数进行了统计学或其他定性的研究，缺少整体考虑筛选的通用方法、筛选结果的生态学意义以及指数的灵敏程度。

第二节　研究区域及数据概况

一、自然概况

延庆县位于北京市西北部，县城距北京市城区约74km，为北京市辖远郊县。地理坐标介于东经115°44′～116°34′，北纬40°10′～40°47′之间，东临怀柔，南靠昌平，西、北面与河北省的怀来、赤城两县接壤。县域呈东北向西南延伸的长方形，东西最长约65km，南北最宽约45km，土地总面积为1993.75km²。现辖15个乡镇和1个城镇办事处，376个行政村，22个社区辖11镇4乡，常住人口28.6万，如图9-2所示。

境内地势东北高，西南低。东、南、北三面环山，西面为官厅水库，在县域西南部形成山间盆地。在全县土地总面积中，山区面积约占72.80%，平原面积约占26.20%，水域面积约占1.00%。全县河流分属潮白河、永定河、北运河水系，有4级以上河流18

图 9-2 北京市延庆县地图

条。本县土地利用具有十分明显的空间地域分异特征。农用地中耕地、园地等主要集中在平原区，并且由于地形地貌的影响形成了十分独特的环带分布特征。山前暖区多形成果树带，山麓附近则形成一条宽窄不一且呈间断分布的林带；山区则以林地和中、低山草场为主，耕地呈零星分布于沟谷、河谷阶地，同时由于水、热、土壤、植被等要素垂直分异的影响，山区土地利用具有明显的垂直分带特征。

本县属温带大陆性季风气候，地处半干旱向半湿润的过渡地带，县域海拔高，太阳辐射强，昼夜温差大。独特的气候，非常有利于果品糖分和农作物干物质的积累。

二、森林资源概况

根据北京市公布的"十五"森林资源二类调查结果，延庆县林地面积为 151228.5hm²，占土地面积的 75.9%；林木绿化率达 67%，森林覆盖率达 56.3%，活立木蓄积量达 180.9 万 m³。

延庆县森林资源丰富，类型多样，原始植被类型为暖温带落叶阔叶林和温带针叶林，由于早期人为破坏，现已不多见。中山上部已演替为山顶杂草草甸和白桦（*Betula platyphylla*）、山杨（*Populus davidiana*）、栎类的混交次生林。中山中、下部，阴坡分布着大面积的辽东栎（*Quercus liaotungensis*）、蒙古栎（*Quercus mongolicus*）萌生丛和灌丛，局部地区生长有山杨和油松林（*Pinus tabulaeformis*）；阳坡主要有侧柏（*Platycladus orientalis*）、臭椿（*Ailanthus altissima*）、山杏（*Prunus armeniaca*）等。低山区原生植被破坏后，演替为各类灌丛，种类以酸枣（*Ziziphus jujuba*）、荆条（*Vitex negundo*）为主。山间盆地及沟谷地带生长有杨、柳（*Salix matsudana*）、榆树（*Ulmus pumila*）、桑树（*Morus alba*）、核桃楸（*Juglans mandshurica*）、板栗（*Castanea mollissima*）、柿树（*Diospyros kaki*）等。延庆地区人工栽植的树种主要有油松、侧柏、落叶松（*Larix principis-rupprechtii*）、刺槐（*Robinia pseudoacacia*）、国槐（*Sophora japonica*）、杨、柳、榆、椿、栗树、黄栌（*Cotinus coggygria*）、火炬树（*Rhus typhina*）、元宝枫（*Acer truncatum*）等。

延庆县常见的森林类型主要为以下几种：

（1）油松林

油松林是在北京山区分布范围最为广泛的森林群落。油松主要生长于海拔 600～970m 的阴坡、半阴坡。有天然和人工两种成林方式，有些是早期人工林现在呈现为伴天然状态。天然油松分布区域较小，也有一些百年的古树。伴生的树种以平榛、蒙古栎为主。

（2）蒙古栎林

蒙古栎林是北京山区地带性的阔落叶林顶极群落之一，也是延庆的最基本森林类型，从海拔 500～1500m 均有分布，以 800～1200m 的阴坡、半阴坡居多。现存的蒙古栎林几乎全是经砍伐后萌生的次生林，树龄 30～50 年，局部地段仍可见百年树龄的大树。由于坡向、海拔等生境的差异，不同地段的蒙古栎林中伴生乔木树种也有一定差异，形成不同的群丛。在海拔 800～1000m 的半阴坡，林中较多的乔木树种为杨树、春榆（*Ulmus japonica*）、大叶白蜡（*Fraxinus rhynchophylla*）、糠椴（*Tilia mandshurica*）等，而在海拔 1000～1300m 的阴坡，蒙古栎林中则出现有黑桦（*Betula dahurica*）、元宝枫、紫椴（*Tilia amurensis*）等。

（3）山杨林

山杨林也是次生群落，在延庆海拔 800～400m 的阴坡、半阴坡中下部或者沟谷土壤较好的大部分地段都有分布。林中伴生乔木树种有糠椴、白桦、春榆等。

（4）阔（落）叶混交林

阔（落）叶混交林在延庆地区分布于海拔 850～1000m 的阴坡为主，沟谷地段较多，郁闭度较高。其中，以山杨、枫桦（*Ribbed birch*）等先锋树种居多，其次为元宝枫、春榆，同时伴生的还有蒙古栎、白蜡和紫椴等。

三、林业政策及相关工程

延庆县地处北京的上风上水，与北京其他郊县相比，延庆县在首都经济圈中的生态功能突出，生态优势明显。近年来，延庆县为了全面推进的林业发展和生态建设步伐，为首都树立起绿色生态屏障，县委、县政府发布了一系列促进区域发展的政策文件，提出了城镇森林化、城乡生态一体化、森林经营产业化的发展目标，制定了城乡生态协调发展的战略格局，希望将生态建设的成果直接服务于全县经济和社会的可持续发展战略。《延庆县"十一五"时期农业发展规划》（生态林业建设部分）、《关于加快延庆县林业发展的实施意见》（延发〔2005〕11 号）等文件从宏观上确定了延庆县林业的定位和发展方向，明确了生态建设的基本原则和具体目标。延庆县林业局也在作业层面制定了一系列具体措施。

长期以来，延庆县坚持植树造林，涵养水源，防风固沙，美化环境，造林绿化美化与本地区经济发展相结合，与改善生态环境质量相结合，与维护和服务首都大环境建设相结合，全民义务植树、社会化造林与专业化造林、重点工程造林相结合，人工造林、飞播造林、封山育林等多种形式并举，取得了显著成效。一个多林种、多树种、多层次、多功能的森林生态体系初步形成。

四、数据来源及予处理

1. 数据来源

本研究的基础数据是北京市延庆县 1999 年和 2004 年两期森林资源二类调查结果，它以矢量的地理信息数据形式储存，格式为 shapefile 文件，包括属性数据和空间数据。

空间数据的基本元素为多边形（Polygon），地理坐标采用北京 54 坐标系，投影和分带方式分别为高斯 – 克吕格（Gauss_ Kruger）投影 3 度分带。

属性数据需在数字化各小班时输入，应保证属性数据的正确性和各属性项的完整性，储存的格式为 DBF 文件。小班因子调查数据严格按照《国家森林资源规划设计调查技术规程》和《北京市森林资源规划设计调查操作技术细则》中命名的要求，包括编号、林班小班号、面积、地类、立地类型、起源、树种组成、龄组、每公顷蓄积、土壤类型、土壤质地、土壤厚度、坡度、坡向、权属、海拔等属性数据项。数据的具体格式见表 9-1。

表 9-1 一些重要的属性数据字段

字段名	格式	属性值	说明
FID	Object ID	≥0	图形要素的编号，从 0 开始
Shape	Geometry	Polygon	图形要素的形状，均为多边形
区县	String	相应的文本	
乡镇	String	相应的文本	
小班号	String	相应的文本	亦可为 int 格式数据
地类	String	阔叶林地、未成林造林地、非林地等 16 类	
起源	String	天然林、人工林、飞播林等 3 类	
林种	String	水源涵养林、水土保持林、用材林等 15 类	
优势树种	String	侧柏、油松、刺槐、杨树等 10 类	
平均年龄	Float	≥0	亦可为 double 格式数据
平均高	Float	≥0	亦可为 double 格式数据
平均胸径	Float	≥0	亦可为 double 格式数据
每公顷蓄积	Float	≥0	亦可为 double 格式数据
郁闭度	Float	≥0	亦可为 double 格式数据
林龄组	String	幼龄林、中龄林、近熟林、成熟林、过熟林	
蓄积	Float	≥0	亦可为 double 格式数据
面积	Float	≥0	亦可为 double 格式数据

2. 数据的预处理

由于原始数据存在要素属性表述不规范，地理位置偏差等问题，在进行分析前，首先对数据进行了如下处理：

①规范了属性表字段名和属性值，严格按照相关技术规程进行修改。

②由于原始数据为手工数字化，导致地图内部分多边形要素（小班）出现了交叉的情况，形成了若干非法自相交的"孤岛"。对此，使用了 ArcGIS 的 ArcToolbox—Data Management Tools—Features—Repair Geometry 工具进行了修复。

③本研究使用的是两期地图数据，由于制作时间不同和人工误差，致使两期数据的地理范围不一致，总面积不相同。为此，使用了 ArcToolbox—Analysis Tools—Overlay—Intersect 工具进行了交叉叠加，将两期地图的交集部分作为研究区域，所以也就导致总面积等相关试验数据与延庆县官方数据有轻微的出入。

④在本章第四节进行景观格局分析时，需要把景观要素（landscape component）一致且地域相邻的小班进行合并，形成新的景观斑块（patch）。因此，使用了 ArcToolbox—Data Management Tools—Generalization—Dissolve 工具进行了融合。

第三节　森林资源时空动态分析

一、面积变化分析

（一）林地类型面积变化分析

根据土地的覆盖和利用综合情况，结合《北京市森林资源规划设计调查操作技术细则》（下称《细则》）中关于林地类型划分的规定，将土地类型分为林地和非林地 2 个一级地类。其中，林地划分为 8 个二级地类，11 个三级地类。在 GIS 的支持下，对两期延庆县二类调查数据中的"地类"字段进行分类汇总，得到 1999 年和 2004 年两个时期的林地变化情况，详见表 9-2。

表 9-2　土地面积统计结果

一级	二级	三级	1999 年		2004 年	
			面积（hm²）	比例	面积（hm²）	比例
林地	有林地	针叶林地	13 923.62	7.03%	15 931.51	8.05%
		阔叶林地	65 072.82	32.86%	84 084.02	42.47%
		混交林地	3 487.26	1.76%	10 380.17	5.24%
		小　计	82 483.70	41.66%	110 395.7	55.75%
	疏林地		652.00	0.33%	189.92	0.10%
	灌木林地		27 170.85	13.72%	20 561.03	10.38%
	未成林地	未成林造林地	4 674.67	2.36%	10 742.13	5.43%
		未成林封育地		0.00%	124.46	0.06%
		小　计	4 674.67	2.36%	10 866.59	5.49%
	苗圃地		49.70	0.03%	731.52	0.37%
	无立木林地	采伐迹地	146.53	0.07%	3.16	0.00%
		火烧迹地	0	0.00%	33.67	0.02%
		其他无立木林地	0	0.00%	149.62	0.08%
		小　计	146.53	0.07%	186.45	0.09%
	宜林地	宜林荒山荒地	23 453.32	11.84%	4 850.72	2.45%
		宜林沙荒地	0	0.00%	1 062.39	0.54%
		其他宜林地	2 717.69	1.37%	411.97	0.21%
		小　计	26 171.01	13.22%	6 325.08	3.19%
	辅助生产林地		0	0.00%	7.75	0.00%
	合　计		141 348.47	71.39%	149 264	75.38%
非林地			56 655.99	28.61%	48 740.43	24.62%
总　计			198 004.46	100.00%	198 004.46	100.00%

地类变化统计见图 9-3 和图 9-4。

从总体情况看，从 1999 年到 2004 年，林地面积略有增长，面积比例由延庆县土地总面积的 71.39% 上升至 75.38%，增长约 4 个百分点。非林地面积则呈现出下降趋势。在林地内部，有林地面积增长较明显，增加了约 14% 的土地，其中阔叶林地的增幅尤为突出，增长了约 20 000 hm²，比例由 32.86% 增加至 42.47%。宜林地、灌木林地面积下降较多，分别减少了约总面积的 10% 和 3%，疏林地面积也有一定的降低。

如果不考虑农田林网以及四旁（村旁、路旁、水旁、宅旁）林木的覆盖面积，从 1999 不年到 2004 年，全县林木绿化率由 55.38% 增长至 66.13%，森林覆盖率由 41.66% 增长至 55.75%，增幅明显。

从图 9-3 中可以看出，延庆县的森林资源分布呈现出开口朝向东南方向的"U"字形。

在 ArcGIS 中，通过对两期数据的叠加，可以分析得出土地类型转移图，把地类转移的面积用百分比概率的形式来表示，即得到步长为 5 年的土地类型转移概率矩阵，详见表 9-3。

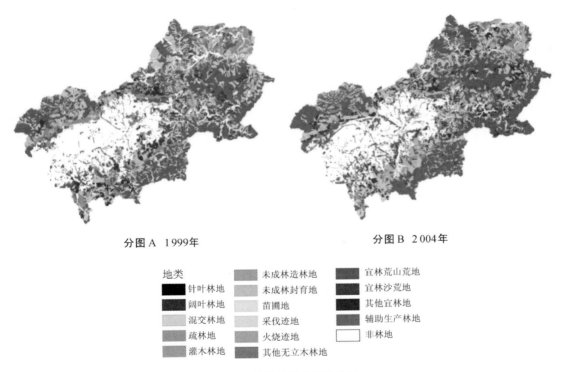

分图 A　1999年　　　　　　　　　　分图 B　2004年

地类		
针叶林地	未成林造林地	宜林荒山荒地
阔叶林地	未成林封育地	宜林沙荒地
混交林地	苗圃地	其他宜林地
疏林地	采伐迹地	辅助生产林地
灌木林地	火烧迹地	非林地
	其他无立木林地	

图 9-3　林地类型空间分布图

227

表 9-3　土地类型面积转移概率矩阵（单位：%）

年代 k	年代 k+5															
	针叶林	阔叶林	混交林	疏林地	灌木林地	未成林造林地	未成林封育地	苗圃地	采伐迹地	火烧迹地	其他无立木林地	宜林荒山荒地	宜林沙荒地	其他宜林地	辅助生产林地	非林地
针叶林	46.82	17.73	17.31	0.02	6.37	5.67	0.06	0.01	0.00	0.00	0.00	0.57	0.07	0.03	0.00	5.33
阔叶林	3.50	78.14	5.22	0.03	4.63	1.18	0.00	0.16	0.00	0.02	0.05	0.75	0.28	0.13	0.01	5.91
混交林	19.47	34.00	32.93	0.00	9.47	1.11	0.00	0.00	0.00	0.00	0.00	0.28	0.01	0.00	0.00	2.74
疏林地	14.11	47.15	14.29	8.75	7.40	4.74	0.00	0.00	0.00	0.00	0.00	0.00	0.00	0.00	0.00	3.56
灌木林地	5.73	42.67	4.68	0.00	32.74	10.19	0.02	0.00	0.00	0.08	0.00	1.75	0.10	0.04	0.00	1.99
未成林造林地	28.27	23.46	12.09	0.00	12.57	16.64	0.42	0.00	0.00	0.01	0.00	2.06	0.32	0.00	0.00	4.17
未成林封育地	0.00	0.00	0.00	0.00	0.00	0.00	0.00	0.00	0.00	0.00	0.00	0.00	0.00	0.00	0.00	0.00
苗圃地	0.00	11.14	0.02	0.00	0.00	0.00	0.00	57.77	0.00	0.00	0.00	0.00	0.00	0.00	0.00	31.07
采伐迹地	20.33	62.78	10.16	0.00	6.15	0.00	0.00	0.00	0.00	0.00	0.00	0.00	0.00	0.00	0.00	0.57
火烧迹地	0.00	0.00	0.00	0.00	0.00	0.00	0.00	0.00	0.00	0.00	0.00	0.00	0.00	0.00	0.00	0.00
其他无立木林地	0.00	0.00	0.00	0.00	0.00	0.00	0.00	0.00	0.00	0.00	0.00	0.00	0.00	0.00	0.00	0.00
宜林荒山荒地	8.10	24.48	3.04	0.15	25.06	17.58	0.22	0.23	0.00	0.00	0.44	14.40	1.53	0.63	0.00	4.14
宜林沙荒地	0.00	0.00	0.00	0.00	0.00	0.00	0.00	0.00	0.00	0.00	0.00	0.00	0.00	0.00	0.00	0.00
其他宜林地	19.84	17.28	6.12	0.02	9.35	34.81	1.21	0.00	0.03	0.00	0.00	3.25	0.53	0.00	0.00	7.57
辅助生产林地	0.00	0.00	0.00	0.00	0.00	0.00	0.00	0.00	0.00	0.00	0.00	0.00	0.00	0.00	0.00	0.00
非林地	1.79	18.14	1.06	0.14	1.17	0.88	0.01	0.96	0.00	0.00	0.02	0.42	0.80	0.29	0.01	74.31

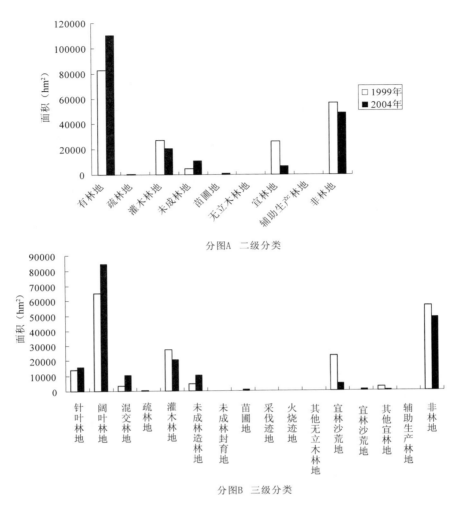

图9-4 地类变化面积统计结果(单位:hm²)

表9-4 北京市延庆县林种(一、二级划分)面积变化

项目	合计	生态公益林			
		防护林	特种用途林	小计	比例
1999 年面积	82 483.70	54 803.30	6 551.42	61 354.73	74.38%
2004 年面积	110 395.70	91 918.37	7 084.45	99 002.81	89.68%

项目	合计	商品林				
		用材林	薪炭林	经济林	小计	比例
1999 年面积	82483.70	2 243.49	1 164.61	17 720.88	21 128.97	25.62%
2004 年面积	110 395.70	798.94	0	10593.95	11392.89	10.32%

表 9-5   北京市延庆县生态公益林（三级划分）面积变化

项目	合计	防护林							
		水源涵养林	水土保持林	防风固沙林	农田防护林	护岸林	护路林	其他防护林	小计
1999 年面积	61 354.7	3 031.4	48 517.1	2 515.8	424.0	74.6	240.4	0	54 803.3
2004 年面积	99 002.8	5 263.6	83 248.0	2 056.8	600.2	281.3	457.7	10.7	91 918.4

项目	合计	特种用途林					
		国防林	环境保护林	风景林	名胜和纪念林	自然保护区林	小计
1999 年面积	61 354.7	42.0	0	3436.4	1.1	3071.9	6551.4
2004 年面积	99 002.8	0	146.0	3 045.3	9.4	3 883.6	7 084.4

注：按照《细则》规定，特殊用途林所包含的林种类别除上表所列的以外，还包括实验林、母树林。由于在两期的二类调查中，均未发现这两个林种，故本表不予单独列出。

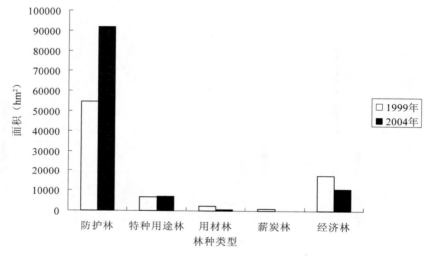

分图A   林种的二级划分

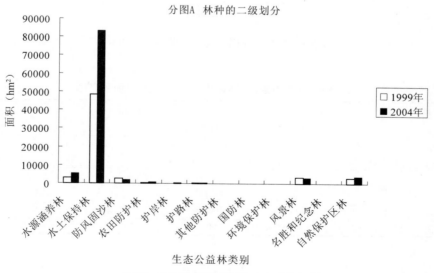

分图B   林种的三级划分（生态公益林部分）

图 9-5   林种变化统计图

不难发现，大概率的转移事件主要集中在矩阵的左侧，也就意味着向有林地类型（针叶林地、阔叶林地、混交林地）转移的概率较大。其中，宜林地主要转变为了有林地、灌木林地和未成林造林地；有93%的采伐迹地转变为了有林地；超过50%的灌木林地、疏林地、未成林地也分别转变为了有林地，疏林地的转移概率更是高达75.55%。地类转移概率矩阵的结果进一步说明了这5年间延庆县森林资源的良性发展趋势。

综合以上地类面积变化情况，延庆县土地基本呈现出非林地向林地转变，林地由疏荒、矮小的特点逐步向郁密、高大的方向发展。这样反映出了在相关的林业工程的影响下，经过封山育林、人工荒山造林、爆破造林、农田林网建设、低效林改造等手段，延庆县森林资源在数量上得到了较快的发展，呈现出良好的势态，一个多林种、多树种、多层次、多功能的森林生态体系初步形成。

（二）林种面积变化分析

在GIS的支持下，利用二类调查数据的"林种"字段对面积进行分类汇总，按照《细则》规定，将有林地（针叶林地、阔叶林地、混交林地）的林木分为了生态公益林和商品林两个一级大类，并再次进行了详细的二级、三级分类。分类汇总后的结果见表9-4、表9-5。林种变化统计见图9-5。

表9-4和图9-5分图A反映了北京市延庆县林种的总体状况。从表中可以看出，不论是1999年还是2004年，生态公益林的面积远远大于商品林的面积，生态公益林的面积比例并呈现出增加的趋势，从1999年的74.38%增长到了2004年的89.68%，增长幅度达15个百分点。高比例的生态公益林的格局奠定了延庆县森林资源功能和发展方向，即主要为生态服务、为社会服务。同时，商品林的发展也主要集中在经济林方面，用材林、薪炭林的比重越来也小，并趋近于0，这也突出反映了延庆县同时在山区林果上大做文章，在保证森林生态效益的基础上，大力发展山区林业的附带产业，正视并有计划地活跃森林的经济效益。

表9-5和图9-5分图B则突出反应了延庆县生态公益林的分布状况。在生态公益林的内部，防护林的面积也显著大于特殊用途林的面积，其比值从1999年的8.4上升到2004年的13.0。可以看到，在各种防护林中，水土保持林、水源涵养林和防风固沙林分布较广，凸显了延庆县在北京城市建设中，尤其是生态建设和生态安全中的所处的重要地位。作为阻挡内蒙古、河北等地风沙的第一道关口和北京森林资源的集中地，延庆县为建设京西生态屏障起到领军和先锋作用，森林担负着减缓地表径流、防止水土流失；改善水文状况、保护水源地、调节区域水分循环；防风固沙、保护作物等方面的重任。此外，特殊用途林在公益林的面积比重虽有所下降，但绝对总量确是稳步上升的，集中体现在在自然保护区林面积的增加，其区域内的松山等自然保护区的建设和发展，使得典型生态系统和珍贵、稀有植物资源得到了保护和恢复，为保存和重建自然遗产与自然景观和延庆县森林资源的多林种、全方位发展增添了色彩。

图9-6突出地反映了延庆县不同林种的空间变化情况。原来集中分布在环平原地区的经济林显著减少，尤其是延庆县南部的八达岭—莲花山一带的经济林消失明显，取而代之的是不断扩张的防护林。原来已经占主体地位的防护林进一步密集，以整个东北部山区最为明显。另外西北部松山地区的特殊用途林面积也日益增多。

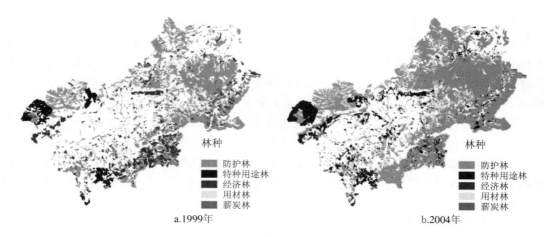

a.1999年　　　　　　　　　　　　b.2004年

图9-6　林种类型空间分布图

(三) 林分起源面积变化分析

林分不同起源面积变化见表9-6和图9-7。

表9-6　北京市延庆县不同时期林分起源面积变化

时间	人工林		天然林		飞播林		面积合计
	面积	比例	面积	比例	面积	比例	
1999 年	24 682.70	21.47%	82 955.57	72.15%	7 342.95	6.39%	114 981.22
2004 年	39 808.93	28.03%	90 696.03	63.86%	11 508.28	8.10%	142 013.24

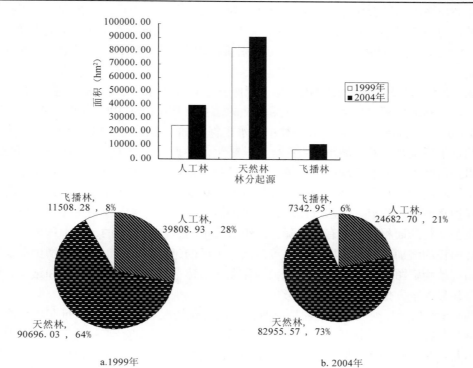

a.1999年　　　　　　　　　　　　b. 2004年

图9-7　林分起源变化统计图

在分析林分起源变化时，研究对象为有林地(针叶林地、阔叶林地、混交林地)、灌木林地、疏林地、未成林地(未成林造林地、未成林封育林地)，即存在活立木的地域。按照起源，可以将林分划分为人工林、天然林和飞播林。从统计结果可以看出，两期数据中天然林所占的面积比重均为最大，超过六成；人工林面积次之，保持在两成多；飞播林面积比较最低，不足一成。需要说明的是，北京处于干旱少雨的大陆性气候区域，所谓的"天然林"多为天然次生林，也就是说原始或人工林，经人为的或自然的因素破坏之后，未经人为的合理经营，借助自然力量恢复起来的一种天然林。

从时间纵向来看，各种起源的林分的绝对面积均呈上涨趋势，而面积比例则出现变化。人工林的比例显著上升，增加约 6.5 个百分点，飞播林的面积比例稳中有小额增加，天然林比例下降明显，约为 8%。数据反映了 5 年间人工干预森林的力度加大，人工造林、人工更新、低效林改造等措施使得人工林比例上升，森林经营的意识日益加强，人为调整、改善森林生长的效果明显。同时，飞播林的面积也有所增加，说明用先进手段措施，高效率地促进森林生长的思维正在逐步实现。

人工林比例的上升并不完全意味着森林质量的下降，众多研究结果显示人工林的生产力远远高于天然林，只是在生态功能发挥和环境正面影响上逊于天然林。所以科学调整森林结构，合理布局搭配，则显得尤为重要。

林分起源空间分布见图 9-8。

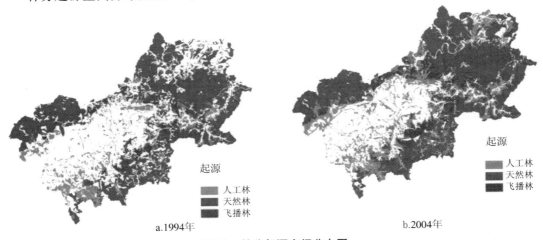

a.1994年   b.2004年

图 9-8 林分起源空间分布图

二、总蓄积变化

在二类调查数据中，"蓄积量"字段为非 0 值的地类主要是有林地(经济林除外，不计算蓄积)和疏林地。对这些小班的蓄积量进行汇总，并按照起源进行分类，得到北京市延庆县 1999 年和 2004 年森林总蓄积量变化表(见表 9-7)。

表 9-7　北京市延庆县不同时期总蓄积量变化

时间	总蓄积量 (m³)	蓄积量分布比例		
		人工林	天然林	飞播林
1999 年	1146 212.84	46.11%	53.68%	0.21%
2004 年	1582 395.01	43.10%	54.70%	2.20%

从数值上看，从 1999 年到 2004 年 5 年见延庆县森林总蓄积量增长了 43.6 万 m³，达 158.24m³，增长了 38.1%。其中人工林和天然林所占的蓄积比例约保持在 1：1 的水平。结合表 9-6 中面积的分布比例，可以看出所占面积不到三成的人工林产出了近 50% 的活立木蓄积，进一步反映了人工林在木材生产方面的突出优势。由于现存的飞播林多为近期播种，所以所占的蓄积比例微乎其微（图 9-9）。

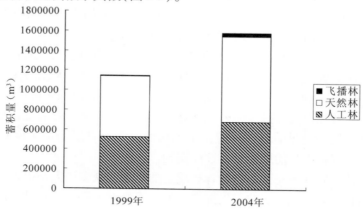

图 9-9　林分蓄积变化统计图

三、几个林分因子的变化分析

在二类调查数据中，能反映林分结构和质量因子的指标有小班年龄、小班平均树高、小班平均胸径、郁闭度、每公顷蓄积等。将所有小班的这些调查因子进行统计，计算出算术平均值，结果见表 9-8 和图 9-10。

表 9-8　两期林分因子平均值统计表

时间	平均年龄(年)	平均树高(m)	平均胸径(cm)	平均郁闭度	平均每公顷蓄积(m³/hm²)
1999 年	25.13	5.94	11.10	0.52	40.36
2004 年	26.71	5.85	9.50	0.52	45.12

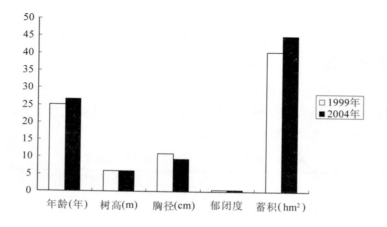

图 9-10　林分因子变化统计图

在这 5 个因子中，从 1999 年到 2004 年平均年龄和单位面积蓄积有所增加，平均胸径减少 1.6cm，郁闭度和平均树高基本持平，保持稳定。究其原因，人工造林和更新的幼苗，宜林地的改造等都极大地增加了幼龄林的比例，使得胸径的平均值有所下降。随着森林经营措施的科学发展，森林质量得到稳步提高，每公顷蓄积增加近 5m³，到 2004 年达 45.12 m³/hm²，远远高于北京市的平均水平，但低于全国水平，这也反映了延庆县森林质量在北京的地位以及所面临的机遇和挑战。

四、优势树种的变化分析

在二类调查数据中，优势树种是以树种组的形式统计的，即将若干种自然属性类似且立地条件需求近似的树种进行组合，以减少统计的项目，便于分析。具体划分标准见表 9-9。按照"优势树种"字段对面积和蓄积进行分类汇总，便得到了不同优势树种组所占的面积和立木蓄积，结果见表 9-10 和图 9-11。

表 9-9 优势树种组的组成情况

树种组	代表的树种
侧柏	包括柏属各种
落叶松	包括华北落叶松、日本落叶松、兴安落叶松、长白落叶松等
油松	包括油松、黑松、樟子松、华山松等
栎类	包括栓皮栎、蒙古栎、槲树等栎类
桦木	包括白桦、黑桦、棘皮桦等
山杨	山杨类
刺槐	刺槐
杨树	各类杨树（除山杨）
山杏	包括山杏、山桃等
阔叶树	包括柳树、榆树、国槐、臭椿、白腊、银杏、五角枫、黄栌、栾树、胡桃楸、椴 树等阔叶树

表 9-10 各优势树种组的面积蓄积统计表

优势树种	1999 年				2004 年			
	面积（hm²）	比例（%）	蓄积（m³）	比例（%）	面积（hm²）	比例（%）	蓄积（m³）	比例（%）
侧柏	3 455.32	5.28	10 181.79	0.89	7812.56	7.81	27819.50	1.76
刺槐	2 271.27	3.47	29 017.03	2.53	2 297.79	2.30	39 074.75	2.47
山杏	—	—	—	—	18 704.70	18.70	—	—
山杨	3 600.87	5.50	68 134.87	5.94	3 048.78	3.05	61 866.80	3.91
杨树	3 059.38	4.68	33 0042.07	28.79	4 353.94	4.35	362 049.07	22.88
栎类	29 698.41	45.40	359 642.90	31.38	34 438.59	34.42	539 103.55	34.07
桦树	4 302.35	6.58	100 908.09	8.80	4 603.13	4.60	130 906.15	8.27
油松	11 054.85	16.90	136 801.97	11.94	12 571.42	12.57	231 038.39	14.60
落叶松	2 087.80	3.19	32 278.48	2.82	2 165.27	2.16	49 294.33	3.12
阔叶树	5 884.58	9.00	79 205.65	6.91	10 054.21	10.05	141 242.48	8.93

结果显示，以栎类为优势树种的林分分布面积最大，两年均超过林地面积的 1/3，油松次之，也均超过 10%；而栎类、杨树的蓄积较大，两者蓄积之和超过了整个林分蓄积的 50%，从而确定了北京市延庆县森林资源的基本格局。从时间变化上看，除山杨外的所有树种的面积和蓄积都呈上升趋势。其中侧柏的面积增加约 130%，阔叶树面积也有约 70% 的增加，蓄积的增长比例分别为 170% 和 80%。从绝对数量上看，栎类、油松的蓄积

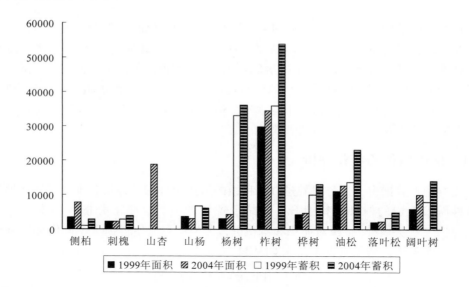

图 9-11　各优势树种组的面积蓄积统计图

（注：图中面积的单位为 hm²；蓄积的单位为 10m³）

增长较为迅猛。

　　进一步统计出各个优势树种的林分因子的算术平均值，结果见表 9-11。

表 9-11　各优势树种组的林分因子统计表

优势树种	1999 年					2004 年				
	年龄（a）	树高（m）	胸径（cm）	郁闭度	蓄积（m³/hm²）	年龄（a）	树高（m）	胸径（cm）	郁闭度	蓄积（m³/hm²）
侧柏	28.70	2.30	2.42	0.34	2.35	23.44	2.50	2.53	0.37	2.73
刺槐	13.31	5.93	7.95	0.52	24.94	15.05	6.80	9.63	0.50	26.36
山杏						25.15	2.55	0.88	0.43	0.00
山杨	22.65	6.04	8.88	0.59	19.13	43.23	5.89	9.08	0.63	20.20
杨树	19.90	12.65	17.35	0.61	120.95	18.69	12.63	16.91	0.52	84.57
栎类	27.95	4.92	8.77	0.50	11.84	29.30	4.91	8.11	0.57	13.49
桦树	38.36	7.31	12.30	0.59	21.88	44.16	7.64	14.49	0.64	28.82
油松	25.59	4.21	6.55	0.53	16.21	29.16	4.83	7.77	0.56	22.37
落叶松	17.09	4.72	6.20	0.53	12.76	21.63	5.49	8.17	0.62	20.41
阔叶树	23.15	5.49	8.66	0.46	17.43	33.54	5.59	8.70	0.51	16.21

　　由于各个因子是以小班为对象平均加权的，没有考虑断面积等自身因素，所以得出的算术平均值仅用于各个树种间横向大小比较，在时间纵向上和绝对数值上的意义不太明确。在各种林分中，以桦树为优势树种的林分平均年龄最大，远远高于其他林分，说明桦树林分经历了较长的自然生长和干扰影响，且桦树一般主要分布在高海拔地区，受人为破坏小，具有较为稳定的林分结构，这也能从胸径和单位面积蓄积上反应出来。同时，杨树作为速生树种，在延庆县森林资源中也扮演中极为重要的角色，其林分的平均树高、平均胸径和单位面积蓄积都呈现出绝对的优势。而侧柏林分由于树种特性的原因，其树高、胸径、郁闭度和单位蓄积等指标都最低，显得较为孱弱。

五、林分龄组分析

1999 年和 2004 年各林龄组面积蓄积变化统计见表 9-12 和图 9-12，空间分布见图 9-13。

表 9-12 各林龄组的面积蓄积统计表

林龄组	1999 年				2004 年			
	面积（hm²）	比例（%）	蓄积（m³）	比例（%）	面积（hm²）	比例（%）	蓄积（m³）	比例（%）
幼龄林	42 422.69	64.85%	353 613.35	30.85%	55 469.58	55.44%	464 143.54	29.33%
中龄林	15 090.71	23.07%	342 925.81	29.92%	33 301.78	33.29%	527 568.56	33.34%
近熟林	5 443.74	8.32%	196 631.33	17.15%	5 575.76	5.57%	200 982.16	12.70%
成熟林	2 192.10	3.35%	242 837.26	21.19%	5 243.98	5.24%	346 341.47	21.89%
过熟林	265.59	0.41%	10 205.10	0.89%	459.28	0.46%	43 359.29	2.74%

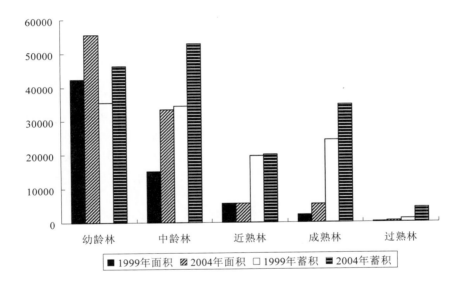

图 9-12 各林龄组的面积蓄积统计图

（注：图中面积的单位为 hm²；蓄积的单位为 10m³）

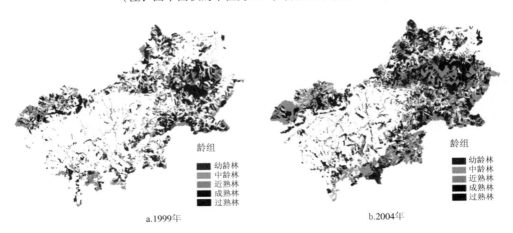

a.1999年   b.2004年

图 9-13 各林龄组的空间分布图

通过统计延庆县林地的林分龄组状态可以了解该地区森林资源的年龄分布状态，便于其年龄结构，开展有针对行的经营活动。表 9-12 显示了各个龄组林分的面积和蓄积。由图表显示，在整个林地中，幼龄林的面积超过了一半，形成了整个延庆县森林资源的主体。中龄林、近熟林、成熟林和过熟林的面积比例依次下降。各个年龄林分面积两年的比例分别为 160：56：20：8：1 和 121：73：12：11：1，呈现出倒 J 型的分布状态。蓄积分布方面，幼龄林和中龄林的蓄积都约为 30%，两者占据了主体地位。另外，成熟林虽然占到 5% 左右的面积，蓄积贡献却超过了 20%，说明成熟林在木材生产、结构功能上的作用是明显的。过熟林在面积和蓄积上都不占优势，分布比例很低。

从时间纵向上看，各个龄组林分的面积和蓄积都呈上升趋势，其中中龄林的增长幅度最大，幼龄林亦有较大的增长，均为人工造林、低效林改造和人工更新等经营措施作用的结果。

第四节　森林景观格局动态分析

景观无时无刻发生着变化，景观稳定性只是相对于一定的时间和空间而言的。景观是由不同的要素组成的，景观要素的空间组合影响着景观的稳定性，不同的空间配置影响着景观功能的发挥。景观整体的稳定性决定于组成要素的稳定性。景观变化对生态环境有着非常微妙的影响。这种变化不仅仅是表面上景观结构的变化。景观变化的驱动因子包括自然力和人力两个方面。自然力可以引起景观较大尺度上的变化。现在随着科技的进步，人类对自然的利用程度加深，人为因素所起的作用越来越大。人口、技术、政治经济体制、政策以及不同的文化下，对景观的变化都会产生深远的影响。景观变化所带来的生态环境问题成为目前研究的热点之一。

对景观变化进行动态模拟从两方面进行：一方面是景观空间变化动态；另一方面是景观过程变化动态。景观空间变化动态是指斑块数量、斑块大小、廊道的数量和类型、影响扩散的障碍类型和数量、景观要素的配置变化等情况。景观过程变化动态是指在外界干扰下，景观中物种的扩散、能量的流动和物质的运移等变化情况。

景观生态学的空间分析方法大体分为两大类：格局指数方法和空间统计方法。近年来，RS、GIS、GPS 等地球信息科学发展促进了景观生态研究。3S 理论与方法逐渐地与景观生态学研究密切地结合起来。航空像片和遥感卫片成为景观分析的重要数据源。通过航空像片和遥感卫片解译来编制相关资源环境专题图件，利用 GIS 图像处理和空间分析功能进行景观格局分析，是目前景观生态学较为实用方法。这种对于景观生态研究方法在国内外得到广泛地应用。

景观指数是高度概括景观格局信息，反映其结构和空间配置的某方面特征的定量指标。景观空间格局指数包括两部分，即景观单元特征指数和景观异质性指数。景观要素特征指数是指用于描述斑块面积、周长和斑块数等特征的指标。景观异质性指数主要包括多样性指数、镶嵌度指数、距离指数、景观破碎化指数。

一、景观要素划分

景观要素是景观生态学研究对象的基础单元，对整体景观进行要素的划分是景观结构和功能研究的基础，是景观生态规划和管理的前提，这个过程也叫做景观分类。

目前对景观定义的理解不同，各个研究的目的意义也千差万别，直接导致了景观要素划分的不一致。迄今为止，还没有一个统一的景观分类的体系。

本研究针对实验地的具体情况和数据来源，选择了土地利用类型和优势树种组两个因子进行了景观划分，结果见表9-13。选择此种景观要素划分的理由主要是为了兼顾森林景观外部和内部结构的差异。过去的研究中，无论是基于遥感影像还是二类调查数据，景观要素划分多是采用森林外部的总体特征为依据，即考虑地类因素。然而，不同树种类型的林地斑块在不同的发育阶段所呈现出的状态、生态位和能量流也是不同的，人们可采取的经营措施也不尽相同，所以本研究考虑了优势树种组因子进行景观要素划分。

表 9-13　景观要素划分因子及分级列表

分类因子	分级范围
土地利用类型	有林地、疏林地、灌木林地、未成林地、苗圃地、无立木林地、宜林地、辅助生产林地、非林地
优势树种组	侧柏、落叶松、油松、栎类、桦木、山杨、刺槐、杨树、山杏、阔叶树、经济林

由于这两个要素划分因子所涵盖的地域范围不同，能进行土地利用类型分级的地域最广，故将其作为景观要素划分的第一级，优势树种组则视为二级分类。其中，能进行优势树种组分级的区域为土地利用类型中的有林地、疏林地两类。同时，由于景观划分的依据不同，就造成了在不同层级景观类型上，各个要素的斑块数目不同，也不具备简单的加和关系。在后面的景观格局和动态分析中，部分与斑块数目有关的景观指数（例如斑块密度PD 等）会出现的上下两级求和不相等的现象，故在此作出说明。表9-14 列出了景观类型划分后的基本情况，图9-14 标示了一级景观要素划分结果。

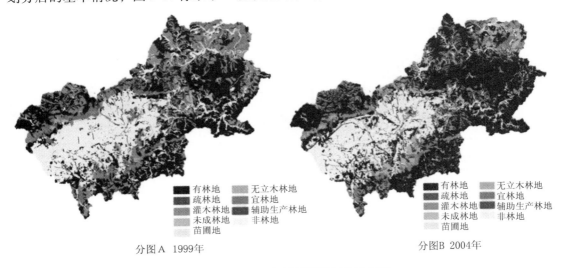

分图A　1999年　　　　　　　　　　　　分图B　2004年

图 9-14　延庆县一级景观要素划分示意图

表 9-14　景观要素划分基本情况统计表

一级划分标准			二级划分标准		
景观要素	1999 年 斑块数目	2004 年 斑块数目	景观要素	1999 年 斑块数目	2004 年 斑块数目
有林地	1 137	1 311	有林地-侧柏	105	245
			有林地-刺槐	131	200
			有林地-山杏	0	511
			有林地-山杨	149	156
			有林地-杨树	416	718
			有林地-栎类	266	363
			有林地-桦树	40	28
			有林地-油松	569	792
			有林地-落叶松	126	122
			有林地-阔叶树	148	339
			有林地-经济林	702	1218
疏林地	28	12	疏林地-侧柏	3	3
			疏林地-刺槐	0	3
			疏林地-杨树	1	4
			疏林地-栎类	7	0
			疏林地-油松	10	1
			疏林地-阔叶树	7	4
灌木林地	382	461	灌木林地	382	461
未成林地	127	157	未成林地	127	157
苗圃地	9	126	苗圃地	9	126
无立木林地	13	5	无立木林地	13	5
宜林地	405	222	宜林地	405	222
辅助生产林地	0	4	辅助生产林地	0	4
非林地	116	396	非林地	116	396
合计	2 217	2 694		3 732	6 078

二、景观格局及动态分析

（一）景观要素组成结构分析

表 9-15　一级景观要素组成结构统计表

一级景观类型	面积（hm²）		面积比（%）		斑块数		斑块数比（%）		优势度（%）	
	1999 年	2004 年	1999 年	2004 年	1999 年	2004 年	1999 年	2004 年	1999 年	2004 年
有林地	82 483.70	110 466.08	41.66	55.79	1 137	1 311	51.29	48.66	46.47	52.22
疏林地	652.00	178.24	0.33	0.09	28	12	1.26	0.45	0.79	0.27
灌木林地	27 170.85	20 558.70	13.72	10.38	382	461	17.23	17.11	15.48	13.75
未成林地	4 674.67	10 866.59	2.36	5.49	127	157	5.73	5.83	4.05	5.66
苗圃地	49.70	731.52	0.03	0.37	9	126	0.41	4.68	0.22	2.52
无立木林地	146.53	186.45	0.07	0.09	13	5	0.59	0.19	0.33	0.14
宜林地	26 171.01	6 325.08	13.22	3.19	405	222	18.27	8.24	15.74	5.72
辅助生产林地	0.00	7.75	0.00	0.00	0	4	0.00	0.15	0.00	0.08
非林地	56 656.00	48 684.05	28.61	24.59	116	396	5.23	14.70	16.92	19.64
合　计	198 004.46	198 004.46	100	100	2 217	2 694	100	100	100	100

从表9-15可以看出。该研究区域内，有林地占主体地位，1999年和2004年的面积比例均超过了40%，2004年更是达到了55%以上；斑块数比例也在50%左右。其次，非林地也占据了较大的面积，面积比例在25%左右，但是斑块数相对较少，斑块数比例仅为5.2%和14.7%。说明区域内非林地主要是以成片的大斑块，连接性强的大区域组成的，分布较为集中。另外，灌木林地也占有相当的地域面积。

优势度指标既考虑了研究对象的相对盖度（即面积比），也将相对密度（即斑块数比）的影响包含其中，所以用优势度可以明显地辨识出对象的主体成分。由表9-15可以清晰地看到有林地景观的优势度达到50%左右，占有绝对的优势，也就说明它在景观中的控制作用是明显的，可以视为研究区域景观范围内的基质，所以将其再做进一步的景观类型二级划分，也是有理有据的。其次，非林地、灌木林地在景观中也占重要地位，优势度均在10%以上。

从时间纵向上看来，有林地面积出现了明显的增加，增长约14个百分点，未成林地的面积也有约3%的增加，宜林地、非林地、灌木林地的面积则出现了不同幅度的减少。在斑块数目变化方面，从1999年到2004年整体景观的斑块数目增加了477个，表明景观的破碎程度有加剧的趋势。其中斑块数目比例变化较大的景观要素主要有：非林地同比增加约9.5个百分点，宜林地同比减少约10个百分点。从优势度上看，宜林地的变化最大，下降了越10个百分点，灌木林地的优势度也有一定的下降，表明这两种要素对景观的贡献程度和调控作用越来越弱。与此同时，林地、非林地的优势度约有同比5.7和2.7个百分点的增加。

通过以上分析，初步可以看到有林地景观占有最突出的优势地位，大大超过了其余景观的功能，并呈现增加的趋势。无疑将其视为研究区域景观中的重点是显而易见的。与之相反的是，宜林地、灌木林地优势度的减少，在景观中发挥的作用逐步削弱，可视为被有林地取代，但是其仍占有绝对的数量，不能忽视它们对景观的控制作用。此外，非林地面积减少、斑块数增加，导致优势度有一定的上涨，反映了人类活动对景观的影响还是明显的。

进一步针对有林地、疏林地，按照优势树种组进行二级的景观要素划分，分别计算上述各项指标，结果列于表9-16。

表9-16　二级景观要素组成结构统计表

二级景观类型	面积（hm²）		面积比（%）		斑块数		斑块数比（%）		优势度（%）	
	1999年	2004年	1999年	2004年	1999年	2004年	1999年	2004年	1999年	2004年
有林地-侧柏	3 405.42	7 798.00	1.72	3.94	105	245	2.81	4.03	2.27	3.98
有林地-刺槐	2 271.27	2 257.29	1.15	1.14	131	200	3.51	3.29	2.33	2.22
有林地-山杏	0.00	18 704.7	0.00	9.45	0	511	0.00	8.41	0.00	8.93
有林地-山杨	3 600.87	3 048.78	1.82	1.54	149	156	3.99	2.57	2.91	2.05
有林地-杨树	3 015.32	4 310.43	1.52	2.18	416	718	11.15	11.81	6.33	7.00
有林地-栎类	29 494.09	34 438.59	14.90	17.39	266	363	7.13	5.97	11.01	11.68
有林地-桦树	4 302.35	4 603.13	2.17	2.32	40	28	1.07	0.46	1.62	1.39
有林地-油松	10 807.52	12 544.49	5.46	6.34	569	792	15.25	13.03	10.35	9.68
有林地-落叶松	2 087.80	2 165.27	1.05	1.09	126	122	3.38	2.01	2.22	1.55
有林地-阔叶树	5 778.19	10 001.47	2.92	5.05	148	339	3.97	5.58	3.44	5.31
有林地-经济林	17 720.88	10 593.95	8.95	5.35	702	1 218	18.81	20.04	13.88	12.69
疏林地-侧柏	49.90	14.56	0.03	0.01	3	3	0.08	0.05	0.05	0.03

续表

二级景观类型	面积（hm²）		面积比（%）		斑块数		斑块数比（%）		优势度（%）	
	1999 年	2004 年	1999 年	2004 年	1999 年	2004 年	1999 年	2004 年	1999 年	2004 年
疏林地-刺槐	0.00	40.50	0.00	0.02	0	3	0.00	0.05	0.00	0.03
疏林地-杨树	44.06	43.51	0.02	0.02	1	4	0.03	0.07	0.02	0.04
疏林地-栎类	204.32	0.00	0.10	0.00	7	0	0.19	0.00	0.15	0.00
疏林地-油松	247.33	26.94	0.12	0.01	10	1	0.27	0.02	0.20	0.02
疏林地-阔叶树	106.39	52.74	0.05	0.03	7	4	0.19	0.07	0.12	0.05

有林地中，经济林、栎类林、油松林占有较高的优势度，基本达到 10% 左右。其中栎类面积分布最广，经济林斑块数目比例最高，油松林的斑块比例明显高于面积比例，呈现出分散的布局。另外值得注意的是杨树林，此种景观要素的面积比例约 2%，斑块数比例竟达到了 11% 以上，表明它是以许多零散的小斑块的格局出现在研究区域内，进一步说明了杨树这种华北乡土树种在本研究地分布的广袤性。

在时间纵向上看，各个景观要素组成情况变化不大，优势度变化都在 2% 以内。栎类作为华北地区森林次生树种，在森林更新演替的过程中，分布面积不断增大，面积比从 1999 年的 14.90% 上升至 17.39%。随着森林结构的逐渐趋于好转，阔叶树种的面积比例也有 3 个百分点的提升，阔叶树种的比例进一步加大，森林的混交类型向着良好的方向发展。油松、侧柏虽然是慢生树种，但其面积的增加为小额增加，它们作为北京市植树造林的主要树种，分布面积的扩大也与补植更新、低效林改造等造林作业有关。

在疏林地的二级景观要素中，其斑块占据的面积本来就非常小，面积比例基本都在 0.1% 以下，于是它的时间纵向变化也就更加微弱。它们对整体景观的调控作用也微乎其微。由于疏林地总面积在减小，所以疏林地内部除刺槐外，各个二级景观要素的斑块的面积也在减小，除刺槐林和杨树林外，优势度也在减弱。

（二）斑块特征

1. 斑块规模（大小）

景观中斑块的规模能够在一定程度上反映森林景观动态发展史，它是景观中环境资源特征、干扰状况和群落演替共同作用的结果，对景观结构和功能会产生直接的影响。而与斑块面积相关的指标，能够反映景观中该要素的斑块规模及其变化情况。常见的指标有斑块面积的平均值、最大值、最小值、标准差和变动系数等。

首先对一级景观要素类的板块规模进行统计分析，计算出上述指标，结果见表 9-17。

表 9-17　一级景观要素的斑块规模统计表

一级景观类型	平均值（hm²）		极大值（hm²）		极小值（hm²）		标准差（hm²）		变动系数（%）	
	1999 年	2004 年	1999 年	2004 年	1999 年	2004 年	1999 年	2004 年	1999 年	2004 年
有林地	72.55	84.26	19 504.52	68 781.96	0.01	0.01	776.92	1 945.46	1 070.95	2 308.85
疏林地	23.29	14.85	72.73	66.45	2.84	0.14	17.82	17.35	76.52	116.79
灌木林地	71.13	44.60	2 188.84	767.29	0.00	0.00	162.42	80.04	228.36	179.49
未成林地	36.81	69.21	419.56	868.93	1.74	0.44	52.21	137.83	141.84	199.13
苗圃地	5.52	5.81	15.76	109.63	0.32	0.09	4.96	13.30	89.76	229.02
无立木林地	11.27	37.29	34.60	136.16	0.87	2.28	11.73	50.76	104.05	136.12
宜林地	64.62	28.49	1 695.01	447.06	0.00	0.13	149.41	50.78	231.21	178.23
辅助生产林地	0.00	1.94	-	3.29	-	0.71	-	1.02	-	52.82
非林地	488.29	123.08	45 953.64	40 516.48	0.01	0.24	4 255.68	2 033.29	871.54	1 651.98

由表 9-17 可见，非林地的斑块平均规模最大，达 $100hm^2$ 以上，1999 年更是高达 $488.29hm^2$。也就意味着非林地的斑块较为集中，且幅员辽阔。有林地的斑块规模紧随其后，两年分别为 $72.55hm^2$ 和 $84.26hm^2$。另外灌木林地、未成林地、宜林地的斑块规模也稳定在 $25\sim75hm^2$ 之间。由于苗圃地和辅助生产林地属于人工开辟的作业区域，在研究区域内分布零散且面积很小，所以它们的斑块面积的平均值也很低，最高达才到 $5hm^2$ 左右。

斑块的极值（最大斑块面积、最小斑块面积）能够反映该景观要素斑块的极端情况，但是在现实中往往受到实地调查、勾绘成图过程中误差和错误的影响，造成譬如"孤岛"等情况的出现，导致斑块面积最小值降低。两年时间里研究地景观中最大斑块的出现在非林地和有林地，同时灌木林地的斑块面积最大值也明显高于其余景观要素。所有类型中的最小的斑块面积最大值出现在辅助生产林地，疏林地、苗圃地和无立木林地也明显小于其他类型的极大值，相差都在 100 倍以上。

斑块面积的标准差和变动系数可以基本反映该类型斑块规模的变异程度。在各个类型的景观要素中，林地和非林地斑块的变动程度最大，这两个指标远远高于其他类型，说明林地和非林地的斑块大小不一，且斑块面积的数值分布较分散，不集中。

从时间变化上看，非林地的斑块平均面积变化最明显，从 1999 年到 2004 年减小了 $365.21hm^2$，这个变化是具有极强的生态意义的，它表明非林地的板块规模在日趋缩小，它对于整体景观的影响在减小。同时，疏林地、宜林地、灌木林地等适合造林的地域的景观斑块也在减小。与之取代的是，有林地和未成林地斑块的平均面积出现上升趋势，突出地反映了研究区域内实施的各项林业工程产生的巨大影响。

进一步分析各个优势树种组二级景观的斑块规模特征，结果列于表 9-18。

表 9-18　二级景观要素的斑块规模统计表

二级景观类型	平均值（hm^2）		极大值（hm^2）		极小值（hm^2）		标准差（hm^2）		变动系数（%）	
	1999 年	2004 年	1999 年	2004 年	1999 年	2004 年	1999 年	2004 年	1999 年	2004 年
有林地-侧柏	32.43	31.83	316.83	1 204.78	0.78	0.42	56.17	88.79	173.18	278.97
有林地-刺槐	17.34	11.29	280.06	227.45	0.05	0.13	41.65	24.71	240.22	218.97
有林地-山杏	0.00	36.60	-	1118.71	-	0.44	-	92.01	-	251.36
有林地-山杨	24.17	19.54	242.91	172.67	0.76	0.42	31.30	23.69	129.50	121.19
有林地-杨树	7.25	6.00	114.88	126.45	0.01	0.09	12.28	12.36	169.46	205.81
有林地-栎类	110.88	94.87	9183.43	8030.68		0.03	591.69	487.67	533.63	514.03
有林地-桦树	107.56	164.40	1324.70	1627.56	0.01	10.62	232.75	347.12	216.39	211.15
有林地-油松	18.99	15.84	912.66	545.05	0.22	0.16	54.39	38.17	286.35	241.01
有林地-落叶松	16.57	17.75	183.44	149.02	0.01	0.96	23.85	21.25	143.91	119.76
有林地-阔叶树	39.04	29.50	869.78	1907.36	0.01	0.07	90.41	114.72	231.58	388.86
有林地-经济林	25.24	8.70	1501.89	402.02	0.01	0.07	93.79	25.45	371.54	292.57
疏林地-侧柏	16.63	4.85	24.27	7.50	5.51	2.02	8.05	2.24	48.38	46.18
疏林地-刺槐	0.00	13.50	-	18.62	-	4.36	-	6.48	-	48.00
疏林地-杨树	44.06	10.88	44.06	25.06	44.06	3.81	0.00	8.52	0.00	78.33
疏林地-栎类	29.19	0.00	50.29	-	12.64	-	12.58	-	43.09	-
疏林地-油松	24.73	26.94	72.73	26.94	3.37	26.94	23.65	0.00	95.64	0.00
疏林地-阔叶树	15.20	13.18	29.44	26.20	2.84	0.14	10.04	9.37	66.09	71.03

在二级景观中，栎类林和桦树林的斑块面积平均值最高，基本在 100hm² 左右。这是因为研究区域延庆县三面环山，海拔较高，而作为次生树种的栎类和桦树集中成片分布在这些山区，斑块规模较大。其中桦树林的斑块平均值在 5 年间上升了 50 多 hm²，其变动系数也远远高于其他类型的景观，显示了次生树种在森林演替中的突出地位。与之形成鲜明对比的是，杨树、刺槐等先锋树种，他们往往广泛地分布在各个森林类型中，散布在整个区域内，直接导致其斑块的平均面积降低。另外，侧柏、油松、落叶松、经济林等人工树种斑块的平均面积基本保持稳定，在 20hm² 左右。

在疏林地中，1999 年和 2004 年的斑块平均面积的最大值出现在杨树林和油松林。这两种树种均为喜光植物，他在疏林地里有较大的斑块规模也不足为奇了。

2. 斑块形状

景观要素斑块形状既是景观过去动态变化的历史反映，又是景观未来变化的基础和重要控制因素。研究和分析景观要素斑块形状的动态过程相规律，将有助于了解和把握景观整体的动态变化规律和反馈扩展机制。景观要素斑块形状可以用多种指标加以描述和分析。这些指标多以圆形或方形作为标准形状或称基准形状，通过相同周长的面积、相同面积的周长、最小外接圆面积、最大内切圆面积等与现实斑块的对应指标的对比关系构造定量指标，用以定量描述现实生态系统或空间客体的形状偏离标准形状的程度，反映其形状的复杂性。

本研究采用面积加权的斑块平均形状指数（AWMSI）、面积加权的斑块平均分形指数（AWMPFD）和斑块平均周长面积比（MPAR）来分析景观中各类景观要素斑块的形状持征。

计算出一级景观要素的斑块形状指数，列于表 9-19。

表 9-19 一级景观要素的斑块形状统计表

一级景观类型	面积加权的斑块平均形状指数（AWMSI）		面积加权的斑块平均分形指数（AWMPFD）		斑块平均周长面积比（MPAR）	
	1999 年	2004 年	1999 年	2004 年	1999 年	2004 年
有林地	7.38	17.94	1.35	1.41	371.78	457.26
疏林地	1.75	2.54	1.28	1.35	156.32	390.11
灌木林地	2.80	2.87	1.30	1.32	215.01	250.34
未成林地	1.88	3.44	1.28	1.33	140.25	196.74
苗圃地	1.28	1.67	1.27	1.29	330.67	502.32
无立木林地	1.80	2.43	1.28	1.31	219.34	265.50
宜林地	2.80	2.45	1.30	1.31	883.98	271.25
辅助生产林地		1.54		1.33	461.58	
非林地	16.98	27.29	1.42	1.46	264.66	379.83

形状指数和分维指数代表了斑块的空间形状复杂性，值越大代表斑块形状越复杂。由表 9-19 可以看出，非林地斑块的形状指数和分维度均最高，分别达到了 16.98 和 27.29，说明人类生产、生活活动对景观斑块的影响是最剧烈的，由于人类活动的地域不具有规律的自然扩张属性，更多的是随机、主观地开辟或消失，所以非林地表现出最为复杂的板块形状。有林地斑块形状的复杂程度紧随其后，AWMSI 指数和 AWMPFD 指数都远远高于其理论最低值 1，也表现出极强的复杂性。究其原因，是由于有林地内部情况复杂，各种类型的森林类型、林分有着各自的生长演替规律，对其他景观类型在斑块上的侵蚀也不尽相

同，所以表现出了复杂、不规则的斑块形状。其余景观类型的斑块形状指数和分维指数都比较低，分别基本控制在 3.4 和 1.3 以内。其中，灌木林地的斑块形状指数稍高，这也是由于其生物、生态性质决定的。在各种要素中，斑块形状最简单、最规则的是苗圃地，两年两个指数都处于最低值。这主要是由于苗圃地是人为规划的林业用地，边缘多以直线的形式存在，其地域形状必然是较为规则的多边形。

所有的景观类型中，从 1999 年到 2004 年这两个形状指数都在上升，充分说明了景观内部斑块的形状越来越趋于复杂，要素间的相互作用越来越强烈，演替、侵蚀、波动会更加明显。

进一步计算二级景观要素的斑块形状特征，结果列于表 9-20。

表 9-20　二级景观要素的斑块形状统计表

二级景观类型	面积加权的斑块平均形状指数（AWMSI）		面积加权的斑块平均分形指数（AWMPFD）		斑块平均周长面积比（MPAR）	
	1999 年	2004 年	1999 年	2004 年	1999 年	2004 年
有林地-侧柏	1.98	2.68	1.28	1.31	174.54	235.92
有林地-刺槐	1.91	2.53	1.29	1.33	298.85	397.05
有林地-山杏		3.51		1.34		219.52
有林地-山杨	1.68	2.03	1.27	1.30	154.53	217.57
有林地-杨树	2.74	3.65	1.36	1.41	444.35	576.28
有林地-栎类	4.65	5.61	1.32	1.35	152.02	213.74
有林地-桦树	3.22	4.56	1.31	1.33	400.33	.
有林地-油松	2.33	2.48	1.30	1.32	226.55	311.04
有林地-落叶松	1.65	2.04	1.28	1.31	282.81	211.93
有林地-阔叶树	2.45	2.84	1.29	1.31	230.19	357.13
有林地-经济林	2.76	2.39	1.30	1.33	323.87	466.50
疏林地-侧柏	1.41	1.83	1.26	1.34	151.47	300.67
疏林地-刺槐		2.42		1.35		218.97
疏林地-杨树	1.59	2.28	1.27	1.35	85.10	284.70
疏林地-栎类	1.52		1.26		105.34	
疏林地-油松	2.04	2.66	1.30	1.36	180.12	181.40
疏林地-阔叶树	1.72	2.24	1.29	1.33	185.56	595.08

面积加权的斑块平均形状指数和面积加权的斑块平均分形指数对二级景观分析的结果也比较一致。

综合两者，我们可以看到在有林地中，栎类林、桦树林和杨树林等景观的斑块形状较为复杂；落叶松林等要素的斑块形状较为规整。显而易见，这是由于各树种起源不同造成的：杨树、栎类和桦树基本都是次生的天然林，萌生、生长和演替更新都是随着自然环境的不同而自由变化的，因此则出现了不规则的斑块边缘。而落叶松等树种，几乎全是是人工栽种，在计划造林前一般都会做相应的区域规划，所以造成了此种优势树种林分斑块形状的整齐均一。

在疏林地中，油松林斑块的指数数值较高，斑块形状最为复杂；侧柏林斑块的形状最简单。原因以上已有阐述，故不再赘述。

在时间纵向上，二级景观要素的斑块也基本随着整体趋势，向着复杂的方向发展。

（三）景观异质性

所谓景观的异质性，是指景观中各个要素、斑块的变异程度，从感官上来讲，可视为景观的破碎程度。景观的异质性表现在两个方面：一是组成要素的异质性，即景观中包含的景观要素的丰富程度及其相对数量关系或称多样性。二是空间分布的异质性。也就是说，高度异质的景观是由丰富的景观要素类型和对比度高的分布格局共同决定的。而对于本研究而言，景观中景观要素类型的数量一定，同类景观要素以大斑块相对集中的分布格局组成结构的景观，其景观异质性较低，而以小斑块分散分布格局组成结构的景观，其异质性较高。

相关研究表明，景观斑块密度、景观斑块边缘密度、多样性指数等等都是描述和分析景观异质性的适合指标。

景观斑块密度反映景观整体斑块分化程度，斑块密度越高，表明一定面积上异质景观要素斑块数量多，斑块规模小，景观异质性越高。斑块边缘密度是斑块形状及斑块密度的函数，它的大小反映景观中异质斑块之间物质、能量、物种及其他信息交换的潜力及相互影响的强度，可以直接表征景观整体的复杂程度。

表 9-21　一级景观要素的密度指数统计表

一级景观类型	景观斑块密度（PD）（块/km²）		景观边缘密度（ED）（m/hm²）	
	1999 年	2004 年	1999 年	2004 年
有林地	0.57	0.66	22.46	31.19
疏林地	0.01	0.01	0.38	0.18
灌木林地	0.19	0.23	9.61	10.84
未成林地	0.06	0.08	2.06	4.96
苗圃地	0.00	0.06	0.04	0.64
无立木林地	0.01	0.00	0.11	0.10
宜林地	0.20	0.11	9.80	3.90
辅助生产林地		0.00		0.02
非林地	0.06	0.20	13.18	19.48
总体景观	1.10	1.35	57.64	71.31

表 9-21 列出了一级景观要素在 1999 年和 2004 年的斑块密度和景观边缘密度。从表中可以清楚地看到，各个一级景观要素的斑块密度指标和边缘密度指标不尽相同，说明了景观分化程度变异较大。综合这两个指标，不难看出有林地景观的斑块密度和边缘变异程度都最大，说明有林地景观具有最强的异质性，有林地与其他景观要素之间、有林地内部都进行着丰富、活跃的能量、物质交换，斑块的动态变化活跃，而且明显高于其余要素。非林地的斑块密度虽然不大，但是受到斑块形状因素的影响，也造成了其高边缘密度的优势，仅次于有林地景观。灌木林地和宜林地多而散的斑块格局，也使得上述两个指标的居高不下。与他们形成对比的是，苗圃地的异质性最底，毕竟其存在的密度和聚集程度都有限。

从时间变化上来看，总体景观的异质性在增强。除宜林地和无立木林地外，各个一级景观要素的变异性程度都在加强。也就是说，由于受植树造林等人为干预的影响，宜林地、无立木林地逐渐消融于其余景观要素，其破碎度降低；而受整体演变和干扰，其余各个要素斑块的破碎度在进一步增加。

进一步对二级景观要素的斑块密度和边缘密度进行分析，结果列于表9-22。

表9-22 二级景观要素的密度指数统计表

二级景观类型	景观斑块密度（PD）（块/km²）		景观边缘密度（ED）（m/hm²）	
	1999 年	2004 年	1999 年	2004 年
有林地-侧柏	0.05	0.12	1.47	3.82
有林地-刺槐	0.07	0.10	1.26	2.08
有林地-山杏		0.26		11.49
有林地-山杨	0.08	0.08	1.78	2.04
有林地-杨树	0.21	0.36	3.74	7.29
有林地-栎类	0.13	0.18	7.99	11.81
有林地-桦树	0.02	0.01	1.29	1.50
有林地-油松	0.29	0.40	5.98	8.99
有林地-落叶松	0.06	0.06	1.23	1.55
有林地-阔叶	0.07	0.17	2.37	5.10
有林地-经济林	0.35	0.61	8.29	9.75
疏林地-侧柏	0.00	0.00	0.03	0.02
疏林地-刺槐		0.00		0.04
疏林地-杨树	0.00	0.00	0.02	0.05
疏林地-栎类	0.00		0.10	
疏林地-油松	0.01	0.00	0.15	0.02
疏林地-阔叶	0.00	0.00	0.08	0.05

表中由斑块密度和边缘密度所反应的景观异质性结论基本一致。在有林地中，经济林、油松、栎类、杨树的异质性较强，斑块的破碎度较高。这是由于这些人工栽培树种和天然次生的先锋树种都是都是零星的分布在景观中，斑块多而分散，与其余的二级景观形成的鲜明的对比。由于疏林地的分布面积和斑块数目不占优势，也进一步导致了他们斑块的异质性不突出。

在时间动态上观察，二级景观的异质性也是基本持升高的趋势，破碎度进一步增大。

景观多样性指数也是描述景观异质性的很好手段，它是借用生物多样性概念提出来的，与斑块密度和斑块边缘密度的不同的是，多样性指数是从整体景观的角度去考察异质性情况，它的结果只能反映总体景观特征，而不能细化到各个景观要素的水平上。景观多样性指数也有多种不同的测度指标，比如香浓多样性指数（SHDI）、香浓均匀度指数（SHEI）等等（表9-23）。

表9-23 景观多样性指数统计表

景观类型	香浓多样性指数（SHDI）		香浓均匀度指数（SHEI）	
	1999 年	2004 年	1999 年	2004 年
一级景观分类	1.38	1.21	0.66	0.55
二级景观分类	2.17	2.36	0.71	0.75

从结果来看，景观多样性指数数值偏小，基本呈现出平稳演变的趋势，其对客观格局的反映不如斑块密度和边缘密度灵敏。

（四）空间分布格局

空间分布格局是描述景观格局极为重要的一个方面，其分布状态直接影响了斑块的生态作用和发展趋势，对景观内部的物质交换、斑块的融合演变都有极其重要的作用。空间分布格局包含两层意义，一是同质景观要素间的分布状况，可以用平均最小距离（ENN）这个指数来衡量；二是异质景观要素之间的空间关系，可以用景观总体的散布与并列指数（IJI）和蔓延度指数（又称为景观聚集度，CONTAG）来表示。

1. 同质景观要素间的空间分布

同类景观要素之间的空间关系指的是某一类景观要素内部斑块之间或者同类景观要素的不同结构成分之间的空间关系。在本研究中，将一级景观要素划分的结果作为前者研究对象，将耳机景观要素划分的结果作为后者研究对象。

平均最小距离（ENN）等于从斑块 ij 到同类型的斑块的最近距离的算术平均值。1999年和2004年两种不同景观划分后的平均最小距离（ENN）计算结果列于表9-24。

表 9-24　景观平均最小距离指数统计表

一级景观划分下的平均最小距离（ENN）			二级景观划分下的平均最小距离（ENN）		
景观要素	1999 年	2004 年	景观要素	1999 年	2004 年
			有林地-侧柏	762. 76	385. 23
			有林地-刺槐	1 015. 70	717. 14
			有林地-山杏		211. 71
			有林地-山杨	564. 87	819. 83
			有林地-杨树	398. 04	242. 67
有林地	135. 61	86. 26	有林地-栎类	311. 31	211. 47
			有林地-桦树	1 345. 28	1 999. 96
			有林地-油松	335. 67	243. 39
			有林地-落叶松	727. 45	821. 27
			有林地-阔叶树	904. 28	526. 61
			有林地-经济林	299. 27	168. 73
			疏林地-侧柏	388. 48	19 892. 30
			疏林地-刺槐		8 898. 40
疏林地	1 240. 62	6 984. 59	疏林地-杨树	N/A	12 446. 38
			疏林地-栎类	1 762. 54	
			疏林地-油松	3 881. 69	N/A
			疏林地-阔叶树	8167. 33	5 896. 87
灌木林地	267. 98	239. 15			
未成林地	648. 56	339. 38			
苗圃地	4139. 21	821. 08			
无立木林地	4 964. 17	16 340. 28			
宜林地	304. 03	525. 68			
辅助生产林地		5 097. 97			
非林地	413. 64	166. 80			

由结果我们可以看到，由于有林地的大面积存在，使得有林地的 ENN 值最低，两年均在 200m 以内，2004 年更是达到了 86.26m。与之形成鲜明对比的是，疏林地、无立木林、辅助生产林地地的 ENN 值都在 1 000m 以上，部分甚至超过了 10 000m，这都与其稀少、面积小有关，也突出的反映了这些景观要素的分布状态——离散。

在二级景观中，如桦树、山杨、刺槐、落叶松、阔叶树等先锋树种和高海拔次生树种，由于其特殊的生态特性决定了它们分布比较零散，同类斑块的间距较大大，ENN 值基本都在 500m 以上，而受人工影响明显的经济树种的分布就显得比较集中，ENN 值较小，可以视为呈群团分布。

在时间纵向上分析，有林地、未成林地、苗圃地、非林地的最小距离降低明显，逐渐趋于迫近、融合；而无立木林地、疏林地、辅助生产林地、宜林地的 ENN 呈上升趋势，这个学景观的斑块逐渐分离，向着"孤岛"方向发展。其原因可能跟延庆县大面积的林业工程和造林补植有关，在填补了许多无林荒地后就使得有林地进一步增大，板块逐渐膨胀集中，具有更好地连接性，而原先无林木林地、疏林地、宜林地等地块成为了很多星星点点的小斑块，分布趋于分离。另外需要指出的是，经济林和苗圃地的平均最小距离也在逐渐减小，斑块逐渐聚拢，反映了京郊农林业的集约化发展趋势。

2. 异质景观要素间的空间分布

异质景观要素之间的空间关系是指景观中不同属性的景观要素的结构成分之间的空间关系。散布与并列指数（IJI）在景观级别上可以反映出各个斑块类型见的总体散布状况，数值上越高表明各斑块间相邻的边长越一致，即各斑块间相邻概率越高。蔓延度指数（CONTAG）则可以描述景观里不同斑块类型的团聚程度或延展趋势，数值越高表明某种优势斑块类型形成了良好的连接性，斑块越趋于团聚分布。延庆县 1999 年和 2004 年整体景观的散布与并列指数和蔓延度指数计算结果列于表 9-25。

表 9-25 异质景观要素间的空间分布指数统计表

景观类型	散布与并列指数（IJI）		蔓延度指数（CONTAG）	
	1999 年	2004 年	1999 年	2004 年
一级景观分类	57.00	46.51	64.29	69.67
二级景观分类	69.67	70.80	61.98	59.11

从以上结果来看，整体异质景观要素的空间分布呈常规状态，指数数值属于中等水平，整体景观的斑块分布较为均衡，整体景观的破碎程度和分布形式变化不大。以上结果也与前文对景观异质性所做的斑块密度和多样性分析的结论基本一致。

第五节 森林生态效益分析

在大气环流和太阳辐射的作用下，森林通过物理和化学作用，对生命和环境组成地球生物圈提供直接和间接的有利于人类的，具有使用价值和"公共商品"特征的森林涵养水源、保持水土、改善小气候效益、净化大气效益等公益效能（不包括木材经济价值）称为森林生态效益。

上述定义说明森林生态效益是大气环流和森林的共同作用的产物，因此森林生态效益计量上表现出一系列不同于森林的木材经济价值计量的特征，包括它们对森林资源的依赖程度。定义中特别指出森林生态效益计量是对有益于人类的效益的计量，虽然森林也会产生对人类不利的效能，如森林采伐所造成外部不经济性并不在本研究中森林生态效益计量的范围。

生态效益计量强调的是森林生态效益使用价值（包括隐含的使用价值），如果是没有使用价值的效益就不会有人付钱的，即可按照"支付愿意法"来计量。根据它们的使用价值对森林资源的依赖程度进行剥离，区分能产生和不能产生某种生态效益的森林，将森林生态的功能与效益区分开。

自然资源是经济发展的基础，对其利用可以带来直接效益。如人类可以从土地上获得食品，从森林中获得木材，从矿藏中获得提高人类生活质量的元素。环境不仅为人类提供直接使用效益，而且还能够为人类提供间接的使用效益。如森林保护水土、调节气候等间接效益，以及环境不可逆对子孙后代影响的遗传效益等。环境资源给人类带来的直接效益通常以其所含的劳动进行货币计量，是国民经济核算的一项重要内容；间接效益虽然不能直接计量，但随着计量方法的发展，能够采用替代成本法等方法对其进行合理地估算，也应成为国民经济核算的一项重要内容。如喀麦隆对热带雨林的效益进行计量约为 60 亿美元（可计量的效益，不包括未来效益和物种的存在效益），销售林产品等取得的直接效益占可计量效益的 32%，由于热带雨林的存在而保护水域和土壤等所取得的间接效益占可计量效益的 68%。至于选择效益、遗传效益和存在效益对人类产生的效益之大，可能是无法估量的，而且是影响环境管理的重要方面，许多国家试图采用转移价值法对其进行量化。当它们能够被量化，并符合国民经济核算的确认标准时，就应作为国民经济核算的内容，称之为绿色国民经济核算体系。

森林生态效益评价的方法有多种，因效益种类的不同而有所不同。效益评价的过程是，首先要建立一套完整的计量和理论指标体系，确定指标体系中各要素的参数；然后通过相应的数学方法进行效益的评价计算，并在此基础上，确立森林生态效益评价的评估模型。

进入 20 世纪 90 年代，由于科技的发展与进步，国内外关于森林公益效益的计量研究进展很快，主要体现在：

①森林的生态效益由单一学科向多学科的方向发展，如 90 年代兴起的景观生态学等。

②森林的生态效益的观测向网络化的方向发展。

③森林的生态效益物理量由单一变量的测定向水分和能量平衡场的方向发展。

④森林的生态效益由宏观研究向微观研究发展。如森林界面生态学的问世。

⑤森林的生态效益由静态研究向动态的研究方向发展，例如，马尔科夫过程模型的应用。

⑥森林的生态效益向可视化的空间数据方向发展，如 GIS 的应用。

⑦森林的生态效益由定性研究向定量的研究方向发展。

森林的生态效益计量作为森林计测的一种，仍然处于较低的层次。主要体现在：森林的生态效益观测、变量的标准化、有些森林的生态效益的基础概念、指标体系的标准化构成、森林的生态效益的计量模型等均存在一定的不足

一、涵养水源功能

森林生态系统的重要生态功能之一就是涵养水源。森林涵养水源功能主要表现为森林拦蓄降水、涵蓄土壤水分、补充地下水、调节河川径流以及净化水质。森林涵养水源的价值主要包括增加有效水量价值、改善水质价值和调节径流价值。由于改善水质价值和调节径流价值很难估算，目前一般只计算森林增加有效水量的价值。

森林涵养水源量即森林增加有效水量的计算方法主要有区域水量平衡法、降水再分配

法、土壤蓄水估算法和区域年径流量法。区域径流量是用研究区域中无林地荒地的地表径流与林地的地表径流的相减，得到该林地持有水分的量，即林地的水源涵养能力，也称之为减少地表径流量。

本研究利用冯秀兰（1998）等在北京市密云水库地区，通过人工模拟降雨实验和实测降雨等手段，测算出该区域 8 种不同类型林地的地表径流量，从而折算出延庆县森林的水源涵养能力。

具体数学计算过程为：

减少地表径流量 $\quad \Delta W = W_0 - W = \sum_{i=1}^{n} (w_0 s_i - w_i s_i) = \sum_{i=1}^{n} \Delta w_i s_i$ （9-21）

式中：W 为林地地表径流量，W_0 为无林荒地地表径流量，w_i 为第 i 种类型林地单位面积地表径流量，w_0 为单位面积无林荒地地表径流量，Δw_i 为第 i 种类型林地单位面积减少地表径流量，s_i 为第 i 种类型林地的面积，n 为林地类型总数。

表 9-26 种类型林地的地表径流量和减少量

林地类型	单位面积地表径流量 w（m^3/hm^2）	单位面积减少地表径流量 Δw（m^3/hm^2）	涵盖的地类—优势树种（组）
侧柏林	604.20	462.20	针叶林地—侧柏
落叶松林	236.78	829.42	针叶林地—落叶松
油松林	824.64	241.56	针叶林地—油松
刺槐林	816.48	249.72	阔叶林地—刺槐
栎类林	718.50	347.70	阔叶林地—栎类
山杨林	481.72	584.48	阔叶林地—山杨
桦木林	106.14	960.06	阔叶林地—桦木
其他类型林地	541.21	524.99	阔叶林地—山杏、杨树、阔叶树；混交林
灌木林		370.56	灌木林地
无林荒地	1066.20	0	—

注：实验的环境是 50 年一遇暴雨情况下，不同类型的林地水源涵养的效果监测。

针对延庆县的具体情况，将林地类型划分为了 8 类，根据冯秀兰的林地减少径流模型（表9-26），分别计算出每种林地减少地表径流的总量，然后汇总求得整个区域的总体水源涵养量。由于本研究涉及到不同年份的森林生态效益的横向比较，不同的林地面积会直接影响到水源涵养的总量，故再计算出整个区域平均水平下单位面积减少的地表径流量，以便比较森林水源涵养的能力。表 9-27 列出了延庆县 1999 年和 2004 年森林减少地表径流总量和单位面积平均值。

表 9-27 延庆县森林涵养水源功能计算结果

时间	减少的地表径流总量（m^3）	有效面积（hm^2）	单位面积减少地表径流量（m^3/hm^2）
1999 年	47 569 190.66	109 654.55	433.81
2004 年	59 037 728.84	130 956.73	450.82

注：统计的对象不含疏林地。

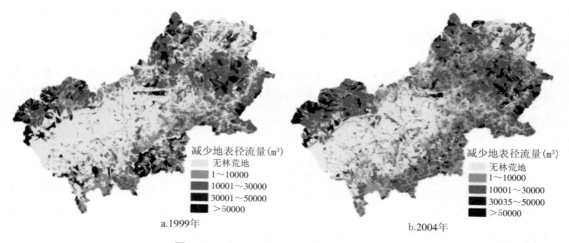

a.1999年   b.2004年

图 9-15 林地减少地表径流量空间示意图

从表 9-27 可以看出，延庆县森林涵养水源的能力一般维持在 0.5 亿 m³ 左右，这相当于 25 个昆明湖的蓄水量，可以解决北京市所有区县人口约 2 个月的居民生活用水（以 2005 年用水量为依据）。从单位面积涵养水源能力上看，延庆县每公顷森林减少地表径流量在 400m³ 以上，这比国内外研究中通常认定的每公顷 300m³ 的平均值高出了许多。

在时间跨度上分析，研究区域森林涵养水源的状况发生了显著的变化，蓄水能力显著上升，总蓄水量由 1999 年约 0.476 亿 m³ 上升到 2004 年的 0.590 余 m³，增加了 0.115m³，同比增长 24.1%。涵养水源总量的增加，一方面是由于有林地面积的增大，由约 11 万 hm² 增长到 12 万 hm²，这无疑加大了整个区域的水源涵养能力；另一方面，林分结构、树种组成的优化进一步提升了森林的蓄水功效，这一点可以通过单位面积涵养水源能力体现。在平均水平下，单位面积森林涵养水源的能力由每公顷 433.8m³ 上升到每公顷 450.8m³，提升幅度约 3.9%。

从空间水平上分析，由图 9-15 可见，水源涵养力能表现强劲的森林主要分布在西北部松山地区，东北部千家店镇山地和南部的碓臼峪风景区，这些都是山地森林覆盖度高，植被茂盛的区域，林分结构复杂，生态效益显著。通过分析两期水源涵养能力示意图，不难发现水源涵养能力极强的地区有所减少，但是中等能力区域面积增加较大，总体上提升了延庆县森林队水源涵养的能力。

二、土壤保育功能

根据森林生态学的基本原理，森林水土保持效益与森林涵养水源效益有很好的相关性，前者是后者的派生作用。森林保育土壤的功能主要表现为减少土地资源损失，减少泥沙滞留和淤积，保护土壤肥力，减少风沙灾害，减少土体崩塌泻溜等。综合国内外研究，在计算森林保育土壤效益时主要考虑森林减少土地资源损失，减少泥沙滞留和淤积，保护土壤肥力等功能，并根据森林减少土壤侵蚀总量分别计算其价值。

计算森林减少土壤侵蚀量常用的方法主要有 3 种：①根据无林地与有林地的土壤侵蚀差异来计算，日本在 1972，1978 和 1991 年评价森林防止泥沙侵蚀效能时都采用了这种方法。但是由于我国在土壤侵蚀方面缺乏系统的定位研究，零星的研究又缺乏代表性，因此采用该方法计算时有一定困难。国内一些研究中计算森林减少土壤侵蚀总量时采用了该方法，但是土壤侵蚀量都是采用国外的数据估算的，使得计算结果难以完全反映研究区情况。②根据无林地的土壤侵蚀量来计算，即假设森林土壤的侵蚀量为零或者小到可以忽略不计，但是这种假设不很合理，计算结果往往偏大。③根据土壤潜在侵蚀量与现实侵蚀量的差值来计算，采用通用土壤流失方程计算土壤的潜在侵蚀量与现实侵蚀量，在地理信息系统（GIS）支持下，在进行大尺度的土壤侵蚀估算且缺乏比较详尽的定位观测资料时，采用通用土壤流失方程的计算结果比较好。

综合前人的研究成果，本研究采用了无林地和有林地土壤侵蚀差值的计算方法，即森林的保土量（减少土壤侵蚀量）等于无林地的土壤侵蚀量与有林地的土壤侵蚀量之差：

$$\Delta E = E_0 - E = \sum_{i=1}^{n} (e_0 s_i - e_i s_i) = \sum_{i=1}^{n} \Delta e_i s_i \tag{9-22}$$

其中，E 为有林地土壤侵蚀量（t/a），E_0 为无林荒地土壤侵蚀量（t/a），e_i 为第 i 种类型林地侵蚀模数（t/hm²·a），e_0 为无林荒地侵蚀模数（t/hm²·a），Δe_i 为第 i 种类型林地土壤侵蚀模数（t/hm²·a），s_i 为第 i 种类型林地的面积（hm²），n 为林地类型总数。

根据中国土壤侵蚀的研究成果，无林地土壤中等程度的侵蚀深度为 15～35mm/a，侵蚀模数为 150～350m³·hm⁻²a⁻¹。本书采用侵蚀模数的平均值 250m³·hm⁻²a⁻¹（即 319.8t·hm⁻²a⁻¹）来估算延庆县无林地的土壤侵蚀量。此外，我国有林地的土壤侵蚀模数分别为：阔叶林 0.5 t·hm⁻²a⁻¹，针叶林 7.8 t·hm⁻²a⁻¹，灌木林为 0.52 t·hm⁻²a⁻¹。延庆县无林地及有林地侵蚀模数和减少土壤侵蚀量的计算结果见表 9-28 和表 9-29。

表 9-28　不同林地的地表径流量和减少量

林地类型	侵蚀模数 e(t/hm²·a)	无林地侵蚀模数 e_0(t/hm²·a)	侵蚀模数差值 Δe(t/hm²·a)
阔叶林地	0.50		319.30
针叶林地	7.80	319.80	312.00
混交林地	4.15		315.65
灌木林地	0.52		319.28

表 9-29　延庆县森林土壤保育功能计算结果

林地类型	有效统计面积 S(hm²)		每年减少土壤侵蚀量 ΔE(t/a)	
	1999 年	2004 年	1999 年	2004 年
阔叶林地	65 072.82	84 084.02	2 077 7751.43	26 848 027.59
针叶林地	13 923.62	15 931.51	4 344 169.44	4 970 631.12
混交林地	3 487.26	10 380.17	1 100 753.62	3 276 500.66
灌木林地	27 170.85	20 561.03	8 675 108.99	6 564 725.66
合计	109 654.55	130 956.73	34 897 783.47	41 659 885.02

通过分析可知，延庆县森林资源对土壤保育的功效表现出较高的水平，并呈现增强的趋势，整个区域 1999 年和 2004 年保育土壤分别达到了近 3 490 万 t 和 4166 万 t，涨幅为 19.4%。由于阔叶林所占面积较大，且单位面积保育土壤的能力（即侵蚀模数）最强，所以对减少研究区域土壤侵蚀的贡献度最高。同时，灌木林地也表现不俗，混交林每年减少土壤侵蚀量最小。在时间变化上，由于灌木林地面积减少，导致灌木林地保育土壤总量降低，但与此同时，其他类型林地的面积都有不同比例的增长，所以导致保育土壤的总量还

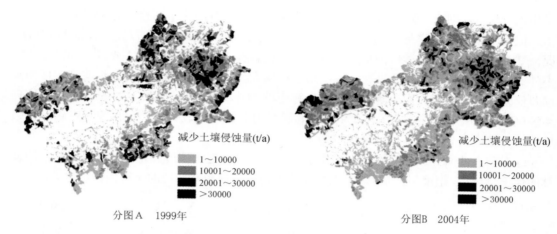

分图A　1999年　　　　　　　　　　　　分图B　2004年

图 9-16　林地减少土壤侵蚀量空间示意图

是呈争相增长的。

通过图 9-16 对进行延庆县土壤保育效益空间变化分析，总体呈现出保土能力强劲的地域减少，整体保育土壤能力提升，分布格局更加均衡的特点。由图可知，西北部松山地区森林的保育土壤的能力进一步增强，范围进一步扩大。东北部和南部山区的整体保土能力在增强，但是高强度保土林分在减少。通过对林分结构的分析，表明这是由于保土能力突出的阔叶林逐步被针阔混交林取代，进而削弱了保土能力，但是整体的有林地面积在增加，总体效益并未减弱。

三、固碳释氧功能

森林维持着巨大的碳库。据估计，森林生态系统碳蓄积量占全球陆地总碳库的 77 %，森林地上植被碳库约占全球地上植被总碳库的 86%，而森林土壤中储存的碳大约是植被中的 1.5 ~ 3 倍。森林每年通过光合与呼吸作用与大气之间的碳交换量高达陆地生态系统碳交换量的 90%。

森林固碳效益可以用两种方式来体现，一是年积累量，二是现存储量。前者表示的是森林每年重新固定碳的效益，后者表示的是森林（包括森林土壤）作为陆地上最大的生物碳库储存碳的效益。这两个方面都很重要，一旦森林被破坏，储存的碳被释放，将造成全球气候的变化。因此，森林每年重新固定的碳和储存的碳具有同样的价值。

碳蓄积量的估测主要研究方法有测树学方法、气体交换方法和模型估算方法等，其过程分别是通用计算林木蓄积、植物生理方程演算和生态系统建模等手段计算出森林的固碳释氧量。大多数国内学者在计算森林生态效益时仅考虑了森林每年重新固定碳的效益，而忽略了森林储存碳的效益，即使用定期（或连年）生长量来折算，实际上大大低估了森林的固碳效益。

总结前人经验，本研究主要是利用生物量与林木含碳量成正比的原理，将表述固碳能力的指标转化成生物量指标，来进行分析比较。而生物量的计算，则是通过不同类型林分蓄积—生物量（V-B）方程或面积—生物量（S-B）方程分别计算统计。本研究利用的换算方程是方精云等（1996）对全国不同种森林植被的生物量计算模型的研究成果（表 9-30），进

254

而分树种将蓄积量指标折算成生物量，藉此作为评价森林固碳效益的一个重要指标。

表 9-30　森林植被蓄积—生物量方程

森林植被	蓄积—生物量(V-B)或 面积—生物量(S-B)方程	涵盖的地类—优势树种(组)
柏木	$B = 0.612\ 9V + 26.145\ 1$	针叶林地—侧柏
落叶松	$B = 0.967\ 0V + 5.759\ 8$	针叶林地—落叶松
油松	$B = 0.612\ 9V + 26.145\ 1$	针叶林地—油松
杨树	$B = 0.475\ 4V + 30.603\ 4$	阔叶林地—山杨、杨树
桦树	$B = 0.964\ 4V + 0.848\ 5$	阔叶林地—桦树
栎类	$B = 1.328\ 8V\text{-}3.899\ 9$	阔叶林地—栎类
杂木	$B = 0.756\ 4V + 8.310\ 3$	阔叶林地—刺槐、山杏、阔叶树
混交林	$B = 0.801\ 9V + 12.279\ 9$	混交林地
经济林	$B = 23.7S$	阔叶林地—经济林
疏林、灌木林	$B = 13.14S$	疏林地、灌木林地

表 9-31　延庆县森林生物量计算结果

时间	生物量(t)	有效统计面积(hm^2)	单位面积生物(t/hm^2)
1999 年	1 790 897.16	92 406.30	19.38
2004 年	1 970 604.04	93 282.43	21.13

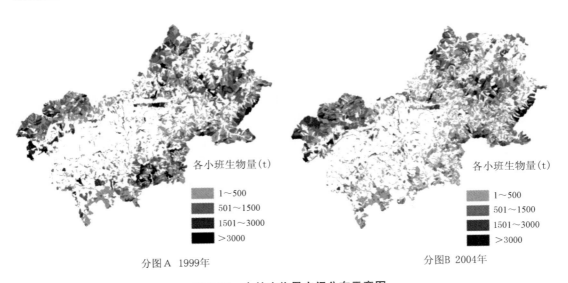

分图A　1999年　　　　　　　　　　分图B　2004年

图 9-17　森林生物量空间分布示意图

　　由统计结果(见表 9-31)可知，延庆县 1999 年和 2004 年森林生物总量维持在 179 万 t 和 197 万 t，增加了 18 万 t，涨幅约 10.06%。从单位面积的森林生物量平均值来看，也有小幅上涨，两年分别为 19.38 和 21.13 t/hm^2，上升约 9.03%。

　　从图 9-17 空间分布来看，生物量主要还是集中在西北、东北和南部三大地区。从 1999 年到 2004 年的 5 年时间里，西北松山地区的生物量增长明显，南部地区生物量有所减少，东北部地区基本持平。

这里需要指出一点的是，根据方精云（1996）公布的全国和北京市森林生物量数据看来，本研究的计算值要远远偏小（全国和北京市的平均生物量分别为 60.70 t/hm² 和 46.10 t/hm²），也远远小于国际上通常认定的温带地区森林生物量的平均值 300 t/hm²。分析原因，主要有以下几点：①本研究只是利用林分蓄积对生物的地上部分做了统计，地下部分未列入计算范围；②原始数据中部分幼龄林林分未调查蓄积量，造成原始数据缺失；③草本和其他类型的森林植被未列入计算统计范围；④计算模型存在单一、片面化。比如在"灌木林地"的生物量计算过程中，不管林地实际状况如何，是否存在乔木，都统统按照灌木的标准按面积折算，大大降低的估算值；⑤本研究计算的对象为森林资源二类调查的林木，即林业用地区域内的森林生物量，对于非林业用地的林木生物量（比如居住区绿地、公园绿地、四旁林木等）未列入研究对象，也大大削弱了整个区域生物量的估算值；⑥先前的国内外研究，计算模型的建立常常是依托与典型类型的森林样地基础上，林分质量状况偏好，很难代表实际的平均水平，造成结果偏大。

四、净化服务功能

森林对环境的净化服务就是通过生态系统的生态过程，通过物理、化学和生物作用，将人类向环境排放的废弃物利用或作用后，使之得到降解和净化，从而成为生态系统的一部分。只要人类向环境排放的废弃物的量不超出生态系统的生态阈值，自然环境和资源就可以得到良好保护。为了科学地利用森林生态系统的净化服务，维护生态系统的净化服务功能的可持续性，各国学者对森林净化空气服务及其价值展开了多方面的研究。

森林生态系统的净化作用主要包括植物对大气污染的净化作用、土壤—植物系统对土壤污染的净化作用，前者是研究的热点和重点。植物净化大气主要是通过叶片和根的作用实现的。通常有两个途径：①植物通过吸附作用或阻挡把污染物暂时"固定"起来，使它脱离物质循环；②通过化学吸收作用，把污染物吸收到体内，通过一系列的生物化学过程，把有毒物质转化为无毒物质，使污染物得到降解。简言之，这些机理的功效主要体现在对降尘和飘尘的净化作用（即阻滞粉尘）和吸收污染气体两方面。

由于森林生态系统对空气的净化是多方面的，能够吸收净化的有害气体多达几十种，结合北京市的实际空气状况，本研究主要选取了吸收二氧化硫和阻滞粉尘两方面进行分析。中国科学院生态中心施晓清（2001）等曾针对不同的林地类型对森林净化空气的效益进行了定量的测定。本研究结合其研究结论，分别就延庆县的阔叶林、针叶林和混交林三种地类进行换算统计，演算出延庆县森林资源在净化空气方面的效益，结果见表 9-32。

表 9-32　不同类型林地类型净化空气效益能力

林地类型	吸收 SO_2 能力（kg/hm²·a）	对降尘和飘尘的净化作用（t/hm²·a）
阔叶林地	144.0	68.0
针叶林地	215.6	33.2
混交林地	179.8	50.6

表9-33　延庆县森林净化空气计算结果

林地类型	有效统计面积 $S(hm^2)$		每年吸收 SO_2 总量(kg)		每年阻滞粉尘总量(t)	
	1999 年	2004 年	1999 年	2004 年	1999 年	2004 年
阔叶林地	65 072.82	84 084.02	9 370 486.08	12 108 098.88	4 424 951.76	5 717 713.36
针叶林地	13 923.62	15 931.51	3 001 932.47	3 434 833.56	462 264.18	528 926.13
混交林地	3 487.26	10 380.17	627 009.35	1 866 354.57	176 455.36	525 236.60
合计	82 483.70	110 395.70	12 999 427.90	17 409 287.00	5 063 671.30	6 771 876.09

由表9-33可见，延庆县1999年和2004年森林植被对二氧化硫的吸收分别达到了约1.3万t和1.7万t，提高了33.9%，吸收能力较强。对粉尘的阻滞作用也表现明显，两年分别达到了506万t和677万t，上升33.7%。这相当于可以降低燃烧65万t和87万t标准煤所排放的二氧化硫和33.7万t和45.1万t标准煤所排放的粉尘(通常认定，每完全燃烧1t煤会排放20kg二氧化硫，15kg烟尘)。

具体分析各种类型的林地，不难看出针叶林对 SO_2 的吸收能力表现最强，而阔叶林对粉尘的阻滞作用明显，这是由树种物理和化学特性共同决定的。由于各种类型林地的面积都有不同规模的增长，所以也就导致整体的森林净化功能得到提升。

第六节　森林资源综合分析评价

一、评价指标的建立

森林是典型的自然、经济、社会复合系统，对其进行综合评价会遇到属性多样、结构复杂等问题，难以完全采用定量方法，会简单归结为效益费用问题进行优化分析和评价，也难以做到对其建立单一层次结构进行评价。这就需要建立多要素、多层次的评价系统，并采用定性和定量有机结合的方法或者通过定性信息定量化的途径，使复杂的问题明朗化。

对森林资源的评价涉及到森林的土地权属、林木质量结构、生态功能、经济社会效应等等众多方面，由于受到数据来源的限制，不能兼顾到森林效益的各个方面，只能从二类调查数据中挖掘出更多的有用信息，结合森林自身的特点和评价体系的系统性，并力求在实际应用过程中简单可行。因此，可以从森林数量、森林质量、森林结构、森林生态效益等4个方面建立基于二类调查数据的森林资源评价指标变量集，如图9-18所示。此评价指标体系为树形结构，分为三层，具体解释如下：

①目标层 A：层次分析的最高层，表现解决问题的最高目标，获理想的决策结果，本研究的目标层是森林资源综合评价体系的建立。

②准则层 B：又称条件层，中间层，是对上层的具体化和系统效能的度量，对下层用以评价各项备选方案的优劣。本研究的准则层有4个方面的影响因子：B1-森林数量；B2-森林质量；B3-森林结构；B4-生态效益。

③方案层 C：又名最底层，是实现问题的目标方案、途径和方法等。本研究的方案层，B1 有3个影响因子，即 C1、C2、C3；B2 有3个影响因子，即 C4、C5、C6；B3 有4个影响因子，即 C7、C8、C9、C10；B4 有6个影响因子，即 C11、C12、C13、C14、

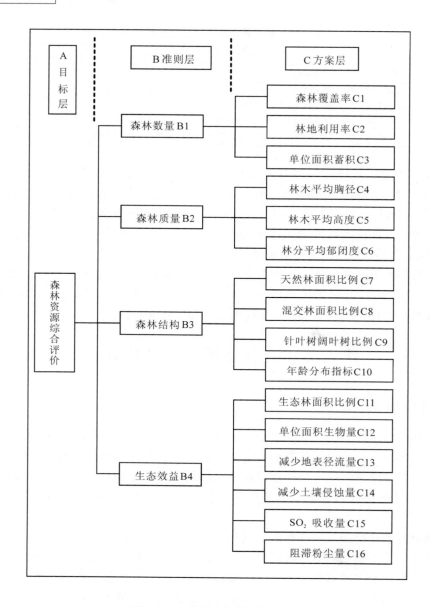

图 9-18　森林资源评价指标体系

C15、C16。具体含义解释如下：

①森林覆盖率 C1：表示该地区森林面积占土地面积的百分比，它是反映区域森林面积占有情况或森林资源丰富程度及实现绿化程度的指标，又是确定森林经营和开发利用方针的重要依据之一。本研究基于二类调查数据，近似地利用有林地和灌木林地指代森林覆盖区域。

②林地利用率 C2：表示林业用地的有效利用程度，理论上期望在林业用地上有更多的植被覆盖，特别是森林覆盖。本研究利用有林地面积除以林业用地面积，计算出研究区域的林地利用率。

③单位面积蓄积 C3：单位面积上林木蓄积量，单位是 m^3/hm^2。计算此项指标，是将

区域内各个小班的林木蓄积量和有效面积分别汇总，再计算出单位面积上的林木蓄积量。不可将各个小班的单位面积蓄积指标直接算术平均。

④林木平均胸径 C4：将区域内各个小班的平均胸径值算术平均，取得整个区域内林木胸径的平均状况，该指标可以反映林木某方面的质量情况。

⑤林木平均高度 C5：将区域内各个小班的平均树高值算术平均，取得整个区域内林木高度的平均状况，该指标亦可反映林木的质量情况。

⑥林分平均郁闭度 C6：郁闭度是树冠垂直投影到地面的面积与总面积的比例。本研究将各个小班的郁闭度直接算术平均，计算出整个研究区域的林分密度情况。

⑦天然林面积比例 C7：天然林占总林木面积的比例，代表森林起源状况。理论上天然林面积比例越高，林木的生长和对环境的正面影响作用越大。

⑧混交林面积比例 C8：混交林面积与有林地总面积的比例。理论上混交林比例越高，森林结构越复杂，生长能力和应对干扰的能力越强。

⑨针叶树阔叶树比例 C9：纯林林分中针叶树和阔叶树的面积比例。针对不同的发展目标，设计出不同的针叶林和阔叶林的比例，满足生产和生态需要。

⑩年龄分布指标 C10：森林资源的年龄结构是保证永续性最重要的因子之一。按照法正林理论，在一定的地域空间内，无论何种森林资源，要实现永续利用都必须保证森林资源年龄结构基本或完全均匀，即各种年龄或龄组的林木都有，且面积基本相等。本研究利用香浓均匀度指数，计算出区域内年龄分布的情况。指数越大，表示年龄分布越均匀。公式如下：

$$C10 = -\sum_{i=1}^{m}(P_i\ln P_i)/\ln m \quad (\text{其中 } Pi \text{ 表示各个林龄组的组成比例}) \quad (9\text{-}23)$$

⑪生态林面积比例 C11：生态公益林占全部森林的面积比例，该指标可以表示森林对生态和环境影响作用，生态林比例越大，林木的生态效益越加明显。

⑫单位面积生物量 C12：参见本章第五节相关部分。

⑬单位面积减少地表径流量 C13：参见本章第五节相关部分。

⑭单位面积减少土壤侵蚀量 C14：参见本章第五节相关部分。

⑮单位面积林地 SO_2 吸收量 C15：参见本章第五节相关部分。

⑯单位面积林地粉尘阻滞量 C16：参见本章第五节相关部分。

二、确定指标间权重

层次分析法(AHP)是一种适合复杂的多层次评价指标的权重分配方法。他将主观决策和客观评价相结合，近年来，该方法以其系统、灵活、简洁的优点在许多的评价、决策、计划制定等方面被广泛应用。

对于森林资源，由于其社会经济背景和资源环境基础差异，在评价指标体系中，各指标要素应体现出不同的重要性。为了避免权重确定的片面性，宜在各类指标的权重确定过程中，广泛听取各方面意见。因此，本研究邀请 10 位专家对各指标的相对重要度打分，综合专家评分构造判断矩阵，确定每一层指标的相对重要权重，具体步骤和有关计算如下：

(一)判断矩阵标度定义

使用 1-9 标度法，即使用 1-9 的评分标准确定两两指标间的重要程度，将评价专家的决策思维由定性向定量转化。标准见表9-34。

表9-34　层次分析法的判断矩阵标度

标度	含义
1	某行因素与某列因素同等重要
3	某行因素比某列因素略重要
5	某行因素比某列因素较重要
7	某行因素比某列因素非常重要
9	某行因素比某列因素绝对重要

（二）构造判断矩阵

矩阵用以表示同一层次各个指标间的相对重要性的判断值，经反复确定结果见表9-35至表9-39。

表9-35　判断矩阵 A—B 层排序结果

A	B1	B2	B3	B4
B1	1	2	2	3
B2	1/2	1	1	2
B3	1/2	1	1	2
B4	1/3	1/2	1/2	1

表9-36　判断矩阵 B1—C 层排序结果

B1	C1	C2	C3
C1	1	3	1
C2	1/3	1	1/2
C3	1	2	1

表9-37　判断矩阵 B2—C 层排序结果

B2	C4	C5	C6
C4	1	3	4
C5	1/3	1	2
C6	1/4	1/2	1

表9-38　判断矩阵 B3—C 层排序结果

B3	C7	C8	C9	C10
C7	1	1/2	3	2
C8	2	1	5	3
C9	1/3	1/5	1	1/2
C10	1/2	1/3	2	1

表9-39　判断矩阵 B4—C 层排序结果

B4	C11	C12	C13	C14	C15	C16
C11	1	4	6	6	8	8
C12	1/4	1	3	3	5	5
C13	1/6	1/3	1	1	3	3
C14	1/6	1/3	1	1	3	3
C15	1/8	1/5	1/3	1/3	1	1
C16	1/8	1/5	1/3	1/3	1	1

(三)层次单排序权重系数计算

①计算各个判断矩阵的每一行元素的积：$M_i = \prod_{j=1}^{n} P_{ij}$ (9-24)

式中，n 为矩阵阶数，i、$j = 1$、2、$3 \cdots n$，P_{ij} 为个判断矩阵因子两两比较重要程度标度值。

②计算各行 M_i 的 n 次方根值：$\overline{W}_i = \sqrt[n]{M_i}$ (9-25)

③将向量$(W_1, W_2 \cdots W_n)^T$归一化，计算公式：$W_i = \dfrac{\overline{W}_i}{\sum\limits_{i=1}^{n} \overline{W}_i}$ (9-26)

W_i 即为所求个指标的权重值。

(四)进行判断矩阵的一致性检验

通过各层次单排序权重矩阵的最大特征根，求算一致性指标 CR 的方式，使用平均一致性指标法对矩阵的合理性、一致性进行检验。计算公式如下：

$$\lambda_{max} \approx \frac{1}{n} \left(\sum_{i=1}^{n} \lambda_{mi} \right)$$ (9-27)

$$CI = \frac{\lambda_{max} - n}{n - 1}$$ (9-28)

$$CR = \frac{CI}{RI}$$ (9-29)

若指标 $CR < 0.1$，则说明该矩阵通过检验，一致性良好，可以进行下一步的评估。其中，RI 的值可以通过平均随即一致性指标表查得(见表9-40)。

表9-40 平均随机一致性指标表

矩阵阶数 n	1	2	3	4	5	6	7
RI 值	0	0	0.52	0.89	1.12	1.36	1.41

(五)单排序权重值及一致性检验计算过程和结果

将计算过程全部列于表9-41 至表9-45。

表9-41 A—B判断矩阵权重值和一致性检验

A	$\overline{W}_i$	Wi	λmi	λmax	CI	CR
$B1$	1.86	0.42	4.015 2			
$B2$	1.00	0.23	4.005 2	4.010 4	0.003 5	0.003 9
$B3$	1.00	0.23	4.005 2			
$B4$	0.54	0.12	4.015 9			

表9-42 B1—C判断矩阵权重值和一致性检验

$B1$	$\overline{W}_i$	Wi	λmi	λmax	CI	CR
$C1$	1.44	0.44	3.0183			
$C2$	0.55	0.17	3.0183	3.0183	0.0091	0.0176
$C3$	1.26	0.39	3.0183			

表 9-43　B2—C 判断矩阵权重值和一致性检验

B2	$\overline{W}_i$	Wi	λ_{mi}	λ_{max}	CI	CR
C4	2.29	0.63	3.0183			
C5	0.87	0.24	3.0183	3.0183	0.0091	0.0176
C6	0.50	0.14	3.0183			

表 9-44　B3—C 判断矩阵权重值和一致性检验

B3	$\overline{W}_i$	Wi	λ_{mi}	λ_{max}	CI	CR
C7	1.32	0.27	4.0178			
C8	2.34	0.48	4.0116			
C9	0.43	0.09	4.0113	4.0145	0.0048	0.0054
C10	0.76	0.16	4.0174			

表 9-45　B4—C 判断矩阵权重值和一致性检验

B2	$\overline{W}_i$	Wi	λ_{mi}	λ_{max}	CI	CR
C11	4.58	0.50	6.3549			
C12	1.96	0.22	6.2310			
C13	0.89	0.10	6.1140			
C14	0.89	0.10	6.1140	6.1873	0.0375	0.0275
C15	0.37	0.04	6.1549			
C16	0.37	0.04	6.1549			

（六）层次总排序计算结果及一致性检验

得到每一个要素相对于上一层次对应要素的权重值后，计算各层次所有元素对总目标 A 相对重要性的排序权值，叫做层次总排序。通过层次总排序计算出各指标的组合权重（表 9-46），并用单排序指标加权求和的方法进行总排序的一致性检验。

表 9-46　各指标权重计算结果

目标层 A	A 层权重	准则层 B	B 的层次单排序权重	方案层 C	C 的层次单排序权重	C 的层次总排序权重
森林资源综合评价	1.00	森林数量 B1	0.42	森林覆盖率 C1	0.44	0.18
				林地利用率 C2	0.17	0.07
				单位面积蓄积 C3	0.39	0.16
		森林质量 B2	0.23	林木平均胸径 C4	0.63	0.14
				林木平均高度 C5	0.24	0.06
				林分平均郁闭度 C6	0.14	0.03
		森林结构 B3	0.23	天然林面积比例 C7	0.27	0.06
				混交林面积比例 C8	0.48	0.11
				针叶树阔叶树比例 C9	0.09	0.02
				年龄分布指标 C10	0.16	0.04
		生态效益 B4	0.12	生态林面积比例 C11	0.50	0.06
				单位面积生物量 C12	0.22	0.03
				减少地表径流量 C13	0.10	0.01
				减少土壤侵蚀量 C14	0.10	0.01
				吸收二氧化硫量 C15	0.04	0.00
				阻滞粉尘量 C16	0.04	0.00

$$CI_{总} = \sum_{i=1}^{4} CI_i \cdot W_i = 0.0091 \times 0.42 + 0.0091 \times 0.23 + 0.0048 \times 0.23 + 0.0375 \times 0.12 =$$

$$0.0116 \tag{9-30}$$

$$RI_{总} = \sum_{i=1}^{4} RI_i \cdot W_i = 0.52 \times 0.42 + 0.52 \times 0.23 + 0.89 \times 0.23 + 1.36 \times 0.12 = 0.7067 \tag{9-31}$$

$$CR_{总} = \frac{CI_{总}}{RI_{总}} = 0.0116 / 0.7067 = 0.0165 \tag{9-32}$$

三、森林资源的模糊评价过程

(一)隶属度函数的确定

传统数学中的评价方法，是先制定出各评价指标的分级标准，然后根据指标实测值来确定其应归的级别，这种方法表现的是一种非此即彼的思想；但事实上，各评价因素在优劣之间是渐变的，呈现出亦此亦彼性，即模糊性，因此引入模糊数学的概念。在模糊数学中，一个实测值属于某一级别的程度称为隶属度，它是 0 ~ 1 之间的数，越接近 1，隶属于这一级别的程度就越大，这样，每给一个评价因素指标实测值，就对应一个隶属度，这种对应关系称为隶属函数。

结合本研究的指标特性，以及结果的现实意义，确定将评价结果划分为三个等级，那么隶属度函数也将呈现出三种线形，根据前人的研究经验，本研究使用常见的梯形状均匀分布作为指标隶属度函数。

由于指标值对于评价结果有正向影响和负向影响之分，故要根据指标的具体含义选定合适的隶属度函数。本研究一共 13 个指标中，除了 C9 针叶树阔叶树比例外，其余各个指标都对评价结果呈现出正向影响，即指标值越大，评价结果越向优秀的方向发展。那么对于这 12 个指标可选用图 9-19 所示的函数。

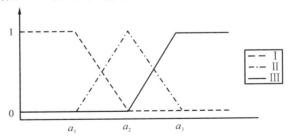

图 9-19 正向指标(C1 ~ C9，C11 ~ C13)隶属度函数

$$\text{I} \quad u_1(x) \begin{cases} 1 & (x \leq a_1) \\ \dfrac{a_2 - x}{a_2 - a_1} & (a_1 < x \leq a_2) \\ 0 & (x > a_2) \end{cases} \tag{9-33}$$

$$
\text{II} \quad u_2(x)
\begin{cases}
0 & (x \le a_1 \text{ 或 } x > a_3) \\
\dfrac{x-1}{a_2-a_1} & (a_1 < x \le a_2) \\
\dfrac{a_3-x}{a_3-a_2} & (a_2 < \text{x} \le a_3)
\end{cases}
\tag{9-34}
$$

$$
\text{III} \quad u_3(x)
\begin{cases}
0 & (x \le a_2) \\
\dfrac{x-a_2}{a_3-a_2} & (a_2 < x \le a_3) \\
1 & (x > a_3)
\end{cases}
\tag{9-35}
$$

那么，评价结果的三个等级由差到好依次选用 I、II、III 这三个函数。

而对于 C9 针叶树阔叶树比例这个指标，并不是越大越好，也不是越小越好，其最优值是在中间的某个数值。根据这个特性，我们可以选用一种不连续函数作为隶属度函数，如图 9-20 所示。

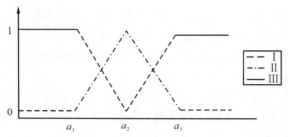

图 9-20　指标 C10 的隶属度函数

$$
\text{I} \quad u_1(x) =
\begin{cases}
1 & (x < a_1 \text{ 或 } x > a_3) \\
0 & (a_1 \le x \le a_3)
\end{cases}
\tag{9-36}
$$

$$
\text{II} \quad u_2(x) =
\begin{cases}
0 & (x < a_1 \text{ 或 } (x > a_3) \\
\dfrac{a_2-x}{a_2-a_1} & (a_1 \le x \le a_2) \\
\dfrac{x-a_2}{a_3-a_2} & (a_2 < x \le a_3)
\end{cases}
\tag{9-37}
$$

$$
\text{III} \quad u_3(x) =
\begin{cases}
0 & (x < a_1 \text{ 或 } x > a_3) \\
\dfrac{x-a_1}{a_2-a_1} & (a_1 \le x < a_2) \\
\dfrac{a_3-x}{a_3-a_2} & (a_2 \le x \le a_3)
\end{cases}
\tag{9-38}
$$

那么，评价结果的三个等级由差到好依次选用 I、II、III 这三个函数。

（二）各指标评价等级的确定及隶属度函数的选用

本研究将评价结果划分为三个等级，按评语论域中的子集类数，即评价等级为 $V = \{v_1$（劣），v_2（中），v_3（优）$\}$。根据原始实验数据分布状况和北京市延庆县的相关规划，确定各项目指标分级标准，见表 9-47 和表 9-48。

表 9-47　正向指标的分级标准

项　目	劣（a_1）	中（a_2）	优（a_3）
选用的隶属度函数	Ⅰ：$u_1(x)$	Ⅱ：$u_2(x)$	Ⅲ：$u_3(x)$
森林覆盖率 C1	50%	60%	72%
林地利用率 C2	60%	70%	80%
单位面积蓄积 C3	20	30	45
林木平均胸径 C4	10	12	14
林木平均高度 C5	4	5	8
林分平均郁闭度 C6	0.50	0.55	0.60
天然林面积比例 C7	40%	60%	80%
混交林面积比例 C8	6%	8%	10%
年龄分布指标 C10	0.5	0.6	0.7
生态林面积比例 C11	60%	70%	80%
单位面积生物量 C12	18	20	25
单位面积减少地表径流量 C13	420	451	480
单位面积减少土壤侵蚀量 C14	317	318	319
单位面积林地吸收 SO_2 量 C15	140	158	165
单位面积林地阻滞粉尘量 C16	57	60	65

表 9-48　非正向指标的分级标准

项　目	劣	中（a_1，a_3）	优（a_2）
选用的隶属度函数	Ⅰ：$u_1(x)$	Ⅱ：$u_2(x)$	Ⅲ：$u_3(x)$
针叶树阔叶树比例 C9	—	0.2，3.8	2

（三）模糊综合评价过程

1. 隶属度矩阵 R 计算

分别计算出每个对象各个指标对于三个等级的隶属度，得出一级隶属度矩阵。以下计算过程以延庆县 2004 年松山林场的数据作为样例（表 9-49），其余评价对象的计算过程不再赘述。

表 9-49　2004 年松山林场各指标的隶属度矩阵

R1	劣	中	优
C1	0.00	0.64	0.36
C2	0.00	0.69	0.31
C3	0.50	0.50	0.00
C4	1.00	0.00	0.00
C5	0.00	0.96	0.04
C6	0.00	0.62	0.38
C7	1.00	0.00	0.00
C8	0.00	0.00	1.00
C9	0.00	0.92	0.08
C10	0.00	0.00	1.00
C11	0.00	0.00	1.00
C12	0.72	0.28	0.00
C13	0.45	0.55	0.00
C14	0.52	0.48	0.00
C15	0.00	0.03	0.97
C16	0.70	0.30	0.00

2．评判矩阵 B 计算

评判矩阵 $B = A \times R$，其中 A 为对应层级的权重矩阵。先分别计算出二级评判矩阵，再由下往上计算出一级评判矩阵。在本例中，即先求出一级 $B1$，$B2$，$B3$，$B4$，再求出二级的 B。具体计算过程如下：

$$B1 = A1 \times R1 = (0.44 \quad 0.17 \quad 0.39) \begin{pmatrix} 0 & 0.64 & 0.36 \\ 0 & 0.69 & 0.31 \\ 0.50 & 0.50 & 0 \end{pmatrix} = (0.20 \quad 0.59 \quad 0.21)$$

同理，$B_2 = (0.63 \quad 0.32 \quad 0.06)$　$B_3 = (0.27 \quad 0.08 \quad 0.65)$　$B_4 = (0.28 \quad 0.18 \quad 0.54)$。

由以上 4 个二级评判矩阵可以组成一级的隶属度矩阵 R，即

$$R = \begin{pmatrix} 0.20 & 0.59 & 0.21 \\ 0.63 & 0.32 & 0.06 \\ 0.27 & 0.08 & 0.065 \\ 0.28 & 0.18 & 0.54 \end{pmatrix}$$

一级评判矩阵 B 为 $B = A \times R = (0.42 \quad 0.23 \quad 0.12) \begin{pmatrix} 0.20 & 0.59 & 0.21 \\ 0.63 & 0.32 & 0.06 \\ 0.27 & 0.08 & 0.65 \\ 0.28 & 0.18 & 0.54 \end{pmatrix} = (0.32 \quad 0.36 \quad 0.32)$。

3．评判矩阵 B 的处理和结论

归一化处理后得 $B = (0.32 \quad 0.36 \quad 0.32)$，由最大隶属度原则知 B 中最大值 0000 对应于评价等级中论域的第 2 类，即延庆县松山林场 2004 年度森林资源评价等级为中。

按照上面的计算过程，分别计算出 1999 年和 2004 年延庆县 17 个乡镇和整体区域的模糊评判矩阵 B，结果见表 9-50。

表 9-50　模糊评价计算结果

评价对象	1999 年 评判矩阵 B			1999 年 评价结果	2004 年 评判矩阵 B			2004 年 评价结果	变化趋势*
八达岭	(0.60	0.38	0.03)	劣	(0.55	0.25	0.20)	劣	→
八达岭林场	(0.48	0.12	0.41)	劣	(0.34	0.24	0.42)	优	↑
大榆树	(0.54	0.09	0.38)	劣	(0.53	0.22	0.25)	劣	→
大庄科	(0.40	0.22	0.39)	劣	(0.51	0.13	0.36)	劣	→
井庄	(0.48	0.44	0.08)	劣	(0.37	0.33	0.30)	劣	→
旧县	(0.38	0.23	0.39)	优	(0.55	0.11	0.35)	劣	↓
康庄	(0.45	0.04	0.51)	优	(0.46	0.07	0.47)	优	→
刘斌堡	(0.82	0.11	0.07)	劣	(0.30	0.27	0.43)	优	↑
千家店	(0.60	0.20	0.20)	劣	(0.37	0.31	0.33)	劣	→
沈家营	(0.47	0.08	0.45)	劣	(0.39	0.13	0.49)	优	↑
四海	(0.28	0.26	0.46)	优	(0.20	0.35	0.45)	优	→
松山林场	(0.49	0.07	0.45)	劣	(0.32	0.36	0.32)	中	↑
香营	(0.64	0.35	0.01)	劣	(0.45	0.17	0.39)	劣	→
延庆镇	(0.37	0.28	0.35)	劣	(0.31	0.14	0.55)	优	↑
永宁	(0.31	0.41	0.28)	中	(0.47	0.31	0.22)	劣	↓

续表

评价对象	1999 年评判矩阵 B			1999 年评价结果	2004 年评判矩阵 B			2004 年评价结果	变化趋势*
张山营	(0.43	0.41	0.16)	劣	(0.27	0.27	0.46)	优	↑
珍珠泉	(0.50	0.18	0.33)	劣	(0.29	0.23	0.48)	优	↑
延庆县	(0.45	0.46	0.09)	中	(0.24	0.48	0.28)	中	→

*注：↑表示趋强；↓表示趋弱；→表示趋于平稳。

（四）评价结果

根据表9-50的计算结果，我们不难分析出延庆县整体区域森林资源状况和变化趋势，同时对于各个乡镇的变化情况也有明晰的反映。图9-21和表9-51反映了各个乡镇的评价结果。

表9-51　各研究对象评价结果分析表

项 目	1999 年		2004 年		变化趋势	
	乡镇个数	百分比	乡镇个数	百分比	乡镇个数	百分比
优级（趋强）	3	17.65%	8	47.06%	7	41.18%
中级（平稳）	1	5.88%	1	5.88%	8	47.06%
劣级（趋弱）	13	76.47%	8	47.06%	2	11.76%

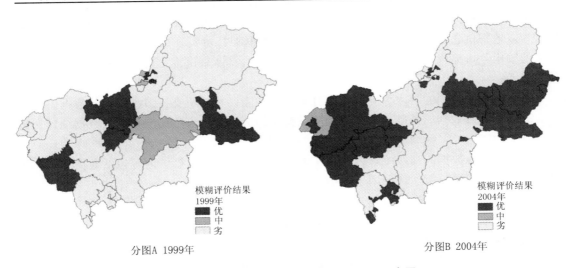

模糊评价结果 1999年
■优
▨中
□劣

分图A 1999年

模糊评价结果 2004年
■优
▨中
□劣

分图B 2004年

图9-21　森林资源模糊综合评价结果空间示意图

就延庆县整体区域而言，1999年和2004年的模糊评价结果都对应于评价等级中的第2类，即评价等级为中。再进一步分析两年评判矩阵的具体数值，虽然两者结论一致，但是对应于各个等级的隶属度却不尽相同。我们可以看到，从1999年到2004年的变化过程中，"劣"级的百分比在降低，而"中"、"优"级别的百分比都有所增长，特别是"优"级的隶属度增到了将近20个百分点。综合以上分析，延庆县森林资源状况1999年和2004年均属于"中"级别，在时间纵向上发展趋于平稳，但有向"优"级发展的动向。

在延庆县各个乡镇（含国有林场）的尺度上来看，在17个评价对象中，1999年森林资源状况总体集中于"劣"级，从属于"劣"、"中"、"优"三级的乡镇数目分别为13个、1个和3个，分别占到76.47%、5.88%和17.65%；2004年的状况有所改善，"优"级乡镇数目呈现出较大比例的增长，"劣"级乡镇减少，对应于三级的的乡镇个数分别为 8 个、1 个和 8 个，比例分别达到 47.06%、5.88% 和 47.06%。在时间纵向上分析，森林资源状况向着良好方向发展的乡镇个数为 7 个，分别为八达岭林场、刘斌堡、沈家营、延庆镇、张山营、珍珠泉、松山林场，占总数的 41.18%，且这些乡镇的森林资源大多都是由"劣"级转接转变到"优"级，发展势头迅猛；森林资源状况呈下降趋势的乡镇有 2 个，分别为旧县和永宁，占到总数的 11.76%；剩余的 8 个乡镇发展平稳，继续保持着原有的状况。但是需要说明的是，尽管这些乡镇的评价等级并未提升，但是观察各个评判矩阵，"劣"级的隶属度基本都在下降，"中"、"优"级隶属度都有或多或少的提高，说明其虽然没有达到"质变"的效果，但还是正在做"量变"的积累，向着积极的方向发展。

第七节　森林资源评价分析系统实现

一、系统开发思想

（一）目标与需求

本研究开发的森林资源综合分析评价系统所面向的用户主要是林业行业或景观生态学的学生或初级研究者。基于对业务的需求，结合林业行业的特点和森林资源数据状况，我们认为以地理信息系统（GIS）作为系统开发的基本框架，可实现数据的有效导入、分析和结果的输出，可完成相关指标的计算和地图的输出。具体来讲，主要希望实现以下几个方面的功能：

①森林资源数据的导入、导出、预览等基本功能，并希望支持多种格式的数据。

②森林资源数据的基础分析，包括图像要素的选择、小班数据的查询、数据统计、数据汇总等功能。

③森林资源数据的高级统计，希望实现时间的动态变化分析，内容包括地类分析、林种分析、林木起源分析、林分因子分析等方面。

④森林资源数据的生态效益分析。

⑤对区域的森林资源格局实现景观生态学的分析。

⑥森林资源的空间动态分析，即专题图的制作生成。

目前，市场上 GIS 产品日益丰富，以 ESRI 出品的 ArcGIS 套件功能最为出色，并且林业行业的绝大多数工作者和研究人员都是采用此软件，来进行森林资源数据的加工和分析。尽管 ArcGIS 具有强的功能，但是毕竟它是一套基础软件，可以适用于涉及 GIS 信息的各个行业，所以功能模块众多繁杂，这就对于某一专门行业的初级用户来讲，使用起来还是有一定难度，对于选用何种工具实现目标显得无所适从。另外，ArcGIS 不具备行业化的术语和功能集成，初级用户也会感到过程不清晰，表达的意义不明晰。

基于上述问题，我们将 ArcGIS 的相关基础功能进行整合，将原先多个基本的工具整合为一个具有林业行业分析意义的功能模块，使用户打开一个模块就能完成多道基础功能，从而实现系统目标。

（二）开发原则

根据系统工程的设计思想，森林资源综合分析评价系统应该满足先进性、实用性、可操作性、可靠性、可扩展性等设计原则，其数据类型、编码和图形符号符合现有的国家和行业规范，能够实现空间数据和属性数据和无缝链接。

1. 先进性原则

在进行结构应用功能的设计和开发方面既要符合项目框架的要求，又要考虑到信息收集、处理、查询过程中操作人员的实际情况，充分注意设计风格的统一性、界面的友好性、操作的简便性、性能的完善性、系统的可维护性和可扩展性等等的问题。

2. 实用性原则

系统采用通用的 Windows 操作系统，绝大多数的设置、操作和界面都简单易懂，方便使用。在设计和开发阶段，始终把满足用户需求放在首位，使得系统真正符合了用户的工作需求。坚持跟踪、反馈、更新、完善的原则，使系统不断贴近业务实践的需要，使系统真正发挥作用。

3. 可操作性原则

在保证各项功能圆满实现的基础之上，系统具有良好的用户界面，用户易学易懂，操作简便、快捷、灵活。

4. 可靠性原则

保证数据库中的所有数据是实用并准确可靠；系统有很强的容错能力和处理突发事件的能力，不会由于某个动作或者某个突发事件而导致了数据丢失，乃至整个系统的瘫痪。

5. 可扩展性原则

保证系统开发所用的组建、开发环境和引用的类库是常见的开发资源，尽量降低对用户计算机软硬件环境的要求。同时，使用通用的开发组建和工具可以不断改进程序，实现功能的扩展。

（三）可行性分析

对于森林资源数据的显示、小班查询和数据统计等功能，ArcGIS 都发展的非常完备，能够得以实现。而对于景观指数计算和生态效益评估这两个模块，相关的学科理论已非常成熟，计算公式已经被广泛应用，本系统遂将这些算法直接编写进代码，不需要再次人工输入计算。关于数据的导出和统计图标的建立，可以考虑把 Microsoft Office 的 Excel 与系统相关联，简单高效地实现相关功能。

总之，系统开发环境和语言采用易于掌握操作的工具，分析评价系统的各个项目和相关指标已经建立，指标的算法已经确定，开发目的和思路明确、可行，所以说此系统的开发条件已经具备。

二、系统总体设计

（一）软硬件环境

1. 软件环境

操作系统：Windows XP；

开发平台：Visual Studio. NET 2005；

开发语言：Visual C#；

开发组件：ArcGIS Engine 9.2；

运行许可：ArcGIS desktop；或 ArcGIS Engine Runtime；

数据导出：Microsoft Office Excel。

2. 硬件环境

输入设备：键盘、鼠标等；

主机配置：Pentium Ⅳ 以上处理器，1G 以上内存，40G 以上硬盘；

输出设备：彩色激光打印机等。

（二）开发组件 ArcGIS Engine

1. 概述

ESRI 的 ArcGIS Engine 是随 ArcGIS 9 一起推出的一种新的开发者产品，是一个用于建立自定义独立地理信息系统（GIS）应用程序的平台，支持多种应用程序接口（APIs），拥有许多高级 GIS 功能，而且构建在工业标准基础之上。

从本质上讲，ArcGIS Engine 是开发人员用于建立自定义应用程序的嵌入式 GIS 组件的一个完整类库，它包含了创建和部署用户 GIS 解决方案应用程序所需的所有内容。使用 ArcGIS Engine，可以创建独立的应用程序或者集成到第三方的软件系统中，包括 Microsoft Office 的 Word 和 Excel 等产品，开发者能够为现有的应用程序添加动态制图和 GIS 功能，或者构建他们自己的专门制图程序。ArcGIS Engine 提供了良好定义的、跨语言的对象集，称之为 ArcObjects，它包括了 ArcGIS 桌面用户界面之外的所有 ArcGIS 功能。

ArcGIS Engine 使得开发人员可以节省成本的配置，每台电脑只需要一个 ArcGIS Engine Runtime 或者 ArcGIS 桌面许可（license）：可用于 ActiveX，. NET 和 Java 的开发者控件，便可完成应用程序的开发。多种标准开发语言的选择，包括 COM，. NET，Java，和 C + + 。丰富的开发者资源，包括对象模型、工具集、范例和文档。

2. 产品框架和功能

ArcGIS Engine 包括两种产品：ArcGIS Engine Developer Kit——包括开发者建立解决方案所需的组件和工具集，是创建自定义的 GIS 和制图应用的工具包。ArcGIS Engine Runtime——运行定制的 ArcGIS Engine 应用程序所需的基础设施，是为了运行自定义的 Engine 应用的可分发的 ArcObjects 。

①ArcGIS Engine 开发工具包（Developer Kit）是一个基于组件的软件开发产品，用于建立和部署自定义 GIS 和制图应用程序。可以用 ArcGIS Engine 开发工具包访问 GIS 组件或 ArcObjects 的大型集合，建立基本的地图浏览器或综合、动态的 GIS 编辑工具。

②用 ArcGIS Engine 运行时（Runtime）是建立 ArcGIS Desktop 的基础，是软件开发工具包建立的所有应用程序为成功执行所必须的许可。

ArcGIS Engine 的主要功能包括：显示多个图层组成的地图，漫游和缩放地图，查找地图中的要素，用某一字段显示标注，显示航片和遥感影像的栅格数据，绘制几何要素，绘制描述性的文字，沿线、或者用多边形、圆等选择要素，根据一定距离选择要素，通过 SQL 表达式查询要素，渲染要素，动态显示实时数据，或时间序列数据，地图定位，维护几何要素，创建和更新地理要素和属性等。

3. 应用程序接口、类库和控件

ArcGIS Engine 提供了多种应用程序编程接口（API）。这些编程接口不仅包括了详细的文档，还包括一系列高层次的组件，使得临时的编程人员也能够轻易的创建 ArcGIS 应用程序。ArcGIS Engine 支持的四种 API 是：

①COM——任何 COM 生成语言(Visual Basic、Visual C + +、Delphi 等)都可以使用这个 API。

②.NET——这个 API 支持 Visual Basic.NET 和 C#。

③Java——Sun 公司的 Java2 平台标准编辑器。

④C + + ——微软 VC + +6.0、微软 VC + +.NET2003、Sun Solaris Forte6 Update2、Linux GCC3.2 支持此 API。

ArcGIS Engine 提供了完善的类库(Library),开发人员可以直接引用这些类库,使用其提供的方法完成相关功能。主要的类库有:System、SystemUI、Controls、Cato、GeoDatabase、GeoAnalyst、Displa 等等。

同时,ArcGIS Engine 还提供了具有 GIS 标准的应用程序控件,主要有:MapControl、PageLayoutControl、TocControl、ToolbarControl、SceneControl、GlobeControl、ReadControl 等。

(三)数据分析流程

根据森林资源综合分析评价系统的设计目标和相关原则,在充分利用现有计算机软硬件资源的条件下,深入挖掘原始数据的利用价值,力求完成全面、深入、可靠的分析功能。图 9-22 反映了本系统数据的分析流程和软件的主要功能模块。

(四)数据格式及要求

1. 输入数据

本系统可以接受多种格式的数据,主要包括 shapefile、Geodatabase、Raster 等。

需要指出的是,对于栅格数据,本系统只能实现其显示、浏览、缩放等最基础的 GIS 功能,不能进行进一步的高级分析。若要完成本系统所设计的全部功能,如森林资源数据的基本显示、统计、指标计算、制图等一系列的任务,则只能接受 shapefile 格式的森林资源数据。

shapefile 格式的森林资源数据主要有 2 部分组成,一是空间信息,二是对应的属性信息。空间信息需有投影、地理坐标系统等信息;属性信息则是一个信息容量较为庞大的数据表单。属性数据需在数字化各小班时输入,应保证属性数据的正确性和各属性项的完整性。具体要求参见本章第三节的论述。

2. 输出数据

①各类成果中矢量数据存为 shp 格式。

②图像成果输出格式为 jpg 格式,分辨率默认为 300 像素/英寸。

③统计分析的结果数据储存为 dbf 或者 Excel 的 xls 格式。

三、系统实现

(一)加载引用 ArcGIS 组件

在应用程序编写代码之前,应该先将应用程序将要用到的 ArcGIS 控件和其他 ArcGIS Engine 库引用装载到开发环境之中。这是做 GIS 开发的首要步骤和基础。

①启动 Visual Studio 2005,并从新建项目对话框中创建一个新的 Visual C# 类型的项目。

②若已经成功安装好 ArcGIS Engine,则会在 Visual C# 的标签下找到一个 ArcGIS 的项目标签,选择 Engine,在"Visual Studio 已安装的模板"中选择"MapControlApplication"模

271

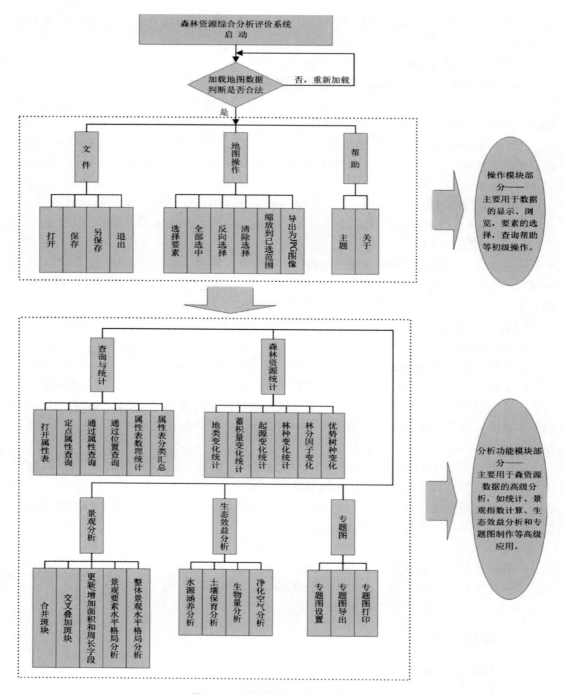

图 9-22 系统数据流程及功能架构

板，做好命名、储存路径等工作，建立起一个基本的 GIS 系统项目。

③打开上面建立的项目，则会发现此项目的主界面"MainForm"是由"axToolbarControl"、"axTOCControl"、"axMapControl"三个基本控件组成，并包含 menuStrip 和 statusStrip。同时，在工具箱里也可以找到"ArcGIS Windows Forms"这样一个新的控件集，它包

含了上述基本的 GIS 控件。

④由于本软件需要使用 Microsoft Excel 的相关功能，则需要提前引用其核心组件。单击项目菜单，并选择"添加引用（R）…"。

⑤在".NET"标签的对话框中，双击添加"Microsoft. Office. Interop. Excel"。若没有，则需在"浏览"标签中，通过地址 C：\ Windows \ assembly \ GAC \ ... \ Microsoft. Office. Interop. Excel. dll 将其添加。

（二）欢迎界面及主界面

在本地计算机装有 ArcGIS desktop 许可或者 Engine Runtime 的前提下，双击软件图标，即可启动。由于系统加载的资源较多，需要 10s 左右的启动时间。在此，为了降低用户等待期间的枯燥感，我们采用了显示欢迎界面的形式，界面见图 9-23。

图 9-23　软件启动欢迎界面

正常启动本系统后，欢迎界面将消失，并出现软件的主界面（图 9-24）。主界面由 5 部分组成：

①菜单栏——有 8 个菜单，分别对应着本系统所设计的各个功能模块。

②常用工具栏——主要镶嵌了打开、加载图层、放大、缩小、手形、比例尺、指针、坐标、查询、测距等常用工具。

③图层信息栏——显示已经打地图的图层信息，包括名称、颜色、要素类别等。

④地图显示区域——完成地图浏览、显示等功能，这是本软件的核心区域。

⑤状态信息栏——根据指针的位置，显示地图的地理坐标信息。

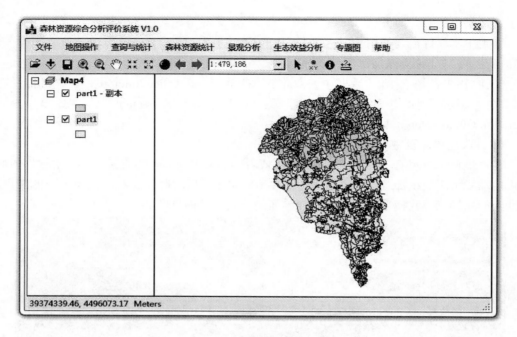

图 9-24　软件主页面

第十章　森林资源监测信息系统集成

系统集成（System Integration）源于数字集成电路，把一些相关器件按计划联接并封装形成一个功能模块。集成电路的集成思想主要是降低各种组成部分连接的复杂性，提高设计和实现效率。其核心在于组成系统各部分之间的有机结合，将分散的系统集成形成一个统一的整体。

森林资源监测信息系统集成，并不只是将森林资源监测涉及的各个部分简单地堆集，而是通过整体规划构架，利用计算机、通信、数据库、标准化技术等信息处理技术，以森林资源监测中分散的、独立运行的各单元软件和模型为基础，对森林资源监测中各环节的数据和过程进行有效整合，优化数据流及业务过程，形成一个有机的综合信息应用系统，为森林资源监测提供有效地信息支持。森林资源监测信息系统的集成，是以开放平台的方式，利用标准的接口集成各种技术、功能和界面，彻底改变封闭式林业信息系统的局面。

第一节　系统集成目标

一、统一资源监测标准，规范空间属性数据

实现森林资源监测信息系统数据格式、数据接口、通讯标准、技术规格的标准规范化，形成科学、先进的开放式森林资源监测信息系统平台，同时实现多类型、多尺度的空间数据一体化集成管理，保证数据的安全、高效、方便和数据的一致性。

二、集成森林监测系统，共享林业信息资源

森林资源监测信息系统集成是将各种功能、用途、存储平台、数据格式、数据接口、通讯标准、技术规格的森林资源监测软硬件产品整合起来。它包括数据集成、业务流程集成、功能及服务集成、软件界面集成等多种集成技术，可使断裂、重复、无机的信息流转变为完整、高效、有机、互动的信息流，从而解决不同设备、系统、软件之间的互连、互通、互操作问题，实现林业信息资源的共享。

三、优化林业资源配置，提高经营管理水平

林业资源信息服务的水平反映出一个行业的信息化发展水平和科研能力，是林业发展的重要突破口，森林资源监测信息系统的集成对优化林业资源配置，提高经营管理水平，为国家方针政策决策提供准确、及时、可靠的信息资源有很好的支撑作用。

第二节 系统集成体系框架及内容

一、系统集成框架

森林资源监测信息系统集成是以开放平台的方式，利用标准的接口进行数据、业务流程、功能及服务、界面的集成及整合，如图 10-1 所示。

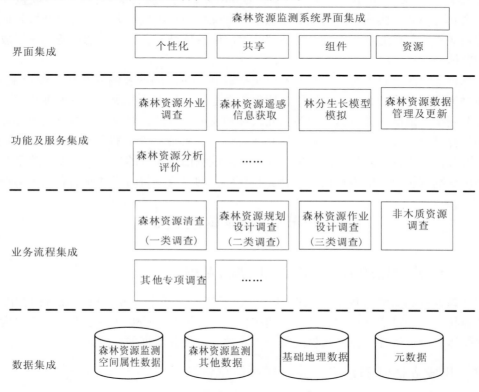

图 10-1 森林资源监测信息系统集成框架

以森林资源监测所涉及的数据，包括森林资源监测空间属性数据、森林资源监测其他数据、基础地理数据以及元数据的集成为基础，通过对森林资源清查、森林资源规划设计调查、森林资源作业设计调查、非木质资源调查以及其他专项调查的业务流程进行整合与集成，将流程中所涉及的功能及服务进行分解归类，最后通过界面的集成形成森林资源监测信息系统。

二、系统集成内容

(一) 数据集成

1. 森林资源监测数据来源

森林资源监测数据来源于森林资源监测的各个环节，包括设计实施、调查、监测、管理、决策、调整的过程都会产生数据。森林资源监测数据可分为森林资源监测空间属性数据、森林资源监测其他数据、基础地理数据以及元数据。森林资源监测空间属性数据是指森林资源监测中与空间位置相关的样地、小班分布数据及其属性数据；森林资源监测其他数据包括模型数据、代码数据、统计数据等不直接与位置相关的数据；基础地理数据包括道路、河流、等高线、居民点、遥感数据等；元数据是说明以上数据的数据。

森林资源监测数据来源主要包括纸质地图数字化、外业调查、遥感与GPS数据、模型模拟、挖掘等。

(1)纸质地图数字化

数字化的地图是森林资源监测空间数据的主要来源之一。从地图中提取空间数据可以直接通过数字化仪对纸质地图进行数字化，或者将地图进行扫描矢量化。在林业行业的信息化中，这种方式仍在大量使用。但纸质地图数字化存在实时性差以及误差较大的缺点。

(2)外业调查

森林资源监测外业调查是指实地对被调查对象(例如小班、样地)进行测量而获取数据，它是森林资源监测数据的主要获取方式之一。外业调查一般采用抽样调查、小班调查、定位观测等方式。

(3)遥感与GPS数据

从1999年第六次全国森林资源清查开始，遥感、全球定位(GPS)等新技术在森林资源监测中逐步推广应用。随着国家对森林资源监测工作的重视以及遥感技术的发展和进步，利用高分辨率遥感图像结合地面调查的方式开展森林资源调查，不仅极大地减少了外业调查的工作量，也提高了调查速度、调查成果的质量和精度。遥感数据的特点是数据量大、获取周期短，其已逐步成为森林资源监测中重要的数据源。

GPS可以准确获取森林资源区划、专题调查标志或者森林特征的空间位置，它已逐渐成为其他空间数据源订正、校准的有效手段。近年来，GPS在森林资源规划设计调查、森林资源连续清查及其他森林资源专项调查中得到了广泛应用。

(4)模型模拟

在森林资源监测中，林分生长和收获模型是进行森林资源年度更新的关键技术和重要工具。应用林分生长模型模拟技术，可以了解林分的生长规律，预测林分动态的发展阶段，并有效开展森林资源监测和制定合理的森林经营活动。研究林分生长模型，可以准确预报和及时监测森林资源面积、蓄积、生物量和结构动态变化以及林分因子的变化。

(5)挖掘

通过对森林资源监测现有数据进行分类、估值、相关性分组或关联规则、聚集等数据挖掘手段，得到隐含在大量森林资源数据中的，潜在有用的信息和知识。这些数据也成为森林资源监测的数据源之一。

2. 森林资源监测数据组织与分类

森林资源监测数据涉及的数据来源多，数据量大，类型多样，其数据的组织和分类方式对数据库的查询效率有着直接的影响，因此要选择合理的数据组织方式，提高数据库的查询效率。

森林资源监测数据按不同的监测调查类型，可分为五种类型，如表10-1所示。分别为一类调查数据、二类调查数据、三类调查数据、年度森林资源专项调查数据和专业调查数据。

表 10-1　森林资源监测数据类型

专题	数据内容
一类调查数据	样地因子、复查期内样地变化情况、样木测量记录、植被调查、更新调查、野生经济植物调查、样地每木检尺
二类调查数据	小班基本因子、植被调查、有林地疏林地调查、未成林调查、经济林调查、林木质量调查、径阶与径级组调查、优势木调查、散生木（四旁树）调查、四旁树调查、更新调查、林下经济调查、森林健康调查、珍稀古大树木调查、森林旅游资源调查、角规观测记录、林带调查、四旁树（村）调查、四旁树检尺、样地调查、样木调查
三类调查数据	作业区森林资源状况、林下植被、立地条件、经营措施、作业设计，质量检查验收
年度森林资源专项调查数据	年度森林采伐限额执行情况、年度人工造林、人工促进更新、封山育林实施及保存状况，年度征（占）用林地情况、重大林业生态工程
专业调查数据	非木质资源调查、立地类型调查、森林土壤调查、森林更新调查、森林病虫害调查、森林生长量调查、森林多种效益计量调查与评价、野生经济植物资源调查、野生动物资源调查、林业经济调查、造林典型设计、森林经营类型设计、林业专业调查技术工作管理

　　除森林资源监测调查数据外，要进行森林资源监测数据集成，需要建立集成数据库，数据库还应包含用于支撑监测调查的基础地理数据，元数据和其他支撑数据。因此按照集成数据库组织的方式，森林资源监测数据库可包含以下几种类型数据，如图 10-2 所示。

3. 森林资源监测数据集成模式

　　森林资源监测数据涉及多来源、多类型、多专题，涉及不同的数据库系统以及不同的数据模型，要将这些数据进行集成，一种方式是建立统一的数据模型和数据库，但这种方式对于集成大量的不同类型的历史数据来说要消耗大量的人力和物力，造成了资源的浪费；再者由于林业地域性差异，很难建立一种统一的标准数据格式，同时随着林业资源和应用的发展，过去制定的符合当时情况的标准格式可能不再适应目前需求。因此森林资源监测数据集成需要采用对多源数据进行无缝集成的方式，如图 10-3。

　　森林资源监测数据通过空间数据引擎实现多源数据的访问。数据用户不必关心数据以何种格式存储，通过空间数据引擎直接访问不同格式不同数据库的数据资源。这种方式实现了与数据格式无关、位置无关的多源数据无缝集成。

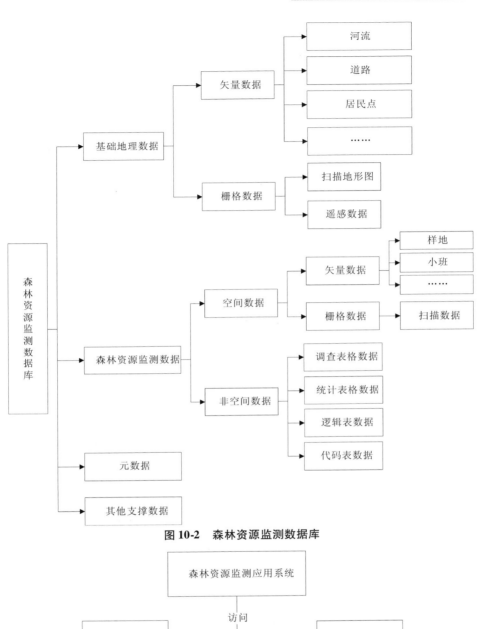

图 10-2 森林资源监测数据库

图 10-3 森林资源监测数据集成模式

(二)业务流程集成

业务流程是为了实现一定的业务目标而执行的一系列逻辑相关的活动的集合。业务流程是一个工作组织、协作的过程，通过这个过程能够生产一个产品或者提供一个服务。传统的业务流程一般将各项工作按照流程模式进行静态的定义，采取相对固定的集成策略。而在森林资源监测实际应用中，我们往往需要根据不同需求动态集成工作流程。

1. 森林资源监测业务流程

森林资源监测包含森林资源一类、二类、三类调查为主的业务，这三类调查业务有各自的特点，但也有一些相同的业务。

一类调查是全国森林资源监测体系的重要组成部分，是为掌握宏观森林资源现状及其消长动态，制定和调整林业方针政策、规划、计划；监督检查领导干部实行森林资源消长任期目标责任制提供依据。

一类调查的业务流程如图10-4所示。

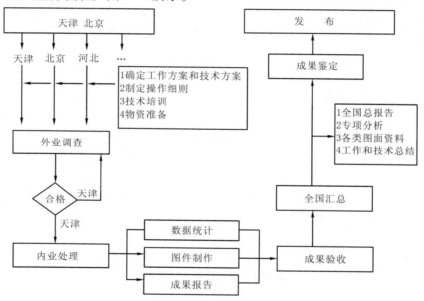

图10-4 一类调查业务流程

二类调查是以国有林业局(场)、自然保护区、森林公园等森林经营单位或县级行政区域为单位，按山头地块进行的一种森林资源调查方式，为基层林业生产单位掌握森林资源的现状及动态，分析检查经营活动的效果，编制或修订经营单位的森林可持续经营方案、总体设计和县级林业区划、规划、基地造林规划，建立和更新森林资源档案，制定采伐限额，制定林业工程规划，区域国民经济发展规划和林业发展规划，实行森林生态效益补偿和森林资源资产化管理，指导和规范森林科学经营提供依据。

二类调查的业务流程如图10-5所示。

三类调查是以某一特定范围或作业地段为单位进行的作业性调查，一般采用实测或抽样调查的方法，对作业地段的森林资源、立地条件和更新状况等进行详细调查，包括伐区设计、造林设计、抚育采伐设计、林分改造设计等。其目的是查清一个伐区或一个抚育、改造林分范围内的森林资源数量、出材量、生长状况、林分改造结构规律，

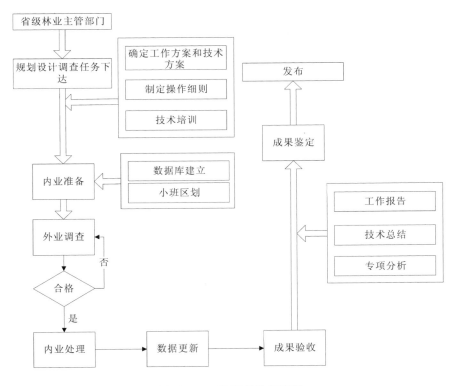

图 10-5 二类调查业务流程

以确定采伐或抚育、改造的方式，采伐强度，预算出材量以及制定更新措施，进行工艺设计，使森林资源数据落实到具体的伐区或一定的地块上，为编定年度计划服务，其调查成果是分期逐步实施森林经营方案，合力组织生产、科学培育和利用森林资源的作业依据。

三类调查的业务流程如图 10-6 所示：

2. 森林资源监测业务集成

随着计算机网络和相关技术的不断发展，森林资源监测业务从单个部门内部的操作过程逐步转化为部门之间的相互合作过程。一方面，某些业务流程需要多个部门按照一定的流程协作完成；另一方面，不同的业务流程中需要诸多功能相同的业务逻辑模块，如果能够对这些模块进行集成复用，可以节约大量的开发和维护成本。

森林资源监测包含森林资源一类、二类、三类调查为主的业务，其业务过程需要执行各类调查的各部门按照一定的流程协作完成，同时各调查业务有一些类似的业务逻辑模块。森林资源监测各类业务流程总结起来主要有数据预处理、外业调查、数据后处理、成果发布及应用服务等几个大的流程步骤，如图 10-7 所示。在任务下达后，首先对调查需要的数据做组织与准备，然后进行外业空间和属性数据的采集，外业完成后对数据进行进一步的检查，然后做汇总更新、面积蓄积计算；最后对成果进行发布和应用。

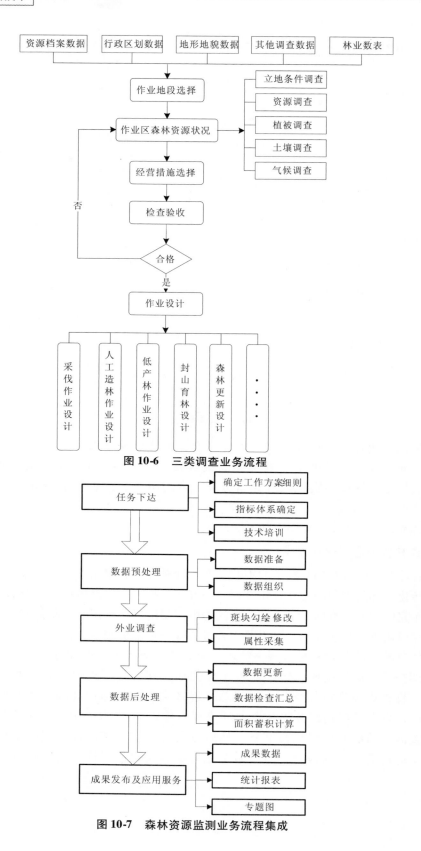

图 10-6　三类调查业务流程

图 10-7　森林资源监测业务流程集成

（三）功能及服务集成

1. 森林资源监测系统功能分析

从以上对森林资源监测业务流程的集成分析，每类调查业务都涉及到数据的组织、采集、存储、编辑、管理、查询、显示、分析和应用等功能，这些功能可以重用，具体如表10-2所示。

表 10-2　森林资源监测系统功能

类别	功能	子功能
外业	数据上传下载	
	地块导航	
	坐标采集	
	空间数据编辑	
	属性数据编辑	
	地图浏览	
	地图查询	
内业	数据生成	新建空间属性数据、批量填写数据
	空间数据导入	
	图形编辑	添加、删除图形要素、边界线跟踪、图形要素修改、边界线联动、边界线锁定、拓扑检查、线分割、多边形分割、拓扑检查、多边形合并
	数据录入	一类相关数据表、二类相关数据表、三类相关数据表
	逻辑检查	逻辑条件定义及管理、逻辑检查
	投影转换	
	格式转换	
	属性查询	
	空间属性关联查询	
	空间分析	
	数据维护	
	制图	
	三维显示	
	统计报表	
	数据更新	
	材积计算	
	数据审核（检查验收）	
	用户权限管理	
	系统日志管理	

2. 森林资源监测系统功能及服务集成

（1）服务内容

①数据服务：森林资源监测系统的数据服务是以数据访问技术为途径，包括空间数据访问技术和数据库访问技术，由于监测涉及的数据种类繁多，必须构建以元数据为核心的管理模式，将监测库中所有数据建立元数据描述信息，制定元数据标准，进行分层次归类，通过元数据的逐级访问最终定位到需要的真正数据。

因服务对象的原因，监测数据有私有和共有之分，相应地服务也就有了私有服务领域和共有领域之分，本体系中建设服务对象是对公和对私管理，对公的服务主要以"读"为主，而对私的既可以"读"，也可以"写"，即可以提供数据更新服务。

公有领域的数据服务是为了满足监测分析、规划和研究为主要目的，既需要原始的基础数据，又需要高级的空间分析、统计分析等功能来完成更复杂的任务，传统的体系或者系统和数据服务是作为某个业务系统的专属功能，无法共享，而在本体系中，数据服务是一个公共的部分，既可以为业务系统提供数据服务，也可以单独来作为数据服务。这得益于服务技术上采取开放的标准和格式，底层服务为例，在提供基础数据服务时候，采用XML 或者 OGC 的相关标准和格式，可以方便的集成使用或者单独使用。数据服务模型如图 10-8 所示。

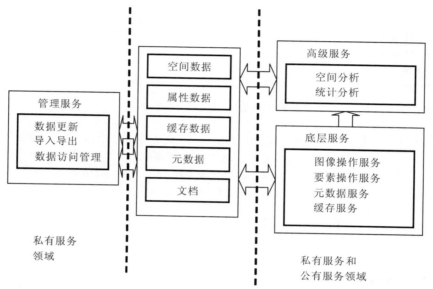

图 10-8　数据服务模型（王亚欣，2010）

数据服务的使用方式可以很多，对于那些用于集成到系统中的用户来讲，利用数据服务提供的接口来集成数据是较为规范的模式；对于那些用于 WEB 展现查询的用户来讲，首先利用元数据服务提供的目录服务形式浏览资源数据，然后根据元数据描述找出所需要的数据；而对于用于可视化的用户，尤其是空间数据来讲，利用数据服务中提供的缓存服务可以大大提高访问速度。

②功能服务：森林资源监测系统集成功能服务是构建在数据服务基础之上的，通过程序技术来表达与业务关联较紧密的内容描述。与需求设计中的功能设计不同，此处的功能服务即实体服务，即是被看得见的有形的服务，它是程序技术和业务需求的结合体，按照服务的原则，功能服务明确了功能所能服务的内容、范围界定、输入、输出等。

森林资源监测系统集成功能服务除了满足对外的服务要求之外，还要满足系统内部其它对象的服务要求，因此在设计功能服务时，要考虑到通用性原则和分层原则，即提供粗粒度的功能服务和细粒度的服务，细粒度的服务通过集成技术组成更高级的功能服务。

③接口服务：接口（Interface）在计算机科学中是指可以被客户端调用的命名操作的集合，通常是指实体将本身提供给外界的一种抽象，这将外部通讯和内部的操作分开，允许

在修改内部操作时不影响和外界的通讯。人与计算机的接口叫做用户接口（User Inter-face），硬件之间的接口叫做物理接口（Physical Interface），存在于软件组件之间的叫软件接口，用来提供程序上的机制来使得组件之间能互相通讯。

在面向对象的语言中，接口通常被定义为一种抽象类型，它本身不包含数据，但是可以作为方法暴露给用户。一个类中的方法可以是对应接口的实现。

森林资源监测集成中，接口可以被定为两类，一类是随着采用的技术而从外部引入的，另一类是在构建过程中自定义的接口，同样，接口也可以分层次，低层次的接口可以直接对外服务，也可以继续封装成为另一个接口。

接口服务的质量很大程度取决于接口设计技术和业务的稳定性，原则是接口是稳定的，如果接口改变了，应该重新设计其载体。对于使用的技术判断其是否适用的标准之一也就是接口是否成熟，是否被广泛引用，森林资源监测中会运用大量的成熟技术，这些技术中的接口除了为建本体系所用之外，还要提供对外服务，对于体系中自定义的接口，其设计要遵循抽象、分层和稳定的原则，以提高服务质量。接口服务如表 10-3 所示。

表 10-3　接口服务（王亚欣，2010）

分类	接口类型	接口技术载体
引入	数据访问	ADO，JDBC，Web Service
	空间数据访问	SDE，SDX +
	数据交换	XML，KML，OGC
	地图访问	OGC
	网络传输	HTTP，TCP，IP，SSL，HTTPS
	加密	DES，AES，RSA，CA
	摘要	MD5，SHA
	日志管理	Log4j
	Web 应用	JSP，ASPX，PHP
自定义	遥感数据显示	
	矢量数据显示	
	图层管理和编辑	
	统计输出	
	数据查询	
	空间数据查询	
	影像切割	
	数据更新	
	系统管理	
	元数据管理	

（2）服务方式

基于 Web 的综合服务是目前较为通用的一种模式，尤其是对监测数据、技术和模型的共享、查询和下载方面，有着很好的技术支持和开放性的策略，Web 服务已经从初期的简单浏览功能发展到集浏览、动态查询、视频、图像、空间数据查询和浏览为一体的综合服务。

森林资源监测 Web 服务分为集成服务和单一服务，集成服务是通过 Web 技术和 Web-GIS 技术，通过浏览器展现给用户的综合服务，另一种是单一服务，即接口服务，即通过技术框架如 Web Service，采用开放标准如 OGC，使用 XML、JSON 等通用格式为提供的 Web 级别的基础接口服务，这样可以直接集成到其他的业务系统中。

（四）界面集成

界面集成是指森林资源监测各种调查工具的集成，它要求定义一种统一的用户界面，适应和满足调查用户的要求，给用户提供一个标准的方法，以使用环境中所集成的各种工具，并允许用户为完成多项任务同时与多个工具进行交互。

1. 界面集成原则

（1）一致性

一致性原则是森林资源监测用户界面集成的根本原则。一致性要求计算机在与某一部分对话时的响应方式和与其他部分完全相同，这样就可以缩短调查用户学习和掌握界面的时间，提高工作效率。

（2）灵活性

灵活性表现在两个方面：可操作和可配置。根据不同调查用户的习惯，尽最大可能允许用户按自己的喜好配置系统，让他们积极参与理解系统，这有助于增强用户对系统的控制能力，如皮肤，样式，布局等外观展现的自定义配置等等。

（3）统一入口

森林资源监测集成系统提供统一入口，根据用户权限配置，转入用户可使用的功能和数据。

2. 界面集成方式

森林资源监测集成系统的界面集成方式可采用以下两种：

（1）内部集成

所谓内部集成，是指在统一的概念模型和数据模型下，以良好的机制和方法实施工具之间的相互调用、数据通信和数据共享，使得所有工具和工具所共享的数据成为一个有机的整体。这种方式原有的成形系统都不能使用，只能从函数级重新包装功能和服务。

（2）外部集成

外部集成是指定义统一的用户界面，适应和满足用户的要求，给用户提供一个标准的方法，以使用环境中所集成的各种工具，并允许用户为完成多项任务同时与多个工具进行交互。这种方式较为灵活，可以集成原有的森林资源监测各专业调查系统。目前可使用门户的方式进行集成。

第三节　系统集成关键技术

一、林业信息门户

通过门户设计和管理实现森林资源监测林业信息门户管理系统的建设，对分散异构的信息资源，在兼顾原有信息资源配置体系的条件下实现无缝集成，通过对内容、数据和应用的多方面整合，实现统一门户，提供可控性服务和个性化服务，达到信息资源的最大增质。门户管理系统的主要功能包括门户框架定义、面板配置管理、页面风格定义、门户显示引擎等功能。

门户框架定义是一个信息门户最基本的布局的设置，门户框架定义可以将一个门户划分成若干功能区域，每个区域又可包含若干个面板；一个门户可以有几个种不同的框架。如图 10-9 所示。

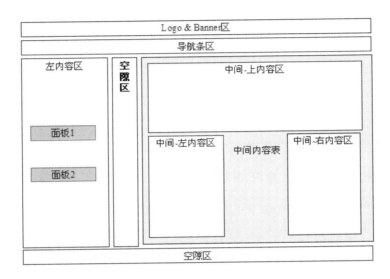

图 10-9　门户框架

依据用户的业务要求，系统可以创建多个面板，每个面板显示不同的业务内容，面板配置管理主要完成将预先设计好的面板配置到门户的特定框架中，同时通过设置面板的显示属性(面板分格)将显示内容和显示的样式进行绑定。

门户显示引擎是内容门户系统的核心功能。当客户端向服务器端的门户系统请求某个栏目的内容时，引擎从数据库中读取门户的配置(栏目定义，页面定义、文章等)并最终予以展现。

林业信息门户的主要特性如下：

①提供单一登录接口，多认证模式(LDAP 或 SQL)；

②提供多系统、多方式的系统整合功能；

③支持用户之间的交流协作和多系统之间的通信协作；

④充分利用现有资源，提供开放的二次开发接口；

⑤支持来自远程门户所提供的内容和应用程序；

⑥管理员能通过用户界面轻松管理用户、组、角色；

⑦用户能可以根据需要定制个性化的 portal layout；

⑧能够在主流的 J2EE 应用服务器上运行，如 Bea Weblogic、IBM WebSphere、JBoss + Jetty/Tomcat、JonAS、Tomcat 等；

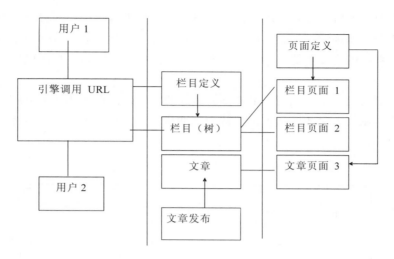

图 10-10 门户显示引擎

⑨支持主流的数据库，如 SQL Server、Oracle 等。

二、面向服务的森林资源监测系统体系架构

森林资源监测工作的开展需要多部门多层次协同进行，这就必然要求集成系统也相应地具备对协同工作的支持，能够充分满足监测工作在信息协同、人员协同以及业务协同方面的要求。信息协同即通过数据的流转实现各部门各层次之间在统一的基础数据下工作并获得相同的成果数据；人员协同支持参与监测工作的各类人员按照其职责各司其职、通力协作，只负责自己辖区内的资源监测信息的采集和加工；业务协同要求在开展监测工作时，根据实际工作需要对参与人员的监测任务进行动态的管理并确保监测工作各业务环节的完整性。

基于上述考虑，森林资源监测集成系统将以服务为核心，通过构建分布式的协同系统以支持服务发布、动态发现、组合、业务构建、任务发布的集成系统。SOA 强调的是资源共享和复用、架构动态和柔性的组合，通过模块化和开放标准接口设计，实现了服务和技术的完全分离，从而达到服务的可重用性，提高业务流程的灵活性。同时，SOA 具有以松耦合为特点，以用户应用与业务流程构建为中心，通过界面整合、业务流程集成、服务和信息的共享，提供统一、灵活的应用和跨流程、跨系统、跨部门应用的组合能力。

在 SOA 架构下，将以上分析的协同系统的各项功能以 Web 服务的方式组织起来，通过各子系统的业务流程模型，将这些服务连接起来，实现完整的业务协同处理流程。系统架构如图 10-11 所示，分为客户应用层、应用支撑层、协同服务层、数据资源层、基础设施层。

客户应用层：系统的各类用户，根据用户的权限提供定制化的人机交互界面，根据业务的环节分为：区划协同系统、调查协同系统、更新协同系统以及应用与服务协同系统；

应用支撑层 基于协同服务层的各项服务按照业务逻辑进行组装，为客户应用层的各系统提供业务构件，主要包括：数据录入、数据审核、报表统计、数据更新、数据计算、数据处理、成果输出以及服务发布。

协同服务层 为系统提供适应于森林资源监测的各类服务实现，主要的服务包括：报

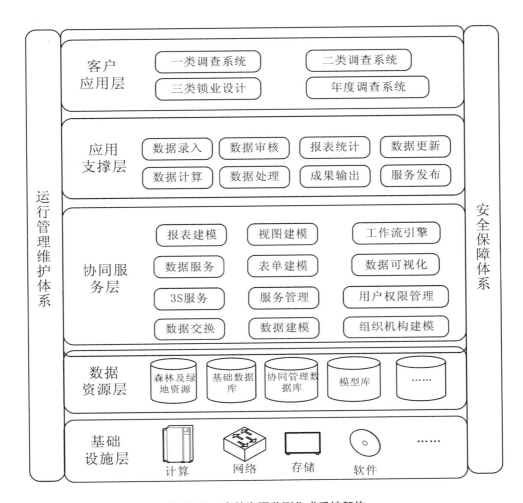

图 10-11　森林资源监测集成系统架构

表建模服务、视图建模服务、工作流引擎、3S 服务、数据可视化服务、数据服务、表单建模服务、用户权限管理、组织机构建模、数据交换、数据建模等。

数据资源层：包括森林资源数据、园林绿化数据、基础数据、协同管理数据库、协同模型库以及其他一些数据及资源。

基础设施层：提供系统运行必要的计算环境、网络设施、存储设备、操作系统、数据库管理系统等软件。

安全保障体系：包括网络和系统的安全运行机制和安全管理机制等。

运行管理体系：指以市森林监测部门为核心的组织机构、岗位职责和管理规范、系统运行遵循的标准等。

三、监测信息集成系统智能客户端

监测信息集成系统的用户主要是各级林业监测部门，存在着用户多、分布散的特点。根据监测相关技术规定的要求，不同区域的监测部门只能在本辖区范围内开展工作，不能越界；而且即使是同级管理部门的用户如果辖区不同，其数据的访问权限也有区别。因此要求系统根据用户权限实现非现场部署，以减少系统维护的投入。区划、调查环节的工作重心是在区县级、乡镇级甚至是村级部门开展，这两项监测工作要求系统具有比较强的处理能力，这是 B/S 系统很难实现的。智能客户端良好的结合了 B/S 和 C/S 系统的优点，并弥补了各自的缺点，是一种比较完善的应用程序模式。

（一）智能客户端概述

智能客户端是由 NET Framework 支持的一种可扩展的能集成不同应用的应用程序，其目的是为了整合 Windows 和 Internet，可以将胖客户端应用程序的功能和优点与瘦客户端应用程序的易部署和可管理性优点结合起来，充分利用了客户端和 Web 技术的优势，是一种有别于 B/S 和 C/S 的一种新型开发模式。基于智能客户端的应用程序具有以下主要特点：

无接触部署：利用 Web 服务器来实现应用程序的部署，用户安装时只要将一个主程序文件下载到客户端，直接运行即可，无需改变注册表或共享的系统组件，其他应用组件将在第一次运行时自动下载。

自动更新：只需将新版本的程序发布在服务器上，由客户端自动发现最新版本的程序和应用组件，并自动下载和更新。通过版本号来区分多个版本的 DLL，解决了 DLL 的版本冲突问题。

支持在线和离线运行：既支持与服务器连接时的系统运行，又允许脱离服务器时，利用本地的客户端程序和应用组件进行工作。

个性化用户界面：用户可根据喜好自行设置客户端应用程序，配置信息被保存到服务器上。下次登录后，客户端从服务器获取并解析这些个性化配置信息来恢复用户定制的应用程序。

与 Web Services 的集成：应用 XML 和 SOAP 协议，智能客户端应用程序可以与 web Services 方便地集成应用。

（二）基于智能客户端的客户应用系统设计

基于智能客户端的系统运行于市、区县和乡镇级森林监测部门，用于开展区划和调查工作，其体系架构如图 10-12 所示。监测信息协同智能客户端由服务器、客户端和传输网络构成。服务器由 Web 服务器、业务服务器和数据库服务器三部分组成，业务服务器集成了监测过程中需要使用的相关业务服务，数据服务器存储了森林资源数据以及其他相关数据。智能客户端通过局域网、专网或互联网方式连入，根据用户权限，下载权限范围内的服务及数据，并进行本地安装。

表 10-4 中举了三个例子来说明不同用户根据权限获取不同的服务和数据，组合不同的智能客户端。

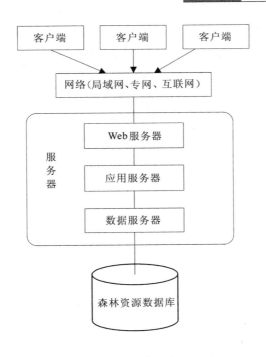

图 10-12　监测信息集成系统智能客户端架构

表 10-4　监测信息系统智能客户端举例

用户	权限	服务	数据
市级审核用户	审核管辖区域的调查数据	审核服务、浏览查询服务	管辖区域的调查数据、本底资源数据、遥感数据、地形图数据、基础数据
区县级区划用户	对本区县进行区划	区划服务、浏览查询服务	本区县基础数据、本底资源数据、遥感数据、地形图数据
乡级调查用户	对本乡进行调查	调查相关服务、浏览查询服务	本乡范围内的基础数据、本底资源数据、调查数据、遥感数据、地形图数据

　　各级不同权限用户在登录服务器后获得的下载界面。将带有数据和服务的客户端安装程序下载后，即可在本地进行调查业务。后期的系统更新和维护会自动进行，同时，客户端的本地资源会定期向服务器备份。

四、监测业务流程集成技术

　　在传统的监测业务过程中，各级各部门通过电话、电子邮件、即时消息等方式进行信息交流和共享，对于森林资源监测这样一个复杂的业务，仅仅靠这些通信协同的手段支持是不够的，它需要在业务流程框架的支持下，通过协调不同阶段、不同角色的任务参与者，使他们在时间和空间合理分配的角度下进行协同。

　　针对监测业务的复杂性和动态性，使用工作流协同技术来实现业务流程协同。工作流是一类能够完全或部分自动执行的业务过程，它按照一系列过程规则、把文档、信息、任务在不同的执行者之间进行传递与执行。汤庸等（2007）将工作活动分解成定义好的任务、角色、规则和过程来完成执行和监控，达到提高生产组织水平和工作效率的目的。工作流管理技术以业务过程为核心，不仅提供对业务过程中单个活动的支持，而且对活动之间的联系提供自动化或半自动化的支持。流程协同就是实现贯穿在各种信息节点的业务流程间的同步和异步操作，使之相互协作，进而实现整个业务流程。

森林资源监测业务是典型的具有流程协同特点的协同工作应用。其协作模式是多人多部门进行异地、异步协作。其工作过程涉及多任务协调执行，这些任务分别由不同的处理实体来完成。基于业务流程协同技术来实现监测业务协同的过程如图 10-13 所示。

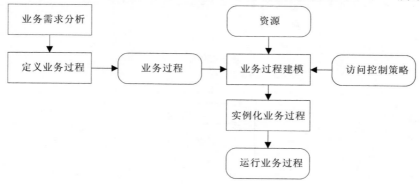

图 10-13　监测业务集成流程

首先对森林资源监测的业务需求进行分析，根据业务需求定义业务过程，会同根据业务安全需求制定的访问控制策略及资源，对业务过程进行建模，即形式化工作流系统中的基本元素及它们之间关系的模型，之后进入运行阶段，将业务过程送入工作流引擎进行实例化并运行该业务过程实例。

监测业务流程集成的实现，涉及支撑数据库、Web 服务和应用客户端。数据库服务器存储业务流程数据、用户角色数据、森林资源数据以及其他业务支撑数据，其响应业务数据请求，并根据用户权限及需求生成用户所需数据集；Web 服务器响应客户端请求，定义业务过程、生成过程实例并为其提供运行环境，同时调度实例运行以及为访问应用提供接口；应用客户端通过访问服务完成监测任务（如图 10-14）。

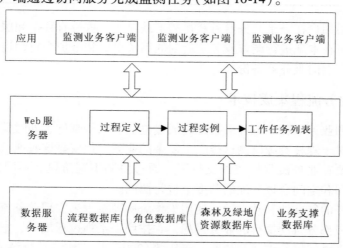

图 10-14　流程集成实现

五、监测信息协同安全与访问控制技术

森林资源监测业务流转中涉及了多级多部门的人员，除林业部门外，还包括环境、国土、水利、财政等多个部门，其中在林业系统内部，还涉及市、县、乡、村的各级林业单位。在应用与服务环节，还扩展了公众作为用户。众多的用户对监测系统数据的安全埋下了隐患，需要建立一种访问控制机制来保障数据的安全。

随着信息技术的发展，越来越多的系统构建协同环境使多用户在一个共享的工作环境中协作地完成一项任务。在森林资源监测协同环境中，共享数据资源的结构日益复杂，同时协作用户规模日益增大，监测协同信息系统面临着对数据资源进行有效安全管理的难题。如何合理控制众多用户对数据资源的访问权限，建立功能完善的用户管理、授权及认证体系，对于保证系统数据的安全性有着重要的意义。

本研究采用基于角色的访问控制来保障数据资源的安全性。基于角色的访问控制是指：在应用环境中，通过对合法的访问者进行角色认证来确定访问者在系统中对哪类信息由什么样的访问权限。基于角色的访问控制引入角色(role)将用户和访问权限在逻辑上分开，一个用户可以赋予多个角色，同时一个角色也可以包含多个用户。系统把对数据和资源的访问权限授予角色，而不依赖于具体的用户身份(汤庸等，2007)。

引入角色来实现访问控制具有如下优点(汤庸等，2007)：

①角色的定义与系统用户的组织关系相一致，灵活并易于管理。

②角色的数目比用户的数目少，降低了系统的广利开销和复杂性，适用于大规模的分布式应用。

③角色比用户相对稳定，只需要对用户赋予新的角色就可以实现用户的访问权限变化，避免因人员变动而引起的复杂的授权变化。

本研究借鉴基于角色的访问控制模型来构建监测信息协同访问控制模型，访问控制模型如图 10-15 所示。

（1）用户(User)

是参与监测业务中的部门及人员。

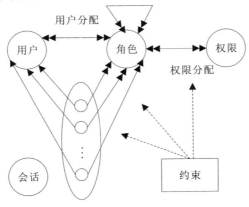

图 10-15 监测信息协同访问控制模型

（2）角色（role）

由相关术语描述的工作职能或者工作名称。它表示在组织机构内将角色赋予给用户，具有与该角色相关的权利和责任。

（3）操作（operation）

对资源的动作。调用操作会引起受保护资源的资源信息的流入或流出，或者会引起系统资源的消耗用尽。

（4）资源（resource）

资源包括监测信息协同系统的数据、系统功能。具体来说包含数据库系统中的用户操作的数据表、表中的行、列等信息。

资源和操作的组合构成权限，权限被分配给角色，角色被分配给用户，角色与权限之间是多对多的对应关系。用户通过作为角色成员而获得权限。角色是描述用户和权限之间多对多关系的桥梁。

第四节　系统集成应用示例

一、系统概述

北京市森林资源监测信息集成系统是以监测业务为基础，以监测信息为主线，为各级监测部门提供监测信息软件平台，实现各级监测部门之间、森林资源监测信息协同，提高监测效率、确保森林资源监测成果的准确性。系统的建设目标主要包括：为森林资源监测各部门的业务协同提供信息化工具；实现森林资源监测工作在区划、调查、更新和应用服务等各环节的信息协同；实现及时调查——及时审核——及时反馈——及时修改的工作模式；实现针对数据与资源的用户权限管理，确保协同工作的有序、安全；实现调查客户端的自动更新与维护，减少由于软件更新不及时带来的数据错误。

根据以上系统建设目标，本节对系统的用户、业务流程以及相关功能进行分析，并从这些侧面分析系统的具体需求，为系统建设提供可靠的依据，并为系统的架构设计提出要求。

二、系统结构

森林资源监测信息集成系统作为开展森林资源监测的信息支撑工具，需要部署于各级监测部门，各级监测部门在监测工作中的有各自的业务重点，并且相互之间需要及时的通讯与数据传递。如图 10-16 所示，森林资源监测信息集成系统以 VPN 数据交换为核心连接各部门的系统。

通过智能客户端，不同权限的用户下载安装不同功能的系统。市级监测部门作为监测的组织和管理单位，部署了市级区划协同系统、市级调查协同系统、更新协同系统以及应用与服务协同系统；同时还作为数据中心部署了基于 Oracle10g 的森林资源监测数据库，作为全市各级监测部门数据交换的结点；通过政务网接收来自其他部门的更新信息，并发布森林信息。

区县监测部门内部署县级区划协同系统和县级调查协同系统，并安装县级数据库，在

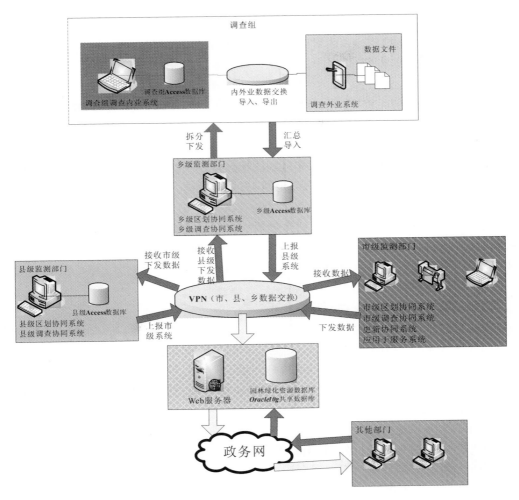

图 10-16　森林资源监测协同系统结构

本地保存辖区内的监测相关数据。区县监测部门通过这两个系统与市级监测部门以及下级监测部门的数据传递，均要通过市级数据库进行。

　　乡级监测部门内部署乡级区划协同系统和乡级调查协同系统，并安装乡级数据库，在本地保存辖区内的监测相关数据。乡级监测部门通过这两个系统与市级监测部门以及县级监测部门的数据传递，均要通过市级数据库进行。

　　调查组通常是在乡级监测部门的基础上组建的，每个乡根据自身具体情况组建一个或若干个调查组。每个调查组部署调查组调查区划系统，并在集成定位系统的 PDA 上安装调查外业系统。调查组调查区划系统可以通过 PDA 数据上传下载功能与 PDA 进行数据交互，支持接收乡级调查协同系统所拆分的数据，并能往乡级调查系统汇总并导入调查成果数据。

三、系统功能实现

(一)区划协同系统

　　为了便于监测调查和管理，要对森林进行区划。区划是森林资源调查的前提，区划的质量直接影响调查成果的质量。为了保证区划的一致性，这项工作由市级林业部门完成，并提供给园林及区县使用。区划的工作主要包括边界区划（区划数据生成、区划边界编辑、区划小班编码自动生成）和区划检查（区划图形检查和属性因子检查）等。区划以下功能的实现，保证了区划边界的吻合。

1. 边界区划

边界区划的主要功能包括在区划数据生成、区划边界编辑、小班编码自动生成、小班因子录入。

（1）区划数据生成

①新建资源区划数据：复制上一年区划图形数据，同时生成对应的属性空表，根据用户指定，命名成选择年份的小班数据，如果已有该年数据，则提示用户是覆盖还是生成该年另一份数据。

②批量填写小班数据：在新建小班数据后，将部分需要的小班因子数据从上一年的小班数据中提取出来填写到新建的小班属性表中。提供用户选择字段填写的功能，让用户自己选取需要填写哪些字段，默认选取因子变化小的字段。

（2）区划边界编辑

添加、删除小班要素：添加删除小班要素。

边界线跟踪：勾绘小班时，选择参考小班，对其边界线进行跟踪，勾绘完成新小班。

边界线要素修改：对不涉及村、乡、县边界的小班边界进行结点拖动修改。

小班拓扑检查［重叠性、缝隙（自动填缝，小于1亩的通过判断并入临近多边形）、空洞、自相交、悬挂线、短线（平原林网小于100m删除）、最小面积（小于100m^2，不能删除，通过判断并入临近多边形）、锐角］。

线分割：对林网进行分割。

多边形分割：对小班进行分割（用线或多边形进行分割）。

多边形合并：对相邻多边形进行合并，合并时询问用户保留哪一块的小班编码属性。

（3）区划边界修改联动

小班边界修改时，如果涉及村、乡、县边界，则在用户权限允许范围内对图层内要素间及多个图层之间的边界联动修改。原则是原数据各级边界是一致的。边界修改联动的界面如图10-17。

图10-17 边界修改联动

（4）区划边界逐级锁定

边界锁定根据用户权限逐级锁定边界，在锁定边界线上，用户不能做修改。市行政边界始终锁定，不能进行变动；区县锁定区县边界；区县边界只能在市级系统中进行调整，区县只能修改区县范围内的小班界、村界、乡界、县界；乡镇锁定乡边界，乡边界只能在县级系统中进行调整，乡只能修改乡范围内的小班界、村界；在 PDA 数据组织时，将选取进入一个 PDA 的数据边界锁定，对于乡飞地，边界也需要锁定。如果外业调查人员确需修改边数据外界，先在纸质图上标绘，合成全县数据后才允许县内界线变动，县外界仍然不能变动，如图 10-18 所示。

图 10-18　边界锁定

（5）区划小班编码自动生成

对全市重新区划的小班进行关键字自动编码。原则上按照以村为单位，村边界范围内小班按照位置从上到下，从左到右进行编码。编码为 14 位，编码规则为：区县代码（2位）＋乡代码（2位）＋村代码（4位）＋是否小班（1位，0 表示是小班，1 则表示是林网）＋小班编号（5位）。

2. 区划检查

（1）区划图形检查

进行批量小班图形检查，通过按键逐个高亮显示、浏览［包括小班拓扑检查（重叠性、缝隙、空洞、自相交、悬挂线、短线、最小面积、锐角）、空间叠合分析检查等］。

（2）属性因子检查

用预定义和用户自定义的逻辑条件进行小班因子数据逻辑关系检查（因子检查、因子间逻辑检查、表间逻辑关系检查）。检查完毕时，显示检查结果。当选择一条错误时，同步显示该小班的数据，进入修改界面。

（二）调查协同系统

1. 调查外业系统功能

（1）数据分组与用户权限管理

对于 PDA 用户，调查是以乡为调查单元，每个用户仅需对自己任务范围内的小班或调查目标进行调查，并负责数据的可靠性与完整性。因此需要对小班区划的结果数据以乡为单位分组进行任务分配，指定专人负责调查。同时需要按照调查对象的范围进行背景数据的组织准备与制图显示，因此需要开发以下相关功能提供支持：

调查数据分组与用户权限设置：对同一PDA上多个调查数据进行分组管理，每组设定用户与调查数据的管理关系。

用户数据修改权限控制：依据用户与调查数据的关系进行数据管理，只有指定用户有权进行限定小班数据的调查与修改、编辑。

背景数据分区域提取：依据调查目标所在范围，从已有准备好的数据集中自动选取合适的背景数据。

图像数据坐标转换、压缩、索引建立：对背景数据中的图像数据，包括航片与扫描地形图，统一空间参考坐标体系，进行压缩并建立空间索引，达到对海量数据快速访问的目标。

（2）内外业数据交互

小班调查数据在内外业系统之间交互，包括调查前的数据导入和外业调查结束后向内业系统导出外业修改和填写的小班图形和属性数据。在交互中进行了严格的检查，同时进行备份，以保证数据安全。

（3）外业数据锁定

在外业数据导入到内业后，外业数据及PDA上的所有功能将被锁定，直到内业数据重新导回外业系统。这样有效防止内外业数据的不一致。

（4）掌上地图浏览查询

小班调用：输入村、小班号调用小班；输入位置调用小班；电子笔点击调用小班。

小班查询：小班号查询；面积查询；位置查询。

空间—属性交互显示：小班记录数据和对应的小班边界数据交互显示（小班记录数据按页显示）。

漫游、放大、缩小、全屏。

空间分析：长度量测、面积量测。

（5）小班导航定位

小班定位：根据所在的位置利用GPS定位到相应的小班。

坐标显示：根据所在的位置利用GPS显示坐标位置；电子笔点击显示位置；电子笔点击要素显示要素位置。

导航：点击要素判断目前位置离要素的距离（m）、方向；根据当前位置落在某小班的提示，如图10-19所示。

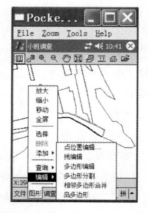

图10-19 导航与图形编辑

（6）小班编辑修改

外业调查中的小班区划图，是从内业系统输出的数据转换得来的，在外业调查过程中，有少量小班需要进行图形编辑，系统提供基本的图形编辑功能。

图形编辑：添加线、删除线、添加多边形、删除多边形、线切割、多边形切割。

边界锁定：锁定外业中小班区划图的外界，不能进行编辑。

（7）小班数据录入

小班定位审核（确定调查人员是否在规定的小班位置中）。

小班地块因子录入、小班样地因子录入。

小班录入因子逻辑检查。

小班因子计算。

数据修改、编辑。

代码实码转换。

调查位置自动录入。

录入界面如图 10-20 所示。

图 10-20　小班数据录入

（8）数据逻辑检查

在 PDA 外业调查系统中，各调查因子中存在着错综复杂的关系，应用这种专业知识，可以对输入数据进行逻辑检查，有利于提高输入效率，保证数据正确性与完整性，减少失误。因此需要对调查输入各项因子进行逻辑关系的梳理，并加入到输入过程中，进行逻辑检查与处理。对于在外业必须检查的条件，需要在 PDA 调查系统完成。

2. 调查内业系统功能

（1）用户权限管理

用户权限管理是实现调查协同的一个重要模块。用户权限管理在市级统一进行，市级系统管理市级所划分的所有用户，区县级管理用户管理从区县划分的乡级用户。

系统预先定义六类角色：市级管理员用户组、市级统计查询用户组、市级审核用户组，区县级管理员用户组、乡级用户组。管理员用户可以修改单个用户组的权限以及可控制的数据范围，还可以添加自定义的用户组；此外，管理员用户还可以修改单个用户属于

的用户组。用户权限管理实现界面如图 10-21

图 10-21　角色和用户管理

（2）数据审核

审核功能能监管和协调整个的调查过程产生的数据。及时发现问题，及时解决，避免了数据在后期检查中发现错误，而难以返回修改的问题。该功能为市级系统专有，用于审核区县提交的数据，根据已设置好的审核条件，对区县数据进行检查，检查合格的数据进行入库，不合格的数据列出错误列表，将错误列表返回区县重新修改（图 10-22）。

图 10-22　数据审核

（3）数据交互模块

数据交互模块是数据协同的重要功能模块。分为两个部分：内外业数据交换和县市级数据交换，包含的功能有：

内外业数据交换：

背景图形管理与制图：对将导入 PDA 的数据进行预处理。

数据拆分：将小班数据按用户选择进行拆分，生成 PDA 可接受的 Shp 数据。县级先将数据拆成组，每组包含多个乡（有可能包含一个乡的部分），再由乡在乡级系统中向下拆分成小组。

数据合并：将外业调查后经检查合格的小班数据进行合并。县级拆分的组，每日将其拆分的小组的数据从 PDA 导入回来后进行检查合并修改。

PDA 表单建模定义：用户自定义表单，生成 PDA 表单建模参数表。

PDA 数据输出：将调查需要的各类数据生成 PDA 外业系统数据格式，并按 PDA 所需数据目录组织好后上传到 PDA 中。

PDA 数据导入：①从 PDA 外业系统中下载外业采集数据到内业数据库中，并转换成内业系统数据格式。②从乡级 Access 数据库导入数据到县级数据库中。

PDA 数据检查：对导入回来的 PDA 外业数据进行检查，比对结构，合格的可导入系统，此功能隐含于 PDA 数据导入中。

县市级数据交换：为了保证数据的一致性，统一在市级进行前期数据处理，处理完成后，再分发给县级单位。

数据拆分：将小班数据按区县进行拆分。

数据合并：将区县经检查合格的小班数据进行合并。该功能在数据审核过后进行。

数据上报：区县向市级系统提交数据，上传到市级系统数据库中临时存放。

数据下载：按照用户权限下载市级处理后的本区域数据。

数据入库：将市级系统下发的数据进行入库。如图 10-23 所示。

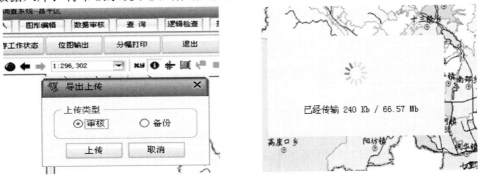

图 10-23　数据上传

（4）系统日志管理模块

为了跟踪系统在协同过程中的异常信息，系统提供日志管理模块，用以记录的系统操作日志。系统操作日志信息的内容包含如下信息：操作用户名称、客户主机 IP、操作功能、操作开始时间、操作结束时间。一旦发生错误，可根据日志做一定的恢复和处理。

（5）小班区划调整

小班区划调整始终贯穿整个调查过程，前期区划完成后，还会根据实际需要对小班边界进行勾绘和修改，涉及的功能主要有：

小班图形浏览显示：包括要素选择、放大、缩小、漫游、全图显示、坐标定位，空间计算（距离量算、面积量算）。

小班边界编辑：包括添加小班要素、边界线要素修改、小班关键字输入、小班拓扑关系生成、要素问题检查、线要素合并。

边界锁定：根据当前操作的用户权限，锁定其操作数据的外界。

边界联动：根据当前操作用户的权限，联动区县、乡、村、小班边界。

小班编码生成：对勾绘完成的小班进行关键字编码，并对编码进行检查、修改、重新定义。

（6）小班数据处理

小班数据处理在小班内业勾绘完成后对小班属性数据进行录入编辑、逻辑检查、查询浏览、面积蓄积计算。涉及的功能主要有：

小班录入编辑：新建小班、小班数据录入、小班数据修改、小班数据删除、四旁树数据录入、四旁树数据修改、四旁树数据删除、小班因子检查、逻辑检查（逻辑条件定义、错误显示定义、逻辑检查）。

小班查询浏览：地图点击查询、小班数据查图（点击数据库查图）、小班因子查询（条件查询）、行政代码查询、资源代码查询、元数据查询、小班数据浏览、四旁树数据浏览、行政区划数据浏览。

资源平差及计算处理：面积平差、蓄积量平差、小班内其它地类面积计算、面积计算、理论面积—GIS面积误差计算、蓄积计算（单位面积蓄积计算、散生木四旁树蓄积计算、小班蓄积计算）、株数计算（四旁树株数计算、林网株数计算、经济林株数计算、小班株数计算）

（7）成果输出

在二类图形及属性数据处理完成后，对二类数据进行报表统计和专题图制作，主要包括：

二类统计汇总：二类统计报表、统计报表查询、汇总报表。

二类调查专题图制作：林相图模板制图、森林资源制图以及各类专题图制图。

（三）更新协同系统

监测信息协同系统中更新系统主要完成森林资源二类小班年度更新工作，系统功能主要是分析处理森林资源资源年度变化调查数据，获取森林资源变化的数据，包括采伐、造林绿化、土地变更、火灾、病虫害等数据，对森林资源数据库进行更新。其功能模块包括：

①更新本底数据选择（如图10-24）。

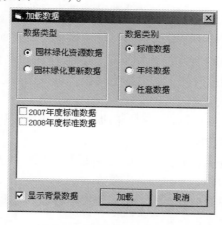

图10-24　更新本底数据选择

②更新数据导入（如图 10-25）。

③导入造林检查验收数据。

④导入火灾数据。

⑤导入病虫害数据。

⑥导入采伐数据。

⑦导入征占用林地数据。

⑧导入其他变化数据。

⑨资源数据更新管理（如图 10-26）。

⑩导出选中资源数据。

⑪导出区域资源数据。

⑫更新资源数据。

⑬面积计算。

⑭面积平差。

⑮删除资源数据。

⑯整理资源数据索引。

⑰定义标准数据。

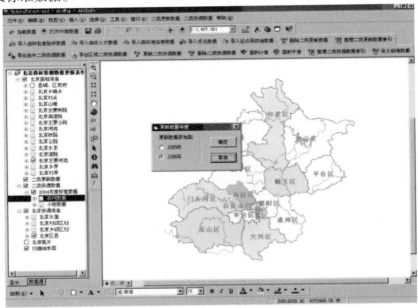

图 10-25　导入更新数据

（四）应用与服务协同系统

应用与服务协同协同还在进一步完善中，目前能为各部门提供了森林资源监测信息查询的服务如图 10-27，其功能包括：

①森林资源分布查询。

②专题数据查询：造林、防火、公园、征占用等。

③统计查询。

10-26　生成更新数据

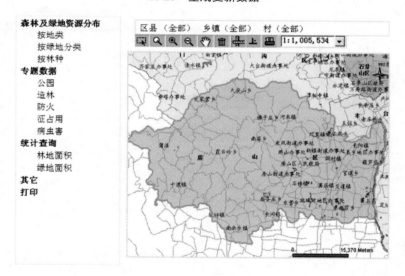

图 10-27　服务系统

参考文献

FAO . 2004. 全球森林资源评估 2000 主报告 . 北京：中国农业科学技术出版社 .

北京市林业勘察设计院 . 2004. 北京市森林资源规划设计调查操作技术细则，4～31.

北京市延庆县人民政府 . 2003. 延庆县"十一五"时期土地总体利用规划 .

北京市延庆县人民政府 . 2004. 延庆县"十一五"时期农业发展规划（生态林业建设部分）.

布仁仓，胡远满，常禹 . 2005. 景观指数之间的相关分析 . 生态学报，25（10）：2764-2775.

蔡颖萍，刘德弟 . 2008. 非木质资源利用浅析[J] . 华东森林经理，22（2）：49-51，57.

蔡颖萍，刘德弟 . 2008. 非木质资源利用浅析[J] . 华东森林经理，22（2）：49-51，57.

陈君颖 . 2007. 高分辨率遥感植被分类研究 . 遥感学报，11（2）：221-227.

陈世荣 . 2008. 基于高分辨率遥感影像的汶川地震道路损毁评估 . 遥感学报，12（6）：949-955.

陈雪峰，黄国胜，夏朝宗，等 . 2005. 全球森林资源评估方法与启示 . 林业资源管理，（4）：24-29.

陈衍泰，陈国宏，李美娟 . 2004. 综合评价方法分类及研究进展 . 管理科学学报，7（2）：69-79.

仇大海 . 2008. 第二次全国土地调查航天遥感数据源的选择 . 广东土地科学，7（2）：4-7.

崔世莹，苏喜友 . 2004. 森林资源可持续性评价系统的研究与实现 . 林业调查规划，29（2）：88-91.

党普兴，侯晓巍，惠刚盈，等 . 2008. 区域森林资源质量综合评价指标体系和评价方法 . 林业科学究，21
（1）：84-90.

窦万星 . 代均玉 . 孙继文 . 2004. 森林资源评价浅探 . 防护林科技，（4）：81-82.

杜凤兰，田庆久，夏学齐 . 遥感图像分类方法评析与展望 . 遥感技术与应用，19（6）：521-525.

方精云，刘国华，徐嵩龄 . 1996. 我国森林植被的生物量和净生产量 . 生态学报，16（5）：497-508.

冯彩云 . 2002. 世界非木质林产品的现状及其发展趋势[J] . 世界林业研究，15（1）：43-52.

冯彩云 . 2002. 世界非木质林产品的现状及其发展趋势[J] . 世界林业研究，15（1）：43-52.

冯秀兰，张洪江，王礼先 . 1998，密云水库上游水源保护林水土保持效益的定量研究 . 北京林业大学学
报，20（6）：71-77.

高云峰，江文涛 . 2005. 北京市山区森林资源价值评价 . 中国农村经济，（7）：19-29，50.

龚建周，夏北成 . 2007. 景观格局指数间相关关系对植被覆盖度等级分类数的响应 . 生态学报，27（10）：
4075-4085

郭晋平 . 2001. 森林景观生态研究 . 北京：北京大学出版社 .

国家林业局 . 2003. 森林资源规划设计调查主要技术规定 .

黄国胜，王雪军，孙玉军，等 . 2005. 河北山区森林生态环境质量评价 . 北京林业大学学报，（5）.

姜景山 . 2007 . 中国微波遥感发展的新阶段与新任务 . 遥感技术与应用，22（2）：123-128.

蒋国洪，丁良东，林余益，等 . 2006. 法国的森林质量评价管理 . 浙江林业，（10）：40-43.

蒋文伟，姜志林，等 . 2002. 南京林业大学学报 . 安吉主要森林类型水源涵养功能的分析与评价，26
（4）：71-74.

井上由扶著，于政中译 . 1984. 森林评价 . 北京：中国林业出版社，1-100.

亢新刚主编 . 2001. 森林资源经营管理 . 北京：中国林业出版社：50-200.

李朝洪，许俊杰，于波涛 . 2002. 中国森林资源可持续发展综合评价方法 . 东北林业大学学报，30（2）：73-76.

李会芳，苏喜友．2005．森林资源评价的发展及研究．西部林业科学，34(2)：102-107.

李秀珍，布仁仓，常禹，等．2004．景观格局指标对不同景观格局的反应．生态学报，24(1)：123-134.

林辉等．2008．"3S"技术在森林资源监测体系中的应用进展．湖南林业科技，35(6)：7-10.

刘灿然，陈灵芝．2000．北京地区植被景观中斑块形状的指数分析．生态学报，20(4)：559-567.

陆琳，张传军2008．．基于DEA的森林旅游运营效率研究．安徽农业科学，(27).

陆元昌，洪玲霞，雷相东．2005．基于森林资源二类调查数据的森林景观分类研究．林业科学，41(2)：
　　21-29.

罗明灿，马焕成．1996．森林资源评价研究概述．西南林学院学报，(2)：115-120.

马国青，宋菲．2004．三北防护林工程区森林状况综合评价．干旱区资源与环境，(5).

马克明傅伯杰．2000．北京东灵山区景观类型空间邻接与分布规律．生态学报，20(5)：748-752.

米锋，李吉跃，杨家伟．2003．森林生态效益评价的研究进展．北京林业大学学报，(6).

欧阳勋志，廖为明．2007．区域森林景观资源承载力评价方法的探讨——以江西省婺源县为例．中国生态
　　农业学报，(6).

彭少麟．1991．系统生态学研究及其在中国生态研究网络中的意义．资源生态环境网络研究(2)：22-27.

彭望禄．2002．遥感概论．北京．高等教育出版社．

邱东．1991．多指标综合评价中合成方法的系统分析．财经问题研究，(6)：39-42.

邱微，李崧，赵庆良，等．2007．黑龙江省森林覆盖率的灰色评价和模型预测．哈尔滨工业大学学报，
　　(10).

施晓清，赵景柱，吴钢，等．2001．生态系统的净化服务及其价值研究．应用生态学报，12(6).

石春娜，王立群．2007．我国森林资源质量评价体系研究进展．世界林业研究，20(2)：68-72.

孙玉军．2007．资源环境监测与评价．北京：高等教育出版社，8.

汤国安．2003．基于DEM坡度图制图中坡度分级方法的比较研究．水土保持学报，20(2)：157-160.

汤国安等．2003.DEM提取黄土高原地面坡度的不确定性．地理学报，58(6)：824-830.

王明涛．1999．多指标综合评价中权数确定的离差均方差决策方法．中国软科学，8(8)：100-107.

王新明，王长耀，占玉林，等．2006．大尺度景观结构指数的因子分析．地理与地理信息科学，22(1)：
　　17-21

王雄，姚云峰，叶琳．2006．赤峰市森林资源的经济可持续性评价．林业资源管理，(6)：65-69.

王原，吴泽民，张浩，等．2008．基于RS和GIS的马鞍山市分区城市森林景观格局综合评价．北京林业
　　大学学报，30(4)：46-52.

席玉英，郝新波，曹利军．2000．可持续发展定量判别模式研究．中国人口资源与环境，10(s1)：95-96.

肖笃宁，李秀珍，高竣，等．2003．景观生态学．北京：科学出版社．

肖化顺，张贵，曾思齐．武冈林场森林可持续经营能力模糊综合评价．中南林学院学报，2004，(4).

谢志忠，杨建州，黄晓玲，等．2006．非木材林产品可持续利用与乡村社会林业的协调发展[J]．科技和
　　林业，6(5)：5-8.

谢志忠，杨建州，黄晓玲，等．2006．非木材林产品可持续利用与乡村社会林业的协调发展[J]．科技和
　　林业，6(5)：5-8.

邢美华，黄光体，张俊飚．2008．基于灰色系统方法的湖北省森林资源可持续性评价．林业调查规划，33
　　(2)：52～57.

徐冠华．1996．遥感信息科学的进展和展望．地理学报，51(5)：385-397.

徐化成，范兆飞．1994．兴安落叶松原始林林木空间格局的研究．生态学报，14(2)：155-160.

杨丽，李龙梅，刘俊芬，杨青海．2006．森林资源综合评价指标体系的探讨．内蒙古林业调查设计，29
　　(1)：59～60

杨丽，甄霖，谢高地，等．2007．泾河流域景观指数的粒度效应分析．资源科学，29(2)：183-187.

游丽平，林广发，杨陈照，等.2008.景观指数的空间尺度效应分析--以厦门岛土地利用格局为例.地球信息科学：10（2）：74-79.

于洪贤，王晶.2007.模糊决策理论在旅游资源综合评价中的应用--以哈尔滨北方森林动物园为例.东北林业大学学报，35（1）：79-81.

臧润国，刘世荣.1999.森林生物多样性保护原理概述.林业科学，35（4）：71-79.

曾瑞祥.2005.《千年发展目标》（MDGs）的全球战略意义[J].长江论坛，（75）：4-6.

张德成，殷鸣放，魏进华.2007.用灰色关联度法评价森林涵养水源生态效益--以辽东山区主要森林类型为例.水土保持研究，（4）.

张敏，黄国胜，王雪军.2004.应用层次分析方法进行森林自然性评价的探讨.林业资源管理，（3）.

张颖.2004.森林社会效益价值评价研究综述.世界林业研究，（3）.

赵艳萍，宁正元.2007.森林资源可持续性的模糊综合评价.福建电脑，（11）：82-83.

郑小贤.2003.森林资源价值的理论探讨.林业资源管理，（6）：1-3.

周洁敏.2001.森林资源质量评价方法探讨.中南林业调查规划，20（2）：5-8.

邹积丰，王瑛.2000.非木质林产品资源国内外开发利用的现状、发展趋势与瞻望[J].中国林副特产，（52）：35-38.

邹积丰，王瑛.2000.非木质林产品资源国内外开发利用的现状、发展趋势与瞻望[J].中国林副特产，（52）：35-38.

BishnuHariPandit, Gopal B. Thapa. 2003. A tragedy of non-timber forest resources in the mountain commons of Nepal[J]. Foundation for Environmental Conservation , 30(3)：283-292.

Chandrasekharan C. 1995. Terminology, definition and classification of forest products other than wood[R]. In：Report of the International expert consultation on non-wood forest products. Yogyakarta, Indonesia. Non-wood forest products no. 3. FAO, Rome. 345-380.

Clay Trauernicht, Tamara Ticktin. 2005. The effects of non-timber forest product cultivation on the plant community structure and composition of a humid tropical forest in southern Mexico[J]. Forest Ecology and Management, 219(3)：269-278.

Hammett, A. L. andJ. L. Chamberlain. 1998. Sustainable use of non-traditional forest products：alternative forest-based income opportunities. In：Proc. of the conference, Natural Resources Income Opportunities for private Lands[R]. Univ. ofMaryland, Cooperative Ext. Serv. , College Park, Md. 141-147.

Sarah Webster. 2007. The Role of Non-timber Forest Products（NTFPS）in Poverty Alleviation and Biodiversity Conservation[R]. Non-timber Forest Products Research Centre, Hanoi, Vietnam.

Wong J. L. G. , Thornber K. and Baker N. 2001. Resource assessment of non wood forest products：Experience and biometric principles[R]. NWFP Series 13. FAO, Rome. In press.

Jim Chamberlain, Robert Bush, A L Hammett. 1998. Non-timber forest products[J]. Forest Products Journal, 48（10）：10-19.

Lund H. G, 1997. My gall bladder, a sow's ears and my tie：The non-wood forest resources inventory connection mystery. http：//home. att. net/~gklund/lundpub. htm. 14.

Manji Upadhyay. 2008. Issues and Challenges in the Non-Timber Forest products inventory and Management[J]. Tribhuvan University Institute of Forestry, Forestry First Year 1, 8.

McCormack, A. 1998. Guidelines for inventorying non-timber forest products[R]. M. Sc. thesis, Oxford. 127 pp.

Ravindranath. Sand Premnath. S. 1997. Biomass studies Field Method for monitoring Biomass[R]. Oxford & IBH Publishing Co Pvt. Ltd. , 66, Janpath, New Delhi 110001. 615.

RebaccaJ. Mclain and Eric T. Jones. 2005. Nontimber Forest Products Management on National Forests in the United States[R]. United States Department of Agriculture.

Wild R. G. andMutebi J. 1996. Conservation through community use of plant resources: establishingcollaborative management at Bwindi Impenetrable and Mgahinga Gorilla National Parks, Uganda[R]. People and Plants Working Paper 5. UNESCO. 45.

Wyatt, N. L. 1991. A methodology for the evaluation of non-timber forest resources. Case study: the forest reserves of southern Ghana[R]. M. Sc. thesis, Silsoe College, Cranfield Institute of Technology. 102.

Diakoulakid D, Mavrotas G, Papayannakis L. Determining Objective Weights in Multiple Criteria Problems: The CRITIC method. Computer Ops Research, 1995, 22: 763~770.

Evelyn U, Jüri R, Scale dependence of landscape metrics and their indicatory value for nutrient and organic matter losses from catchments. Ecological Indicators, 2005, 5(4): 350~369

Huang C, Geiger E L, Kupfer J A. Sensitivity of landscape metrics to classification scheme. International Journal of Remote Sensing, 2006, 27: 2927~2948

John W B, Louise F. 1992. Property and forestry. Emerging issues in Forest Policy. Vancouver: UBC Press, 60

Riitters K H, O'Neill R V, Hunsaker C T, et al. A factor analysis of landscape pattern and structure metrics. Landscape Ecology, 1995, 10(1): 23~39

Samuel A C, Kevin M, Maile C N. 2008. Parsimony in landscape metrics: Strength, universality, and consistency. Ecological Indicators, 8(5): 691~703

Saura S, Martinez M J. 2001. Sensitivity of landscape pattern metrics to map spatial extent. Photogrammetric engineering and remote sensing, 67(9): 1027~1036

BishnuHariPandit, Gopal B. Thapa. 2003. A tragedy of non-timber forest resources in the mountain commons of Nepal[J]. Foundation for Environmental Conservation, 30(3): 283-292.

Chandrasekharan C. 1995. Terminology, definition and classification of forest products other than wood[R]. In: Report of the International expert consultation on non-wood forest products. Yogyakarta, Indonesia. Non-wood forest products no. 3. FAO, Rome. 345-380.

Clay Trauernicht, Tamara Ticktin. 2005. The effects of non-timber forest product cultivation on the plant community structure and composition of a humid tropical forest in southern Mexico[J]. Forest Ecology and Management, 219(3): 269-278.

Hammett, A. L. andJ. L. Chamberlain. 1998. Sustainable use of non-traditional forest products: alternative forest-based income opportunities. In: Proc. of the conference, Natural Resources Income Opportunities for private Lands[R]. Univ. ofMaryland, Cooperative Ext. Serv., College Park, Md. 141-147.

Sarah Webster. 2007. The Role of Non-timber Forest Products(NTFPS) in Poverty Alleviation and Biodiversity Conservation[R]. Non-timber Forest Products Research Centre, Hanoi, Vietnam.

Wong J. L. G., Thornber K. and Baker N. 2001. Resource assessment of non wood forest products: Experience and biometric principles[R]. NWFP Series 13. FAO, Rome. In press.

Jim Chamberlain, Robert Bush, A L Hammett. 1998. Non-timber forest products[J]. Forest Products Journal, 48(10): 10-19.

Lund H. G, 1997. My gall bladder, a sow's ears and my tie: The non-wood forest resources inventory connection mystery. http: //home. att. net/ ~ gklund/lundpub. htm. 14.

Manji Upadhyay. 2008. Issues and Challenges in the Non-Timber Forest products inventory and Management[J]. Tribhuvan University Institute of Forestry, Forestry First Year 1, 8.

McCormack, A. 1998. Guidelines for inventorying non-timber forest products[R]. M. Sc. thesis, Oxford. 127 pp.

Ravindranath. Sand Premnath. S. 1997. Biomass studies Field Method for monitoring Biomass[R]. Oxford & IBH Publishing Co Pvt. Ltd., 66, Janpath, New Delhi 110001. 615.

RebaccaJ. Mclain and Eric T. Jones. 2005. Nontimber Forest Products Management on National Forests in the United States[R]. United States Department of Agriculture.

Wild R. G. andMutebi J. 1996. Conservation through community use of plant resources: establishingcollaborative management at Bwindi Impenetrable and Mgahinga Gorilla National Parks, Uganda[R]. People and Plants Working Paper 5. UNESCO. 45.

Wyatt, N. L. 1991. A methodology for the evaluation of non-timber forest resources. Case study: the forest reserves of southern Ghana[R]. M. Sc. thesis, Silsoe College, Cranfield Institute of Technology. 102.